U0935143

建筑机电节能设计手册

JIANZHU JIDIAN JIENENG SHEJI SHOUCE

中国建筑设计研究院
全国智能建筑技术情报网　组编

人民交通出版社
China Communications Press

内 容 提 要

本手册基于国内建筑机电节能设计的研究和国外先进节能技术及方法的引进，从适应建筑节能需求、建筑机电节能设计入手，在总结大量建筑工程机电节能设计的实践经验，广泛听取各方面行业专家意见的基础上编写而成。

本书深入探讨了中国建筑行业中建筑机电节能方面的相关国家政策、法规、节能技术、节能产品及节能措施，对我国建筑机电节能进行了全面、科学、综合的阐述，涵盖国内外建筑节能发展概况、建筑机电设备节能设计、建筑机电专业节能诊断方法以及试点工程测试全过程等方面内容。本书内容丰富、结构清晰、论述有据、数据可靠，具有较强的实用性和指导性。本书在建筑机电节能综合分析方面填补了国内空白，切合国家节能减排战略方针，对建筑设计企业和建设单位具有重要指导作用，并将有利于我国建筑机电节能设计的综合深入发展。

本手册适用于建筑机电设计工程师及相关技术人员，亦可供本领域研究人员及学生参考使用。

图书在版编目（CIP）数据

建筑机电节能设计手册 / 中国建筑设计研究院，全国智能建筑技术情报网编 .—北京：人民交通出版社，2009.3

ISBN 978-7-114-07386-1

Ⅰ. 建… Ⅱ. ①中… ②全… Ⅲ. 机电设备－节能－建筑设计－技术手册 Ⅳ. TU85-62

中国版本图书馆 CIP 数据核字（2008）第 140977 号

书　　名： 建筑机电节能设计手册
著 作 者： 中国建筑设计研究院　全国智能建筑技术情报网
责任编辑： 陈志敏　高　培
出版发行： 人民交通出版社
地　　址： （100011）北京市朝阳区安定门外外馆斜街3号
网　　址： http：//www.ccpress.com.cn
销售电话： （010）59757969，59757973
总 经 销： 北京中交盛世书刊有限公司
经　　销： 各地新华书店
印　　刷： 北京交通印务实业公司
开　　本： 880×1230　1/16
印　　张： 18.75
字　　数： 501千
版　　次： 2009年4月　第1版
印　　次： 2009年4月　第1次印刷
书　　号： ISBN 978-7-114-07386-1
定　　价： 50.00元

编 委 会
Editorial

序
Preface

为了响应国家“建设节约型和谐社会”的号召，根据建设部制定的“节水、节地、节能、节材”的战略要求，针对建筑机电设计行业的特点，通过引进国外先进的节能技术和设计方法，以及基于对国内建筑机电节能设计的研究，本书编委会完成了《建筑机电节能设计手册》一书。

本手册从适应建筑节能需求、建筑机电节能设计入手，总结了大量建筑工程机电节能设计的实践经验，广泛听取了各方面行业专家的意见，并在此基础上编制出版。本手册深入探讨了中国建筑行业中建筑机电节能方面的相关国家政策、法规、节能技术、节能产品及节能措施。本书对建筑机电节能进行了全面、科学、综合的阐述，涵盖国内外建筑节能发展概况、建筑机电设备节能设计、建筑机电专业节能诊断方法以及试点工程测试全过程等方面内容。本书内容丰富、结构清晰、论述有据、数据可靠，具有较强的实用性和指导性。本书在建筑机电节能综合分析方面填补了国内空白，切合国家节能减排的战略方针，对建筑设计企业和建设单位具有重要指导作用，并将有利于我国建筑机电节能设计的综合深入发展。

本手册内容满足建筑机电节能的要求，而且符合国家现行的有关节能标准、规范及政策法规的规定，适用于各类建筑机电工程，如政府行政、金融证券、邮电通信、商务办公等智能化办公楼的新建、扩建、改建工程，其他工程的机电节能设计亦可参照使用。

本手册由中国建筑设计研究院、全国智能建筑技术情报网、日本松下电工株式会社、北京国安电气总公司、北京林业大学工学院等五家单位共同完成。由于时间、精力所限，此手册难免会有疏漏之处，敬请指正。

全国智能建筑技术情报网常务副理事长

中国建筑设计研究院（集团）院长助理

2008 年 8 月 8 日

目 录
Contents

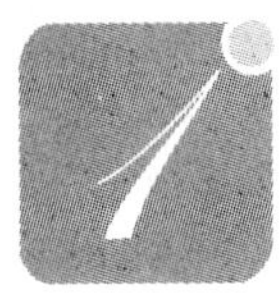

概论

1.1 总则

自20世纪80年代末以来，随着国家经济的快速发展，我国建筑机电系统的建设有了长足的进步。为了全面推进我国城市化、信息化的建设步伐，为了加强建筑机电节能设计和工程管理，非常有必要对已有的经验与教训进行总结，以便业内人士借鉴，为此，我们特组织有关人员在广泛调研的基础上编写了本手册。

本手册针对建筑物机电设备，如变配电、照明、空调与通风、冷热源与热交换、给排水、电梯等，以工程建设过程为主线，对系统设计、施工、检测、验收、运行管理等工程实施的全过程节能进行阐述，重点突出节能设计、安装调试、检测验收和管理等环节，为专业人员提供一部全面系统的实用工具书。

本手册内容以公共建筑的建筑设备和工艺为主要研究和应用对象，但也同样适用于其他建筑的通用设备的机电系统，如住宅小区、体育场馆、医院建筑、工业建筑等。

本手册在编写上从系统设计到运行管理均突出了节能的设计概念和做法。本手册编写贯彻了实用性、示范性、指导性的宗旨，并力求文字精炼、表格化、图形化，做到措施明确，通俗易懂。

本手册适用于从事建筑机电设备监控和管理的设计人员、系统集成商、施工人员，对建设单位、监理公司和施工单位亦有重要参考价值。

1.2 节能建筑的发展历史与现状

1.2.1 节能建筑及其发展历史

1. 概述

节能建筑是随着20世纪70年代初的世界性能源危机应运而生的。1973年，世界石油危机爆发，发达国家纷纷采取各种措施来节约能源，由此节能建筑也被列为研究对象。具体来说，节能建筑是在保证舒适性的前提下，通过对结构、通风、光照、控制等方面的维护来降低其能源消耗的建筑体，它是在遵循气候设计，按照节能基本方法，在对建筑的规划分区、群体和单体、朝向、间距、太阳辐射、风向以及外部空间环境进行研究后，设计出的低能耗建筑。同时由于节能建筑具有良好的保暖效果，即房间温度不会随着室外气温的变化而大幅度变化，有着自然的冬暖夏凉效果，因此也被专家们称为自然“空调房”。现阶段，在我国，准确地说，“节能住宅”仅是指满足行业标准——《夏热冬冷地区居住建筑节能设计标准》(JGJ 134)——要求的住宅。

在涉及建筑节能时通常会使用到“节能建筑”和“建筑节能”两个名词，两者有时可以互相通用，但“节能建筑”更多的是指建筑的选址、设计、结构构架、暖通空调、照明等所采用的技术应符合环保要求，以确保建成的建筑物具有良好的节能效果；而“建筑节能”则通常更多的是指建筑业在其建材开发、加工、生产，建筑物建成后运行过程中的空调、照明、供水、其他动力设备以及维修改造等过程的节能。

和普通建筑相比，节能建筑在能耗上更低，在居住舒适性上更好。一般来讲，节能建筑通过提高建筑围护结构（通常指外墙、屋面、外门窗和楼板）的热工性能，同时提高采暖、空调能源的利用效率，使耗能比普通建筑降低50%以上（围护结构和采暖、空调对节能的贡献率约各占其中的25%）。这就好比给房子穿了一套高效“保暖服”，使整间屋子犹如保温桶，室内温度便不易再受到室外气温影响，冬暖夏凉，即使需要开空调来取暖或降温，其耗电量也明显低于普通住宅。同时，穿上了“保暖服”的节能建筑，也避免了将结构层直接暴露于空气中，有效地保护了住宅的围护结构，从而使外界温度的变化、雨水的侵蚀对建筑物造成的影响和破坏都大大降低，并进而解决了屋面渗水、墙体开裂等住宅顽症，延长了建筑物的使用寿命，也降低了维修费用，同时还可以大大减轻噪声污染，给住户提供宁静舒适的生活环境。

2. 节能建筑的发展历史

国外节能建筑大多起步于20世纪70年代的能源危机，当时为了缓解能源和资源的紧张局面，建筑节能被推上了议事日程，经过数十年的努力，发达国家早已建立起了一套行之有效的方法。

国外发达国家对节能建筑实施鼓励和优惠政策，使节能建筑非常普遍，不仅新建的建筑需按节能建筑标准设计，就是已建成的住宅也要按节能环保标准进行修缮，以全面实现高舒适和低能耗相结合。尽管节能建筑的造价成本可能比一般建筑要高3%左右，但由于节能与优化相组合，每年的运营费用便可节约近60%。

国外实现节能建筑技术的途径是采用节能型的建筑结构、材料、机电设备和产品，提高建筑的保温隔热性能，减少采暖、通风、制冷等方面的能耗。西欧和北欧的一些国家在墙体结构、门窗玻璃、采暖方式等方面采用了大量的新技术，例如将外墙、屋顶和地下都裹上10～15cm厚的保温层；使用中间带惰性气体隔离层的高性能玻璃与密闭窗框，让窗户这一主要的进热、散热源尽可能的恒温保温；在窗外加装遮阳设施，夏天时能阻挡热能“入侵”；采用自然送新风系统，减少开窗机会、节约室内能量，从而既保证采光明亮、宽敞舒适，又减少能耗，降低了运营费用。

1.2.2 我国节能建筑的现状

1. 我国建筑节能当前存在的问题

目前，我国建筑能耗呈现的特点是总量大、比例高、能效低、污染重，已成为制约我国可持续发展的突出问题。北京地区执行的节能建筑技术标准也仅相当于欧洲发达国家20世纪50年代初的下限标准；自2005年7月1日起实施的《公共建筑节能设计标准》(GB 50189—2005)，也还不能够完全达到发达国家现行建筑节能标准的水平，只是进一步缩小了差距，大致相当于发达国家20世纪90年代的标准。

具体说来，当前我国建筑节能所存在的问题主要有以下几个方面：

(1) 对建筑节能工作的重要性和紧迫性认识不足

推进建筑节能有利于节约能源，保护环境，保证国民经济的可持续发展，但大多数地方政府对此未予以高度重视。建筑节能本来是亿万群众的切身事业，但是在人民群众中没有形成对建筑节能重要性的基本认识，大家还不了解建筑节能会带来多方面的巨大效益。

(2) 缺乏配套完善的建筑节能法律法规

我国虽已出台了《中华人民共和国节约能源法》、《中华人民共和国可再生能源法》，但尚未制定针对建筑节能的具体相关法律、法规，因而建筑节能工作基本上处于无法可依的状况。而许多发达国家在20世纪70年代“石油危机”之后，就相继制定并实施了有关节能的专门法律，对民用建筑节能作出了明确的规定，并采取一系列的经济鼓励措施，使建筑节能工作取得了迅速发展。

(3) 缺乏相应的经济鼓励政策

国外发达国家为促进建筑节能工作采取了许多积极的鼓励措施，如德国、丹麦、波兰等国对既有建筑节能改造提供大量财政补助，美国、日本、德国对利用太阳能的建筑实行财政补助，其效果都很好，而我国还没有这方面的实质性的经济鼓励政策。我国建筑节能目前仍处于起步阶段，但单纯依靠用户、建设方的自发行为是无法实现建筑节能目标的。我国现有建筑面积约400亿m^2，建筑物围护结构的节能改造和供热系统的改造工作量巨大，需要大量的资金投入。为调动各方面的积极性，亟须政府出台相关的经济鼓励政策，引导市场，优化资源配置，以促进建筑节能发展。

(4) 国家对建筑节能技术创新、技术进步支持力度不够

建筑节能的顺利推进，还有赖于经济上可以承受的先进成熟的技术，以及质量合格、数量足够的产品的支持。但是，在我国正在起步发展中的建筑节能产业，普遍存在起点低、技术水平不高、创新能力弱的问题，国家在建筑节能技术开发和创新方面的支持力度还很不够。

(5) 建筑节能与墙体材料革新工作分离，管理体制不顺畅

建筑节能工作除了注意建筑门窗、建筑屋顶和采暖制冷系统的用能效率外，建筑物的围护墙体节能也是十分重要的方面，建筑节能不抓墙体革新便不可能达到节能的效果。

2. 我国建筑节能的重要性

房屋在约50～100年的使用期间内，需要不断消耗大量的能源，主要用于采暖、空调、通风、热水供应、照明、炊事、家用电器等方面，高能耗的房屋建得越多，遗留下来的能源消耗的负担就越沉重。建设部及相关部门制定了建筑节能管理办法，编制了一批建筑节能设计标准，北京、天津、上海、山东、江苏、河北和湖北等地已大批建造节能建筑。但是，从总量上来看，到目前为止，不仅既有的约400亿m^2城乡建筑中的99%为高能耗建筑，新建的数量巨大的房屋建筑中，95%以上也是高能耗建筑，单位建筑面积采暖能耗高达气候条件相近的发达国家新建建筑的3倍左右。

发达国家从1973年能源危机时就开始关注建筑节能，之后由于减排温室气体、缓解地球变暖的需要，更加重视建筑节能。在生活舒适性不断提高的条件下，新建建筑单位面积能耗已减少到原来的1/3～1/5，对既有建筑也早已组织了大规模的节能改造，而我国建筑节能工作总体上却行动迟缓，至今城镇建成的节能建筑还不足城镇建筑总面积的2%。

下面是一组与能源消耗有关的数据，它揭示了建筑与建筑业节能降耗的迫切性。

(1) 有关资料表明，人类从自然界获得的物质原料有50%以上是用于建筑，而建筑中又消耗了全部能源的一半左右。

(2) 建筑能源消耗的结构与比例。建筑因其舒适度的不同、所处纬度的不同，其能源消耗的数字和结构比例也有区别。能源消耗主要是采暖、空调、照明、卫生热水和机电设备的动力消耗，其中空调能耗是商业建筑能耗的主要部分，占总能耗的40%～50%。空调能耗主要由以下几方面组成：补偿围护结构传热的能耗占40%～50%，新风处理能耗占30%～40%，空气、水输送能耗占15%～20%。

建筑节能已是国家的重大战略性问题。如果国家从现在起就下决心抓紧建筑节能工作，对新建建筑全面强制实施建筑节能设计标准，并对既有建筑有步骤地推行节能改造，那么到2020年，我国建筑能耗可减少3.35亿t标准煤，空调高峰负荷可减少约8 000万kW·h（约相当于4.5个三峡水电站的满负荷电力，减少电力建设投资约6 000亿元），由此造成的能源紧张状况势必大大缓解。如果再加大工作力度，要求2020年建筑能耗达到发达国家20世纪末的水平，则节能收效将更为巨大。但如果继续放任自流，错过当前这段大好机遇，不采取坚决有效的措施，则将会大大加重国家的长期能源负担，对我国经济和社会的可持续发展造成严重的阻碍，对能源安全和大气环境也将构成重大的威胁。

3. 建筑节能工作取得初步成效

为提高能源利用效率，减少能源消耗，并减轻对大气环境的污染，减少CO_2排放以及地球温室效应的影响，多年来，我国开展了相当规模的建筑节能工作，并采取先易后难、先城市后农村、先新建后改建、先住宅后公建、从北向南逐步推进的策略，全面推进我国的建筑节能建设。

近年来，我国主要发达城市对建筑节能的问题日臻重视，如北京、上海、广州和深圳等能耗大的城市，均已通过立法等手段大力发挥建筑节能在降低能耗方面的重要作用。经过多年努力，节能基础较好如北方地区的北京、天津等地，已基本达到新建建筑比非节能建筑节能约50%的目标；上海到2004年节能住宅的建筑面积已累计达1 000万m^2，2005年内实现所有内环线以内的住宅建筑全部按建

筑节能标准设计建造。2005 年，建设部发布的统计数字显示，全国城镇目前已建成节能建筑 3.2 亿 m^2，节约 1 094 万 t 标准煤，累计减排二氧化碳约 2 326 万 t。

同时，我国还制定了建筑节能技术培训方案，大范围地开展建筑节能培训工作；广泛开展建筑节能的国际合作；城市供热改革工作也取得了很大进展。

从总体上看，我国的建筑节能工作虽起步较晚，节能标准也不配套、不全面，但建筑节能工程从点到面正逐步扩展，已从少数北方城市建造单栋节能试点住宅发展为几十个南北方城市成批建设建筑节能示范小区。

1.2.3 节能建筑的发展趋势

1. 国外节能建筑的发展趋势

21 世纪，国外建筑节能的发展趋势，可以概括为两点：一是继续提高能源的利用效率，进一步降低能耗；二是改善环境与能源开发相结合，大力研究和开发、利用再生能源。

目前开发的新能源有风能、太阳能、核能、地热、潮汐能等。建筑中开发利用最多的是太阳能，其采暖方式有两种，一是主动式太阳能采暖，应用较早；另一种是目前正在大力发展的被动式太阳能取暖，它主要是依靠建筑物自身的空间布置以及巧妙的处理，使热流能自然循环，从而可以对太阳能进行吸收，取得冬暖夏凉的效果。

建筑节能、提高能源利用率与新能源利用、减少环境污染之间并没有明显的界限。建材性能的提高还远没有达到令人满意的程度，需要进一步加强研究，不断开发新产品，特别是随着科技的发展和人们对材料认识的不断加深，新的课题也将不断应运而生，如美国的科研人员从能源、水、二氧化碳等的污染，烟与灰尘的排放对环境的影响，以及工作效率和经济性等多方面，研究粘土与金属、玻璃、灰砂砖、混凝土等建材的发展关系和未来趋势，从一个新的视角去探索传统建材与新型建材之间的发展关系。但是，在建筑节能、新能源利用和提高建材性能、开发新型建材的同时，还必须注重保护环境与可持续发展。

2. 我国节能建筑的发展趋势

在节能建筑的发展中，我国应重点发展的节能技术如下：

(1) 建筑围护结构节能成套技术

重点发展适用于不同气候条件的各种节能墙体、屋顶以及门窗，特别是外墙外保温技术和高效节能窗技术，包括用粘贴、钉挂、浇入和涂抹等方法固定高效保温材料的多种外墙外保温技术，以及采用中空密封玻璃、低辐射玻璃、充惰性气体玻璃和断桥合金窗框、复合塑料窗框、活动外遮阳帘等多种节能窗技术，开发各种新型高效节能墙体材料、保温隔热材料和高性能建筑玻璃及其应用技术。

(2) 高效率的供热采暖和制冷系统

继续发展和完善以集中供热为主导、多种供热方式相结合的城镇供热采暖系统，对供热厂、热力站、锅炉房和供热管网进行节能技术改造。结合供热体制改革，开发和应用采暖温度控制与热量计量技术，包括采用温控阀、热量表、热量分配计的双管或单管采暖系统技术。开发利用多种能源、不同规模的集中式制冷系统。发展燃气空调及热电冷联产联供。

(3) 既有建筑的节能改造适用技术

根据既有建筑不同的建筑构造和使用条件，开发对其墙体、门窗、屋面及采暖、空调、照明设备和系统进行节能改造的多种技术。

(4) 太阳能热水器和建筑一体化的应用技术

关键是处理好太阳能热水器与建筑一体化的关系，并积极推广应用。

(5) 可再生能源供热制冷技术

关键技术包括太阳能供热制冷成套技术，水源热泵、地源热泵供热制冷技术等。

(6) 提高检测工作的精确性和效率，以保证建筑节能标准的有效实施

开发建筑用能计算分析软件，用于计算在不同气候条件、不同建筑设备状况和不同使用情况下的能源消耗。

建筑节能并不意味着限制发展，正确的建筑节能观，应该以提高建筑物的能量利用效率，同时尽量降低建筑物的固有能耗，用最小的能源消费代价取得最大的经济和社会效益，满足日益增长的需求为目标，走可持续发展的道路。

1.3 建筑机电设备节能系统概述

1.3.1 常用术语

1. 建筑物的节能综合指标

《夏热冬冷地区居住节能设计标准》(JGJ 134—2001) 提出的居住建筑节能设计的性能指标，包括建筑物的耗热量、耗冷量指标和采暖、空调全年耗电量。当设计的居住建筑不符合该标准提出的节能设计规定性指标时，可按该标准提出的节能综合指标判定其是否节能 50%的要求。

2. 采暖度日数 HDD_{18} (heating degree day based on 18℃)

在国家行业标准《夏热冬冷地区居住建筑节能设计标准》(JGJ 134—2001) 中，建筑物节能综合指标限值中的耗热量指标 (q_h) 和采暖年耗电量 (E_h) 是根据建筑物所在地的采暖度日数 (HDD_{18}) 确定的。该采暖度日数 (HDD_{18}) 是一年中当某天室外日平均温度低于 18℃时，将低于 18℃的度数乘以 1 天，所得出的乘积的累加值，其单位为℃ · d。

3. 空调度日数 CDD_{26} (cooling degree day based on 26℃)

在上述节能设计标准中，建筑物节能综合指标限值中的耗冷量指标 (q_c) 和空调年耗电量 (E_c) 是根据建筑物所在地的空调度日数 (CDD_{26}) 确定的，其值为一年中当某天室外日平均温度高于 26℃时，将高于 26℃的度数乘以 1 天，再将此乘积累加，其单位为℃ · d。

4. 建筑物耗冷量指标 (index of cool loss of building)

建筑物耗冷量指标是指按照夏季室内热环境设计标准和设定的计算条件，计算出的单位建筑面积在单位时间内消耗的需要由空调设备提供的冷量。

5. 建筑物耗热量指标 (index of heat loss of building)

建筑物耗热量指标是指按照冬季室内热环境设计标准和设定的计算条件，计算出的单位建筑面积在单位时间内消耗的需要由采暖设备提供的热量。

6. 空调年耗电量 (annual cooling electricity consumption)

空调年耗电量是指按照夏季室内热环境设计标准和设定的计算条件，计算出的单位建筑面积空调设备每年所要消耗的电能。

7. 采暖年耗电量 (annual heating electricity consumption)

采暖年耗电量是指按照冬季室内热环境设计标准和设定的计算条件，计算出的单位建筑面积采暖设备每年所要消耗的电能。

8. 空调、采暖设备能效比 EER (energy efficiency ratio)

在额定工况下，空调、采暖设备提供的冷量或热量与设备本身所消耗的能量之比，称为空调、采暖设备能效比。

9. 热惰性指标（index of thermal inertia）

热惰性指标为表征围护结构反抗温度波动和热流波动能力的无量纲指标，其值等于材料层热阻与蓄热系数的乘积。

10. 导热系数 λ［W/（m·K)］

稳态条件下，1m 厚物体，两侧表面温差为 1K，1h 内通过 $1m^2$ 面积传递的能量，称为导热系数。

11. 比热容 c［kJ/（kg·K)］

1kg 物质，温度升高 1K 吸收或放出的热量，称为比热容。

12. 导温系数 a（m^2/h）

物体加热或冷却时，各部分温度趋于一致的能力，称为导热系数。

13. 蓄热系数 S［W/（m^2·K)］

当某一足够厚度的单一材料层一侧受到谐波热作用时，表面温度将按同一周期波动，通过表面的热流波幅与表面温度波幅的比值，即为蓄热系数。

14. 表面换热系数 α［W/（m^2·K)］

表面与附近空气之间的温差为 1K，1h 内通过 $1m^2$ 表面传递的热量，在内表面，称为内表面换热系数；在外表面，称为外表面换热系数。

15. 表面换热阻 R（m^2·K/W）

表面换热系数的倒数，在内表面，称为内表面换热阻；在外表面，称为外表面换热阻。

16. 热导 G［W/（m^2·K)］

稳态条件下，围护结构两侧表面温差为 1K，1h 内通过 $1m^2$ 面积传递的热量。

17. 传热系数 K［W/（m^2·K)］（overall heat transfer coefficient）

稳态条件下，围护结构两侧空气温差为 1K，1h 内通过 $1m^2$ 面积传递的热量。

18. 热桥（冷桥）

围护结构中包含金属、钢筋混凝土或混凝土梁、柱、肋等部位，在室内外温差作用下，形成热流密集、内表面温度较低的部位，这些部位形成传热的桥梁，故称热桥。

19. 外墙平均传热系数 K_m［W/（m^2·K)］

包括外墙主体部位和周边混凝土圈梁及抗震柱等热桥部位在内，按面积加权平均求得的传热系数，即为外墙平均传热系数。

20. 有效传热系数 K_{eff}［W/（m^2·K)］

不同地区、不同朝向的建筑结构，因受太阳辐射和天空辐射的影响，使得其在两侧空气温差同样为 1K 情况下，在 1h 内通过 $1m^2$ 面积的传热量要改变（一般要变小），这个改变后的传热量即为有效传热系数。

21. 集中采暖

热源和散热设备分别设置，由热源通过管道向各个建筑物供给热量的采暖方式，称为集中采暖。

22. 采暖期天数 Z（d）

采暖期天数指累年日平均温度低于或等于 5℃的天数，这一采暖期仅供建筑热工和节能设计计算采用。

23. 采暖期度日数（degree days of heating period）

在采暖期内，室内温度 18℃与采暖期室外平均温度之间的差值，乘以采暖期天数 Z，即为采暖期天数，其单位为℃·d。

24. 采暖能耗（energy consumed for heating）

采暖能耗指用于建筑物采暖所消耗的热能、煤、电或其他能源。在节能设计中，采暖能耗主要指建筑物耗热量和采暖耗煤量。

25. 建筑物耗热量指标（index of heat loss of building）

在采暖期室外平均温度条件下，为保持室内计算温度，$1m^2$ 建筑面积，在 1h 内，需由采暖设备供给的热量，即为建筑物耗热量指标，其单位为 W/m^2。

26. 采暖设计热负荷指标（index of design load for heating of building）

在采暖室外计算温度条件下，为保持室内计算温度，$1m^2$ 建筑面积，在 1h 内，需由采暖设备供给的热量，称为采暖设计热负荷指标，其单位为 W/m^2。由于采暖室外计算温度低于采暖期室外平均温度，因此在数值上，采暖设计热负荷指标要大于建筑物耗热量指标。

27. 采暖耗煤量指标 q_C（kg/m^2）

在采暖期室外平均温度条件下，为保持室内计算温度，$1m^2$ 建筑面积在一个采暖期内，由锅炉设备消耗的标准煤量，称为采暖耗煤量指标。

28. 采暖供热系统

锅炉机组、室外管网、室内管网和散热器等设备组成的系统，称为采暖供热系统。

29. 锅炉机组容量 M（W）

锅炉机组容量又称额定出力，指过滤铭牌标出的出力。

30. 锅炉效率 η

锅炉效率指可供有效利用的热量与其燃烧的煤所含热量的比值，在不同条件下，又可分为锅炉铭牌效率和运行效率。

31. 锅炉铭牌效率

锅炉铭牌效率又称额定效率，指锅炉在设计工况下的效率。

32. 锅炉运行效率 η_2

锅炉运行效率指锅炉实际运行工况下的效率。

33. 室外管网输送效率 η_1

管网输出总热量（输入总热量减去管网各段热损失）与管网输入总热量的比值，称为室外管网输送效率。

34. 耗电输热比 HER

在采暖室内外计算温度条件下，全日理论水泵输送耗电量与全日系统供热热量的比值，称为耗电输热比。

35. 管道最小保温厚度 δ_{min}（mm）

管道最小保温厚度是指按经济厚度计算求得的保温层厚度。

36. 管道保温层的平均导热系数 λ_m ［W/（m·K）］

管道保温层在其平均温度下的导热系数，称为平均导热系数。

37. 节能投资 I（元）

建筑物采取节能措施（如提高围护结构的保温性能、改善门窗气密性等）所付出的一次性投资，称为节能投资。

38. 节能效率 A（元/年）

节能措施实现后，每年节约的采暖用煤、设备维修和人工的价值，称为节能效率。

39. 投资回收期 n（年）

投资回收期指节能投资和累计节能收益达到平衡所需的时间。

40. 遮阳系数

遮阳系数指实际透过窗玻璃的太阳辐射的热与透过 3mm 透明窗玻璃的太阳辐射的热的比值。

41. 能效比

制冷机在规定工况下的制冷量与相应输入功率的比值，称为能效比。

42. 供冷（暖）的水输送系数

供冷（暖）的水循环所输送的显热交换量与所选配的循环水泵电机的额定功率的比值，称为供冷（暖）的水输送系数。

1.3.2 国外节能技术标准、规范和规程

1. 各国能源法规

日本：1979 年颁布实施了《合理用能法》；1993 年制定了《合理用能及再生资源利用法》；1998 年修订《合理用能法》，核心是促使企业、机动车辆、耗能设备必须遵守更为严格的能效标准。1998 年制定《2010 年能源供应和需求的长期展望》，强调通过采用稳定的节能措施来控制能源需求。

美国：1975 年颁布实施了《能源政策和节约法》，核心是能源安全、节能及提高能效；1982 年针对机动车辆的能效问题制定了《机动车辆信息与成本节约法》；1987 年颁布了《国家电器产品节能法》；1992 年制定了《国家能源政策法》，是能源供应和使用的综合性法律文本。1998 年公布了《国家能源综合战略》，要求提高能源系统效率，更有效地利用能源资源。2003 年出台的《能源部能源战略计划》将“提高能源利用率”上升到“能源安全战略”的高度。

荷兰：1995 年颁布能源政策第三版白皮书，提出 2020 年能效水平比 1990 年提高 1/3 的目标。1998 年经济部长向议会提交节能备忘录，探讨提高重点行业能源效率的可行性，并提出了政策建议大纲。1999 年提出了“1999～2002 年节能行动计划”，以资源协议为基础，以金融财政激励政策为手段，促进节能投资。

德国：2002 年 2 月生效的《能源节约法》，取代了以往的《供暖保护法》和《供暖设备法》，制定了新建建筑的能耗新标准，规范了锅炉等供暖设备的节能技术指标和建筑材料的保暖性能等。

2. 国外节能建筑标准

(1) 日本节能建筑标准

①CEC (coefficient of energy consumption)

它是为评价与建筑物空气调和设备相关的能量有效利用而设的指标。如以算式表示空调能耗系数(CEC/AC)，可表示为：

$$\text{CEC/AC}=\frac{\text{年空调能耗量（MJ/年）}}{\text{假想的年空调负载（MJ/年）}}$$

年空调能耗量是指在 1 年间空气调和设备所消耗的能量，是将空气调和设备的额定输入值乘以全负载相当运行时间所求得的值。此处的全负载相当运行时间，表示对象设备在某一固定条件下，以额定运行时的输入，1 年间运行多少小时的值。这个值根据对象设备机器的用途和建筑物的所在地等不同而有所不同，而且不同节能手法也会使其发生变化。

假想的年空调负载，是指在根据建筑物用途或其所在地设定的固定条件下，将假设计算出的空调负载累计 1 年的值。因此，这个值越小，空气调和设备的能量利用效率越好。

②PAL (perimeter annual load)

它是防止通过建筑物的外壁、窗等产生热损失的相关指标。如以算式表示年热负载系数（PAL），可表示为：

$$\text{PAL}=\frac{\text{周边区域的年热负载（MJ/年）}}{\text{周边区域的地板面积（m}^2\text{）}}$$

在此所说的周边区域，是指通过外壁、窗等受外界气象条件影响的建筑物内部空间，除地下室外，包括从各楼层的外壁中心线起，水平距离 5m 以内的室内空间、楼顶正下面一层的室内空间及与外气相接的地板正上面的室内空间。

此外，年热负载是指按各种建筑物用途设定建筑物使用（空调）时间的标准时间表，将在此期间产生的暖气负载和冷气负载累计 1 年所得的值。因此，与空气调和设备的实际运行时间表无关，而是按上述设定时间内周边区域所产生的负载进行计算。此时所考虑的热包括来自外壁、窗等的贯流热、日照热、周边区域内部产生的热及由于引入的外气与室内空间的温度差而取得或损失的热 4 种。

为使年热负载系数（PAL）的值低于按各种建筑物用途设定的判断基准值乘以据此建筑物的建筑规模而得的补正值，要在外壁、窗等的绝热化及日照的遮蔽等方面下工夫。

对作为节能判断基准的指标，按建筑物用途分别在表 1-1 中设定了基准值。要求根据前述的 PAL 及 CEC 各指标的概念所求得的值在此标准值以下。

建筑物所有者的判断基准 表 1-1

指 标	饭店、旅馆	医院、诊疗所	物品销售店铺	事务所	学 校	饮食店
PAL［MJ/（m^2·年）］	420	340	380	300	320	550
CEC/AC	2.5	2.5	1.7	1.5	1.5	2.2
CEC/V	1.0	1.0	0.9	1.0	0.8	1.5
CEC/L	1.0	1.0	1.0	1.0	1.0	1.0
CEC/HW	1.5	1.7	1.7	—	—	—
CEC/EV	1.0	—	—	1.0	—	—

③CASBEE（comprehensive assessment system for building environmental efficiency）

建筑物综合环境性能评价系统 CASBEE 是评价建筑物的环境性能、划分等级的方法。CASBEE 的评价中，对“S 等级（极优秀）”、“A 等级（非常好）”、“B^+ 等级（好）”、“B^- 等级（较差）”、“C 等级（差）”这 5 个等级，通过用从“环境效率”的角度考虑而新开发出的评价指标“BEE”（building environmental efficiency，建筑物的环境性能效率）的数值来进行划分。

CASBEE 评价方法具有以下几个特点：

a. 能对建筑物的整个生活周期予以评价；

b. 是从“建筑物的环境质量、性能”和“建筑物的外部环境负载”这两个侧面进行评价的；

c. 是以环境效率的概念为基础的评价指标。

（2）美国节能建筑标准——LEED（leadership in energy and environmental design）

①开发的经过和进展状况

LEED 是美国绿色建筑评议会（USGBC）这个非营利团体立足于对 BREEAM 和 BEPAC 等的研究而开发的，正日益迅速地在美国建筑业得到认可和遵循。自最初草案公布后，于 1997 年公布了“初版”，1999 年公布了“LEED 第 1 版”，2000 年公布了“LEED 第 2 版”，2005 年 11 月公布了新建筑物的评价工具 LEED-NC Ver. 2.2，LEED 对住宅的认证于 2007 年秋天正式启动，通过对以下 8 个关系到人类健康和环境健康的主要领域的性能认证，来提升别墅建筑接近绿色的可持续性。

a. 可持续性的场地发展；

b. 水资源的节约；

c. 能源的有效性；

d. 建材的选择；

e. 室内的环境质量；

f. 住宅的位置及其与周边的联系；

g. 完整的设计程序和第三方对住宅性能的长久检测；

h. 住宅拥有者的绿色意识。

②评价对象

LEED 的评价对象：除办公大楼、商业用建筑物和工厂建筑物外，还有新建或改建的集合住宅、学校等。

③评价项目

a. 可持续的用地（最高 14 分）；

b. 水的利用效率（最高 5 分）；

c. 能量和大气（最高 17 分）；

d. 材料和资源的保护（最高 13 分）；

e. 室内环境质量（最高 15 分）；

f. 革新性和设计程序（最高 5 分）。

评价项目大致分类为以上 6 项、合计最高得分设定为 69 分。根据合计分数，最终评价分为以下 4 个等级：认证（26～32 分）、银奖（33～38 分）、金奖（39～51 分）、白金奖（52 分以上）。

④评价制度和普及状况

接受评价是任意的，但如在 USGBC 登录，则为了认定和质量管理，需向 USGBC 提交评价信息。从 2004 年 6 月到现在，LEED 登录建筑物达 1 351 个（全美 50 个州共 1 500 万 m^2），认证建筑物达 108 个。此外，在加拿大、中国、印度、日本、西班牙、墨西哥、意大利及关岛也有登录建筑物。

（3）英国节能建筑标准——BREEAM（building research establishment environmental method）

①开发目的

a. 使设计者具备环保意识；

b. 满足开发者、设计者和居住者渴望环保型建筑物的需求；

c. 使人们广泛认识到建筑物会对地球温暖化、酸雨和臭氧层破坏造成重大影响；

d. 为使主动调查和评价成为可能，设定目标和基准，减少错误主张和认识；

e. 降低建筑物带给环境的长期影响；

f. 削减水、化石燃料和其他枯竭性资源的消费量；

g. 提高室内环境质量，使居住者的健康水平和舒适性得以提高。

②评价对象

现在，对于事务所等商业用办公室、零售店和超市等，公布了新建工程及修缮工程用的 BREEAM，适用于包括住宅等所有建筑物。

③评价项目

a. 地球环境问题和资源利用；

b. 地球环境问题；

c. 室内环境问题。

评价项目大致分为以上 3 项，如实现各项目的目标，最高可得 42 分。没有区分来自不同视点的评价项目相互间的重要等级。据各部门的最低分数和合计分数，最终评价分为以下 4 个等级：合格（Pass）、好（Good）、非常好（Very Good）、极优秀（Excellent），详见表 1-2。

根据 BREEAM 划分等级 表 1-2

等　　级	设计和筹建的评价	管理和运营的评价
Pass（合格）	200 分以上	160 分以上
Good（好）	300 分以上	280 分以上
Very Good（非常好）	380 分以上	400 分以上
Excellent（极优秀）	490 分以上	520 分以上

对于事务所大楼，1998 年公布了最新版，评价项目也重新分类为以下 9 项："管理"、"健康和舒适性"、"能量"、"交通"、"水"、"材料"、"土地利用"、"用地的生态系统" 和 "污染"。

④评价制度

接受评价是任意的，在英国，开发者之间对设计事务所的关心程度提高了，据说 30%的新建事务所大楼接受了评价。由接受了英国建筑研究所认定的具有资格的人进行评价，新建事务所的基本评价费用为 56 万日元，从量费用为 20 日元/m^2，1 万 m^2 的事务所大楼的总费用为 76 万日元。

由英国建筑研究所认定的第三者机关进行正规的评价，这样，用于设计阶段的评价有些问题，因此制作了设计阶段用的检查表。

1.3.3 中国节能技术标准、规范和规程

- 《建筑及住宅社区物业管理数字化应用》（国家标准征求意见稿）；
- 《绿色建筑技术导则》；
- 《绿色建筑技术导则》通知；
- 《绿色建筑评价标准》送审稿；
- 《民用建筑节能设计标准（采暖居住建筑部分）北京地区实施细则》；
- 《住宅设计规范》（GB 50096）；
- 《中华人民共和国节约能源法》，1997 年 11 月 1 日第八届全国人民代表常务委员会第二十八次会议通过，又陆续通过了《重点用能单位节能管理办法》、《节约用电管理办法》等相关的配套法规，这些法规对推动节能工作向纵深发展，保障国民经济持续健康发展具有积极而深远的影响；
- 《北京市建筑节能管理规定》（北京市 80 号令）；
- 《重点用能单位节能管理办法》（于 1999 年 3 月经国家经济贸易委员会发布施行）；
- 《节约用电管理办法》（于 2000 年经国家经济贸易委员会和国家发展计划委员会联合发布）；
- 《中国节能技术政策大纲》（2005 年修订，征求意见稿）；
- 《公共建筑节能设计标准》（GB 50189）；
- 《建筑节能工程施工验收规范》（GB 50411）；
- 《既有居住建筑节能改造技术规程》（DB 11/381—2006）。

1.3.4 建筑机电设备的节能要点

1. 给水排水专业

（1）热水输送减少热损失。

（2）太阳能热水系统。

（3）排水和循环冷却水废热回收。

（4）供水流程的节能。

①市政给水管网可用压力的利用；

②高层建筑生活给水和消防给水系统的单独设置；

③集中消防储水加压系统取代单个消防储水加压系统；

④采用变频调速水泵。

传统供水方式主要有两种，一种是采用水泵将水加压抽到水箱里，然后由水箱向给水系统供水，水箱里的水位高于水箱最高水位时水泵停止工作，低于水箱最低水位时水泵启动；另一种是采用水泵将水加压打到水罐里，然后由水罐向给水系统供水，水罐里水的压力高于水罐最高压力时水泵停止工作，低于水罐最低压力时水泵启动。这两种供水方式水泵电机启动非常频繁，造成电能的大量浪费。

变频调速供水方式采用变频调速水泵直接向给水系统供水，采用调节速度的方式调节流量，根据水量需要自动调节水泵电机转速，水量需要大时电机转速增加，水量需要小时电机转速减小，避免电机频繁启动，从根本上防止电能浪费；同时省去了水箱、水罐，减少了设备投资费用。

2. 暖通空调专业

(1) 采暖、空调冷/热源系统

①应用高效冷冻机；

②应用变风量控制方式；

③应用变流量控制方式；

④采暖、空调输配系统：

a. 大温差冷冻水输送技术；

b. 低温送风技术；

c. 变频技术的应用（水泵、风机）。

⑤采暖末端装置可调技术

采暖末端装置可调技术，主要包括末端热量可调及热量计量装置，连接每组暖气片的恒温阀，相应的热网控制调节技术以及变频泵的应用等，可实现30%～50%的节能效果，同时避免采暖末端的冷热不均问题。例如，室温自动调节技术、新风（送风）的高效能利用技术、高效能末端设备的应用。

(2) 自然通风系统

(3) 空调自控系统

3. 建筑电气专业

(1) 变配电系统的计算机监控系统

变配电站计算机监控系统集现代电子技术、计算机技术、网络技术、控制技术及现场总线技术为一体，对变配电站进行分散数据采集和集中监控管理，对变配电站内供配电系统中传统的二次设备（继电保护、安全分动装置、测量仪表、操作控制、信号系统）的功能重新组合，进行系统保护、控制测量、信号采集、故障记录、谐波分析、电能量管理、负荷控制和运算管理等工作，取消了常规的仪表盘、操作控制屏及中央信号系统等二次设备。

变配电站计算机监控系统宜分为三层，即现场监控层（间隔层）、网络管理层（通信层或中间层）及主站层（系统管理层）。系统可以通过计算机及通信网络，将各个变配电站相互关联的部分连接为一个有机的整体，以实现电网的安全控制，运行状态以电量参数实时采集和显示，对电能进行自动分析统计，对事故、跳闸等参数自动记录等；可以按照要求，按时序排序，进行事故处理提示并快速处理等。

采用变配电站的计算机监控系统使供电安全、可靠、方便、灵活，可以进行躲峰填谷操作，并完成了遥信、遥测、遥控、遥调及保护等功能，提高了供电质量，提高了综合效益。

(2) 智能照明控制系统

智能照明控制系统使用电子技术，能对大多数灯具（包括白炽灯、日光灯、配以特殊镇流器的钠灯、水银灯、霓虹灯等）进行智能控制或调光，从而充分利用自然光，实现节约电能的目的。

①公共区域采用智能照明控制系统的节能

对于电梯厅、汽车库、自行车库等区域采用智能照明控制系统，既能保证为住户提供最合适的照度，又能实现合理的节能。“楼层管理器”根据时序设置不同的状态，如“白天”、“晚上”、“清扫”、“安全”等。在一天中的某些时候，如人员活动很少（如深夜），“楼层管理器”就选择“安全”状态，这时照明系统通常只点亮普通型低能耗灯，用于保证紧急情况或安全检查时所需的基本照度，从而实现合理节能、降低运行和维护费用的目的。当设置“安全”状态时，区域内动静探测器开始工作，一旦探测有人进入该区域，立即自动进入“晚上”状态，并且保持数分钟，这样即使在深夜也能保证给用户提供合适的环境。

②物业管理办公区和住宅的设备区域的照明控制系统的节能设计

在住宅内的设备区域，如电梯机房、水泵房、地下配电间等，灯通常是关闭的，只有当管理人员进入时，动静探测器才会自动将灯点亮，当房间内人员离开后，探测器延时工作一段时间，将灯自动熄灭。在设计时，对不同时间和环境的照度水平作合理的设计，既保证了工作人员有舒适的光照度，又降低了运行费用。光电单元和动静探测器不断监视所在区域的照度和动静情况，并利用这些信息作出调整或选择更合适的状态，从而在给管理人员提供舒适工作环境的同时又避免了不必要的能源浪费。

a. 节能型照明光源、灯具和附件

• 紧凑型荧光灯：是在灯泡内部装有镇流器的小型荧光灯，主要特点为耗电量小、灯泡寿命长。

与白炽灯相比，紧凑型荧光灯每1W的发光量大约是一般白炽灯的3倍，灯泡寿命大约是其6倍。这种灯泡适用于长时间使用的场所以及不易更换灯泡的地方，且可提供从白色光到像白炽灯那样的暖色光，故能根据房间的气氛使用。

• Hf高频电子镇流器：其基本功能是在荧光灯启动时给灯管两端加上必要的高电压，此外还有限制电流维持灯管工作稳定性的作用。

一般电子镇流器除了节能以外，还具有以下特点：频闪少、噪声小、重量轻、体积小、用较低的价格即可实现分段调光和连续调光。

Hf高频电子镇流器更节能、更高效，一般使用频率范围在20～50kHz。与一般的电子镇流器相比，此产品为任选附件，可以连续调光。虽初期设备费稍微高一些，不过以后可以用节省的电费弥补，所以大型建筑若考虑长期的经济效益，使用此类照明器具是最有利的。

• 冷阴极荧光灯（CCFL）：为管径4mm的细形荧光灯，是被日本照明器具工业会规格化的高辉度指示灯的光源来使用的荧光灯。一般的荧光管也叫热阴极管，在电极被加热时会释放出热电子，与此相反，CCFL不需加热阴极就可释放出电子。因此，与热阴极管相比，冷阴极管的负极有较大的效果电压，由于这部分负极效果电压不参与荧光管的发光而白白损失掉了，使发光效率略有下降。可是近年来，随着阴极材料的改善发光效率得到大幅改善，具有较好的节能效果。过去冷阴极管主要使用镍电极，现在开发出了钼电极使负极效果电压大幅下降。另外，作为负极材料的碳纳米管也越来越引起广泛关注。

• 无电极气体放电灯：点灯原理为通过动力振荡器给充入水银蒸气的密封玻璃球提供高频磁场，继而产生出感应电场使内部的水银蒸气发生电离而产生紫外线，紫外线撞到涂在玻璃球内表面的荧光粉而变成可见光。

其特点为高效率（12W可产生810lm）、寿命长（30 000h）、节能。

• LED照明：为利用半导体发光特性的新型光源，具有节能（1个LED仅耗电量0.1W）、寿命长（若1天使用10h，则约相当于10年的使用寿命）等特点。

目前，科研人员针对LED照明已开发出白色，作为替代荧光灯和白炽灯的照明光源受到人们期待。

b. 合理进行线路设计

由于电线、电缆存在电阻，不可避免地产生线路损耗，即产生有功功率的损耗，从而损失了部分电能。现在的建筑基本上是高层建筑，电线、电缆的使用量非常庞大，线路损耗对于节约电能来说是一个不容忽视的问题。

在线路设计方面要注意以下几个方面：

• 导线介质的选择：选择电导率较小的介质，住宅设计中以选用铜介质为佳。

• 线路敷设：线路尽可能走直线，少走弯路，从而减少导线长度。

• 导线截面的选择：选择较大截面积的线缆能减少线路电阻，从而减少线路损耗，但也要考虑截面积增大带来的费用增加。

4. 建筑智能化专业

采取智能化控制和科学的管理也是机电设备节能的关键环节。将暖通空调系统、给排水系统、电气系统等耗能设备进行智能化控制，实现智能化管理，是有效节能的根本方法和必然趋势。

(1) 机电设备节能控制的具体做法

①暖通空调系统的智能化控制

暖通空调系统的控制已积累一定的运行经验，取得一定的效果，但还没充分发挥系统的全部功能，还需进一步挖掘系统潜能，获得更大的节能效果。

②给排水系统的智能化控制

智能化系统针对给排水设备（包括水泵、水阀、水池、水箱等），可实现最佳启停和最佳节能控制，最大限度地节约能源消耗。

③电气系统的智能化控制

智能化控制系统针对变电系统、供电系统、配电系统等可以合理调配负荷，实现优化运行，有效节约电能。对照明系统采用时间控制、照度控制等节能措施，保证实际需要的照度值，节约能源。

(2) 机电设备节能与建筑智能化

①智能化系统集成的现状及发展趋势

机电设备能源管理的基础就是机电设备的控制水平，节能的效果取决于节能技术的先进性、节能措施的落实程度，应采取技术先进、控制准确到位的智能化系统。

②智能化系统节能技术措施

智能化系统集成是从系统的角度，对运行中的各个环节进行分析，提出各个环节节能的潜力和方向，并且从系统的角度探讨了整个系统的节能措施。

③机电设备智能化节能控制

设备之间的运行是相互制约、相互影响的，因此系统设备之间的协调工作对于机电设备节能具有重要意义。

(3) 机电设备节能与数字化物业管理

①利用亮度传感器的调光系统

日光利用系统是根据设置在建筑物内的亮度传感器的检测数据来缩小照明器具的输出，进而实现节能的系统。将亮度传感器和调光装置合为一体，朝下设置于天花板上。调光装置通过信号线和照明器具连接在一起，利用传感器作为输入、调光装置作为输出进行反馈控制，通过这种反馈控制的方法来进行自动控制。

②日程管理系统

照明控制系统中最具代表性的是日程控制。日程控制主要使用在商业和公共交通设施等无法确定使用者人数的公共建筑物里。虽然在办公楼里该种控制主要用在公用部分，但是作为午休统一关灯和防止夜间忘记关灯等功能的应用也在不断地增加。

③根据检测是否有人进行开关灯的联动系统

近年来，照明设备的控制中使用各种传感器已很普遍，特别是热传感器及人体传感器等检测人体发出的红外线，根据有人或没人自动开关电灯的做法很久以前就已经开始了。以写字楼为例，这种控制通常用于卫生间、仓库、存包处等平常进出人少，而且容易忘记关灯的地方。但是，随着节能意识的推进，工作区域内也越来越多地开始使用这种系统，特别是与具有调光功能和装有传感器的照明器具一起使用，不是用于关灯而是用于减弱亮度。

1.3.5 建筑机电节能设计系统的发展趋势

1. 国外建筑节能关键技术的发展现状和趋势

(1) 房间空调器

在世界空调器行业中，日本占有60%的市场，并且在制造技术、控制技术上都处于世界最前沿。空调器的发展过程，大致可以分为五个阶段。在其发展过程中，变频技术和人工神经网络技术在房间空调器上的应用，具有划时代的意义，它不仅为创造舒适环境、实现空调器的高效节能运行提供了技术保证，而且为VRV空调系统的开发和发展提供了坚强的技术基础。

日本空调器的发展主要集中在三个方面：追求空调器的高效节能，改善压缩机、热交换器、风扇的性能，加强对制冷循环特性的研究，优化制冷系统，实现了空调系统的小型化、低能耗、低噪声、高可靠性；追求室内环境的高舒适性，从单一的温度控制发展到室内热环境特性（如PMV等）的综合控制，从简单的双位控制发展到人工神经网络与模糊技术相结合的智能控制；追求空调系统的多功能化、多元化，从单冷型窗式空调器发展到热回收型VRV空调系统，极大地拓宽了冷剂式空调系统的使用范围，开辟了集中空调系统的新领域。

20世纪90年代以后，人们对舒适性的要求，趋向于自然环境的特征。要实现这种模拟自然环境，必须采用“环境变化控制技术”，环境变化控制技术的实现不仅需要开发出相应的传感器，更重要的是要建立一套符合人体生理和心理需要的人工环境智能控制理论。

(2) 小型中央空调

①美国小型中央空调发展现状

美国的小型中央空调普及率较高，这与其良好的居住条件以及较高的生活水平是分不开的。美国人生活水准较高，对居住的舒适性要求也较高，这些都促进了该国家用小型中央空调的普及使用。

美国的别墅型住宅（Single House）具有宽敞、高大的特点，通常由中、高收入的家庭居住。由于其层高较大，具有足够的建筑空间用于布置风道，因此风管式系统在家用小型中央空调中所占的比重相当大。同时，由于美国居民对家用空调舒适性的要求较高，因此多采用有新风的风管式系统。目前，美国风管式系统的年产量约为600万台，占其家用空调产量的一半左右。

美国的家用小型中央空调以风管式系统为主，其具体形式多种多样。风管式单元空调系统和风管式空调箱系统在美国的应用都很广泛，此外，集成了燃气炉的家用小型中央空调系统在美国的应用也非常普遍。此种家用小型中央空调系统在供冷季由制冷机组提供冷量，在供热季由燃气炉提供热量，对室内回风和新风进行处理，消除房间空调负荷，同时也可以满足家庭生活热水的需求。

②日本小型中央空调发展现状

与美国以风管式系统为主的特点不同，日本的小型中央空调走的是一条“氟系统”为主的发展道路，从窗式空调器到定速分体式空调器，再到变频分体式空调器。同样，日本的家用小型中央空调也以VRV系统（包括一拖多）为主。

VRV 空调系统的研究起源于日本，在日本已有多家公司拥有此项技术，大金工业、三菱电机、日立制作所、东芝四家企业的产品较为先进，大金工业的市场占有率最高，约为世界的 60%～70%。

小型空调系统的控制技术，至今已取得了显著的进步。日本空调界现在所关注的问题主要集中在减少空调系统对环境、电网的污染，加速空调系统可持续发展的技术开发方面。

a. 削减氟利昂的使用量。现在小型空调系统的制冷剂主要采用 HCFC22，由于削减计划的逐渐实施，替代制冷剂大多偏向于采用混合工质方案，但对于采用新工质制冷系统的控制问题的研究仍属空白。

b. 解决变频系统电磁兼容性问题。高次谐波会降低空调系统的功率因数，造成配电系统的容量增大。对此方面的研究虽已取得了一定进展，但仍未达到理想的效果。

c. 抑制漏电电流。压缩机电动机采用 PWM 控制，由电动机线圈和压缩机外壳之间的静电产生漏电电流，特别是为降低压缩机噪声，提高载波频率，会使漏电电流增大。虽对压缩机电动机进行了强化绝缘处理，但仍需在变频回路设计上提出更好的解决办法。

d. 提高节能效果。家庭和办公室，其空调系统的能耗占绝大部分。空调系统的节能，不仅要提高单台设备的能源利用率，而且应对全家或整栋大楼的空调设备进行综合控制和管理，以提高节能效果。

③热电冷联供技术

近年来，热电联产在美国发展迅速，热电联产装机容量在 1980～1995 年的 15 年间由 12GW 增加至 45GW。目前，热电联产装机容量已约占美国总装机容量的 7%。在日本能源供应领域中，主要以热电联产系统为热源的区域供热/冷系统是仅次于燃气、电力的第三大公益事业，到 1996 年共有 132 个区域供热/冷系统。燃气轮机热电冷联产和汽轮机驱动压缩式制冷设备是日本热电冷联产的主要形式。在欧洲，欧共体的热电联产发电量已占其总发电量的 9%（其中丹麦、芬兰和荷兰已达到 30%以上），并计划到 2010 年达到 18%，这将减少二氧化碳排放 1.5 亿 t。

区域供冷没有区域供热应用得广泛，但由于其在经济上的吸引力，在世界范围内区域供冷正慢慢被提倡和应用。1962 年，美国在康涅狄格州的哈特福德市建成世界上最早的区域供冷系统，并可同时供应蒸汽。目前，美国已有 60 多个区域供冷系统。在日本，区域供冷发展非常快，而欧洲也已有多个热电冷联产系统投入运行。同时，因为小型燃气轮机、燃气内燃机和微燃机的楼宇热电冷联供系统具有效率高、占地少、保护环境、减少供电线路损耗和应急突发事件等综合功能，在近期得到了快速发展和应用。

④智能建筑和智能控制技术

智能建筑不仅仅局限于公共建筑，而且还产生了智能住宅。智能住宅已经成为 21 世纪住宅的主流。现代社会家庭成员正在以追求家庭智能化带来的多元化信息和安全、舒适的生活环境作为理想目标。智能住宅采用智能管理和控制的方法，将居室内各种安全措施、信息设备及家用电器，通过家庭总线系统连接起来，构成完整的家庭智能系统，并以信息网络为纽带与小区物业管理系统互联，形成开放式的小区管理体系。智能住宅的发展几乎与智能大厦同步。早在 1979 年，美国斯坦福研究所就提出家庭总线的概念。

1989 年，美国推出了将电力供应、空调控制和数据通信合成为整体的布线系统示范单元。美国住宅以分散别墅型住宅群为主，因此，对独立单元型住宅智能化技术，如安保、防火、周界报警等的研究相对成熟。欧洲在 1986 年把集成化的家庭系统研究列为尤利卡计划，大力进行研究。20 世纪 80 年代，欧洲电气标准化委员会制定了家用数字总线标准，进一步规范了智能住宅技术标准。日本住宅智能化技术的发展规律与美国类似，即开发、设计、施工规模化与集成化；以人为本，注重功能，兼顾未来发展与环境保护；大量采用新材料、新技术；充分利用信息、网络、控制与人工智能技术，住宅技术现代化。在 20 世纪 80 年代，日本将家用电器、安保设备、通信设备功能综合后，提出了家庭自动化的新构想。1988年，日本建立了住宅信息化促进会，主要开展家庭总线技术的研究，并且公布了总线标准。近年来，为了适应大型住宅小区的需要，日本又提出了超级家庭总线系统的概念。1996年，日本推出多媒体住宅样板计划，将多媒体技术引入智能住宅。在东南亚，新加坡的智能住宅技术研究则处于领先水平。

2. 未来我国建筑节能关键技术展望和建议

(1) 建筑节能发展的重点

未来，我国建筑节能工作应该从以下两个方面同时展开：一方面是降低房间的冷、热负荷，通过合理的建筑设计及采用新型的节能建筑材料减少房间负荷（围护结构传热、新风得热及房间内人员、灯光、设备等的得热量）；另一方面通过提高建筑耗能系统（冷/热源、输配系统和末端设备）的效率降低为满足冷、热负荷的要求而消耗的能量。

从新建建筑和既有建筑角度看，根据世界银行的预测，到2015年民用建筑保有量的一半是2000年以后新建的，而既有建筑的节能改造工作的开展相对比较困难，所以近期应该优先考虑新建建筑的节能，包括建筑节能标准的制定和实施、建筑物和建筑设备的新技术开发和应用等。

从建筑类型看，民用建筑应该更侧重于新建建筑的建筑物本体的节能技术和优化设计，兼顾发展建筑设备新技术；商业建筑和公共建筑则更应该侧重于空调和采暖系统及照明设备方面的新技术和优化控制技术，对新建商业建筑的空调采暖系统技术更新和对既有商业建筑的系统节能改造技术应该同时推动。

此外，在对建筑节能技术的研发、应用加大支持力度的同时，应该从节能体制方面推动建筑节能工作，如建立基于市场的建筑节能机制、强化贯彻实施建筑节能标准、推动供热/冷计量收费制度、制定建筑节能经济激励措施等。通过前文分析，建议我国政府在“十一五”期间及未来把下列建筑节能关键技术作为发展重点，并予以政策及资金方面的支持。

(2) 建筑物本体和建筑设备的关键节能技术

①建筑物本体的关键节能技术

a. 节能型墙体材料、门窗、保温及采光技术；

b. 建筑低能耗围护结构组合优化设计方法；

c. 利用相变储能推动建筑物节能降耗的技术；

d. 超低能耗建筑和绿色建筑的研发、示范和推广应用。

②建筑设备的关键节能技术

a. 房间空调器的节能技术（变频技术、户式中央空调器、热泵除霜技术等）；

b. 螺杆机及多级高效吸收式制冷机的研发和应用；

c. 消除供热/冷计量收费领域的技术障碍（热表、管网调节等方面）；

d. 随着能源结构优化，各种采暖方式和供冷方式的技术经济评价分析及比较；

e. 热电冷联供技术（系统优化匹配设计及控制等）；

f. 水源热泵技术的推广应用；

g. 蓄能技术（从新型相变材料开发和相变传热技术角度推动蓄能技术在蓄冷空调、地板采暖、蓄热电采暖器、热电冷联供及太阳房等领域的应用）；

h. 绿色照明技术及其产业化；

i. 地板采暖和吊顶冷辐射技术的研发和应用；

j. 太阳能热水器技术及其产业化；

k. 独立除湿技术的研发；

l. 空调自然风模拟技术的研发和应用；

m. 新风处理及余热回收技术；

n. 可再生能源在建筑用能领域的应用技术（太阳能、自然通风、夜间通风、地热、地下和地面水体蓄能、燃料电池、其他形式的余热回收等）。

③建筑热环境控制关键技术

a. VRV（变冷媒）、VWV（变水量）和VAV（变风量）控制技术；

b. 热网控制调节技术；

c. 建筑设备总系统的优化集成设计和控制技术；

d. 建筑物能耗评估技术及建筑热环境全工况模拟分析软件的开发及应用；

e. 建筑物热性能的检测技术；

f. 小区热环境模拟分析技术。

1.4 国外（日本、欧洲和美国）节能措施介绍

在国际建筑业中，节能建筑发展有着两大发展趋势：

一是调动一切技术构造手段达到低能耗，减少污染，实现可持续性发展的目标。

二是在深入研究室内热工环境和人体工程学的基础上，研究人体对环境生理、心理的反应，创造健康舒适而高效的室内环境。国际最新建筑节能技术规范的核心思想，就是从控制单项建筑围护结构（如外墙、外窗、屋顶等）的最低保温隔热指标，转化为对建筑物真正的能量消耗量的控制，达到严格有效的能耗控制。

由于经历了几次能源危机，欧洲、美国、日本等发达国家普遍重视建筑节能，一大批新技术、新能源被引入到新建建筑及既有建筑的改造中，取得了显著的节能效果。这些新技术主要包括：新型保温材料、遮阳技术、太阳能利用技术、自然及机械通风技术、新型采暖空调设备、燃料电池、微型燃气轮机、计算机控制技术等。国外的节能建筑充分利用了这些新技术，并把它们合理地糅合在一起，做到了舒适与节能的高度统一。据有关数据表明，在发达国家，生态再生能源利用率占建筑使用能耗的10%，生态建筑的综合能耗仅为普通建筑能耗的30%，城市的建筑能耗已占总能耗的30%～40%。我国的建筑能耗占全国总能耗的27.6%左右。节能建筑只有从技术上达到上面的要求，才可以称得上是真正的生态节能建筑。

1.4.1 节能建筑的特点

1. 国际上关于节能建筑的特点和含义

(1) 设置四个系统

①高效能源系统；

②安全保障系统；

③高效信息通信系统；

④自动控制节能系统。

(2) 六项主要技术要素

①采用高效保温防晒节能，且双层PET-LOWE玻璃的外墙；

②使用高效水源热泵和低温供冷、制暖的系统；

③采用自然通风为70%以上的热交换系统；

④利用太阳能发光置热设施，设置智能自动感应的控制系统；

⑤实现能源自给自足、实现零能耗、零排放；

⑥采用钢结构全装配式的结构形式。

(3) 八个生态建筑系统

①采用活性能量建筑基础系统；

②使用呼吸式双层玻璃幕墙系统；

③利用混凝土楼板实现辐射采暖、制冷系统；

④采用置换式新风系统；

⑤设置智能控制的遮阳系统；

⑥使用自然高效通风系统；

⑦采用双层架空地面的系统；

⑧采用太阳能系统。

2. 能源的利用和节约

(1) 采用高效浇灌技术和雨水收集系统。

(2) 排水创新技术和中水节水系统。

(3) 全方位节约用水。

(4) 将能源消耗降至最低，优化能源利用，采用太阳能、地源热泵、天然采光等可再生能源。

(5) 采用绿色电源（零污染）。

3. 室内环境质量的要求

(1) 要求室内二氧化碳的浓度不比室外二氧化碳浓度高 53ppm。

(2) 提高通风效率，尽量采用自然通风，空气流通呈层流式。

(3) 严格控制室内化学品和污染源。

(4) 高水平地控制热工、通风和照明系统。

(5) 充分利用天然采光，要求 90%的日用房间有外窗，75%的空间日照系数至少为 2%。

1.4.2 美国的节能措施

美国能源部提出“建筑技术计划”，对房屋建筑的供暖、供冷热源、输送渠道及实现方式都考虑得比较完善。能源部还支持美国绿色建筑协会推行以节能为主旨的“绿色建筑评估体系”，这一体系是目前世界各国建筑环保评估标准中最完善、最有影响力的体系。美国环保局的“能源之星”计划，还对有利于节能的建筑材料授予“能源之星”标准。为鼓励使用节能设备和购买节能建筑，美国对新建节能建筑实施减税政策，凡在 IECC 标准基础上节能 30%以上和 50%以上的新建建筑，每套房可以分别减免税 1 000 美元和 2 000 美元；美国各州政府还根据当地的实际情况，分别制定了地方节能产品税收减免政策。

随着“能源之星”在办公设备领域的成功推广，美国环保局和能源部又把这一标志体系扩展到家用电器、照明、空调设备等方面，甚至包括新建住宅和商用房屋等，针对的是数以百万计的普通用户。

节约能源要依靠人们的自觉行动，而“能源之星”又是自愿性的计划，因此它更多采取了分析、诱导的办法。比如，人们登录“能源之星”网站就会得知，一个美国家庭每年的能源开支平均是 1 500 美元，如果能采用带“能源之星”标志的家用电器、空调设备等，就能减少能源开支 30%以上，哪怕将最常用的 5 个灯泡换成节能灯，也能节约电费 60 美元。

“能源之星”计划还有一套“家庭能源顾问”网上分析程序，普通用户在网上回答一些简单的问题，就可以得到几条节约家庭能源的实用建议。比如，它会告诉人们更换密封性更好的窗子、更换墙内隔热层、堵住空调风管漏气等，就会显著节省家庭采暖和空调的耗能。

这些做法已经显现效果。据美环保局统计，2004 年美国新建住宅中有 10%，也就是近 35 万套符合“能源之星”标准，每年能节约能源开支 2 亿美元，减少近 2 000t 温室气体排放，相当于 15 万辆机动车的废气排放量。

1.4.3 日本的节能措施

日本是一个能源匮乏的国家，节能政策在日本能源政策中占有举足轻重的地位。它不仅对日本确保能源供应大有帮助，而且还可以通过对节能设备的开发，提高产业竞争力。所以，日本在制订能源政策的时候，在确保能源供应的同时，提高能源的利用效率是优先考虑的课题。日本节能主要有以下一些做法：

1. 改善设备效率

日本早就制定节能法，要求耗能设备的性能达到最节能的标准，如空调到 2007 年要达到 63%的节能效果。各种电器是否达到节能最高标准，电器生产厂家应在电器上标写清楚，让消费者一看便知。各种电器在待机时均消耗电力，因此产业界都在为削减电器待机时的耗电量绞尽脑汁。日本节能中心每隔半年便公布一次节能家电排行榜。以冰箱为例，2005 年，松下公司的两种 450L 冰箱和东芝公司的一种 450L 冰箱节能效果名列前茅，三洋公司也在 2005 年 6 月推出了消耗电力约减少 30%的 450L 冰箱。在冰箱方面，松下公司技术领先，较早采用真空隔热材料。在空调方面，东芝公司、日立公司、松下公司为前三名。电器在商店销售时，在标明价格的同时，也把节能效果换算成电费标出。在其他条件相同的情况下，消费者当然会优先购买节能产品。这样，顾客的选择往往又进一步促进厂家开发节能技术。

2. 开发和利用能源管理系统，对能源消费大户加强管理

日本现在有专门的公司，以办公楼为对象提供节能服务。政府部门率先接受节能服务，进行节能管理。根据节能法，建筑面积在 2 000m^2 以上的建筑，有关人士有义务在工程开始前向行政部门提交节能计划书，制订中长期节能计划，并配备能源管理人员；有关行政部门则应在节能方面给予必要的指导。

3. 提高国民的节能意识

日本经常通过具体活动强化节能信息的传播，尤其是通过学校教育，向孩子们提供关于能源和环境的正确知识，达到“从小树立节能意识，节能从我做起，从现在做起”的目的。日本在全国实施家电、汽车、建筑物、电脑回收利用的同时，有 40%的社区实行垃圾收费服务。日本每年排出的生活垃圾为 5 160 万 t，其中一些不能回收利用的生活垃圾给环境带来沉重的负担。垃圾收费服务，可促使人们自觉拒绝购买包装过度的产品。塑料袋等可以反复利用，厂家在生产产品时会节省资源，有助于形成节约型社会。统计表明，凡实行垃圾收费服务的地区，垃圾排放减少 15%。日本正计划在全国推广垃圾收费服务。

1.4.4 欧洲的节能措施

1. 德国的节能措施

德国是一个资源相对贫乏的国家，经济建设与社会生活中所需的绝大部分能源需要从国外进口。为了促进社会的可持续发展，德国政府历来将节约能源、开发可再生能源作为最优先考虑的目标之一，并在长期建设节约型社会的实践过程中摸索出了一些成功的做法。

（1）政策引导，积极扶持

经济性、保障持续供应和环保是德国制定能源政策的三个同等重要的目标。尤其自 1998 年主张环保节能的绿党上台执政以来，德国政府先后出台了如《可再生能源法》、《生物能源法规》、“10 万个太阳能屋顶计划”等一系列有关环保和节能的法规与计划，为引导德国进一步走向节能环保型社会确立了相应的法律框架。

根据《可再生能源法》，能源企业有责任优先推广可再生能源，政府则向开发可再生能源的企业提供相应的补贴。为了鼓励使用新型能源，德国政府还先后制定了《可再生能源市场化促进方案》、《家庭使用可再生能源补贴计划》等多项法规，力争使可再生能源成为民众使用的主要能源。

为了降低建筑能耗，2002 年 2 月生效的德国《能源节约法》制定了新建建筑的能源新标准，规范了锅炉等供暖设备的节能技术指标和建筑材料的保暖性能等。依据该法，新建建筑必须出具采暖需要能量、建筑能耗等计算结果，只有满足新的节能标准后才能开工建设。消费者在购买住宅时，建筑开发商必须出具一份“能耗证明”，清楚地列出该住宅每年的能耗，以提高建筑的能耗透明度，维护消费者的利益。法案还规定，对 1978 年 10 月 1 日前安装的约 200 万个采暖锅炉采取强制报废措施，在 2006 年底前由新型节能锅炉取代。为了鼓励个人新建、改建节能型住宅，德国重建信贷机构可以为每户提供最高达 5 万欧元的优惠贷款。

(2) 技术创新，提高能效

德国在大力开发可再生能源的同时，还十分重视节能技术的开发与创新，最大限度地提高现有能源的使用效率，并取得了明显的成效。主要做法有：推动能源企业实行“供电供热一体化”，通过向能源企业，尤其是小型企业提供资金、技术援助，提供帮助购置相关设备等措施，鼓励能源企业将发电的余热用于供暖；促进使用传统矿物能源发电的企业不断开发、使用新的技术，如高压煤波动焚烧技术、煤炭汽化技术等，从而使能源企业传统矿物能源的平均有效利用率从 1999 年的 39%提高至目前的 45%，并计划于 2020 年进一步提高到 55%；根据节能性能，对市场上销售的家用电器、汽车等实行产品分级制度，要求所有产品在销售时必须贴上等级标签，只有那些技术先进、特别节能的产品才可以获得全国统一的专用节能或环保标志。由于使用节能标志的产品在市场上十分受消费者的青睐，因而也促使生产企业不断投入巨资研发、生产更加节能、环保的产品。目前德国市场新车的油料消耗量比 1990 年平均下降了 20%以上，而且这一趋势仍在继续。建筑节能方面，则是改变了以往控制单项建筑围护结构（如外墙、外窗、屋顶）的最低保温隔热指标的方法，转变为对建筑物整体实际能源消耗量的控制，通过运用计算机模拟技术等新方法，实现建设真正生态节能住宅的目标。

2. 芬兰的节能措施

芬兰地处北欧，冬季漫长，气候寒冷，不仅民用能耗高，而且传统的森林工业和冶金工业也是高能耗产业。芬兰是世界上人均能源消耗最多的国家之一。对于能源资源匮乏，主要依赖进口能源的芬兰来说，节能显得至关重要。长期以来，芬兰十分重视节能工作，致力于提高能源的生产效率，并注重利用可再生能源和开发节能技术。

芬兰在节能方面采取的主要措施有：

(1) 建筑节能

除了对房屋布局结构进行优化设计外，芬兰还非常重视建筑物的绝热，尽量减少室内热量损失。芬兰环境部于 2002 年底对建筑物能源消耗制定了新规定，新建筑物的墙体必须要有隔热层，室内要有通风设备。为了降低室内能源消耗，新建筑物均采用新型隔热墙体材料、增加墙的厚度、采用两层或三层玻璃窗、每个房间的供热装置安装自动调节阀门，以最大限度地减少热量消耗。采取这些措施可使建筑物热能消耗减少 10%～15%。

(2) 热电联产和集中供暖

芬兰的集中供暖是通过热电联产的方式实现的。分布在全国各地的热电厂利用发电过程中产生的余热将水加热并通过密布在城市地下的供暖管道，向用户提供集中供暖和洗涤用热水。每个住宅区或住宅楼的集中供暖自动控制调节中心可根据室外温度的变化调节供热温度。一般情况下，住宅和办公室的供暖温度可保持在 20～22℃。暖气管道内的回水通过集中供暖管道被送回热电厂加热后循环使用。热电联产和集中供暖不仅大大提高了燃料利用率（燃料热效率可达90%以上，比单一发电或单一供热节约燃料30%以上），还使对环境的污染减少到最低限度，城市空气质量得到明显改善。芬兰集中供暖技术和设备处于世界领先水平。目前，芬兰几乎所有的城镇和人口稠密地区都已实行集中供暖。在首都赫尔辛基，93%的住宅和建筑物采用了这种集中供暖方式。

1.4.5 节能建筑中的节能设备

在本章节中，将介绍各国先进的节能建筑，同时结合实际阐述作为其设计标准和方针的评估手段。同时，也将结合各国的评估方法对近年来兴起的综合环境性能评价予以陈述，并列举一些节能型建筑中最新设备实例。

通常，在设计节能型建筑时，使用最新的节能型机器设备，并且从一开始就对能源进行控制的方法是最容易、最可取的方法。在本章中，也将对具有代表性的节能型机器设备进行介绍。

1. 使用高效能型制冷机（吸收式制冷机）

制冷的过程，在自然状态下是不能进行的，需要机器来完成。制冷原理是，液化气体向低气压移动时会出现在低温状态下蒸发的现象，这时会从周围吸收蒸发所需要的热量，发挥制冷的作用。制冷机在电气的驱动源的作用下带动压缩机，进行上述的冷冻循环，提供冷热源。因此，使用具有高效冷冻能力的机器将为能源降低作出很大地贡献。

冷冻机的工作是在压缩机的作用下压缩冷冻气体使之处于高温高压状态并流入冷凝器。外部流入的水或是空气会急速使上述的高温高压气体冷却。在冷却作用下冷冻气体会液化，并经由膨胀阀而流入蒸发器。由于蒸发器处于低压状态，所以液化气体会沸腾蒸发。这个时候会从周围吸收大量热量（制冷）、冷却制冷剂，气化了的冷冻气体被压缩机吸收并进行再次循环。冷凝器的冷却方法有两种，即用水冷却的水冷式和利用空气冷却的风冷式。另外，按蒸发器的冷却方式可以划分为直接膨胀式和水冷却式（管壳式和双管式）。

在这样的制冷循环中，高效能化对建筑的节能化起了很大的作用。

特别是吸收式制冷机在压缩制冷剂气体的过程中，不是借助压缩机产生的机械能，而是利用锅炉产生的蒸气、高温水及燃气等散发的热能。还有，水作为制冷剂使用，利用水的蒸发、吸收、再生和凝结的循环，制冷的系统就形成了。

按照上述方法可以很容易地对废热进行利用，并且可以减少制冷所需的气体消耗。另外，在制冷循环中，使用含有强吸湿性的溴化锂的吸收液，是借助化学作用进行制冷，因此具有噪声小和振动小等优点。图1-1显示了吸收式制冷机的结构。

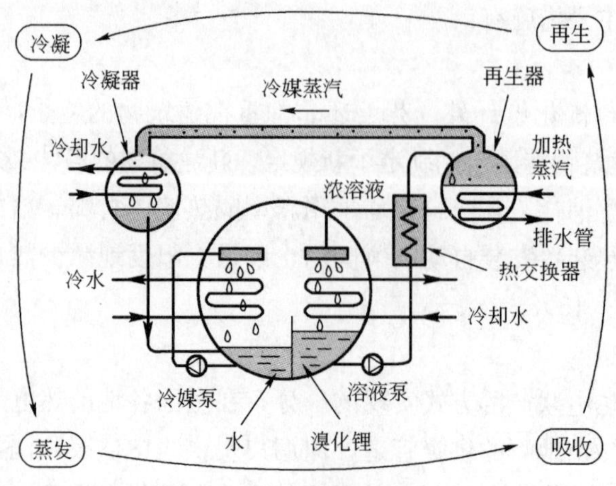

图1-1 吸收式制冷机的结构

2. 使用变频器来减少输送中耗费的能量

(1) 利用 VFD (variable frequency driver，变频器) 改变风机和泵用发动机的输出功率

变频器是把交流电转换成直流电的整流器和再把该直流电转换为交流电的逆变器这两部分合二为一的装置。

按照输出电压波形分类，变频器可分为脉宽调制 (pulse width modulation，简称 PWM) 控制方式和脉幅调制 (pulse amplitude modulation，简称 PAM) 控制方式，现在使用的变频器大多采用 PWM 控制方式。PWM 方式又分为正弦波 PWM 方式和方形波 PWM 方式，现在正弦波 PWM 方式占主流。

正弦波 PWM 方式称为不等脉宽变调方式，先利用整流器和电容制造出电压一定的直流电，再用逆变器将其斩波 (截流)，使频率变化的同时，进行控制使脉宽不等距，从而使电压发生变化。

利用这种技术，可以根据要求适时灵活地改变风机和泵用发动机的输出功率，有望大幅度减少能量的消耗。

(2) 利用 VAV (variable air volume unit，变风量装置) 减少空气输送动力

将经空气调节机处理过的空气自动调节到与各个房间或区域的负荷相称的风量来送风，可以自动调节风量的装置——VAV 是必不可少的。

在这种方式下，空气调节机的风机利用 VAV 来调节风量，因为总送风量经常发生变动，所以使用与之相应的风量调节装置——变频器 (变频转换装置)，改变空气调节机的风机转速，调节风量。根据需要，对 CO_2 浓度进行补正。另外，应当注意由于室内的气流速度变慢造成的室内温度分布不均匀和换气次数少带来的浮游粉尘数量的增加等问题，有必要对最低转速进行限定。

(3) 利用 VWV (variable water volume，变流量方式) 减少水输送动力

由于空调负荷经常发生变化，所以最好能根据负荷调节流入空气调节机的冷水和温水的流量。另一方面，制冷机、锅炉等在稳定运转状态下工作，效率会比较高，因此最好能保证其稳定运转。变流量方式是解决这种矛盾的输送方式中的一种方式。

变流量方式是指根据负荷热量的变动控制热量供应的一种方式。在负荷方面，利用双方阀将流量控制在负荷范围内；在热源方面，利用泵侧口使送水压力处于稳定状态，供给温度差保持稳定，并可以根据负荷来改变流量。

在小规模建筑物里，经常采取恒定流量方式，而在大规模建筑物里，采取变流量方式效果比较好。采取变流量方式时，设置多台热源，通过对热源台数的控制，实现节能。实际上，在变流量系统中，经常掺杂着风机盘管机组系列那样的恒定流量方式，因此有必要在具体的节能过程中对各细节进行控制。

3. 利用自然能源 (自然通风、晚间通风降温、自然采光)

自然能源在代替日益枯竭的化学能源的同时，也被视为应对地球温室效应的对策之一。因此，对于以防止地球温室效应为目的的节能化而言，利用自然能源是最直接且备受推广的手段之一。目前需要的是主要靠自然采光和自然通风来减少能源的消耗和对环境有益的建筑。

(1) 自然通风

自然通风的方法有温度差换气和风力换气两种，两种并用会取得更大的成效。

温度差换气利用热空气会变轻并上升的原理，也称为“烟囱效应”，主要用于楼梯间、大厅、楼梯井等上下连通的空间。因此，利用温度差换气时，需要在设计初认真研究其框架结构。

想象一下将室内不同面的两个窗户打开进行换气的情况，就很容易理解风力换气的意思了。在季节风等固定风向的时候，依据风向设定“风路”，制定出积极引入自然风的建筑规划。

(2) 晚间通风降温

晚间通风降温，是将由于白天的照明、OA 机器和人员体温积蓄的热量，在夜间外部温度低的时候，向外排放、冷却，减轻了第二天早晨空调启动时的负荷。

(3) 自然采光

考虑自然采光的时候，有必要考虑房间的进深和防止西晒等问题。室内可以有效利用自然光的范围，是从窗户往内的 4～6m。将窗安装在高处的建筑方法对利用自然光十分有效，但是有必要在控制室内温度上升的双层玻璃外壁（double skin）等的开口部分的处理上下一些工夫。

但是，通过自然采光来减少照明能源的消耗往往会增加空调负荷，因此，需要依据使用情况，在节约照明用电和减轻空调负荷中进行取舍。

(4) BEMS

BEMS（building and energy management system）是实现室内环境和节能性能最佳化的大楼管理系统（图 1-2）。以大楼内的空调/卫生设备、电气/照明设备、防灾设备、安全设备等各种建筑设备为对象，通过各种传感器和仪表的检查，实时或者按照实时的状态监控室内环境、设备的状态等情况，是具有以实现运营管理和自动控制为目的的基础设施。

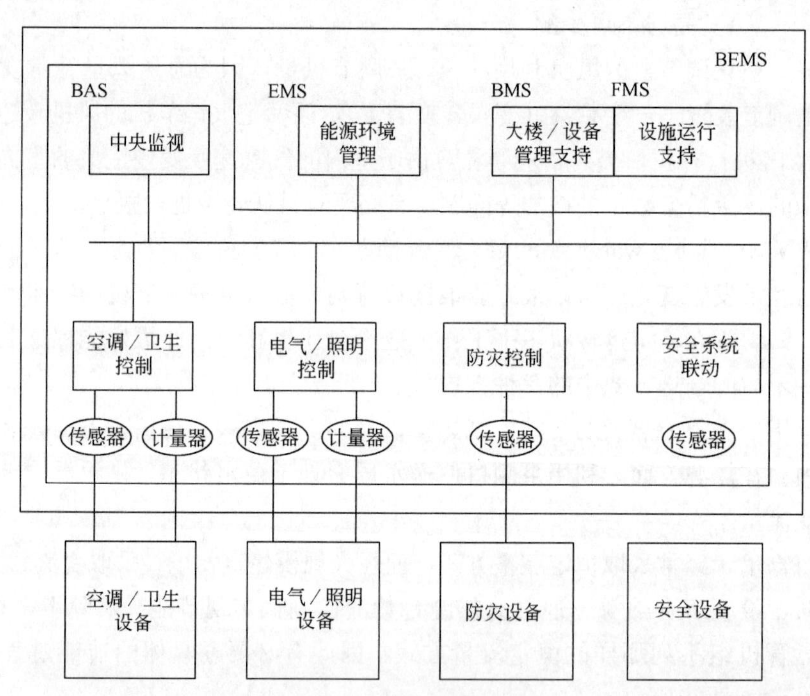

图 1-2　BEMS 结构图

BEMS 的定义不仅包含基本的大楼自动控制功能的含义，还包含能量环境管理功能、设备管理支援功能和设施管理支援功能的含义。对于大规模大楼等建筑物，还包含了涵盖设备管理支援系统和设施管理支援系统等的综合系统的含义。

在地球环境问题日益凸显的今天，建筑物节能的重要性日益得到重视，尤其是 BEMS 的能源环境管理功能格外引人关注。

为使建筑设备充分有效地发挥作用，试运行调整、各季节的最佳化及老化对应等生活周期中的性能验证（调整试验）很重要。为此，设备机器和室内环境等的合理计测计量规划、利用 BEMS 的能量环境管理功能来收集和积累数据、利用 BEMS 的能量环境管理功能来解析和评价数据也是十分重要的。

1.5 我国“十一五”节能总体规划目标（摘要）

1.5.1 节能中长期专项规划

1. 指导思想

认真贯彻党的十六大和十六届三中、四中全会精神，以科学发展观为指导，坚持节能优先的方针，以大幅度提高能源利用效率为核心，以转变增长方式、调整经济结构、加快技术进步为根本，以法治为保障，以提高终端用能效率为重点，健全法规，完善政策，深化改革，创新机制，强化宣传，加强管理，逐步改变生产方式和消费方式，形成企业和社会自觉节能的机制，加快建设节能型社会，以能源的有效利用促进经济社会的可持续发展。

2. 遵循原则

（1）坚持把节能作为转变经济增长方式的重要内容。我国能源消耗高、浪费大的根本原因在于粗放型的增长方式。要大幅度提高能源利用效率，必须从根本上改变单纯依靠外延发展，忽视挖潜改造的粗放型发展模式，走科技含量高、经济效益好、资源消耗低、环境污染少、人力资源优势得到充分发挥的新型工业化道路，努力实现经济持续发展、社会全面进步、资源永续利用、环境不断改善和生态良性循环的协调统一。

（2）坚持节能与结构调整、技术进步和加强管理相结合。通过调整产业结构、产品结构和能源消费结构，淘汰落后技术和设备，加快发展以服务业为主要代表的第三产业和以信息技术为主要代表的高新技术产业，用高新技术和先进适用技术改造传统产业，促进产业结构优化和升级，提高产业的整体技术装备水平。开发和推广应用先进高效的能源节约和替代技术、综合利用技术及新能源和可再生能源利用技术。加强管理，减少损失浪费，提高能源利用效率。

（3）坚持发挥市场机制作用与政府宏观调控相结合。以市场为导向，以企业为主体，通过深化改革、创新机制，充分发挥市场配置资源的基础性作用。政府通过制定和实施法规标准，加强政策导向和信息引导，营造有利于节能的体制环境、政策环境和市场环境，建立符合市场经济体制要求的企业自觉节能的机制，推动全社会节能。

（4）坚持依法管理与政策激励相结合。增量要严格市场准入，加强执法监督检查，辅以政策支持，从源头控制高耗能企业、高耗能建筑和低效设备（产品）的发展。存量要深入挖潜，在严格执法的前提下，通过政策激励和信息引导，加快结构调整和技术进步。

（5）坚持突出重点、分类指导、全面推进。对年耗能万吨标准煤以上重点用能单位要严格依法管理，明确目标措施，公布能耗状况，强化监督检查；对中小企业在严格依法管理的同时，要注重政策引导和提供服务。交通节能的重点是新增机动车，要建立和实施机动车燃油经济性标准及配套政策和制度。建筑节能的重点是严格执行节能设计标准，加强政策导向。商用和民用节能的重点是提高用能设备能效标准，严格市场准入，运用市场机制，引导和鼓励用户和消费者购买节能型产品。

（6）坚持全社会共同参与。节能涉及各行各业、千家万户，需要全社会共同努力，积极参与。企业和消费者是节能的主体，要改变不合理的生产方式和消费方式，依法履行节能责任；政府通过制定法规、政策和标准，引导、规范用能行为，为企业和消费者提供服务，并带头节能；中介机构要发挥政府和企业、企业和企业之间的桥梁和纽带作用。

3. 节能目标

（1）宏观节能量指标：到2010年每万元GDP（1990年不变价，下同）能耗由2002年的2.68t标准煤下降到2.25t标准煤，2003～2010年年均节能率为2.2%，形成的节能能力为4亿t标准煤。2020

年每万元 GDP 能耗下降到 1.54t 标准煤，2003～2020 年年均节能率为 3%，形成的节能能力为 14 亿 t 标准煤，相当于同期规划新增能源生产总量 12.6 亿 t 标准煤的 111%，相当于减少二氧化硫排放 2 100 万 t。

（2）主要产品（工作量）单位能耗指标：2010 年总体达到或接近 20 世纪 90 年代初期国际先进水平，其中大中型企业达到本世纪初国际先进水平；2020 年达到或接近国际先进水平（见表 1-3）。

主要产品单位能耗指标　　表 1-3

项　目	单　位	2000 年	2005 年	2010 年	2020 年
火电供电煤耗	g 标准煤/（kW·h）	392	377	360	320
吨钢综合能耗	kg 标准煤/t	906	760	730	700
吨钢可比能耗	kg 标准煤/t	784	700	685	640
10 种有色金属综合能耗	t 标准煤/t	4.809	4.665	4.595	4.45
铝综合能耗	t 标准煤/t	9.923	9.595	9.471	9.22
铜综合能耗	t 标准煤/t	4.707	4.388	4.256	4
炼油单位能量因数能耗	kg 标准油/t	14	13	12	10
乙烯综合能耗	kg 标准油/t	848	700	650	600
大型合成氨综合能耗	kg 标准煤/t	1 372	1 210	1 140	1 000
烧碱综合能耗	kg 标准煤/t	1 553	1 503	1 400	1 300
水泥综合能耗	kg 标准煤/t	181	159	148	129
平板玻璃综合能耗	kg 标准煤/重量箱	30	26	24	20
建筑陶瓷综合能耗	kg 标准煤/m^2	10.04	9.9	9.2	7.2
铁路运输综合能耗	t 标准煤/百万吨换算公里	10.41	9.65	9.4	9

（3）主要耗能设备能效指标：2010 年新增主要耗能设备能源效率达到或接近国际先进水平，部分汽车、电动机、家用电器达到国际领先水平（表 1-4）。

主要耗能设备能效指标　　表 1-4

项　目	单　位	2000 年	2010 年
燃煤工业锅炉（运行）	%	65	70～80
中小电动机（设计）	%	87	90～92
风机（设计）	%	75	80～85
泵（设计）	%	75～80	83～87
气体压缩机（设计）	%	75	80～84
汽车（乘用车）平均油耗	L/100km	9.5	8.2～6.7
房间空调器（能效比）	—	2.4	3.2～4
电冰箱（能效指数）	%	80	62～50
家用燃气灶（热效率）	%	55	60～65
家用燃气热水器（热效率）	%	80	90～95

（4）宏观管理目标：2010 年初步建立与社会主义市场经济体制相适应的比较完善的节能法规标准体系、政策支持体系、监督管理体系、技术服务体系。

1.5.2　北京根据“十一五”规划制定的节能总体规划

北京市于 2006 年颁行了《“十一五”时期建筑节能发展规划》。

1. 指导思想

以邓小平理论和“三个代表”重要思想为指导，牢固树立以人为本、全面协调可持续的科学发展观，转变经济增长方式和城乡建设方式，大力发展节能省地型住宅和公共建筑，健全法律法规，完善技术标准，强化监督管理，加快技术进步，加强宣传培训，提高全社会的节约意识，促进我市经济和社会可持续发展。

2. 工作原则

（1）节约为主，开发并重

我市建筑能源消耗高、浪费大的根本原因在于粗放型的城乡建设方式和落后的用能设备管理方式，要大幅度提高建筑能源利用效率，必须从根本上改变城乡建设单纯依靠外延发展，忽视挖潜改造的粗放型发展模式。首先，要充分依靠科技进步，研究开发符合本市需要的高效节能、高效益、高附加值、低消耗的用能设备与产品，研究和大力推广现有用能设备先进的节能技术和管理技术，挖潜设备节能潜力，提高用能设备的运行效率，真正把能源节约下来；其次，开发使用可再生能源，降低商品能源消耗。

（2）城乡统筹，全面发展

要在抓好城镇新建建筑节能的同时，加快既有建筑进行节能改造步伐，充分把握社会主义新农村建设的契机，迅速把建筑节能向农村推进；在提高建筑围护结构的保温隔热性能的同时，加强采暖供热系统的平衡调节、温控和可计量技术、新能源应用技术研究开发。

（3）创新机制，规范市场

在我国，建筑节能的市场机制还未建立，要快速推进建筑节能工作，必须加强建筑物设计、建造和使用监管，建立建筑物生命周期内节能监督管理相互衔接的管理体制，在建筑节能行业树立诚信经营理念，建立建筑节能监督管理的部门联动机制、监督管理平台和信用信息系统，形成社会监督建筑节能的舆论氛围，切实降低建筑能耗，促进建筑节能行业健康发展和市场机制的形成。

3. 发展目标

（1）总体目标：到 2010 年，建筑节能工作的政策法规体系和技术标准体系进一步完善，监督管理体制基本建立，既有建筑和供热系统节能改造取得突破，全市建筑能源和资源消耗得到显著降低。

（2）主要目标：

①新建建筑全面执行建筑节能设计标准。除农民自建低层住宅外，新建居住建筑全面执行建筑节能 65%设计标准，新建公共建筑全面执行北京市《公共建筑节能设计标准》。

②2010 年前，全市供热系统热效率平均提高 10%，实际平均能耗降低 10%以上。

③2010 年前，全市建成采用太阳能进行建筑供热的建筑 100 万平方米，采用地热源、污水源、生物质能等可再生能源进行建筑供热的建筑 1 500 万平方米，可再生能源在建筑供热、空调和照明利用率达到建筑总能耗的 4%以上。

④2010 年前，完成 25%既有建筑节能改造任务。

⑤到 2010 年，全市建筑的单位面积平均采暖能耗降低 17%，其中住宅建筑采暖平均能耗降低 23%，公共建筑采暖能耗降低 14.5%。

中国的资源状况与GDP情况

2.1 中国的资源状况

2.1.1 资源总数大国

1. 中国自然资源概况

中国的自然资源丰富多样、潜力巨大，一向有“地大物博”之称。

(1) 土地资源

中国陆地面积960万km^2，占亚洲大陆土地面积的22.1%，占全世界陆地面积的6.4%，是世界上国土面积最广阔的国家之一。中国丰富的土地资源具有两个显著的地理特色：①海拔较高、起伏较大的山地（包括丘陵、山地和高原）所占的面积超过平地（平原和高平原），成2/3与1/3之比；②在复杂多样的生态环境中，形成草原多、耕地少、林地比例小、难利用土地比例大的特点。目前，草原约占全国土地总面积的37.4%，耕地占10.4%，林地约占12.7%，而沙漠、戈壁、高寒荒漠、石山、冰川和永久积雪等难以利用的土地则合计约占20.5%。尽管如此，中国土地资源进一步充分合理利用的潜力仍很大，除现有草地、耕地和林地外，估计全国还有约3 300万hm^2的宜农荒地、6 000多万hm^2的草山草坡和9 000多万hm^2的宜林荒山、荒地和疏林地有待开发利用。

(2) 能源资源

中国常规能源的资源品种齐全，是世界主要能源国家之一。煤炭资源丰富，2006年，煤炭保有资源量10 345亿t，剩余探明可采储量约占世界的13%，列世界第3位；已探明的石油、天然气资源储量相对不足，但石油远景储量全国陆上和海上都很乐观，而且油页岩、煤层气等非常规化石能源储量潜力较大；水力资源尤为丰富，理论蕴藏量6.76亿kW，居世界第1位。

(3) 矿产资源

中国是世界上矿产种类多、分布广、储量大、大部分矿产资源能够自给的少数国家之一。截至2001年，我国发现矿产171种，探明储量的156种，其中以有色金属居优势，钨、锑、锡、汞、钼、锌、铜、铋、钒、钛、稀土、锂等均占世界前列。如钨金属的储量为世界各国总储量的3倍多，稀土金属储量占世界总储量的一半以上，锑的储量占世界储量的44%。铅、铁、银、锰、镍等金属的储量亦具世界意义，铁和锰的储量虽均占世界第3位，但贫矿多、富矿少；此外，还多伴生矿，如攀枝花铁矿产中，有钒、钛、镍等伴生。非金属矿产中的硫铁矿、菱镁矿亦居世界首位，磷矿居第2位，石棉等居世界前列。

(4) 水力资源

中国水力资源初步估算为27 115亿m^3。中国河川多年平均径流相当于世界径流总量的5.8%。

(5) 森林资源

中国现有森林面积1.24亿hm^2，虽占世界第8位，但森林覆盖率仅为12.98%，列世界第121位；森林蓄积量91.41亿m^3，居世界第5位，其中有多种材质优良、经济价值较高的树种。

(6) 生物资源

中国生物资源非常丰富，仅种子植物即达2.45万种，仅次于马来西亚和巴西，居世界第3位。在种类繁多的植物中，经济植物（按单项用途一次一种计）即达2 411种，不仅提供各种食料、药材、纤维和其他多种工业原料，并可保护和改善自然环境条件。水产生物资源中有鱼类约2 400多种，其中海洋鱼类约占3/5，其余为淡水鱼类，此外尚有甲壳类、贝类和海藻类等。

2. 中国的能源现状

从能源总量来看，我国是世界第二大能源生产国和第二大能源消费国；消费的能源主要靠国内供应，能源自给率为94%。中国2005年一次能源消费总量为22.331 9亿t标准煤，比上年增长9.89%。其中，煤炭消费量比重为68.9%，同比增长0.9%；石油为21%，同比下降1.3%；天然气为2.9%，同比增长0.3%；水电、核电、风电合计为7.2%，同比增长0.1%。根据《2007年英国石油统计评论》的数据，中国是世界上最大的煤炭生产国，2006年国内原煤产量为23.80亿t，即12.12亿t油当量，占全球煤炭总产量的39.35%；中国也是世界上最大的煤炭消费国，2006年国内煤炭消费量为11.91亿t油当量，占国内一次能源消费总量的70.20%，占全球煤炭消费总量的38.55%。

从人均水平来看，2004年中国人均一次能源消费量为1.08t油当量，为世界平均水平1.63t油当量的66%，是美国人均8.02t油当量的13.4%，是日本人均3.82t油当量的28.1%。目前，中国人均电力装机容量仅为0.3kW，为美国人均水平（3kW）的1/10。

从能源结构来看，中国2004年一次能源消费中，煤炭占67.7%，石油占22.7%，天然气占2.6%，水电等占7.0%；一次能源生产总量中，煤炭占75.6%，石油占13.5%，天然气占3.0%，水电等占7.9%。

2.1.2 资源人均小国

虽然中国各项自然资源的绝对数量均甚可观，但全国人均资源占有量都低于世界平均水平。如中国土地总面积居世界第3位，但人均不足1hm^2，而世界人均却达3hm^2；耕地面积列世界第4位，人均约0.1hm^2，世界人均约0.36hm^2，不足世界人均水平的30%；草场资源居世界第3位，人均约0.35hm^2，世界人均0.76hm^2；森林面积人均0.107hm^2，世界人均0.65hm^2；地表河流径流总量人均不足2 700m^3，只有世界平均值的1/4。同时，在世界上45种主要矿产资源储量价值比较中，按矿产总值比计，中国居世界第3位，而人均却居世界第10位；水资源总量第6位，人均第88位；森林面积第6位，人均第121位。中国各项资源在世界的占有量见表2-1。

中国各项资源在世界的占有量 表2-1

类　别	国土面积	矿产资源	耕地面积	河流流量	森林面积	资源基本特征
总量居世界位次	3	3	4	6	6	自然资源大国
人均量占世界比值	1/3	3/5	1/3	1/4	1/5	人均资源不足
人均量居世界位次		10	67	88	121	

表2-1中数据说明，我国自然资源的总量是丰富的，但因为人口特别多，人均占有的资源数量就很少，这是我国自然资源国情的基本特征。另外，由于利用和管理不当，还有很多自然资源遭到了不应有的破坏和浪费，这就更加重了我国资源形势的严峻性。

2.1.3 资源分布不均

中国自然资源地区分布很不平衡，尤以水、能源和矿产3种资源突出。

中国水资源的分布特点为南方多，北方少。其中长江流域水量最大，占全国总水量的37.7%；其次为珠江和广东、广西沿海各河流域占17.2%。反观淮河以北，黄河虽为大河，但其水量仅占全国径流量的2%，海河、滦河为1%。但黄河下游及海河、滦河流域的豫、鲁、冀3省的耕地面积却约占全国耕地面积的21.25%。相互对照，水资源的失衡卓然可见。

能源分布方面，煤炭探明储量将近80%分布于中国北方（其中64%集中于华北地区），10%在西南地区，而江南8省只占2%；石油探明储量98%在北方；天然气探明储量有限，67%在四川；水力资源西南、西北、中南3大地区占90%，其余10%分布于东北、华北、华东地区。

矿产资源分布方面，中国东南部的滇、黔、桂、湘、赣、粤6省具有世界上第1、2位的钨、锡、锑、锌、汞、铅等储量，成为中国矿产资源分布上的一大特点。

由于自然资源的地区分布不平衡，全国 6 大地区自然资源的地域组合各有所长，对地区的经济发展、人民生活及交通运输有着重大的影响，现简述如下。

(1) 东北地区

多种自然资源富饶，且种类结合较好。可耕地广，仅黑龙江一省耕地面积即占全国的 9.23%，并有大片宜农荒地；森林资源丰富，占全国的 33%；野生动植物资源亦丰富；能源资源中以石油最为雄厚，探明储量占全国的 45%～50%；煤炭资源不足，占全国的 9%，有赖调入；铁矿储量占全国的 1/4，矿种配套以黑龙江、辽宁两省较好，吉林较差。

(2) 华北地区

为富煤地区，内蒙古和山西并列全国前茅，河北次之。3 省（区）的煤炭和石油探明储量分别占全国的 1/2 和 1/3。铁矿储量大，与煤炭配套好。内蒙古的稀土矿驰名世界；水和森林资源严重不足，水资源供需矛盾特别突出。区境北部草场广大，是中国重要的畜牧业生产基地。

(3) 华东地区

为中国人口最密集、经济较发达的地区，耕地面积约占全国的 1/5，农业生产水平较高。能源以煤炭为主，集中于鲁皖苏边区，安徽有一定储量的铁矿与之配合。山东矿种也较多，苏、浙、闽 3 省则矿产贫乏。水资源以淮河以南较丰沛；杭州湾以南虽属丰水区域，但河流短促。全区水力资源仅占全国的 4%。华东海域辽阔，东海鱼类资源尤见丰富。森林资源则以杉木、毛竹和马尾松等用材林著称。

(4) 中南地区

耕地面积占全国的 22.82%，居全国首位。除南部地区属丰水带外，其余广大地区为多水带。森林和水产资源具有一定规模，森林面积虽略小于东北和西南地区，然其蓄积量则远大于这两个地区。区内以有色金属居优势，湖南和赣南的钨，湘中的锑，湘南、湘西的铅、锌及赣东北的铜矿在全国均负盛名。能源方面，水力蕴藏丰富，占全国的 13.8%。煤炭则集中于河南省。

(5) 西南地区

以金属矿产、水力和森林资源至为重要。金属矿产，如铁、锰、铜、锡、铅、锌等，在国内均具一定地位，并有盐、磷等非金属矿藏。水力蕴藏量占全国的 68%。黔、滇、川邻界地区有相当规模的煤田，其中贵州为富煤省，居江南各省前列。川、黔两省还富含天然气。西南地区为中国第二大林区，木材蓄积量占全国 20%以上，仅次于东北。地区内多山地，耕地占全国比例最小。

中国主要的能源消费地区集中在东南沿海经济发达地区，资源赋存与能源消费地域存在明显差别。大规模、长距离的北煤南运、北油南运、西气东输、西电东送，是中国能源流向的显著特征和能源运输的基本格局。

2.1.4 资源利用落后

1. 中国资源的不合理开发与利用

(1) 水资源

中国人均水资源仅为世界人均水资源占有量的 1/4，居世界第 88 位。近 20 年来，由于国民经济的高速发展、气候持续干旱、污染日益严重，水资源的供需矛盾十分突出，已成为制约经济和社会发展的重要因素。未开发的水力资源多集中在西南部的高山深谷，远离负荷中心，开发难度和成本较大。

中国水资源开发和利用面临的问题如下：

①水资源的过度开发

近年来，我国一些地区为满足不断增长的水资源需求，加大了水资源的开发力度。我国北方江河普遍存在开发过度的问题。黄河、辽河、淮河地表水资源利用率大大超过国际上公认的 40%的河流开发利用率上限，海河水资源开发利用率接近90%。素有“母亲河”之称的黄河自1972年出现首次断流，进入1990年以后年年断流。2003年是黄河来水量50年来最少的一年，这意味着黄河的水环境形势更加严峻。我国部分地区地下水也存在着开采过量的问题。我国地下淡水资源量占国内水资源总量的1/3，近20年来，全国地下水开采量平均以每年25亿m^3的速度增加，地下水占总供水量的比例已从1980年的14.0%增长到2000年的19.8%。超采地下水，已引发一系列生态问题。国土资源部2003年10月30日公布的全国地下水资源评价数据显示，目前全国形成的地下水降落漏斗已有100多个，面积达15万km^2。华北平原已形成跨冀、京、津、鲁的区域地下水降落漏斗，有近7万km^2面积的地下水位低于海平面。地下水超采还诱发地面沉降、海水入侵等问题。

②水资源污染的治理力度不够

自改革开放以来，我国工业化和城市化的步伐不断加快，在用水量急剧增加的同时，污水排放量也相应增加，主要污染物排放量大大超出水环境容量。由于多方面的原因，我国水资源污染治理力度一直跟不上形势的发展，主要表现为污水处理设施落后、污水处理率低。我国城市排水设施普遍比供水设施落后，1996年我国城市供水设施服务人口的普及率达到94.5%，而同年城市污水处理率仅为13.1%，而且城市污水的日处理能力的增加幅度远低于城市日供水能力增长的幅度，1990～1998年城市市政公共污水处理厂平均年增加日处理能力110万m^3左右，而城市供水年增加供水能力850万m^3左右。由此导致我国水环境恶化状况难以缓解或好转，进而加剧我国水资源短缺形势。

③水资源浪费现象严重

农业、工业及城市是我国水资源的三大用户，都普遍存在用水浪费的现象。我国农业用水量占总用水量的73.4%，加上农村生活用水则占到81.7%。由于农业长期采取粗放式灌溉生产，水利用率很低。全国农业灌溉水的利用系数大多只有0.4%，而世界许多国家已经达到0.7%～0.8%。我国工业万元产值用水量为103m^3，是发达国家的10～20倍。我国生产1t钢需要23～56t水，而日本、美国和德国生产1t钢只需要6t水。城市水的重复利用率只有北京、天津、大连、青岛等达到70%左右，其他大批城市的水资源重复利用率仅为40%左右，而发达国家则达到了75%～85%。全国多数城市自来水跑、冒、滴、漏的损失率达到用水量的1/5。同时水价过于低廉也容易造成水资源浪费。

(2) 土地资源

随着人口增加和经济快速发展，城乡建设、道路交通和其他占用，我国土地资源将严重不足，现有的土地资源将急剧减少。

①人均占有土地过少

随着我国人口的进一步增长，这一危机日趋明显。从20世纪50年代到80年代，全国耕地面积减少9.56万km^2，人均耕地面积已减少了近一半。

②耕地总体质量差

我国耕地分布很不平衡，水多的地区无地可浇，地多的地区无水可浇。干旱地区土壤次生盐渍面积不断扩大，使作物无法生长而不得不弃耕。由于重用轻养、滥施化肥、水土流失、荒漠化和盐碱化等多种因素的共同作用，全国耕地有机质平均含量已降至1%，明显低于欧美国家2.5%～4%的水平。在重要粮食产区的长江和淮河流域，土壤有机质含量一般不到1%，最低已不足0.3%。黑龙江省1989年抽样调查表明，东北黑土带土壤有机质含量已由20世纪50年代的8%～10%降为1%～5%。全国耕地中，缺磷面积占59.1%，缺钾面积占22.9%。全国受盐碱化威胁的耕地约有6万km^2，受荒漠化危害的农田约为21万km^2，遭受污染的耕地近20万km^2，受酸雨危害的耕地达3.7万km^2。据估算，仅农田污染一项，每年就使我国的粮食减产1 200万t。综合各种资料分析，全国高产稳产田约占耕地面积的20%～30%，中产田占40%～50%，低产田占30%左右。

③森林覆盖率降低和水土流失

随着人口增加和经济发展，森林资源早已不堪重负。照目前的砍伐速度，在不久的将来我国很有可能无成熟林可伐。虽然我国林木蓄积量由20世纪80年代初的每年净亏0.3亿 m^3，转变成目前的略有盈余，但用材林的消耗量仍然高于生长量。虽然我国的人工造林成效很大，但由于林业生产底子薄、欠账多，在未来相当长的时间里，森林资源的供需矛盾将会十分突出。水土流失面积有增无减，已达150万 hm^2，占全国土地总面积的13.5%。

④草地资源普遍退化

草地是一种可更新资源。在我国，草地对畜牧业生产具有十分重要的地位和作用，它既是广大牧区草食家畜最主要的饲料来源，又在维护陆地生态系统的能量流动与物质循环方面具有不可替代的重要作用。但由于对草地生态系统的特性缺乏正确、全面的了解，长期以来，我国对草地资源粗放经营，甚至采取掠夺式的经营方式，使草地资源普遍退化，明显影响畜牧业的发展，产生了严重的生态后果。目前，草地普遍呈现退化的趋势，如不采取有效措施，草原牧草产量可能要大幅度下降。

⑤城镇建设侵占耕地面积

随着人口的急剧增加，住房、交通和其他基本建设都要占用大量土地。目前我国有近50万 hm^2 的耕地被三项建设（国家建设、乡镇建设和农民建房）占用，按照这种速度，3年就相当于减少一个福建省的耕地面积。

⑥土壤污染日益严重

随着工业发展特别是乡镇工业的发展，生产过程中排出大量的“三废”物质，通过大气、水、固体废弃物的形式进入土壤。同时农业生产中因不断施入肥料、农药等物质并在土壤中累积，造成了严重的土壤污染。

（3）矿产与能源资源

矿产和能源是实现国民经济现代化和提高人民生活水平的物质基础。能源总消耗量和人均能源消耗量是衡量一个国家或地区经济发展水平的重要标志。中国能源工业发展很快，为近20年来罕见的经济快速发展提供了有利的保障。

①矿产、能源现状

我国是世界上矿产资源较为丰富的国家之一。经过几十年的普查和勘探，截至2001年，我国发现矿产171种，探明储量的156种，发现矿床、矿点20多万处，是世界上矿产种类齐全、储量丰富的少数几个国家之一。有40多种主要矿产探明储量的潜在价值居世界第3位，仅次于前苏联和美国。但是，我国有13亿人口，按人均拥有矿产资源量计算，只有世界人均占有量的40%，居世界第81位，因而按人均占有量计算又是资源小国。而且，我国储量丰富的矿产主要是一些用量不多的矿种，而国民经济和人民生活需要的大宗消耗性矿种，如石油、天然气、铁、铜、钾盐、天然碱等却储量不足。中国煤炭资源地质开采条件较差，大部分储量需要井工开采，极少量可供露天开采。石油天然气资源地质条件复杂，埋藏深，勘探开发技术要求较高。一些重要矿产，如铬、铂、金刚石、硼等严重短缺，铜矿只能满足生产需要的一半，铁矿由于贫矿多而长期依赖进口。老矿山可采资源日益衰竭，后备资源基地短缺，石油、天然气、铜、金等可供规划开发的储量缺口很大。

②矿产资源开发利用中存在的问题

a. 经济性差。我国矿产资源贫矿多、富矿少；共生、伴生矿种多，单种矿床少；中小型矿床多，大型、超大型的矿床少；难采、难选、难冶炼的矿床多，易采、易选、易冶炼的矿床少。我国矿产资源储量是用地质储量计算得出的，呆矿、死矿多，许多储量开采不出来，即使能开采出来，也是难度大、成本高。在已探明的石油储量中，稠度大、含硫量高、油质差的比例占一半以上。一些蜂窝状分布的矿产难以大规模开采，零星开采的成本高而安全隐患大。所有这些，都增加了我国矿产资源开发利用的成本。另外，我国经济发展的中心在东部沿海地区，而矿产资源则主要分布在中西部地区。矿产资源分布远离经济发展中心，不仅增加开发利用成本，还加大交通运输和环境保护的压力。

b. 管理不力，优势矿产消耗过快。随着经济体制改革的推进，矿业中出现了许多新的问题。由于管理跟不上，矿业秩序混乱，乱挖滥采、破坏资源的顽症屡治不愈。我国的一些优势矿产，由于过量开采而使储量消耗太快，如广西南丹矿原来规划开采 20 年，实际在不到 10 年的时间内就开采和破坏完了。有法不依、执法不严、越权发证、有证乱采的问题突出。这些问题，制约着矿业的健康发展。矿产品进出口上的问题同样严重。在 20 世纪 80 年代后曾出现我国优势资源变成经济劣势的事件，以钨矿资源最为典型。钨矿曾是我国的优势矿产，但由于出口竞相压价，不仅使国际市场钨矿价格一直处于谷底，也使我国钨矿资源迅速枯竭。

c. 投入不足。近十年来，我国主要矿产资源储量增长低于开采量增长，产量增长又低于消费增长，导致储采比下降。我国主要矿产资源储采比均低于世界平均水平。如 2006 年，我国石油储采比是 13.4，世界平均是 40；天然气储采比是 53.4，低于 61 的世界平均水平；即使最丰富的煤炭，我国的储采比（48）也不足世界平均水平（147）的一半。一些重要矿产资源的产量增长缓慢，石油情况尤为突出。大庆、辽河、胜利等东部油田已进入中晚期，后备资源又严重不足，稳产难度越来越大；西部的增产幅度不足以弥补东部的产量下降，接替东部油田的目标短期内还难以实现；海上油气勘探近年来虽有进展，但据有关部门的估计，到 2010～2015 年尚难取得能影响全局的突破。45 种主要矿产资源的保有储量，到 2010 年可以满足需求的只有 23 种，2020 年仅剩 6 种。石油、铁矿、锰矿、铬铁矿、铜矿、镍矿、金矿、钾盐、金刚石、硫矿等 18 种矿产，供应不能保证国内的需求。

d. 开发方式粗放。我国矿产资源的开发方式总体上仍是粗放型的，开发利用水平低下，具体表现在：在采富矿的时候糟蹋甚至破坏了贫矿；开采主要矿种时浪费或破坏了伴生矿；开采多种金属矿的时候只用了其中的单元素；共（伴）生矿的综合利用率不到 20%，比国外平均水平低 20%～30%。国有大中型煤矿煤炭回采率可达到 70%～80%甚至更高，而小煤窑的回采率仅 30%左右，有的仅 20%左右。我国油田开采损失率约为 1.9%，而美国仅为 0.3%，俄罗斯为 0.6%。2001 年，我国矿石采掘总量近 50 亿 t，矿产资源回收率约 30%，比国外约低 20%，由此造成的浪费相当惊人。

2. 我国能源现状

(1) 能源消费特点

①能源消费以煤为主，使环境污染问题日益突出

2005 年，我国一次能源消费量中，煤炭占 68.7%，石油占 21.2%，天然气占 2.8%，水电占 6.3%，核电占 1.0%。我国也是世界上最大的煤炭消费国，2005 年消费量占世界总消费量的 36.9%。2007 年我国能源消费总量 26.5 亿 t 标准煤，比上年增长 7.8%，增幅比 2006 年回落了 1.5%。煤炭消费量 25.8 亿 t，增长 7.9%；原油消费量 3.4 亿 t，增长 6.3%；天然气消费量 673 亿 m^3，增长 19.9%；电力消费量 32 632 亿 kW·h，增长 14.1%。

②优质能源比重上升，石油安全不容忽视

2001 年以来，中国石油消费高速增长。在中国一次能源消费构成中，煤炭所占的比重由 1990 年的 76.2%下降到 2005 年的 68.9%，而石油、天然气、水电所占的比重分别由 1990 年的 16.6%、2.1%和 5.1%，上升到 2005 年的 21.0%、2.9%和 7.2%。“九五”以来交通运输用油呈快速增长态势，特别是运营运输用油年均增长速度大大高于同期国内生产总值的增长速度。我国自 1993 年开始成为石油净进口国以来，对外依存度逐年提高，据海关总署发布的数据，2007 年我国共进口原油 1.63 亿 t，同比前年增长 12.4%；进口成品油 3 380 万 t，同比前年下跌 7.1%。以此数据计算，我国石油依存

度已近50%。

③工业用能居高不下，结构调整任重道远

2006年，我国一、二、三产业占GDP的比重分别为12%、49%和39%。其中，工业生产耗能占能源消费构成的70.4%，而高耗能工业又占工业生产耗能的79.2%。虽然统计口径不完全可比，但与国外能源消费构成相比，我国工业用能比重明显偏高。在推进工业化的进程中，调整经济结构的任务十分艰巨。

④生活用能有所改善，但用能水平仍然很低

2006年，城乡居民生活用电3 240亿kW·h，比2005年增长14.7%；人均用电量约2 149kW·h，大致相当于美国的1/7，日本的1/4，韩国的1/3；人均生活用电量仅为246kW·h，大致相当于美国的1/20，日本的1/10。

(2) 能源利用情况

①能源利用效率有所提高

a. 单位产值能耗：2006年中国每万元GDP能耗同比下降1.33%。

b. 单位产品能耗：2007年，全国供电煤耗（6 000kW及以上电厂供电标准煤耗）为357g/（kW·h），比2006年降低10g/（kW·h）。发电标准煤耗334g/（kW·h），同比下降9g/（kW·h），为近几年下降幅度最大的一年，相当于全年6 000kW以上火电厂生产节约标煤2 423万t，占全年发电耗用标煤量的2.75%。电网输电线路损失率比上年减少0.19%，降为6.85%。

c. 能源效率：我国单位国内生产总值总体下降，由1998年的每万元1.56t标准煤，下降到2005年的1.43t标准煤（均为2000年可比价），主要用能产品单位能耗逐步降低，能源利用效率有所提高。

②节能取得明显的经济和社会效益

中国每万元GDP能耗已经由1990年的2.68t标煤下降到2005年的1.43t标煤，下降了46.6%。1991～2005年的15年间，累计节约和少用能源约8亿t标准煤，相当于少排约18亿t二氧化碳。节能对缓解能源供需矛盾、提高经济增长质量和效益、减少环境污染、保障国民经济持续快速健康发展发挥了重要作用。

③能源利用效率与国外的差距

a. 单位产值能耗：2006年中国全年能源消费总量达24.6亿t标准煤，比上年增长9.3%；万元国内生产总值能源消耗1.21t标准煤，比上年下降1.23%，但比年初预定的目标下降4%左右尚有相当大的距离。

b. 单位产品能耗：2005年中国的能源利用效率为33%，比发达国家低约10%，电力、钢铁、有色、石化、建材、化工、轻工、纺织8个行业主要产品单位能耗平均比国际先进水平高40%，钢、水泥的单位产品综合能耗比国际先进水平分别高40%、45%。

c. 主要耗能设备能源效率：我国燃煤工业锅炉平均运行效率仅为60%～65%，比国外先进水平低15%～20%，每年排放烟尘约200万t，二氧化硫约700万t，二氧化碳近10亿t，是仅次于火电厂的第二大煤烟型污染源。中国80%以上的电机产品效率比国外先进水平低2%～3%。目前国内广泛应用的Y系列电动机效率平均值为87.3%，而美国高效电动机的效率平均值为90.3%，该效率水平为美国能源政策法令（EPACT法令）所规定的市场准入效率水平，其超高效电动机的效率平均值则为91.7%。在我国，电动机系统是一个面广量大的应用产业。其中风机、泵类、压缩机和空调制冷机的用电量分别占全国用电量的10.4%、20.9%、9.4%和6%。从全球范围看，电动机的用电量平均占世界各国社会总用电量的一半以上，占工业用电量的70%左右。因此，电机系统效率的提高，对节约电能意义十分重大。有计算表明，如果在2012年达到美国超高效率水平，那么我国当年新增电动机的节能潜力为84.12亿kW·h，相当于节约320万t标准煤，约合节约449万t原煤，相当于1.7个100万kW电站的发电量。机动车燃油经济性水平比欧洲低25%，比日本低20%，比美国整体水平低10%；载货汽车百吨公里油耗7.6L，比国外先进水平高1倍以上；内河运输船舶油耗比国外先进水平高10%～20%。

d. 单位建筑面积能耗：目前我国单位建筑面积采暖能耗相当于气候条件相近发达国家的2～3倍。据专家分析，我国公共建筑和居住建筑全面执行节能50%的标准是现实可行的；与发达国家相比，即使在达到了节能50%的目标以后仍有约50%的节能潜力。

e. 能源效率：我国能源效率比国际先进水平低10%，如火电机组平均效率33.8%，比国际先进水平低6%～7%。能源利用中间环节（加工、转换和储运）损失量大，浪费严重。

2.1.5 环境污染严重

1. 空气污染严重

空气中固有成分以外的物质被称为污染物，如烟尘及二氧化硫等物质。当这些污染物的浓度达到一定程度时，便会使原本清新的空气不再洁净，这种现象科学家称之为大气污染。大气污染物的种类很多，其物理和化学性质非常复杂，毒性也各不相同，主要来自矿物燃料燃烧和工业生产。前者产生二氧化硫、氮氧化物、碳氧化物、碳氢化合物和烟尘等，后者因所用原料的生产工艺不同而排放出不同的有害气体和粉尘等。另外，农业施用的农药飞散进入大气，也会成为大气污染物。

我国酸雨污染发展较快，广东、广西、四川盆地和贵州大部分地区形成了华南、西南酸雨区，近年来又逐渐形成了以长沙、南昌为中心的华中酸雨区，其严重程度超过了华南、西南酸雨区。还有以厦门、上海为中心的华东沿海酸雨区和以青岛为中心的北方酸雨区。例如，秦岭因生物多样性极为丰富，被誉为“生物基因库”和“绿色宝库”，储藏着诸多珍稀濒危动植物资源，是我国生物多样性保护的重点地区之一。处于这一重点保护区腹地的略阳县和商州市的酸雨频率加大，酸度加重，对秦岭的生物多样性危害极大，对于秦岭的保护开发和利用极为不利。与此同时，对农业生产也已造成重大损失。

2. 水污染正困扰中国

根据国家环保局的一项调查，在被统计的我国131条流经城市的河流中，严重污染的有36条，重度污染的有21条，中度污染的有38条。中科院在1996年发布的一份国情研究报告也表明，全国532条主要河流中，有436条受到不同程度的污染，七大江河流经的15个主要城市河段中，有13个河段水质严重污染。

20世纪80年代初约1/5的水井水质污染超过了饮用水标准，到了80年代后期污染超过饮用水标准的水井就已经达到1/3，而到2000年已有3/5的城市地下水受到污染。地下水的水污染也正困扰着中国。

长江是中国的第一大河，在世界上也位居前三名。据统计，每年仅干流21个主要城市就向长江排放80亿t污水，而且每年的排放量正以超过5%的速度增长。由于污染治理水平低、效果差，在直接入江的近500个排污口中，有80%未达到国家标准便排入江中，在城市江段已明显形成岸边污染带。据调查，长江干流21个主要城市江段的污染带已超过600km，占城市江段长度的70%。

2.1.6 资源消耗量大

1. 中国资源消耗总量在世界上的地位

尽管中国目前的人均能源消费量居世界之末（人均能耗：世界2 050.4kg标准煤，中国1 141.2kg标准煤；人均产能：世界2 155.7kg标准煤，中国1 089.2kg标准煤），然而其能耗强度却跃居世界之前列。据有关部门的调查测算，我国能源系统的总效率（开采×加工×运输×利用）仅为9%，不及发达国家的一半。按万美元GDP能耗分析，全球平均为4.2t标准煤/万美元，而我国为15.74t标准煤/万美元，是其3.74倍。据有关人士比较，我国目前的万美元国民生产总值能耗比大多数低收入国家高出5～11倍，工业产品单耗比工业发达国家高出30%～90%。如火电标准煤耗，我国是国外先进水平的1.25倍，吨水泥煤耗是国外的1.64倍。我国重点钢铁企业每年白白排放掉的高炉煤气和焦炉煤气便达60多万t标准煤，一些低热值燃料的利用率仅为20%左右。目前我国第一产业能耗水平为0.90t标准煤，第二产业为6.58t标准煤，第三产业为0.91t标准煤。产业结构的不合理、能源品质低下、管理落后等是造成能耗水平较高的重要原因。

2. 资源节约利用情况的国际比较

中国尽管在资源节约利用方面成效显著，但资源利用方式总体上仍十分粗放。从横向比较，目前中国的资源利用水平与发达国家还存在很大差距。中国是世界上的资源消耗和污染排放大国，《2006中国可持续发展战略报告》中通过节约指数（或称资源环境综合绩效指数）的计算发现，中国5类主要资源的节约指数为1.896（GDP按购买力平价计算），它意味着中国5类资源的平均消耗强度高出世界平均水平约90%，位列世界59个主要国家（占世界GDP的93.7%）的第54位。相对于其他国家，中国仍处于十分粗放的发展阶段。

2.2 中国的GDP发展情况

1978～2007年中国的GDP和GNP如表2-2所示。

1978～2007年中国GDP和GNP分析 表2-2

年　份	GNP（亿元）	比上年增长（%）	GDP（亿元）	比上年增长（%）	修订后的GDP（亿元）	修订后的GDP增长率（%）	说　明
1978	3 588.1	11.7	3 624.1	11.7			人均GDP 190美元
1979	3 998.1	7.6	4 038.2	7.6			
1980	4 470.0	7.9	4 517.8	7.8			
1981	4 773.0	4.4	4 862.4	5.2			
1982	5 193.0	8.8	5 294.7	9.1			
1983	5 809.0	10.4	5 934.5	10.9			
1984	6 962.0	14.7	7 171.0	15.2			
1985	8 557.6	12.8	8 964.4	13.5			
1986	9 696.3	8.1	10 202.2	8.8			
1987	11 301.0	10.9	11 962.5	11.6			
1988	14 068.2	11.3	14 928.3	11.3			
1989	15 993.3	4.4	16 909.2	4.1			
1990	17 695.3	4.1	18 547.9	3.8			
1991	20 236.3	8.2	21 617.8	9.2			
1992	24 036.2	13.0	26 638.1	14.2			
1993			34 634.4	13.5		14.0	

续上表

年　份	GNP（亿元）	比上年增长（%）	GDP（亿元）	比上年增长（%）	修订后的GDP（亿元）	修订后的GDP增长率（%）	说　明
1994			46 759.4	12.6		13.1	
1995			58 478.1	10.5		10.9	
1996			67 884.6	9.6		10.0	
1997			74 462.6	8.8		9.3	
1998			78 345.2	7.8		7.8	
1999			82 067.5	7.1		7.6	
2000			89 468.1	8.0		8.4	GDP超1万亿美元
2001			97 314.8	7.5		8.3	
2002			104 790.6	8.0		9.1	GDP超10万亿元
2003			116 694.0	9.1		10.0	
2004			136 515	9.5	159 878	10.1	GDP排世界第6位
2005			182 321			9.9	GDP排世界第4位
2006			210 870				GDP排世界第4位
2007			246 619				GDP排世界第4位

以2007年为例的相关说明如下。

（1）2007年GDP总值世界排名如表2-3所示。中国位居第4，GDP总值为30 100亿美元。

2007年GDP总值世界排名表　　表2-3

排　名	1	2	3	4	5	6	7
国　别	美国	日本	德国	中国	英国	法国	意大利
GDP总值（亿美元）	139 800	52 900	32 800	30 100	25 700	25 200	20 900

据悉，世界“中上等”发达国家和地区的人均GDP平均在3 466～10 725美元之间，而北京市的人均GDP达到7 370美元，显示了北京市具有较强的生产力和财富创造能力。

（2）2007年中国GDP占世界的比重从2006年的5.5%提高到6.0%，相当于美国GDP的比例从2006年的20%提高到23.5%。

（3）中国2007年人均GDP（2 461美元/人）世界排名为第106位，比上年前移了3位，仍为中下收入国家。

（4）2007年中国经济增长率为11.4%（初步核算数），远远高于美国、日本、德国等世界主要国家。据IMF测算，2007年中国对世界经济增长的贡献率为17.1%，居世界之首，高于欧元区的14.6%、美国的14%、日本的4.2%，俄罗斯、印度、巴西对世界经济增长的贡献率分别为4.8%、4.7%和3.3%。

2.3 中国大城市的能耗现状

2.3.1 京津沪地区能耗情况

京津沪都是人口众多、资源短缺、环境容量相对有限的特大型城市，尤其近年来伴随着经济高速发展和人口规模膨胀，资源短缺已成为阻碍这些城市发展、威胁城市安全的首要问题。

尽管目前京津沪在资源节约方面已取得一系列成果，如上海的万元GDP综合能耗、取水量等指标全国领先，北京已着手制订建设节约型社会规划纲要，但在城市发展最为短缺的水、电、气等领域，“漫灌”式、粗放型的资源浪费现象仍比较严重。

北京、上海、天津的能源消费总量长期在全国各大城市中位于前列，其中2004年上海能源消费总量为全国第一，北京位居第二。作为资源消费特大型城市，京津沪同时又属于典型的供应依赖型城市，资源消费对外部的依赖程度极高。

由北京市发展与改革委员会提供的统计资料显示，北京90%以上的一次能源需要外埠供给，其中70%的电力、94%的煤炭、100%的天然气、100%的石油及60%的成品油都需要从外地调入。

上海除了土地、水资源短缺外，能源、矿产资源等更是稀缺，其中一次能源几乎100%靠区外调入。对上海国民经济发展较为重要的石油、煤及其他矿产品，长期以来一直依赖国内市场和国外进口。

京津沪三大直辖市均为我国的极度缺水地区，北京、上海属人口压力缺水地区，北京人均水资源不足300m^3，上海人均水资源不足200m^3。天津更属于生态缺水地区，即自然水生态不平衡，人均水资源仅153m^3，属于极度缺水。京津沪三大直辖市地域狭小，仅是河流流域的一部分，都要依靠外来水源。

中国社科院经济与技术研究所副所长齐建国长期从事循环经济研究，他在接受记者采访时说，目前京津沪都面临“率先实现现代化、打造国际化大都市”的任务，对资源的消耗将更大、更快。然而，传统的经济增长模式和资源消费观念还没有从根本上改变，“高消耗”伴随“高浪费”的现象随处可见。专家表示，资源消费对外部的依赖程度越高，受外部变化的影响和牵制就越大，抗干扰和抗波动的能力就越差。随着京津沪经济高速增长，能源、原材料、水、土地等资源需求呈现刚性增长，供需矛盾日益突出，资源桎梏将严重阻碍三大城市未来的新一轮发展。

2004年北京市照明用电为49亿kW·h，占全市用电量的11%。如果使用高效照明产品，可节电60%～70%。按此计算，北京仅照明用电一项，由于未采用节能灯具，每年至少多消耗电量29.4亿kW·h。而同年，创运行发电13年来年发电量最高记录的秦山核电站，其累计发电量为27.2亿kW·h。北京仅高能耗照明一年便“浪费”掉一个秦山核电站。

在多数人的观念中，上海拥有充沛的水资源，但事实上因为污染严重，上海地表水资源中仅有20%的淡水可供使用，人均水资源拥有量不足200m^3，低于北京，属于典型的污染型极度缺水城市。

由于对水基础知识和水资源状况不了解，甚至有误解，许多企业和个人节水意识淡薄，认为水价便宜，多用点水也花不了多少钱，生产、消费、生活中的水资源浪费现象屡见不鲜。仅以上海的洗车行业为例，作为特大型城市的消费新热点，目前上海各类机动车数量已达150万辆，预计到2010年将达300万辆。随着机动车数量的增加，洗车行业迅速发展。据上海市水务局统计，上海有70%左右的加油站附设机动车清洗，约为550～600家；持经营许可证的洗车站（点）为315家；无证经营的洗车摊点约有300家。洗车站（点）的年用水总量约为1 000万m^3。而在数以千计的洗车站（点）中，目前仅有8家安装使用了机动车污水循环净化系统。大型公交公司的洗车站虽然具备洗车水循环回用能力，但由于洗车设施不适应公交车结构、机械洗车成本高等原因，大都仍采用耗水量更高的人工清洗。

根据测算，清洗一辆车平均耗水70～80L。如果使用洗车水循环回用设施，耗水量可降至15～20L，按全市100万辆机动车每年清洗50次计算，全市洗车水可节约将近300万 m^3/年。也就是说，目前仅洗车行业浪费的水，就可供100万上海市民20天的生活用水。

在水资源同样奇缺的北京，除了超过230万辆机动车所创造出的规模更加庞大的洗车行业外，城市管网漏水造成的水资源浪费也十分惊人。北京市水务局的统计数字显示，全市管网漏失率近20%，有1/5的供水被白白浪费。北京每年跑、冒、滴、漏所损失的水量，相当于13个北海。

2.3.2 中国建筑物运行能耗状况

中国建筑规模巨大，发展迅速，城乡建筑竣工面积为2001年18.2亿 m^2，2002年19.7亿 m^2，2003年20.3亿 m^2。中国每年新建建筑竣工面积大于各发达国家每年新建建筑竣工面积之和，是世界上最大的建筑市场。

建筑运行能耗占我国非发电用煤量的16%～18%，发电总量的22%～24%。

(1) 建筑物保温状况

建造时间：20世纪90年代末大于50、60年代，50、60年代大于70～90年代初。

地区：东北地区大于西北，华北北部大于华北南部地区。

建筑物性质：大型公共建筑大于住宅/简陋的办公室/教室。

与发达国家比，平均保温水平为北欧同等纬度发达地区的1/3～1/2，差距较大。

(2) 供热系统状况

建筑物内供热调节不匀，导致部分房间过热，只好开窗降温——30%的热损失；外网热损失大，锅炉房效率低。目前集中供热系统热能利用效率不足55%，“建筑节能了但采暖却并没有省能”。

住宅除采暖之外的用电包括照明、家电、空调及长江流域和长江以南区域的分散式采暖用电。我国城镇住宅总面积目前约为100亿 m^2，耗电量2 000亿kW·h/年［15～30kW·h/（m^2·年)］，约占我国发电总量的10%［目前发达国家住宅用电量为60～100kW·h/（m^2·年)］，且呈上升趋势。

非住宅建筑的非采暖电耗包括照明、办公用电设备、饮水设备、空调等，建筑总面积约为55亿 m^2，用电量为1 600亿kW·h/年，约占我国发电总量的8%，平均用电水平［20～60kW·h/（m^2·年)］尚低于发达国家，但这部分用电量目前也呈增长趋势。

大型公共建筑用电如高档办公楼、宾馆、大型购物中心、综合商厦、交通枢纽等，到2004年全国建筑总面积仅为5亿 m^2，而全国此类建筑耗电总量约为1 000亿kW·h/年［100～300kW·h/（m^2·年)］，约占我国发电总量的5%，单位建筑面积耗电量为住宅的10～15倍，为一般办公建筑的5～10倍；此类建筑在新建建筑中的比例呈上升趋势，是导致近几年我国大部分城镇夏季用电量急剧上升的主要原因之一；与美国基本在同一水平，比日本城市高，节能水平远远差于西欧北欧。

民用建筑成能源浪费黑洞。目前我国正处在房屋建筑的高峰时期，建筑规模之大，在中国和世界历史上都是前所未有的。仅2003年一年，城乡建筑竣工面积就达20.3亿 m^2，这些建筑在几十年至近百年的使用期间将在采暖、空调、通风、炊事、照明、热水供应等方面不断消耗大量能源。

“预计到2020年，我国还将新增300亿 m^2 的建筑，建筑耗能必将对我国的能源消耗造成长期影响。”建设部有关负责人表示，“在我国城乡既有的400亿 m^2 建筑中，只有城市的3.2亿 m^2 房屋算是节能建筑，其余都属于高耗能建筑。”

(3) 北京的建筑运行能耗现状

北京目前拥有官方认定的三星级以上宾馆饭店343家，其中四、五星级宾馆饭店120家；2万 m^2 以上的商场、写字楼约200家。现有的大型公建的建筑面积约2 000万 m^2，在近期将新建的大型公建的建筑面积约2 000万 m^2，合计约4 000万 m^2。大型公建的建筑面积仅占民用建筑总建筑面积的

5.4%，但其耗电量却接近北京市生活用电的50%，其单位耗电量则是普通住宅的10～15倍。据有关资料表明，设计能控制建安投资的70%，设计修改和建成后的修改的投资比例为1∶1 500。

2006年，北京市经济发展实现“高增长、低消耗、少排放”目标。在能耗方面，以6.9%的能耗增长支撑了11.8%的经济增长，万元GDP能耗下降5.25%，是全国唯一完成节能降耗目标的地区。2008年全市居民家庭节水器具的普及率要达到85%以上。

2.4 解决能源与环境问题的途径

能源的有限性和人类需求无限性的特点，使得人类必须遵循节约的原则，并把节约的原则贯穿于资源的开发、利用、生产和消费的全过程，以最低限度的资源消耗获得最高限度的效益。

2007年10月28日，十届全国人大常务委员会第三十次会议审议通过了修改后的《节约能源法》，国家主席胡锦涛签署主席令予以公布。由此，这部对中国能源战略全局有着重大影响的法案文本终于亮相。修改后的《节约能源法》自2008年4月1日起施行。《节约能源法》规定：“节约资源是我国的基本国策。国家实施节约与开发并举、把节约放在首位的能源发展战略。”

2.4.1 提高能源利用率

所谓节能，就是利用技术上现实可行、经济上合理、环境保护和社会上可以接受的方法，有效地利用能源资源。其目的是要求从能源开发到利用全过程中，获得更高的能源利用率。节能可分为直接节能和间接节能两种。

目前，我国一方面能源供应紧张，一方面又普遍存在消耗高、浪费大的现象。提高能源利用率、节约能源不仅要重视节能技术，开发和推广节能新工艺、新设备，还要重视产品结构，加强科学管理，制定有关法规和标准等。

2.4.2 形成合理的能源利用结构

我国的煤炭资源丰富，在今后相当长的时期内仍将以燃煤为主。目前，我国煤炭转换成二次能源（电力、煤气、焦炭）的比重约为35%，直接燃烧占65%。用煤发电，可提高煤炭的燃烧效率，以电力代替其他能源可提高整个社会的能源利用率。

在能源由传统的石化能源向新能源和可再生能源过渡的新时期，核能利用的重要性日益突出，因此要积极发展核电事业。另外，水力能源在解决能源平衡、保护环境减少污染方面也有一定的优势。

2.4.3 替代能源的开发

所谓替代能源，如太阳能、风能、水能和地热能等，可以补偿石油在世界一次能源结构中比重逐年下降的缺口。寻找和开发利用清洁、高效的可再生能源，取代资源有限、对环境有污染的矿物能源，走能源、环境和经济协调发展的路子，是解决新世纪能源问题的主要出路。

3 建筑给水排水专业节能设计

3.1 建筑给排水系统节能原理

3.1.1 给排水系统节能设计的意义与存在的问题

建筑给水排水系统的运行需要同时供给能源和水源。全年 365 天用水，消耗建筑中大量的能源。所以，建筑节能设计中，给排水系统具有重要意义和节能潜力。

例如，根据调查，近年来商业化建筑的年能耗中，卫生热水能耗是其重要部分。考虑地区、季节等差异，自来水初始温度按 12℃计算，常规热水器效率按 90％计算，我国每年仅城市居民卫生热水能耗折算成电力消耗为 $1.75\times10^{11}\sim2.45\times10^{11}$ kW·h。

宾馆饭店、医院、游泳馆等公共建筑需要大量使用生活热水，体育类建筑也需要生活热水，高档办公类、展馆类建筑也越来越多地使用生活热水。据有关文献统计，住宅中用于制取生活热水的能耗在发达国家约为家庭全年总能耗的 25％，在我国也已达到 25％。另据估计，发达国家供应生活热水消耗的能源将成为继室内供暖空调之后的第二大能耗，在美国，热水器要消耗美国居住总能源的 17％，今后还将有继续上升的势头。

日本"空气调和·卫生工学学会"会长镰田元康教授 2007 年 10 月在中国工程建设标准化协会建筑给排水委员会成立 20 周年学术会议上演讲"日本给排水行业发展的历史和展望"，分析了日本住宅中的能耗分布情况，见图 3-1。其中生活热水的能耗占到了 30％以上。

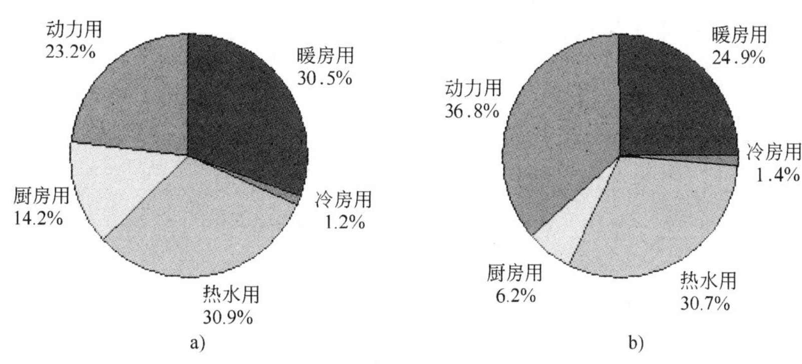

图 3-1 日本住宅中的能耗分布

a)1973 年度；b)2003 年度

目前，建筑给排水系统的节能存在很多亟待解决的问题，列举几例如下。

(1) 建筑给排水节能的重要意义和技术在我国尚未被正确认识和关注，如国家或地方建筑节能设计标准中都几乎未涉及给排水内容。

(2) 建筑给排水的节能尚未开展系统的课题研究，以至于节能的一些基本概念都会被人们包括专业技术人员所误解，比如把节能内容和节水内容相混淆。

(3) 许多具体的节能做法没能从理论层面进行阐述和解释，从而无法把节能的效果从定性叙述深化到定量分析阶段。

(4) 一些相对耗能的技术仍作为节能技术在工程中推广，如水泵-高位水箱供水工艺被其他更为耗能的供水技术所取代，而且还标榜为节能措施。

3.1.2 给排水系统的节能概念与特点

能源和水资源的节省，是给排水系统设计和运行管理中必须考虑的两大课题。在给排水系统中，能源节省和水资源的节省有时相伴出现，有时又相互冲突。例如，节水冲洗水箱大便器，在节水的同时，还减少了水泵的耗能，具有节能效果；器具延时自闭式冲洗阀，在节水的同时，却增加了所需的最低工作压力，使水泵的扬程增加，综合耗能是节省还是增加需要进一步分析比较。又如设置中水系统，必然要增加能耗，但有节水功效。

节能和节水不是同一个概念，而有各自独立的含义，二者不能相互取代。即使供水系统中的节能和节水效果相伴出现，节能也是具有独立且确切的含义，如有的热水系统的节水器也具有节能效果。

给排水系统的能耗，主要是指维持给排水系统日常运行的能源消耗，包括：

(1) 水加热需要的热能，如生活热水和开水的加热；

(2) 水提升需要的动力能，如加压供水和维持水循环。

节能的效果用节能率衡量，节能率 E 用式 (3-1) 表示。

$$E=(W_1-W_2)/W_1 \tag{3-1}$$

式中：W_1——未采取节能措施的能耗；

W_2——节能设计后的能耗。

3.1.3 热能节省控制因素

热能消耗主要是制备生活热水，一般是把自来水加热到 60℃左右，输送到用水点处的能量消耗。热水制备的耗能量由式 (3-2) 表示。

$$W_r=4.19Q\Delta t/\eta \tag{3-2}$$

式中：W_r——热水耗能量；

Q——加热水量或热水系统的耗水量；

Δt——水加热前后的温度差；

η——水加热设备的热效率。

热水在输送过程中也耗损能量，耗能量用于补充管道的热损失，见式 (3-3)。

$$W_g=\pi DLKt(1-\eta_1)\Delta t_1 \tag{3-3}$$

$$\eta_1=f(\text{厚度、传热系数等})$$

式中：W_g——管道传热损失能耗；

D、L——分别为管道外径和长度；

K——无保温时的管道传热系数；

t——热损失持续时间；

η_1——保温系数；

Δt_1——管道内热水温度与管外环境温度的差值。

根据式 (3-2) 和式 (3-3)，可得节能控制因素如下。

(1) 减小加热水量 Q

式 (3-2) 中，水量 Q 减少，则耗热量 W_r 可以减小，且减小的比率与热水的减少比率相等。例如，若减少加热水量 10%，则耗能量就会减少 10%，即实现节能率 10%。

加热水量 Q 的减少可通过各种节水技术实现，如热水用水点用水时热水迅速流出，少放冷水；控制热水用水点的无效出水流量；保持热水出水水温稳定；采用节水器具等。

(2) 减小温差 Δt

式 (3-2) 中，加热前后的水温差 Δt 减小，则耗能量 W_r 可以减少，且减小比率与水温差的减少比率相等。例如，若水温差减少 50%，则耗能量就会减少 50%，即实现节能率 50%。

水温差 Δt 的减少可通过利用废热或可持续性能源技术预热冷水来实现，如空调制冷废热预热冷水、太阳能预热冷水等。

(3) 提高设备加热效率 η

式(3-2)中，设备的加热效率 η 提高，则热水制备的耗能量 W_r 可以减少，且减小比率与设备热效率提高的比率相等。

提高设备的加热效率 η 可通过改进设备构造来实现，如热交换器，通过构造改进，提高传热系数和减小热媒的出口温度，设备的加热效率就会得到提高。

(4) 减小热水管道直径 D 和热水管道长度 L

式(3-3)中，热水管道直径 D 和热水管道长度 L 减小，则热水输送过程中的管道传热损失能耗 W_g 可以减少，且减小比率与管径的减小比率或管长的减小比率相等。例如，管径或管长减小 30%，则能耗损失量就会减少 30%。

管径和管长控制途径：管径通过计算确定，不应随意放大。通过同阻技术平衡管网水压和流量，代替或减少用同程的方法平衡水压等。

(5) 增加管道保温系数 η_1

式(3-3)中，保温系数 η_1 增大，则管道传热损失能耗 W_g 可以减少。通过增加保温层厚度、减小保温材料的传热系数、发展先进的保温安装技术可以增大保温系数 η_1。

(6) 控制管道内热水温度与管外环境温度的差值 Δt_1

式(3-3)中，管道内热水温度与管外环境温度的差值 Δt_1 减小，则管道传热损失能耗 W_g 可以减少，且减小比率与温差的减小比率相等。

减小温差可通过控制管道的敷设位置等措施来实现，如北方地区不要敷设在室外，管道直埋时不要敷设在冻土层等。

3.1.4 动力能节省控制因素

建筑给排水系统中的动力能耗主要是驱动水泵运行。根据水泵的应用目的，主要有供水泵和循环泵两类。排水泵运行工况类似于供水泵，不再单独讨论。

对于生活供水系统，水泵主要是用于城市自来水二次加压和再生水的加压供应。当建筑内用水点的高度超过城市自来水水压的供给高度时，便需要对自来水二次加压，高层建筑几乎都需要设置二次加压供水系统。

维持水泵运转消耗的能量见式(3-4)和式(3-5)。

$$W_b = QH/\eta \tag{3-4}$$

$$H=Z+\left[al+\sum\xi\ (2g)^{-1}\ (\pi D^2/4)^{-2}\right]q^2+h \tag{3-5}$$

式中：W_b——水泵耗能量；

Q——水泵供水量或系统的耗水量；

H——水泵扬程；

η——水泵运行效率；

Z——水泵的静扬程；

a——比阻；

l——管道长度；

ξ——局部阻力系数；

D——管道直径；

q——供水流量；

h——最不利点水压。

需要注意的是，日常运行效率 η 是水泵运行时段上的平均效率，而不是设计工况点的效率。

根据式（3-4）和式（3-5），可得节能控制因素如下。

（1）减小水泵出水量 Q

式（3-4）中，水量 Q 减少，则水泵的耗能量 W_b 可以减少，且减小的比率与水量的减少比率相等。减少水泵供水量 Q 可以通过对各类供水系统采用节水技术实现，如控制用水点的无效出水流量，采用节水器具，充分利用市政水压直接供水以减少水泵供水量等。

从式（3-2）和式（3-4）可以看出，热水供水系统节约用水，可以取得双重的节能效果，即同时节省热能耗 W_r 和水泵提升能耗 W_b。例如，热水耗量节省 10%，则耗热量和水泵能耗会分别减少 10%。

（2）减小水泵的静扬程 Z

式（3-4）、式（3-5）中，水泵的静扬程 Z 减小，则水泵扬程 H 可以减小，从而减少水泵的耗能量 W_b。水泵静扬程 Z 的减小可通过充分利用市政来水的水压来实现，如叠压供水技术等。合理的竖向分区加压供水也可减小水泵的供水净扬程。

（3）减小管网局部阻力系数 ξ

式（3-4）、式（3-5）中，减小管网局部阻力系数 ξ，则水泵扬程 H 可以减小，从而减少水泵的耗能量 W_b。减少管网中局部配件的数量、改善配件的水力性能等都可减少管网的局部阻力系数。

（4）提高水泵运行效率 η

式（3-4）、式（3-5）中，水泵运行效率 η 提高，则水泵的耗能量 W_b 可减少。通过供水方案的选择和分析，把水泵运行工况固定在高效区的一点运行，可保持水泵的高效运行。比如水泵-高位水箱-配水点的供水方式，就可以把水泵的运行工况固定在高效点。

（5）控制最不利点水压 h

最不利点水压 h 下降，则水泵的耗能量 W_b 减少，节省能耗。控制最不利点水压 h，有两个重要实现途径。首先，最不利点的用水器具应选用额定水压小的产品；其次，供水设施的供水压力不要配置得过大。

3.2 热能节省技术

热能消耗发生在生活热水供应系统中。以热能节省原理为基础，可建立起本节的各项节能技术。

3.2.1 用户末端节能技术

热水系统用户末端的节能主要是节约用水、减少系统的耗水量 Q。

1. 减小热水用水点支管长度

（1）热水支管中的无效冷水浪费能源

用水点支管是从立管上接出到达用水点的管道。用水点耗用热水时支管内的水才流动，不用水时，管内水静止，水温逐渐下降。用户再用水时，如果支管内的水温降到需求的水温之下，则用户会把支管内的水放掉，待水温升高后才使用。冯萃敏等对支管中的无效冷水进行过实测研究，具体见参考文献[7]。

放掉的无效冷水一方面浪费了热能，同时又耗费了提升动力能。支管内的水量与支管的长度成正比。把支管的长度缩短，则放掉的水量就会减少，使系统浪费掉的热水量减少，达到热能节省目的。

根据某住宅区的运行经验资料，热水支管每天损耗的热能折合成电费可达 0.13 元/m 左右［电费按 0.5 元/（kW·h）计］，这意味着，支管减短 1m，可得节能效益约 0.13 元/d。

(2) 减小支管长度的技术措施

热水立管的布置要靠近用水点。客房、病房内卫生间的热水立管应设置在卫生间内；住宅和公寓中的集中热水供应系统，当户型面积大、多卫生间时，一户内可设置多个热水立管，多个水表，水表采用远传读表形式；公共建筑各层的热水用水点尽量竖向上对齐。

2. 保持用水点冷、热水压平衡

冷、热水压力相差悬殊容易产生水的浪费。冷、热水压差大、压力不平衡时，使用者调节水温所需要的时间会延长，并且冷、热水管道的水容易互相混掺，从而造成无效放水。

保持用水处的冷、热水压相差较小或冷、热水压平衡能减少热水浪费。实现冷、热水压平衡可采取以下措施。

(1) 冷、热水同源布置，即冷水系统和热水系统的水量和水压由同一个水源供给，并且同源点下游的冷、热水系统，其输、配水管网到达各用水点的水头损失相近，使用水点的冷、热水压差保持在0.02MPa以内或左右。0.02MPa一般是水流通过一个容积或半容积式换热器的阻力损失。

(2) 当冷、热水系统不同源或水压不平衡时，如制备生活热水的设备设在集中供热站中，生活水泵房远离供热站就是这种情况，可在水压较高的供水干管上设置水力减压稳压阀调节供水压力。当热水系统需要设减压稳压阀时，宜设在循环回水管接入点的上游，如图3-2所示。

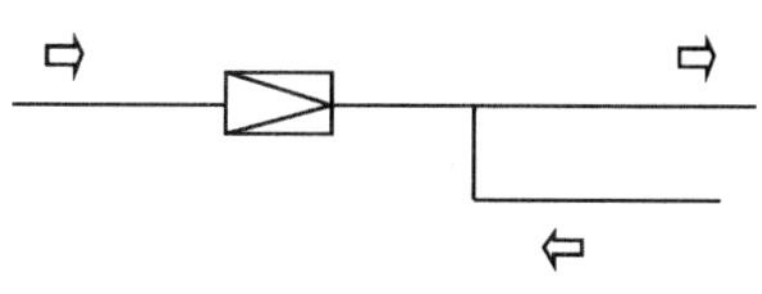
图3-2 减压阀设在循环回水管接入点的上游

(3) 对于系统中局部用水点的水压不平衡，可采用支管减压稳压方式。例如，建筑底部楼层的冷水利用市政水压直接供水，而热水由上方楼层供水区的二次加压系统供给时，底部楼层的热水压力比冷水高，可在热水支管上设置减压稳压阀。

3. 减小冷、热水压波动

(1) 冷、热水压波动和水压不平衡产生热水浪费

用户使用热水时都是把冷、热水掺混在一起调配成自己所需要的水温。在使用过程中若水温发生变化，则使用者会再次调节水温，形成水的浪费。例如，客房或浴室的淋浴喷头出水忽冷忽热，水温不稳定，则洗浴者就会躲开水流或不断调节水温，调节期间的出水得不到利用而产生浪费。

冷水或热水管道中的水压波动都会造成混合出水温度的变化。稳定冷水和热水水压，可以稳定混合出水温度，从而减少热水的浪费，节省热能耗量。

(2) 减小水压波动的措施

水压波动同水源的供应方式及管网的设置有很大关系。

一般而言，高位水箱（罐）供水方式管网的水压比较稳定；热水管道中窝气会使热水水压易于产生波动，管道布置时，横管应避免管道沿水流方向下降，或者在管道的各个局部高点都设置自动排气阀，使得不易窝气，减缓管道内水压波动；由变频调速泵供水时，水泵出水口恒压供水与最不利用水处恒压供水相比较，后者用水点的水压波动小。

(3) 变频调速泵的恒压控制对用户水压波动的影响

变频调速泵出口处的水压 H 可用式（3-6）表示。

$$H=Z+\sum S_i q_i^2+h \tag{3-6}$$

式中：Z——最不利用水点的几何高度；

S_i——管网特性参数；

q_i——管网流量；

h——最不利点水头。

根据式（3-6），最不利用水点的水头为：

$$h=H-Z-\sum S_i q_i^2 \tag{3-7}$$

在瞬时高峰用水时，式（3-6）中的 q_i 为设计秒流量 q_g，最不利点的水头 h 等于设计额定水头 h_0，即：

$$h=H-Z-\sum S_i q_g^2=h_0$$

或

$$H-Z=h_0+\sum S_i q_g^2 \tag{3-8}$$

把式（3-8）代入式（3-7）中，得任意用水时刻最不利点的水头为：

$$h=h_0+\sum S_i\ (q_g-q_i)^2$$

当管网不用水时，$q_i=0$，最不利点的水头为：

$$h=h_0+\sum S_i q_g^2 \tag{3-9}$$

由上可见，对于恒压变频调速供水，最不利用水点的水头在设计高峰用水时最小，为 h_0，在不用水时最大，为 $h_0+\sum S_i q_g^2$，水头是变化的，变化的幅度是 $\sum S_i q_g^2$。例如，若管网的设计水头损失是 0.12MPa，最不利点的设计水压是 0.5MPa，则最不利点的水压在 0.5～0.17MPa 之间变化，变化范围是 0.12MPa，最高水压比设计值高 2.4 倍，变化幅度很大。

经验表明，管网用水几乎每天都有 0 流量工况发生，因此，用水点的水压每天都经历最高水压工况运行，并在一个较宽幅度的范围内波动。

若采用管网最不利点恒压供水，则在管网用水量很少时，最不利点的水头保持恒压不变，仍为设计额定水头 h_0，水压波动被消除。由于最不利点水压恒定，各用水点的水压波动幅度都相应减小。

4. 减少水温调节时间

高效的冷热水混合阀能快速地把水温调节到使用者所需要的温度，减少水温调节时间和无效放水时间，使浪费的热水量减少；并且还能够减小阀前水压波动对出水水温的影响，稳定水温，在调好水温后，即使阀前水压有波动，水温也不易发生变化。

目前市场上的防烫伤混合阀，可事先设定阀的出水温度，不需要在每次放水时调节，避免了调阀过程的水浪费，并且不受冷热水压力差的影响（允许冷热水压差达 0.25MPa）。

根据日本的研究资料，带有恒温器的混合水栓淋浴器，每调节一次能节约 1L 水（见日本“空气调和·卫生工学学会”会长镰田元康教授报告“日本给排水行业发展的历史和展望”）。

3.2.2 管网输送过程热能耗减少技术

生活热水经管道输配到用水点，一般情况下，温度会下降 5℃左右。损失的热量主要是管壁热传导散发至周围环境。实际工程中，有时温度降会接近 10℃，这意味着至少总耗热量的 5%～10%在输送过程中被浪费掉。再考虑到循环回水，输送中的热损失更高。有报道称，小区集中热水供应系统的室内外管网热损失可高达 15%～30%。

1. 热水管道的高效保温

控制热传递损失的措施首先是选用保温效率高（传热系数小）的保温材料，其次是采用先进的保温做法，特别是室外直埋热水管道，保温做法尤其重要。保温材料一旦进水，传热系数会迅速增加，保温系数 η_1 大大降低，造成热量大量损失。

保温层防浸水技术如下。

（1）保证热水管道不渗水、漏水，采用成熟的管材、管件，严格设置伸缩装置。

（2）直埋管道还要保持保温层的完整和固定，严格做外层包裹防水层，避免破损漏水，管道伸缩不得把保温材料拉开裂缝，阀门、三通等局部形状变化点采用形状吻合的保温层等。

（3）直埋管道不设在冻土层内。

2. 缩短热水系统的管道长度

据分析，小区热水集中供应系统的管道长度平均到每户约十几米，还不包括进户水表后的支管。

生活热水管网目前都是采用管道同程布置技术防止循环水在配水管网中短路或分布不均匀，致使热水管道的长度大量增加，造成管道热损耗的相应增加。

（1）用同阻技术代替管道同程布置

用同阻技术和循环流量限流控制装置取代同程布置方式，可以缩短热水管道长度，从而减少热水管道系统的热损失量。同阻技术是通过调整增加部分配水管末端的局部阻力来避免循环流量的短路，其技术要点包括以下两个方面：①准确的管网平差水力计算，以求得需要增加局部阻力损失的设置点和损失值，这需要计算机辅助计算才能完成；②各种规格的局部损失配件产品。目前我国已有专业的工程公司能够实现这些技术。

（2）用流量控制阀组代替管道同程布置

循环流量限流控制技术是通过一定的控制阀组组合，控制各配水管段的循环流量不超过设计值，从而避免循环流量短路。如多栋建筑的生活热水集中供应系统，见图 3-3a)，在各栋建筑的循环回水

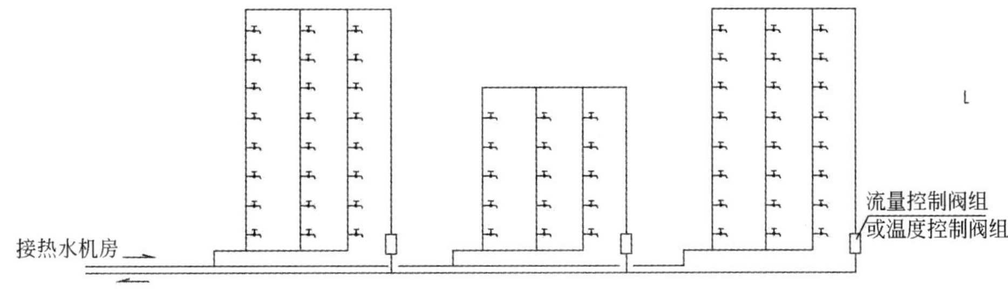

a)

b)

图 3-3 流量控制阀组或温度感应（控制）阀组代替管道同程布置

引出管上设置流量控制装置，就可把回水流量控制在设定（设计）值内，从而避免流量增加形成短路。这样，控制阀下游的室外循环回水管道就可用最短的路线回到热水站，无需延长管道做同程布置。

（3）用温度感应（控制）阀代替管道同程布置

温度感应阀设置在各配水立管的末端。阀门事先设定温度，开关由水温控制。水温低，则阀开启，循环水流通过；水温高，则阀关闭，循环水流中断。阀门下游的循环回水管道不用同程布置，可就近连接和敷设，回到热水制备机房。目前该技术已进入市场。

温度控制阀也可按如图 3-3b）所示的方式布置。温度低于设定值 1 时，阀门开启，循环流量通过；温度高于设定值 2 时，阀门关闭，循环终止。其效果和分循环泵相同。

3. 控制热水循环回水管道的管径

在大型且形状复杂的建筑中或多栋建筑中共享一个集中热水制备机房的小区中，水压平衡的计算和循环水在管网中均匀分布的保证措施非常复杂。为简化工作程序，人们往往加大循环回水管径，试图避免循环流量的不平衡分布。管径加大，首先是热能损失增加，同时，也并不能解决管网水压平差和循环流量分布不平衡问题。所以在节能措施中，应把增大的循环管管径降下来，以便减少传热能耗，同时用前述的同阻技术和循环流量限流控制装置，实现循环流量的平衡分布。

3.2.3 热水制备节能技术

加热生活热水的设备有热交换器、燃油燃气热水机组、电热水炉等。水制备环节的节能控制因素主要有制热设备的热效率、换热设备的热媒回水温度、热水储存容积等。

在有市政热网的城市，换热设备应用得非常普遍。热媒的回水温度低，则热媒的卸载热量高，所需的热媒流量可以减小，由此节省热媒输送过程中的能耗。降低热媒回水温度的措施之一是提高换热器的传热效率（传热系数），传热效率的高低由产品的构造决定。生活热水制备，应选用高传热效率的换热器。目前北京市有大量的换热站，生活热水的换热器选用了传热效率较低的传统容积式换热器，这方面的节能潜力很大。

生活热水制备往往需要一定的热水储存。热水储存一方面提高了热水供应温度的可靠程度，另一方面使热媒的设计流量减小，从而减小热媒管径和传热损失。但热水储存容积过大，会增加容积式换热器的数量或外壳面积，从而增加传热损耗。有针对开水器的耗能调查分析指出，由于开水器外壳的传热耗能，办公楼开水器的电耗远远超过所需要的量，达到了每人每天饮水量 4.6kg 的耗电水平，耗电量超过了 1 倍。

换热设备的节能主要体现在传热效率高、热媒换热充分、热媒回水温度低、水流阻力小等方面。节能效果好的换热器可把蒸汽热媒的回水温度降到 40～60℃，水热媒的回水温度比同类普通产品约低 5～10℃。设计中应优先选用这类换热器。

热媒温降大，则所需热媒流量小，可以减少整个热媒网循环流量，减小管径，节能、节材。

3.2.4 工程案例

1. 工程概况

某公寓为豪华公寓、精品商业建筑，地上 19 层，地下 3 层，总建筑面积 23 万 m^2。公寓每户面积很大，约 600m^2，最远用户距离热水机房远，约 300m。

设计中，针对公寓的特点对热水系统进行了方案论证。方案论证集中在两个方案的比较上，一个方案是分户单独制备热水，采用电源；另一个方案是集中制备热水，采用市政热网为热源。方案比较时，一方面要考虑能耗、经济性，另一方面还要考虑运行管理的灵活、方便性。

2. 电源分户制备热水方案

在每户单独设置机房制备生活热水，并设户内热水循环泵保持户内热水管道的热水循环，使每户自成一个小集中供热系统，对于本工程的具体情况（户面积大、标准高、热力站远等）很合适。因每户面积大，极有可能一些买主把其改变成办公性质，分户制备热水可灵活地适应于这两种使用性质；同时每户的电耗量很大，热水电热功率对每户的电容量影响不大。具体做法为：采用电源制备热水，分户设置容积式电热水器（图 3-4），其容积为 455L，储存 60℃热水，可满足浴缸同时用水情况，其中每浴缸一次用 55℃热水 100L 和冷水 50L，混合成 40℃热水 150L。设有循环泵，管道中的水温可时刻保持在 55℃以上。

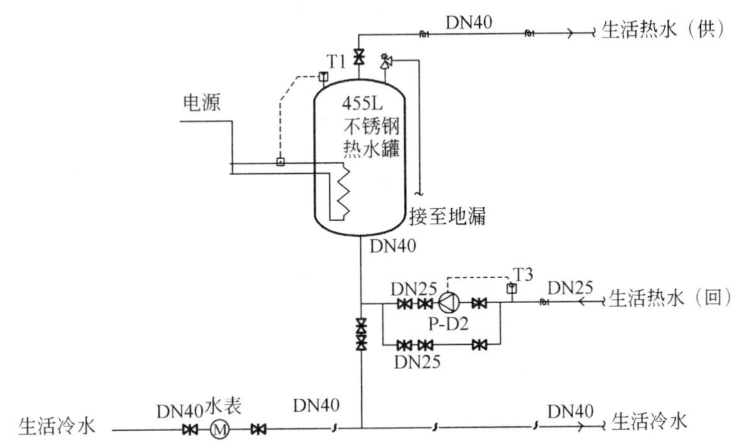

图 3-4 分户容积式电热水器

此方案具有以下特点。

（1）因设有户内热水循环，用水点可很快出热水，少放甚至不放冷水。

（2）户内热水管道的水温稳定，下降幅度可全天 24h 控制在几个摄氏度内。

（3）热水用户可以根据个人情况，灵活掌握用热水时间及用量，热水费用比较单一，不会引起费用方面的矛盾及投诉。

（4）户面积大，当部分用户改变成办公性质时，不会对公寓的热水系统构成影响。

（5）在用户入住率不高、入住后热水利用率不高、用水少及夜间时，不会产生公共管路（无公共管路包括热媒管路）的散热浪费。

（6）热水制备机房和暖通空调专业机房一样集中管理，各户自成系统，无互相干扰，物业管理非常方便。

（7）不存在检修期备用热源的设置问题。

电热水器装置的总费用约 500 多万元，而节省下来的市政热力报装费、换热器、铜管道、电伴热、施工安装费用等，也应在数百万元间。

3. 集中热水供应方案

集中热水供应方案是设置集中换热站，采用市政热网提供的热媒，换热站由热力公司管理运行。热水系统示意图见图 3-5。

系统的循环流量、循环装置的配置按常规热水系统处理。每户面积非常大，户内卫生间多且分散，若一户一表，户表后的热水管道很长，约 45m。为保障支管热水温度少放冷水，采取的措施为：采用一户多立管、多水表方式缩短表后支管长度和放冷水时间，热水表设在室内的管井中或吊顶中，采用远传表。为此研究人员做了工程调查，图 3-6、图 3-7 分别为多水表设在厨房和卫生间管井中的情况。

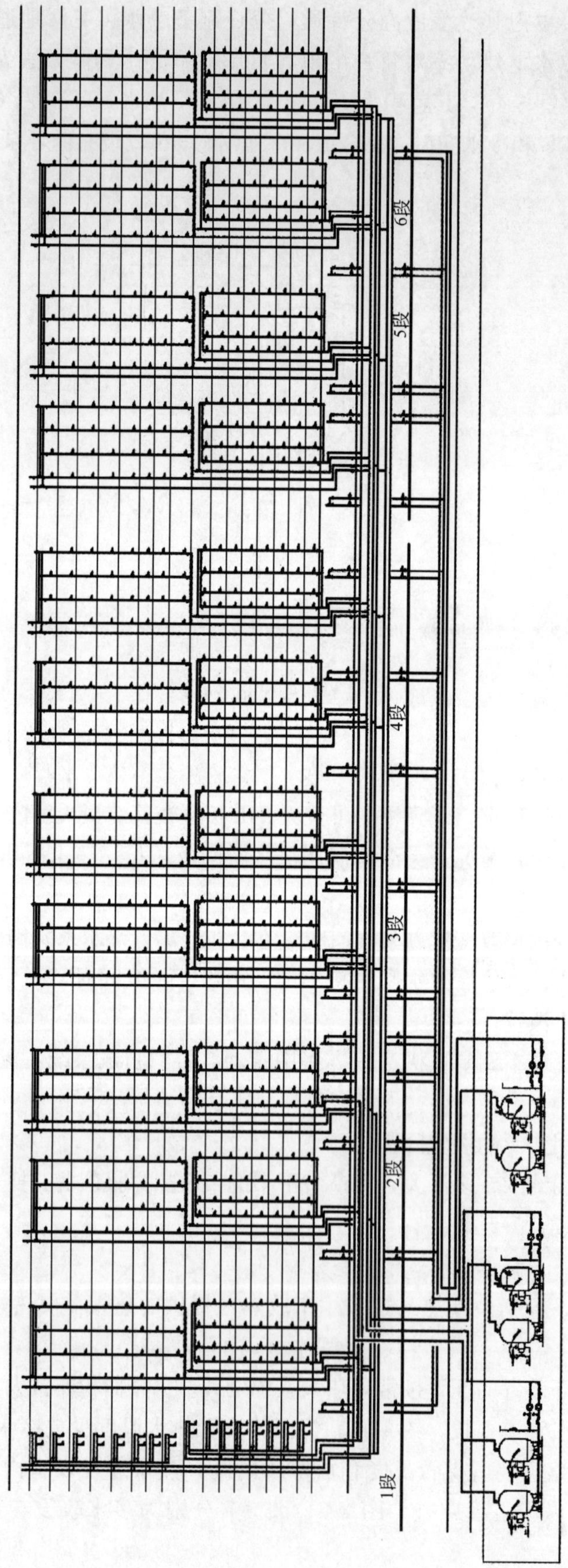

图3-5　热水系统示意图

图 3-6 厨房水表

图 3-7 卫生间水表

本工程热水表数量和支管长度关系如下：

1 只表，表后支管长度约 45m；

2 只表，表后支管长度约 25m 内；

3 只表，表后支管长度约 10m 内，见图 3-8。

每户装 3 只水表，除 1 种户型外，其余 3 种户型的最长支管长度均可控制在 10m 以内，相当于放冷水时间约控制在 15s 内。

4. 集中制备热水的水温分析

业主要求用户的出水温度为 50℃，而换热站提供的热水为 55 ℃。此时，在系统各种用水情况下，最远端用户（管道长度 385m）的水表处得到的水温经计算如下：

高峰设计秒流量用水（按 4.30L/s 计）时，约为 53.5℃；

用水量减小一半（2.15L/s）时，约为 52℃；

用水量 1.25L/s 时，约为 50℃；

用水量 0.44L/s 时，约为 46℃。

上面数据显示：要使最远端用户的水表处得到 50℃的水温，管网中的热水流量就不能小于 1.25L/s；若管网中的流量保持在 0.44L/s，则最远端用户的水表处得到的水温约为 46℃。0.44L/s 是本系统最大用水小时流量的 20%。

无用水或少量用户用水是系统水温的最不利工况，为保证最远端用户的水表处得到的水温在任何情况下都在 50℃以上，需要在系统的用水流量一旦小于 1.25L/s 时，热水循环泵要给热水系统补充流量，使之达到 1.25L/s。如果循环装置的配置达不到这样的技术要求，则最远端 50℃的水温就得不到保证。

可见，热水系统在不利的用水工况下能否保持最远端 50℃水温，循环装置的配置是关键。换热站内循环装置需要具备如下技术要求。

（1）循环流量约为最大用水小时流量的 58%（1.25L/s），比常规值大得多。

（2）循环泵的运行控制要确保换热站供水出口的流量时刻不低于第（1）条中列出的值。

（3）由于循环泵的设计流量较大，应避免高峰用水时启动和用户抢水。

（4）循环泵按常规的控制方式（用循环水泵入口处的水温控制）无法实现上述要求，须改用其他较复杂的特殊方法控制，具体方法需要与换热站设计公司商议。

B27
B28
B29
B30
B31
B32
BP
BM
BK
BJ
设备
水表1
工人房
L=5.8m
卧室
卫生间
L=2.8m
更衣间
前室
储藏间
更衣间
卫生间
水表2
上
下
卫生间
RL-3
水表3
L=5m
厨房
L=1.6m
餐厅
客厅
卧室
25 800
6 000
4 800

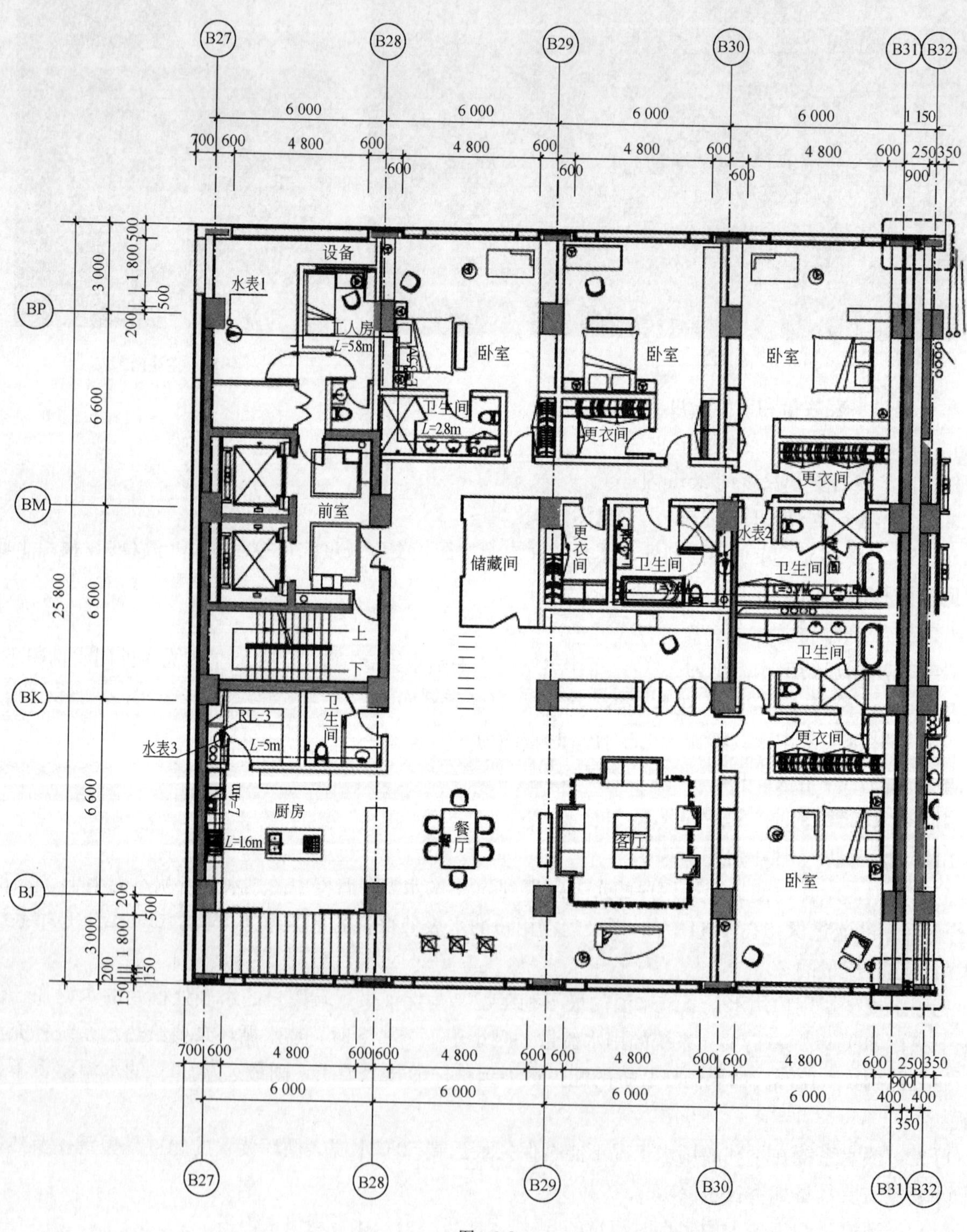

图 3-8

小结：集中热水供应方案在温度控制方面的最不利情况是无用水或少量用水，这时系统中的水温主要取决于热力站中循环装置的运行和控制。循环装置达到上述第（2）、（3）两条的要求是很困难的，实现的代价和风险也是很高的。

5. 分户制备热水和集中制备热水的性能比较

应从节能的角度对分户制备热水和集中制备热水的性能进行比较，见表 3-1。

分户制备热水和集中制备热水的性能比较表 表 3-1

比较项目		分户制备热水	集中制备热水	备注
使用性能	满足户内浴缸同时用水	可以	可以	
	出热水时间	10s 内	20s 内	
	水温（℃）	≥55	≥46	
	使用灵活性	优	差	
经济性	投资费（万元）	约 500	约 200	
	热水价格（元/t）	35	12	
	公共管网每日热损耗	0	1 700kW·h	合 29.3t 热水热量
	入住率对水费影响	无	很大	
	热网检修备用热源	不需要	需要	
管理性能	管理形式	集中	集中	
	户间水温差	0	0～8	
	水费矛盾	无	有	
	系统运行监控	容易	复杂	
	管理维护	方便	复杂	

3.2.5 总结

（1）热水立管的布置要靠近用水点，缩短热水支管长度。在客房、病房内的卫生间的热水立管应设置在卫生间内；住宅和公寓中的集中热水供应系统，当户型面积大、多卫生间时，一户内可设置多个热水立管，多个水表，水表采用远传读表形式；公共建筑各层的热水用水点尽量竖向上对齐。

（2）保持用水点冷、热水压平衡。冷、热水同源布置，并且冷、热水输、配水管网到达各用水点的水头损失相近。当冷、热水系统不同源且水压不平衡时，在水压较高的供水干管上设置水力减压稳压阀调节供水压力；对于系统中局部用水点的水压不平衡，可采用支管减压稳压阀。

（3）稳定用水点冷、热水水压。一般可采用高位水箱（罐）供水方式。当采用变频调速装置供水时，应改变目前普遍采用的压力控制方式，把控制水泵运行的恒压点从水泵出口处改设在管网的最不利配水点处。管网布置时应保证管道不易窝气。

（4）采用高效能的冷热水混合阀，减少水温调节时间。

（5）热水管道的高效保温。采用传热系数低且憎水的保温材料；加大保温厚度；采用成熟的管材、管件，严格设置伸缩装置，防止热水管道漏水、渗水而降低保温层的保温系数；热水直埋管道不设在冻土层内；直埋管道要保持保温层的完整和固定，严格做防水层，管道伸缩设置不得把保温材料拉开裂缝，阀门、三通等局部形状变化点采用形状吻合的保温层。

（6）缩短热水系统的管道长度。采用同阻技术代替管网同程布置；配水管网的回水干管上设一组循环流量限流控制装置，使下游的回水管道可就近连接回到热水机房，取代同程布置；各热水配水立管的末端设置温度感应阀，其下游的回水管道可就近连接回到热水机房，取代同程布置。

（7）控制热水循环回水管道的管径，根据计算选择管径，不可因试图改善循环效果而放大管径。换热设备采用传热系数较高的产品。

3.3 动力能节省技术

以动力能节省原理为基础，可建立本节的各项节能技术。

3.3.1 用户末端节能技术

1. 控制用水点无效出水量

对用水点的无效流量进行控制能减少水泵的供水量 Q，从而节省输水动力能耗 W_b。

用水器具都具有额定流量，出水量在额定流量附近时，使用者能顺利实现用水功能，且具有舒适感，比如淋浴喷头、洗脸盆水嘴、洗涤盆水嘴、冲洗阀等。当流量超过额定值，则超出的数额对于使用者来说是无用的，是无效流量。

用水器具的出流量与器具处的水压相关，水压大，则出流量大。与额定流量相对应的水压称为额定水压。目前在供水系统中，除了最不利供水楼层外，其他楼层的用水点水压都普遍大于额定水压，出流量大于额定流量，造成水量及动力能耗的浪费。

控制用水点无效出流的技术主要有：

（1）支管设置减压稳压阀，控制用水点的水压趋近于额定流量水压。用水器具如淋浴喷头和脸盆龙头的水压一般在 0.1～0.2MPa 的范围内比较适宜，通过设置支管减压阀可把水压控制在此范围，减掉多余水压。建筑中的器具处设计水压往往可高达 0.4MPa 左右，如果把水压减小一半，则出水量为原来的 $\sqrt{0.2/0.4}=0.707$，即水量减少到原来的 70.7%，动力能耗量也相应减少到原来的 70.7%，节能约 29%。

（2）采用节水器具。节水器具能够把每次的用水量减少，如节水龙头通过掺气或限流等技术，能够把完成洗浴功能的额定流量降低，从而减少用水量。限流技术是把器具的流量-水压特性曲线变得平缓，流量受水压的影响变小，抑制了无效出流。由式（3-4）知，节水器具节省的动力能耗与节水率相当，所以根据节水器具的节水率，便可得到节能率。比如节水大便器，一次冲厕水量从 9L 减少到 6L，节水率为 3/9=33.3%，则相应的水泵提升动力能节省率也为 33.3%。

（3）减少用水量。在节水领域中的许多节流技术措施，都可使用水量减少，从而节省水的二次加压能耗，比如免冲厕所，屋顶绿化中的微灌、滴灌等。

2. 出水口尽量用空气隔断，少用倒流防止器

出于水质卫生的要求，生活供水系统的出水口必须考虑防倒流污染的措施，比如采用空气隔断或倒流防止器。倒流防止器水头损失很大，一般为 4～8m 水柱，如果在供水系统的末端设置倒流防止器，则要增加供水泵的扬程，增加能耗。因此，在这种情况下，应尽量采用空气隔断，不用倒流防止器。例如设在屋面的冷却塔，集水盘补水需用水泵提升，且决定着水泵的扬程，应设法避免采用倒流防止器，以减小水泵的扬程，降低能耗。

假设最不利点用空气隔断取代倒流防止器，节省水泵扬程 5m 水头，根据式（3-1）和式（3-4），得节能率 E 如下：

$$E=[QH-Q(H-5)]/QH=5/H \tag{3-10}$$

式中：Q、H——分别为用水量和水泵扬程。

如果水泵扬程 $H=40$m，则节能率 $E=12.5\%$。

办公、展馆等非居住类公共建筑，空调冷却补水量几乎占建筑总用水量的50%，可见控制冷却补水泵的扬程，可获得较好的节能效果。

3.3.2 输配水管道节能技术

生活供水管网的压力损失主要受管道流速、管长、管径、局部阻力系数等因素的影响。按经济流速选择管径、减小局部阻力损失是节能技术中需要重点关注的内容。

1. 采用经济流速

经济流速是在综合考虑全部发生费用，包括投资、折旧和运行等费用后，得到的最优流速。按经济流速选择管径和维持运行，管网的综合费用最低。设计规范和手册中一般都给出了经济流速。在计算供水泵扬程时，管径应按经济流速确定，不应随意放大或缩小。

2. 减小管网的阻力损失

建筑区中的供水管网属于短管性质，局部阻力损失占管网水头损失的30%～60%。减小输水管道的局部阻力损失可通过减少不必要的阀门、阀配件获得。特别要避免各种形式的双重（串联）设置。

另外，管网布置应尽量简洁，并减少供水管长。

3. 管网分区节能

在高层建筑中，供水系统往往需要竖向压力分区。分区方案主要有两种：采用分组水泵分区或采用减压阀分区。分组水泵分区可减小水泵的扬水几何高度，运行能耗小于减压阀分区。但是，减压阀分区可以节省水泵机组及其占地面积。节能或节省建筑面积的综合效益需要进行方案分析和经济比较。价格昂贵的建筑，采用减压阀分区的综合效益可能较好；房价低廉，采用分组水泵分区的综合效益可能较好。

3.3.3 供水加压装置节能技术

1. 充分利用城市供水压力——水泵直吸（叠压供水）技术

城市的供水管网一般维持0.2～0.3MPa的水压供建筑区使用。城市水压的利用，首先要利用水压直接向低层用户供水，在水压达不到供水压力要求的楼层时，再采用二次加压供水。低部楼层不用水泵供水，可减小水泵的流量，从而减小动力能耗。

建筑区内生活用水二次加压时，一般是先把城市自来水放入储水池或隔断水池中，再用水泵从水池中吸水进行二次加压。水池又往往设在地下室，这样城市管网水压和水池低于地面的几何高差位能就都被浪费掉了。若城市水压按0.2MPa计，地下室按－10m计，则浪费的水压高达0.3MPa。采用水泵从管道直接吸水技术，可以把这部分能量中的绝大部分利用起来。

（1）水泵直吸技术

水泵直吸技术是把二次加压水泵的吸水管直接连接到城市自来水引入管上，进行管道接力供水，这样，城市管网的水压便会叠加到水泵出水管一端，使水泵的扬程减小，节省能耗。

水泵直吸供水方式有两个基本的技术要求：①水泵的吸水不能明显干扰、降低接管点城市自来水管网的水压，更不能造成负压；②水泵供水管网的水不得向城市自来水管网倒流。为满足这些技术要求，水泵供水设备的吸水侧须配置破坏低压的装置，向水泵供水的管道上须设置倒流防止器等。这种供水设备一般称为叠压供水装置。

（2）水泵直吸技术的节能分析

水池水泵方式的能耗：

$$W_{b1}=QH/\eta_1 \tag{3-11}$$

叠压供水方式的能耗：

$$W_{b2}=Q(H-H_0-H_z)/\eta_2 \tag{3-12}$$

式中：H_0——城市来水水压；

H_z——水池低于城市水压测点的位差。

其余符号意义同前。

假设两种方式水泵的运行效率相等（实际上叠压供水的运行效率应小一些），即 $\eta_1=\eta_2$，则节能率 E 可用式（3-13）表示。

$$\begin{aligned}E&=(W_{b1}-W_{b2})/W_{b1}\\&=(H_0+H_z)/H\end{aligned} \tag{3-13}$$

式（3-13）表明，管网所需的供水扬程 H 越小，叠压供水技术的节能效果越明显。

例如：扬程 $H=1.11\ (H_0+H_z)$，节能率 $E=1/1.11=90\%$；

扬程 $H=2.0\ (H_0+H_z)$，节能率 $E=1/2=50\%$；

扬程 $H=10\ (H_0+H_z)$，节能率 $E=1/10=10\%$。

对于多层住宅变频供水的情况作简要分析如下。

以 9 层住宅为例，供水几何高度 26m，水泵房为地下一层，标高－4m。市政通常水压为 0.2MPa。则常规供水方式水泵扬程：

$$H=26+4+10+5=45\text{m}$$

其中 10m 为户内水头，5m 为管网的水头损失。

叠压供水方式的节能率：

$$E=(H_0+H_z)/H=(20+4)/45=53.3\%$$

对于 50m 高建筑，采用变频供水。设供水高度 48m，水泵房在地下 2 层，标高－8m。市政通常水压为 0.2MPa。则常规供水方式水泵扬程：

$$H=48+8+10(\text{户内水头})+10(\text{管道损失})=76\text{m}$$

采用叠压供水的节能率：

$$E=(H_0+H_z)/H=(20+8)/76=36.8\%$$

（3）管道直吸供水设备

叠压供水设备直接串接在市政供水的引入管上加压供水，使市政自来水压得到利用，实现节能。该设备在吸水侧管道上串接水泵吸水水罐，市政来水先进入水罐，水泵再从水罐中吸水加压，向管网输水。水罐承压密闭，能传递来水水压。

叠压供水设备必须在市政管网具备一定的条件下才能应用，目的是避免出现超量取水。市政管网允许串接叠压供水设备的条件，一般由市政供水方掌握。目前避免超量取水的技术措施主要有限制自来水接户管的管径、限制水泵的流量、限制水泵吸水侧的压力降等。

叠压供水设备出水侧建筑管网的水压高于城市自来水管网水压。为了确保城市管网水的卫生安全，必须安装倒流防止器，防止建筑管网的水倒流回城市管网。避免水的倒流，是应用和运行叠压供水设备必须遵守的基本要求。由于防倒流技术在我国问世不久，产品及其选用、维护管理都欠成熟，因此叠压供水设备不应在医院、生物、化学等用水类型的建筑中使用。

（4）水泵直吸技术节能案例

【案例 1】 某建筑区，原采用气压罐供水系统，气压罐设在水泵房内。城市自来水存入水池中，水池 200m³，水泵从水池吸水，城市水压被浪费。后改造为叠压供水，则年用电量大减，仅为原用电量的 1/7。改造前后具体数字对照见表 3-2。

某建筑区改造前后具体数字对照 表 3-2

时 间	给水方式	水池（m^3）	池清洗（元/年）	水 泵	日均用电（kW·h）	年用电（kW·h）
前	气压给水	200	6 000	4kW 2 台	42	15 330
后	叠压给水	0	0	1.5kW 2 台	6	2 190

【案例 2】 某大厦，原供水流程为：城市自来水—地下室水池—水泵加压供水。2004 年 5 月改造为叠压供水设备，取消原有的地下水池，使设备可以充分利用市政管网水压，能耗水平较以前降低 63%，每月可节电 1 173kW·h，按 0.8 元/（kW·h）计，每年可节省运行费 1.12 万元。此外，水池的清洗费也得以节省。

【案例 3】 上海某大型公建工程地上 3 层，地下 4 层，城市自来水常年供给保障最低压力为 0.15MPa。设计采用水池-恒压变频调速供水工艺，水泵扬程 65m。承担该项目节能设计咨询的单位对该设计提出节能设计的方案如下。

采用叠压变频供水泵组直接从引入管道上吸水，城市水压不够时变频泵自动补充压力，城市水压够用时则自动停止加压，可大幅度降低能耗，估算如下。

由于城市自来水压力与水池和地面之间的几何高差位能得到利用，水泵的额定功率可减小约 50%，再综合考虑城市自来水的压力会时常高于 0.15MPa，则实际运行中生活水泵的节能效果可达到 60%。

2. 高效率、低能耗的供水工艺

二次加压供水系统中，若把供水泵的运行工况固定在高效区间，则可减小动力能耗。

（1）水泵-高位水箱供水工艺

水泵-高位水箱供水工艺的供水流程是：水泵—屋顶水箱（罐）—配水管网—用水点。水泵向高位水箱供水的流量是最大小时用水量，流量和扬程是一对恒定值，不会因配水管网的用水量波动而变化，运行工况是固定在水泵特性曲线的一个点上，把该点设置在特性曲线的高效区段内，则水泵的运行便总是处在高效点。

水泵的运行由水箱的水位控制启、停，间断运行，水泵的设计流量一般取最大小时用水量。由于有水箱的调节，水泵的流量可常年按最大小时流量运行，完全避免了配水管网中流量变化的影响。

（2）恒压变频调速泵供水

恒压变频调速泵装置的水泵转速随管网用水流量的变化而变化，水泵扬程保持不变。在设计工况点，水泵的出水流量为设计秒流量（瞬时高峰流量），转速最大，当管网用水量减少时，水泵的转速随之下降。

恒压变频调速泵的运行工况可用图 3-9 中的曲线表示。图中曲线 1 为水泵的工频运行特性曲线，曲线 4 是管网水头损失特性曲线。a_1 点为设计工况点，该点的流量 Q_1 为设计秒流量，该点的扬程 H 设定为恒压值控制水泵变频调速。曲线 2 和 3 分别为水泵转速减小到 n_2、n_3 时的特性曲线。a_2、a_3 分别为管网用水量减少到 Q_2、Q_3 时的水泵运行工况点。随着管网水量的变化，恒压变频调速泵的运行工况点在 a_1 点左侧的水平线上左右移动。

（3）恒压变频调速泵的运行工作效率随转速下降而下降

图 3-10 是水泵特性通用曲线。图中通过坐标原点的曲线 η_0 是相似工况抛物线，以该线为对称的曲线 η_i 是水泵等效率线，以符号 n_i 为标记的曲线是水泵在不同转速下的工况曲线。效率等值线的大小关系是 η_1 最大，η_4 最小；转速的大小关系是 n 最大，n_3 最小。图中显示，转速越低，效率越低。根据图 3-10，当恒压变频调速泵的流量或转速减小、水泵的运行工况点沿水平线从右向左移动时，运行工作效率 η 逐渐

移动出高效区，先后穿越 η_2、η_3、η_4，向 0 靠近。高效区的流量变化范围一般认为是 20%左右。

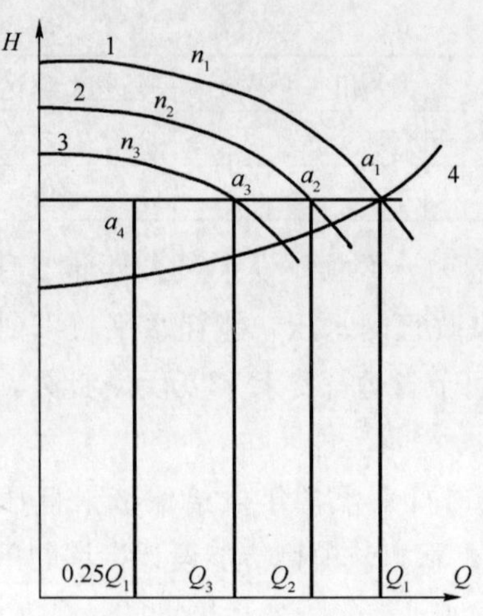

图 3-9 恒压变频调速泵运行工况

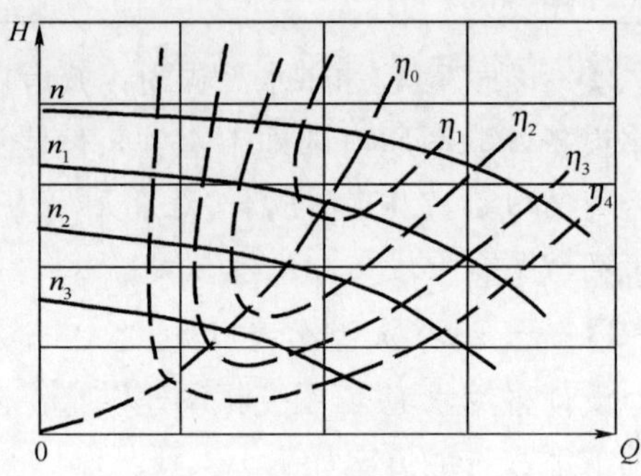

图 3-10 水泵特性通用曲线

(4) 水泵-高位水箱和恒压变频调速供水的能耗比较

设任意一个室内给水系统，管网系统最高日用水量 Q_d，最大小时用水流量 q_h，设计秒流量 $2q_h$，需要的水泵扬程 H。以下分析比较高位水箱供水工艺和恒压变频调速供水工艺的能耗。

设采用水泵-高位水箱供水方式水泵的运行工况点为 (q_h，H，η)，用 1 台泵供水，水泵日耗能量 W_1；当采用恒压变频调速泵供水方式时，按工程设计习惯用 2 台泵，每台泵设计流量为 q_h，各水泵的运行工况线左、右两端点分别为 (0，H，0)、(q_h，H，η)，水泵日耗能量 W_2。

高位水箱水泵日能耗：

$$\begin{aligned} W_1 &= \sum (H \cdot q_h \cdot \Delta t_i/\eta) \\ &= H \cdot q_h \sum \Delta t_i/\eta \\ &= H \cdot Q_d/\eta \end{aligned} \tag{3-14}$$

式中：$\sum \Delta t_i$——日水泵运行时间。

恒压变频调速泵日能耗：

$$\begin{aligned} W_2 &= \sum (H \cdot q_i \cdot \Delta t_i/\eta_i) \\ &= H\sum (q_i \cdot \Delta t_i/\eta_i) \end{aligned} \tag{3-15}$$

式中 q_i 在 $0 \sim 2q_h$ 区间取值，Δt_i 在 $0 \sim 24 \times 3\,600$s 区间取值，η_i 在 $0 \sim \eta$ 之间取值。令 η_e 表示 η_i 在区间 $0 \sim \eta$ 上的加权均值，则有：

$$\begin{aligned} W_2 &= H\sum (q_i \cdot \Delta t_i)/\eta_e \\ &= H \cdot Q_d/\eta_e \end{aligned} \tag{3-16}$$

根据式 (3-14)、式 (3-16)，有：

$$W_1/W_2 = \eta_e/\eta \tag{3-17}$$

由于 η_e 是 $0 \sim \eta$ 之间的加权平均值，根据数学定理，有：

$$\eta_e < \eta \tag{3-18}$$

由此得：

$$(W_1/W_2) < 1 \Rightarrow W_1 < W_2 \tag{3-19}$$

式 (3-19) 表明，对同一个供水系统，采用工频泵-高位水箱供水比采用恒压变频调速供水装置消耗的能量小。

（5）水泵1用1备的恒压变频调速供水系统的能耗会成倍增加

工程中，有的恒压变频供水装置按照水泵高位水箱供水的习惯只配置2台水泵，1用1备，这种系统的能耗相对于水泵高位水箱的能耗将会成倍增加。根据经验，最大小时用水流量一般比设计秒流量小50%，最大日平均流量又比最大小时流量小30%～50%（时变化系数1.5～2），而平均日流量又比最大日平均流量小。因此，平均日流量一般比设计秒流量的35%还要小。即使是办公楼建筑，设计秒流量按与最大小时流量相等计，则平均日流量也只是设计秒流量的51%。供水系统的大概率流量是平均日流量，即流量围绕平均值（日）流量上下波动，最大值是设计秒流量，最小值是0，平均日流量出现的次数或时间最多。这就是说，水泵1用1备的建筑恒压变频调速供水系统大多数时间或水量提升是在平均日流量附近运行或完成的。当流量减少到设计流量的35%左右及以下时，运行效率将会折半，能耗成倍增加。

【案例4】 某机关住宅区，原采用水泵-高位水箱工艺供水，后由恒压变频供水装置供货商改造为恒压变频供水工艺。运行后，业主发现改造后的供水系统的年耗电量比改造前增加了1倍以上。

【案例5】 据广州一居住小区统计资料显示，变频调速供水加压电费明显提高：高位水箱供水约0.60元/m^3，变频调速泵供水在7、8层建筑约1.40元/m^3，在高层建筑1.80元/m^3。

（6）小结

水泵-高位水箱方式供水，水泵扬程和流量固定，水泵恒速运行，运行工况是水泵特性曲线上的一个点，这个点在设计选泵时都设定在高效区，所以水泵总是在高效区运行。而恒压变频调速供水装置，当管网流量比选泵流量减少到一定范围时，机组运行效率就会脱离高效区在低效率下运行。如果要避免低效率运行，就必须把每台变频泵的流量变化范围控制在20%以内，但工程设计中这样配置水泵比较困难，而且是很少见的。

用水泵-高位水箱方式取代恒压变频调速泵方式供水，水泵运行效率会得到提高，取得节能效果。

恒压变频调速加压供水技术因不需要设高位水箱，杜绝了高位水箱的水质二次污染，而使其在建筑内二次加压供水系统中获得广泛应用。但该技术在20年前开拓市场时是以节能的名义推向市场的，当时水质的二次污染问题并未受到社会重视。因此，该技术深深地烙上了节能新技术的印记。至今，该技术或设施仍时常被作为节能措施向建筑内的二次加压供水领域推行。实际上，恒压变频调速供水工艺的能耗是大于水泵-高位水箱供水工艺的能耗的。恒压变频调速供水装置应用在建筑给排水领域，优点是减少水的二次污染，缺点是能耗增加。

3. 消减恒压变频供水泵的无效扬程

（1）恒压变频调速供水泵存在压能浪费

目前较普遍应用的恒压变频调速供水技术，以泵房内水泵出水管上的水压为控制压力，调节水泵的转速，保持供水压力为恒定值。变频泵的这种运行方式，存在着明显的能量浪费。

根据水力学原理可知，当管网系统的用水流量即水泵的供水流量q减小时，管网的水头损失减小，见式（3-20），这时系统所需要的水泵扬程相应减小。

$$H=Z+sq^2+h \tag{3-20}$$

式中：s——管网特性系数。

其余符号意义同前。

恒压变频调速水泵的扬程是个恒定值，管网水头损失减小时水泵供水扬程并不相应下降，而仍按原设定扬程（瞬时高峰用水时的需求扬程）向管网供水，管网中出现一部分多余的、无效的水压，如图3-11所示点a_2、a_3之间的线段。这部分多余的水压便叠加到用水点上去。也就是，式（3-20）左端H（扬程）在保持不变的条件下，当流量q减小时，sq^2项减小，h值增大，即减小的压力损失值叠加

到用水点水压 h 上，使出流水压增大，形成压能的浪费。

例如，若管网的设计水头损失为 12m 水柱，用水点额定水头为 5m 水柱。当管网流量减小、水头损失降到 4m 水柱时，则用水点的流出水头增大到 5+8=13m。多余的 8m 水头是浪费的能耗。

建筑供水管网的用水流量和需求扬程在绝大部分时间（设计秒流量发生的时间只有百分之几）是小于设计流量（瞬时高峰流量）及扬程的，这意味着恒压变频供水泵在绝大部分运行时间中都支付有多余的、无效的水压，维持着能量的浪费。

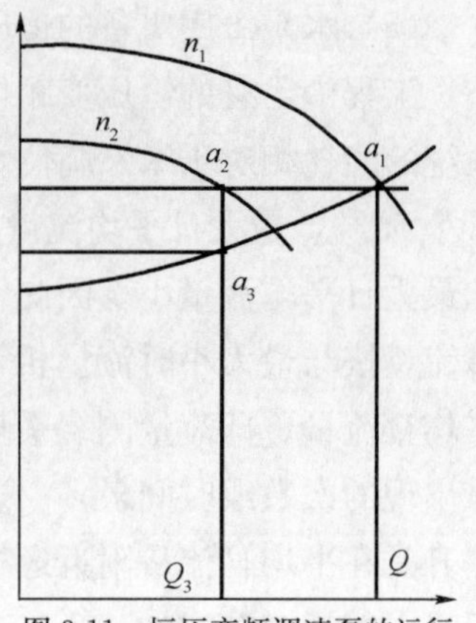

图 3-11　恒压变频调速泵的运行工况曲线

(2) 削减无效扬程的技术措施

上述能量浪费可通过消除变频供水泵的无效扬程而节省下来。方法是把控制水泵运行的恒压点设在管网的最不利配水点附近，这样，在管网的用水量减小时，为满足控制点的恒定水压要求，水泵的供水扬程必须相应下降，从而消除了无效扬程及其能耗。这种调速供水方式，工程上通常称其为变压变流量供水。

恒压控制点设在最不利配水点附近，与水泵的距离变远，水压模拟信号在传递过程中可通过信号放大器控制衰减，实现对水泵变频调速的远程控制。这在电气专业设计中是完全能够实现的。

3.3.4　水循环系统的节能技术

水循环系统主要有：水循环净化处理系统（如游泳池水循环处理系统、水景循环水处理系统）、空调冷却水循环系统、集中生活热水供应循环系统。

为了节水，空调冷却水需要降温和水质稳定处理，循环利用，能耗主要发生在循环水泵的运行上。游泳馆中发生的能耗主要是采暖空调、通风、照明、池水加热、水处理循环水泵的运行等，其中游泳池水处理循环泵是游泳场馆电能消耗的主项，占全年总电耗的 2/3 以上。

1. 水循环系统的耗能特点

站在节能的视角，水循环系统与水供应系统存在明显的差别。

(1) 循环系统管网水头损失占水泵扬程的比重大

一般而言，水循环系统的扬水几何高差小，需要的水泵扬程小，且扬程中的主要部分是管网水头损失；而供水系统的水泵扬程大，且扬程中占较大比例的是扬水几何高差，管网水头损失所占比例相对较小。例如，一个典型游泳池循环泵的扬程为 13m，其中 2m 为几何高差，2m 为自由水头，9m 为管道水头损失，则水头损失所占扬程的比例为 69.2%；一个典型的供水系统，水泵扬程为 50m，其中 30m 为几何高差，10m 为自由水头，10m 为管网水头损失，则水头损失所占扬程的比例仅为 20%。

当水头损失的计算出现误差，其对循环泵扬程的影响将比供水泵扬程的影响大得多。比如上述的管道损失估算存在 4m 的误差，则供水泵的扬程误差率为 4/50=8%，而循环泵的扬程误差率为 4/13=30.8%。

现在的工程设计周期比以往大减，管网水头损失的计算成为目前工程设计中的薄弱环节，往往是先按照经验估算出图，后补计算书，造成水头损失设计值不准，这已成普遍现象。如果说估值误差对于供水泵的扬程和效能的影响还不算大、可以接受的话，那么，此误差对于循环泵的效能影响就非常可观且不容忽视了。

(2) 循环系统水泵扬程误差产生的无效能耗大

工程设计中，出于安全的考虑和存在估算误差，水泵的设计扬程往往大于管网实际需要的扬程，这造成系统的运行工况偏离实际需要的工况点。对于供水系统，由于系统的流量由用户控制，增加量较小，运行工况点 B 基本上处于实际需要点 A 的上方（图 3-12a）。对于循环系统，则运行工况点 B 处

于实际需要点 A 的右上方（图 3-12b）。

图 3-12b）显示，循环系统水泵扬程选值偏大会使水泵的运行流量显著增加。根据水泵轴功率曲线，轴功率随流量而增加，因此，运行流量增加会使运行功率比设计值增大。

系统运行工况点的偏离产生了水泵的无效能耗。在同样的扬程误差值条件下，循环系统的无效能耗比供水系统的无效能耗显著偏大。

首先，循环系统的无效能耗数值要大。图 3-12b）中的阴影面积是循环系统的无效能耗，图 3-12a）中的阴影面积是供水系统的无效能耗。由于无效流量的增加，图 3-12b）中的阴影面积明显比图 3-12a）的大。

其次，循环系统的无效能耗与有效能耗的比例要大。图 3-12a）中从点 A 向纵横坐标引垂线组成的矩形空白面积是供水系统的有效能耗。图 3-12b）中阴影面左下方的矩形空白面积是循环系统的有效能耗。图 3-12b）中阴影面积与空白面积之比数值很大，而图 3-12a）中阴影面积和空白面积之比相对较小。

所以对于循环系统，水泵扬程偏大造成的能耗浪费非常可观，有时无效能耗可达到有效能耗的 1 倍，也就是说，采取措施把无效能耗消除，可实现高达 50%的节能率。

2. 循环泵的无效流量分析与能耗浪费

循环泵选泵扬程明显偏大是工程设计中普遍存在的现象，扬程偏大的直接后果是产生无效流量。通过对无效流量的量化分析，可掌握动力能耗浪费的程度。

用图 3-13 表示循环系统的工况。设循环系统的设计选泵参数为（Q_1，H_1），A 点。由于选泵扬程偏大，系统在 B 点运行，运行参数为（Q_2，H_2），且水泵轴功率增加。水泵运行流量的定量分析如下。

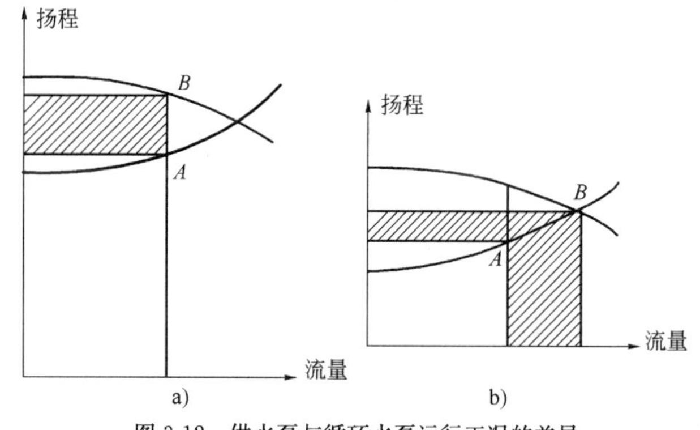

图 3-12 供水泵与循环水泵运行工况的差异

a)供水泵扬程偏大；b)循环泵扬程偏大

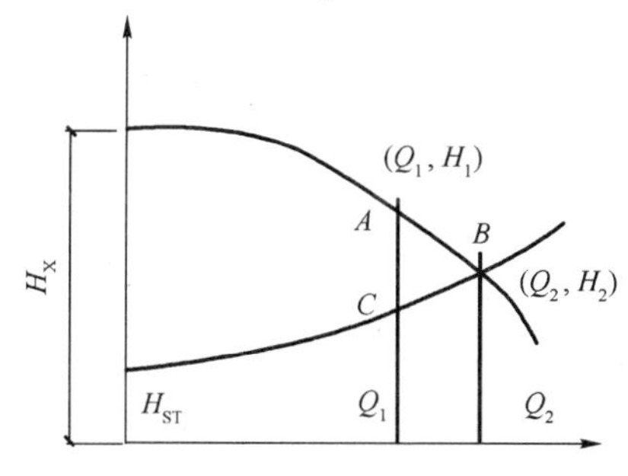

图 3-13 循环系统的工况

设水泵的工况曲线：

$$H = H_X - S_X Q^2 \tag{3-21}$$

管路运行特性曲线：

$$H = H_{ST} + \sum SQ^2 \tag{3-22}$$

在水泵运行工况点 B，有：

$$H_X - S_X Q_2^2 = H_{ST} + \sum SQ_2^2 \tag{3-23}$$

整理，得：

$$Q_2^2 = (H_X - H_{ST}) / (\sum S + S_X) \tag{3-24}$$

另在设计工况点 A 和需求工况点 C（αH_1，Q_1），有：

$$H_1 = H_X - S_X Q_1^2 \tag{3-25}$$

$$\alpha H_1 = H_{ST} + \sum SQ_1^2 \tag{3-26}$$

式中：αH_1——循环系统的需求扬程；

α——需求扬程与选泵扬程 H_1 之比。

根据式（3-25）、式（3-26），得：

$$\alpha H_1 - H_1 = H_{ST} - H_X + \sum SQ_1^2 + S_X Q_1^2 = H_{ST} - H_X + (\sum S + S_X) Q_1^2 \tag{3-27}$$

整理，得：

$$Q_1^2 = (\alpha H_1 - H_1 + H_X - H_{ST}) / (\sum S + S_X) \tag{3-28}$$

根据式（3-24）、式（3-28），可得：

$$(Q_2/Q_1)^2 = (H_X - H_{ST}) / (\alpha H_1 - H_1 + H_X - H_{ST}) \tag{3-29}$$

令 $\beta = H_X/H_1$（水泵最高扬程与选泵扬程之比），$\gamma = H_{ST}/H_1$（水泵几何扬程与选泵扬程之比）代入式（3-29），得：

$$\begin{aligned}(Q_2/Q_1)^2 &= (\beta H_1 - \gamma H_1)/(\alpha H_1 - H_1 + \beta H_1 - \gamma H_1) \\ &= (\beta - \gamma)/(\alpha + \beta - \gamma - 1)\end{aligned} \tag{3-30}$$

当 α 取 0.5（即选泵扬程比需求扬程大 1 倍）、β 取 1.4［即水泵最高扬程（0 流量）是选泵扬程的 1.4 倍］、γ 取 0.2［即开放式循环管路的几何高差（密闭管路为 0）占选泵扬程的 20%］，代入式（3-30），得：

$$(Q_2/Q_1)^2 = 1.2/(1.7 - 1) = 1.77$$

$$Q_2 = 1.33 Q_1$$

即循环泵运行流量 Q_2 是需求流量 Q_1 的 1.33 倍。

实际工程中，循环泵的选泵扬程往往比实际需求扬程大 1 倍（见后面游泳池循环泵的调查统计资料），这会造成约 30% 的无效循环流量。无效流量和无效扬程的叠加效应，使动力能耗的浪费远高于 30%。

在热水循环系统中，超量循环流量造成的能耗浪费十分惊人。通过对一个住宅小区的计量资料分析，户表计量的月循环水量是热水月用水量的 20 倍左右，其中月用水量 5m^3，循环水量 100m^3。假设整个系统的循环泵运行扬程为 10m，热水供应系统的供水扬程为 100m，则循环系统的动力能耗比热水供应系统的动力能耗还大约 1 倍。

循环泵扬程普遍比实际需求显著偏大，主要有两方面的原因：一方面是管道损失计算不认真，估算时很容易错误地搬用供水系统的经验；另一方面是扬程小的水泵产品少，不容易选到合适的泵。

由于循环系统耗能较大，设计中必须认真计算循环泵的扬程。工程设计中一定要通过仔细计算，积累水头损失的估算经验，而不可搬用供水系统的估值经验。另外，选不到小扬程泵时要采取措施，或是管网中增设局部阻力损失配件使扬程相匹配，或是切削水泵叶轮。

3. 游泳池循环泵的节能

(1) 游泳池循环系统的高能耗状况

表 3-3 是北京泳环环保科技有限公司阮志坤等人对北京、河北等省市 9 个游泳场馆游泳池循环泵的耗能情况的统计结果，其中选泵扬程普遍比实际运行扬程高出 1～2 倍以上。

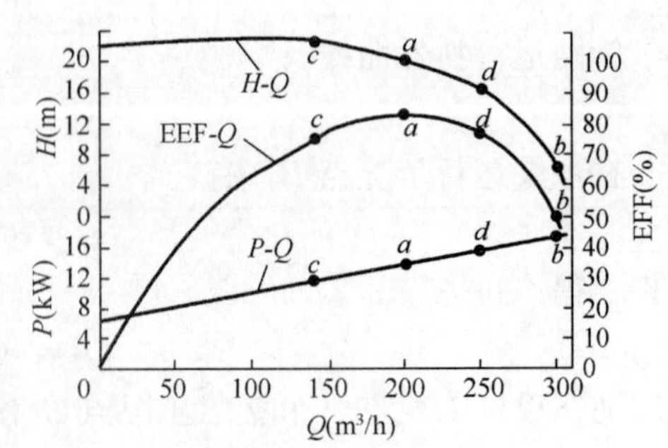

图 3-14　水泵性能曲线

循环泵扬程选高之后，能耗会通过两个途径成倍地浪费：首先是水泵实际运行的工况点远离高效区，譬如从图 3-14的设计高效工况点 a 移至点 b，以非常低的效率运行；其次是水泵流量增加，形成超量的无效水循环，运行功率增加。据统计，一个容积为 2 500m^3 的标准游泳池，循环泵年耗电约 32 万 kW·h，其中 30%～50%的电能被浪费。

游泳池循环泵能耗调查

表 3-3

场馆名称	尺寸（m）	水处理设备	循环泵	泵运行情况
八一游泳馆（大众馆）	50×30×1.8	ϕ2 200 立式砂罐 3 个，石英砂滤料，总管道毛发聚集器，板式换热器	ISG200-250 型（2 台） $Q_a=400m^3/h$，$H_a=20m$ $N=30kW$	$H_b=9m$，$Q_b=600m^3/h$ $\eta_e=67.5\%$，$X=32.5\%$
八一游泳馆（训练馆）	25×17×1.6	ϕ1 600 立式砂罐 2 个，石英砂滤料，总管道毛发聚集器，板式换热器	BYG100-32-14 型（2 台） $Q_a=100m^3/h$，$H_a=32m$ $N=15kW$	$H_b=7m$，$Q_b=150m^3/h$ $\eta_e=32.8\%$，$X=67.2\%$
丰台体育中心游泳馆	深池 50×25×1.8 浅池 50×25×1.4	ϕ2 200 立式滤罐 8 个，聚苯乙烯珠滤料，总管道毛发聚集器	IS150-125-315 型（5 台） $Q_a=200m^3/h$，$H_a=32m$ $N=30kW$	$H_b=8m$，$Q_b=320m^3/h$ $\eta_e=40\%$，$X=60\%$
北京亚太游泳馆	50×21.5×1.58	ϕ2 600 立式钢罐 4 个，聚苯乙烯泡沫滤珠滤料，总管道毛发聚集器，板式换热器	IS150-125-250 型（2 台） $Q_a=200m^3/h$，$H_a=20m$ $N=18.5kW$	$H_b=6m$，$Q_b=300m^3/h$ $\eta_e=45\%$，$X=55\%$
霸州石油物保游泳池	50×25×2	ϕ2 600 立式钢罐 2 个，聚苯乙烯泡沫滤珠滤料，泵前毛发聚集器	8BA-18 型（2 台） $Q_a=285m^3/h$，$H_a=18m$ $N=22kW$	$H_b=8m$，$Q_b=385m^3/h$ $\eta_e=60\%$，$X=40\%$
燕山石化公司游泳馆	深池 50×25×1.9 浅池 50×25×1.3	ϕ3 400 立式钢罐 3 个，石英砂滤料，泵前毛发聚集器，板式换热器	10SH-13 型（3 台） $Q_a=486m^3/h$，$H_a=23.5m$ $N=45kW$	$H_b=9m$，$Q_b=730m^3/h$ $\eta_e=57.5\%$，$X=42.5\%$
通辽市铁路游泳馆	50×25×1.9 戏水池 600m^3	ϕ3 000 立式钢罐 3 个，石英砂滤料，总管道毛发聚集器，容积式换热器	ISG150-315 型（3 台） $Q_a=200m^3/h$，$H_a=32m$ $N=37kW$	$H_b=7m$，$Q_b=320m^3/h$ $\eta_e=35\%$，$X=65\%$
吐哈油田游泳馆	50×25×1.68	ϕ2 500 立式钢罐 3 个，石英砂滤料，泵前毛发聚集器，管式换热器	型号不详，$Q_a=250m^3/h$ $H_a=32m$，$N=37kW$	$H_b=9m$，$Q_b=400m^3/h$ $\eta_e=45\%$，$X=55\%$
下花园电厂游泳馆	大池 50×15×1.5 小池 25×12.5×1.25	ϕ2 000 立式钢罐 2 个，聚苯乙烯泡沫滤珠滤料，总管道毛发聚集器，容积式换热器	IS150-125-250 型（2 台） $Q_a=200m^3/h$，$H_a=20m$ $N=18.5kW$	$H_b=8m$，$Q_b=300m^3/h$ $\eta_e=60\%$，$X=40\%$

循环泵的节能措施，首先应在设计阶段准确地计算循环系统的阻力损失，以保证循环泵能在实际需要的工况点运行。循环系统的管道损失不可像供水系统那样粗略确定数值，必须精确计算，才可保证水泵扬程的误差率达到供水系统的水平。

在运行阶段，应根据循环泵进出口上的压力表读数差与水泵铭牌扬程等参数核对，如果脱离了高效区，则可按设计流量和运行扬程（最好稍低于）为新的选泵参数更换循环泵。

（2）游泳池循环泵节能改造效果

【案例 6】 北京某游泳馆泳池约 1 700m^3，长、宽、水深尺寸为 50m×21.5m×1.58m，年耗电约 16.2 万 kW·h，耗电量大。经原因分析和现场调查，发现循环水泵选择不合适，扬程偏大，水泵常年运行工况远离高效区，低效率运行。原选泵参数为流量 $Q=200m^3/h$，扬程 $H=20m$，效率 $\eta=82\%$，功率 $N=13.5kW$。实际运行中泵的出口压力只有 6m，实际运行工况点为 $Q=300m^3/h$，$H=6m$，$\eta=48\%$，$N=18.5kW$。年耗电量 16.2 万 kW·h 中，只有 7.3 万 kW·h 的有用功，8.9 万kW·h被浪费掉了。

改造措施：用 6m 扬程泵替换原来水泵，使水泵始终在高效区运行，每月节电约 7 200kW·h。

【案例 7】 解放军某游泳训练馆，游泳池长、宽、水深尺寸为 25m×17m×1.6m。循环泵参数为 Q=100m³/h，H=32m，N=15kW。实际运行中泵的出口压力只有 7m，实际运行工况点为 Q=150m³/h，H=7m。

改造措施：替换原来循环泵，新泵实际运行工况点为流量 Q=100m³/h，扬程 H=7m，始终在额定工况点附近，运行一年比原泵节电 9.6 万 kW·h。

4. 热水循环泵的节能

近些年设计人员发现，热水循环系统的运行费用很高。比如在一些入住率较低或热水用户使用率较小的居民小区，生活热水的水价成倍增加，每吨热水的价格达到了几十元，甚至上百元。这种现象表明，热水循环系统的能耗浪费占据了相当大的比重。

热水循环系统的能耗很大一部分是维持热水循环水泵的运行。循环水泵的作用是：在热水管网不用水或用水量较少时，把管网中逐渐变凉的热水输送回加热设备，再把 55～60℃的热水输入管网中，以维持管网中的水温符合使用要求。

(1) 热水系统存在超量的无效循环流量

热水循环系统能耗浪费的一个重要方面是热水循环泵的动力能耗浪费，系统中存在着超量的无效水循环。如在某住宅区集中热水供应系统中通过对户循环水量的计量发现，多数住户每月的循环水量高达 100m³ 以上。而如果按照设计要求，即使偏大计算循环水量——按循环泵日夜不间断运行，分摊到每户的循环水量也只需在 10m³/月以内即可。无效的循环量达到了需要量的 10 倍以上。按照偏大、偏保守的计算，需要的循环量如下。

每户最大日用热水（50℃）：100L/（人·d）×4 人=400L

平均每户最大时用热水：400×4/24=66.7L/h

系统循环流量按系统最大时用水量的 20%计，则循环流量分摊到户平均为：

$$66.7\times0.2=13.34\text{L/(h·户)}$$

设循环流量日夜不停，则每户平均日最大循环水量：13.34L/h×24h=320.16L

每户平均月最大循环水量：　320.16L×30=9 604.8L=9.6m³

即偏大计算出的月循环流量不到实际计量的 1/10。

(2) 产生无效循环水量的原因分析

导致热水循环系统运行中产生大量的无效循环水量，有两个主要因素：①水泵的容量选用过大，这在前面已进行了分析；②控制水泵启停的温控计设置位置不当，增加了循环水泵的无效运行时间。

水泵容量配置过大包括流量和扬程过大，产生的原因主要有两方面：①设计中不重视计算，偏大估值；②配置水泵时因设计流量和扬程都较小，难以得到参数合适的泵。偏大的扬程配置会造成循环水泵的运行流量显著增加，如前所述。

循环水泵无效运行时间增加的原因主要有两个：①循环泵的启停控制温度设定过高，与热水管网供水温度不匹配，延长了循环泵的运行时间；②控制循环水泵启停运行的温控计设置位置不合理。通常控制循环水泵启停运行的温控计设在水泵入口附近的回水管道上，当温控计处的管道水温下降到设定值 t_1 时启泵，当水温上升到设定值 t_2 时停泵。由于在相同条件下管道散热量或水温下降速度相同，所以温控计处管道内的水温从停泵温度下降到启泵温度所经历的时间是固定不变的，这相当于循环泵每次从停泵到启泵都是定时的。

在热水管网的用水时段，只要用水量维持在一定的值，如大于设计循环流量值，且在管网中均匀分布，则用水点的热水温度就有保证，循环泵就不需要运行。但实际工程中循环泵往往是不论管网是否有循环水量要求，每隔一固定的时间就启动运行，即使配水管网中处在高峰用水时段、水温很高、无循环要求时也是如此。循环泵定时启泵会造成无效的循环水量。当配水管网中有足量的用水、水流量足以维持管网的水温时，循环泵的定时启动产生的是无效流量，是水流能耗的浪费。

为了减少生活热水循环泵的无效运行时间，需要采取两个重要措施：一个是配水管网设计成环状配水管网，另外是温控点的位置应设置在能反映配水管网温度的地点。

（3）环状管网配水，减少循环泵运行需求

热水输配水管网中各配水点时刻保持设计水温的条件是管网中各个点都维持一个相应的热水“最小流量”，该流量值可通过管道的散热计算取得。实现这个流量的手段有两个：①循环系统及循环水泵（不讨论很少应用的自然循环方式）；②各用水点的放水或用水。

在管网按设计工况配水的瞬时高峰用水时段和最大小时用水时段，管网中的流量是设计秒流量和最大小时流量，上述“最小流量”是被满足的，配水管网不需要循环流量，循环系统不必运行。

在系统用水量小、不能维持管网各点的“最小流量”时段，循环水泵便需要运行以维持各点所需的最小流量。

在非高峰用水时段，只要管网中的用水量及其分布能使各管段中的流量达到上述所需的“最小流量”值，则水温也能维持，不需运行循环泵。

在枝状配水管网中，一个配水立管下游段若没有用水，下游管段便无水流通过，水温逐渐下降，无法维持。如图 3-15 中，当 A 点用水，则 A 点上游的管段有水流通过，水温可以保持，而立管在 A 点的下游段（上方）则无水流通过，并且其他不用水的立管中也无水流通过，水温下降，必须靠循环泵运行维持水温。对于有多个配水立管的热水系统，在用户之间不均匀用水的情况下，有的管段有水流，有的管段无水流，管段之间的流量差异很大，从而管网中水温的分布差异很大：水流量大的管段水温高，无水流的管段水温低。而任何一个立管段的水温维持不到设定值都是不符合设计要求的，都需要运行循环泵。因此循环泵需要频繁地运行，使循环水量增加，耗费动力能源。

若采用环状管网配水，则管网中任何一点用水都呈现双向供水，用水点附近的管段中便产生水的流动，如图 3-16 所示。图中，当立管 A 点用水时，则立管的上下段会同时向用水点供水，使整个立管产生水流，并且上游不用水的立管中也会产生水流。

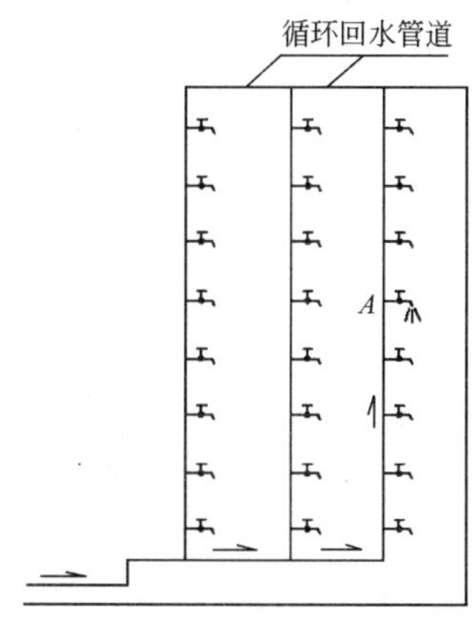

图 3-15 枝管段下游无用水无法维持水温

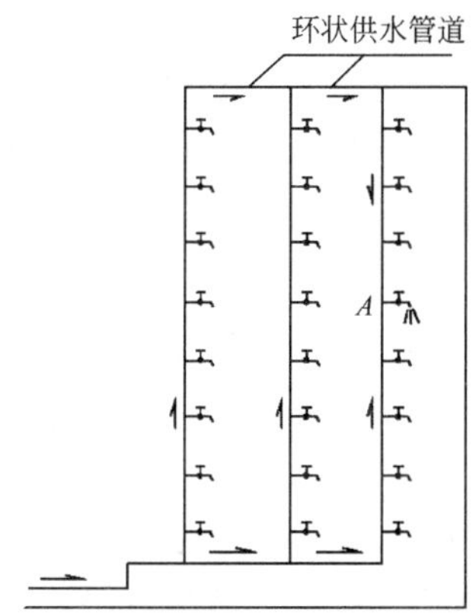

图 3-16 环状管网配水减少死水区

环状配水管网减少了死水区，促进了供给用水点的水流在管网中的均匀分布，从而使配水管网中的水温差异减小，水温分布趋向均匀。这大大减少了水温局部下降的管段，对循环水流和循环泵运行的需求减少。

(4) 循环泵温控计设置位置反映配水管网水温，减少水泵无效运行

生活热水管网循环系统的作用是维持配水管网在不用水或很少量用水时间上的管网水温，当系统有超过某一定量的用水时，管网中的水温能够由用水水流自动保持，无需循环水流。

在环状配水管网中，由于水温趋向均匀分布，因此可用管网中一个点的水温近似反映整个配水管网的水温。比如一点的水温低于50℃或高于55℃，说明整个配水管网内的水温都低于50℃或高于55℃。用该点的水温控制循环泵的运行，则可避免循环泵在管网用水流量较大、水温高于55℃，即管网不需要循环流量的时间段启泵运行，减少无效循环水量，节省能量。

为了确保配水管网中的水温，温控点应设置在管网水温相对较低的地点，比如配水横干管的下游，如图3-17所示感温器位置。当该点的水温达到设计值，则认为整个管网的水温都符合要求。

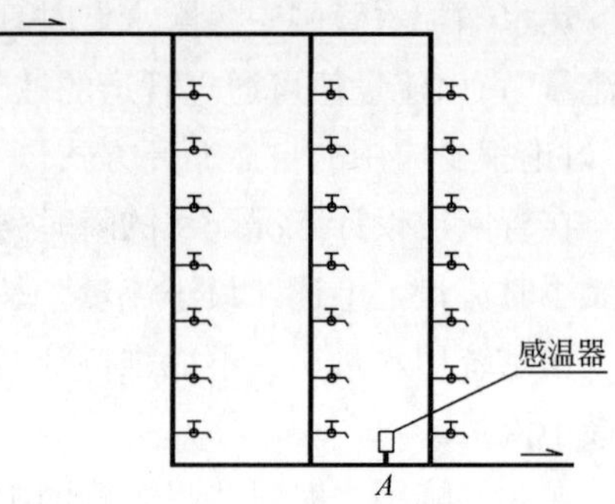

图3-17 温控点设在配水环网中的下游

由于环状供水，A点的温度降要比换热间中的循环泵入口管处慢，从停泵到启泵的时间延长；同时A点的温度上升也要比循环泵入口处快，从启泵到停泵的时间缩短。总的效应是，循环泵停止的时间增多，运转的时间减少，这样就减少了动力能的消耗。

(5) 温控计远程控制的实现

温度感应器设在配水管网中远程控制热水循环泵的开启和停止，对于设有楼宇自控系统的建筑，控制的实现是和感温器设在循环泵附近时是等同的，没有任何差别；对于没有楼宇自控系统的建筑，则要注意距离太远时信号的衰减，必要时可设置信号中继装置。

3.3.5 总结

(1) 控制用水点无效出流量。水压高会产生无效流量，支管设置减压稳压阀，控制用水点的水压在0.25MPa的范围内；采用节水器具。

(2) 以下措施可减少系统的压力损失，节省能耗。

①最不利出水口采用空气隔断，尽可能不用倒流防止器。

②采用经济流速选择管径。

③减少不必要的阀门、阀配件，避免各种形式的双重（串联）设置。

④管网布置简洁，以尽量短的路程输配水。

(3) 管网竖向分区采用分组水泵比采用减压阀能耗小，但减压阀分区可以节省水泵机组及其占地面积。分区方式的选择应根据具体工程，对节能或节省建筑面积的效益进行比较、权衡。

(4) 水泵直吸技术（叠压供水技术）能充分利用城市供水压力，节能效果与管网所需的供水压力相关，所需供水压力越小，叠压供水的节能效果越明显，反之就不明显。

(5) 水泵-高位水箱（罐）供水方式可实现水泵总在高效区运行，比恒压变频供水装置的运行效率高。一些工程为了节能，采用恒压变频装置供水取代水泵-高位水箱供水，结果会适得其反。

(6) 采用变频调速供水工艺时，应把控制水泵运行的恒压点设在管网的最不利配水点附近，而不是水泵出水口处，以便削减水泵的无效扬程。

(7) 循环水水泵扬程一般非常小，往往几米水柱的取值误差就足以造成百分之几十的误差，使水泵产生两方面的叠加能耗浪费：①无效循环流量大比例增加，使水泵运行功率增加（供水泵较少产生此项能耗浪费）；②运行工况点脱离高效区低效率运行。

主要的节能措施如下。

①管网所需要的水泵扬程必须进行计算，不可按供水系统的经验数据估值。

②循环系统所需扬程小，匹配合适的水泵难度大。可从两方面采取措施：一是切削水泵叶轮；二

是退而求其次，用水泵出口的阀门调节局部阻力使管网的水头损失与水泵扬程相匹配，如此既可控制水泵的无效流量和运行功率不增加，又能维持运行工况在高效区内。

(8) 游泳池循环水、集中生活热水供应循环水系统存在明显的无效循环流量，动力节能潜力大。

(9) 热水配水管网设计成环状管网配水可使管网中的水温均匀分布，从而减少循环水的需求。应采用环状管网配水，改变目前的枝管配水方式。

(10) 循环泵的温控计设置在配水管网中能反映配水管网中的水温，减少循环水泵的无效运行。目前，温控计设在热水机房内增加了循环泵的无效运行时间。

3.4 可持续能源开发利用

3.4.1 生活热水中的太阳能利用综述

1. 太阳能开发利用概述

随着生活水平的不断改善，人们对生活质量的要求也日益提高，住宅提供热水供应也成为各房地产企业和居民的一项基本要求。目前工程中常用的集中热水供应，可分为集中热水供应系统和分散热水供应系统两种。集中热水供应系统采用由热交换站提供合适温度的热水，通过管网向用户直接供水的方式；分散热水供应系统一般采用单户的小型热水器，通过敷设在建筑物内的管道对需要热水供应的部位供水。

相对来说，集中热水供应系统管理更加方便，对能源的利用率也较高。随着住宅小区建设的进一步发展，太阳能热水系统越来越引起人们的注意。太阳能是一种取之不尽、用之不竭的洁净能源，由于发展迅猛和广泛应用，已被人们称之为“21 世纪的能源”。我国太阳能资源十分丰富，全国有 2/3 以上的地区，年辐射总量大于 $5.02\times10^9\mathrm{J/m^2}$，年日照时数在 2 000h 以上。

利用太阳照射的能量对水进行加热已经有很长的时间了。太阳能热水器只需一次投资便可长期受益。开发利用太阳能既可节约能源，为企业提高经济效益，又可减少常规能源的消耗和对环境的污染，有利于保持生态平衡，可以创造巨大的经济效益和社会效益，也符合我国节约型社会的发展趋势。

城市各类商业建筑卫生热水能耗比例达到 10%～40%，由此导致生产、经营成本越来越高。城市家庭热水器普及率已达 70%以上，城市民用建筑热水能耗，仅洗澡热水用能就接近 20%；农村小镇家庭使用热水器的比例也越来越大。

太阳能热水器利用换热装置将太阳辐射的热能传递给需要加热的水使之温度升高达到使用要求，具有安全、节能、环保等特点。据有关资料介绍，$1\mathrm{m^2}$ 太阳能热水器，晴天每天产热量相当于 3kW·h 电产生的热量，能提供温升 30℃以上的热水 60～100kg，每年可节电约 700～800kW·h，特别适用于日照良好、年均气温较高的地区。同时大面积安装使用太阳能热水器，还可为建筑物隔热，降低建筑物顶层室温。

2. 生活热水太阳能利用的原理和技术发展

在建筑给排水系统中，太阳能热水系统是指以太阳能为主热源，以其他加热方式为辅助热源，制备生活热水并输送到用水点的系统，见图 3-18。太阳能热水系统可按其工作原理分为热转换系统和输配水供应系统。热转换系统即将太阳能转换为热能，并与辅助热源配合使用以加热水的系统；输配水供应系统是把制备好的热水输送到各用水点的管道系统。

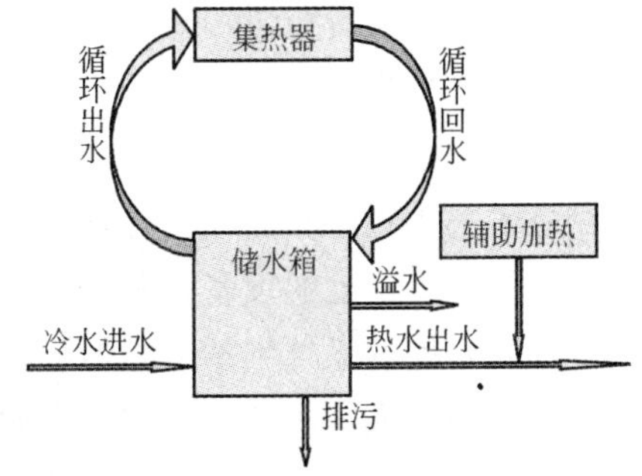

图 3-18 太阳能热水系统分类

按照集热部件的不同，太阳能热水器可分为闷晒型、平板型、玻璃真空管型、热管真空管型。现阶段，我国太阳能热水系统中主要使用全玻璃真空管集热器、热管真空管集热器和平板型集热器几种类型。表 3-4 对平板型与真空管型集热器的特点进行了对比。

平板型与真空管型集热器特点对比 表 3-4

分　类	特　点
平板型	集热效率高，使用寿命长，承压能力好，耐候性好，水质清洁，平整美观；冬季时集热性能不好
真空管型	大多数季节的集热效果要好于平板型，热损失较小

3. 生活热水太阳能利用节能技术与分析

太阳能热水器构造简单、投资少，在我国大部分地区都能收到很好的效果。对于不同的建筑，应该根据建筑类型、建筑功能及使用要求来选用不同类型的太阳能热水系统。太阳能热水系统的分类及选择可参照表 3-5 进行。

太阳能热水系统设计选用表 表 3-5

太阳能热水系统类型 \ 建筑物类型		居住建筑			公共建筑		
		低层	多层	高层	宾馆、医院	游泳馆	公共浴室
集热与供热水范围	集中供热水系统	√	√	√	√	√	√
	集中-分散供热水系统	√	√				
	分散供热水系统	√					
系统运行方式	自然循环系统	√	√		√	√	√
	强制循环系统	√	√	√	√	√	√
	直流式系统		√	√	√	√	√
集热器内传热工质	直接系统	√	√	√	√		√
	间接系统	√	√	√	√	√	√
辅助能源安装位置	内置加热系统	√	√				
	外置加热系统		√	√	√	√	√
辅助能源启动方式	全日制启动系统	√	√	√	√		
	定时手动启动系统	√	√	√	√	√	√
	按需手动启动系统	√				√	√

不同类型的太阳能热水系统都有其各自的优缺点，因此，实际应用中的太阳能热水系统往往是多个系统组合工作。

在太阳能热水系统的设计、安装及使用过程中，建议从以下几个方面考虑系统的优化和节能。

(1) 优化系统布置，在所需的集热器总面积的基础上，确定最佳的集热管间距，以达到经济和效率的平衡。根据侧重使用的季节选定集热器设置的纬度、方向及设置位置。

(2) 确定合适的系统参数。如根据热水用水情况、系统的供热能力、辅助热源的供热能力、温度控制装置等确定水箱容积，合理利用水箱内储存的不同温层的热水。

(3) 选择适合的设备，确定最佳循环流量，按规范要求设置相应的附件，保证系统正常运行。

(4) 定期的系统维护，除垢、防冻。

(5) 根据系统的不同采用适合的控制方式。强制循环系统宜采用温差控制，直流式系统宜采用定温控制且温控器应有水满自锁功能。

3.4.2 太阳能生活热水集中供应系统设计要点

1. 热水制备的常用类型

太阳能生活热水集中供应系统的热水制备一般采用下列形式：

(1) 加热工质用水泵强制循环。

（2）设置储热水箱。

（3）配置辅助热源。

（4）直接加热或间接加热。

（5）单水箱系统或双（多）水箱系统。

上述系统形式可用 4 种类型的图示表达出来，即直接加热单水箱系统（图 3-19）、直接加热双水箱系统（图 3-20）、间接加热单水箱系统（图 3-21）、间接加热双水箱系统（图 3-22）。

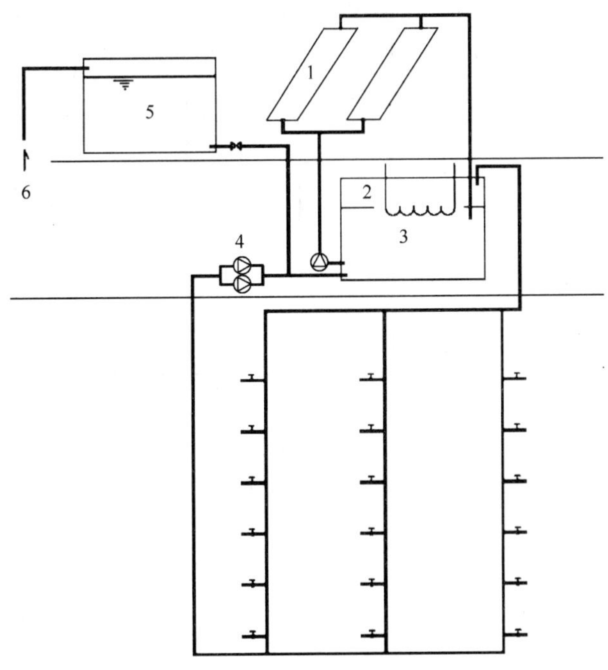

图 3-19　直接加热单水箱系统

1-集热器；2-供水容积和辅助加热器；3-储热水箱；4-循环泵；5-高位水箱；6-冷水

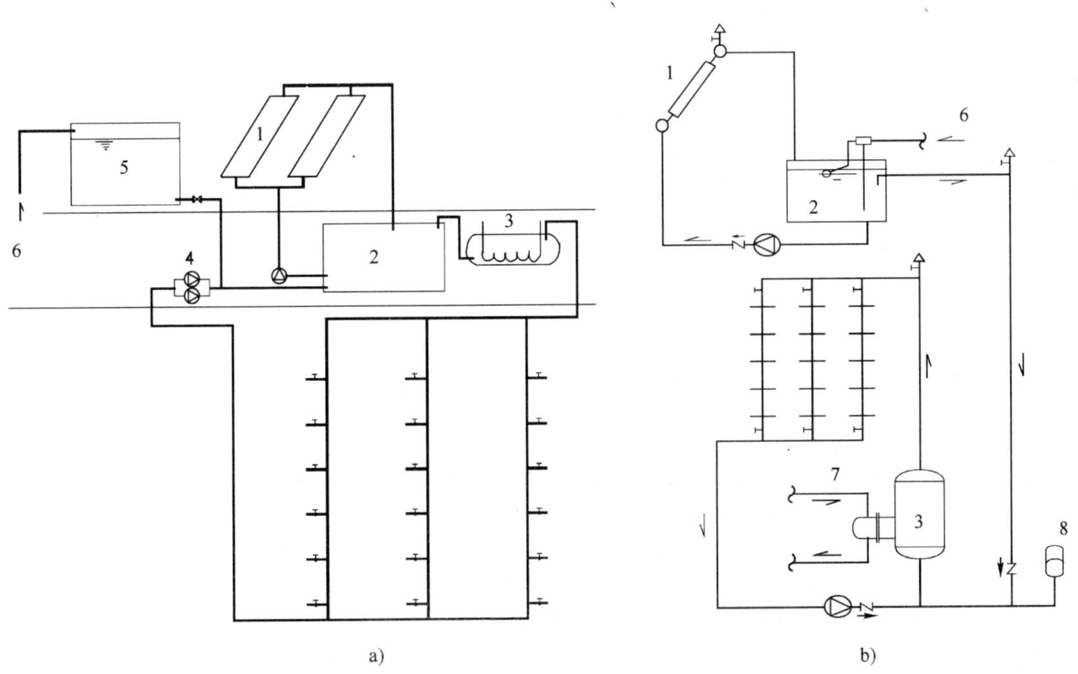

图 3-20　直接加热双水箱系统

1-集热器；2-储热水箱；3-供水容积和辅助加热器；4-循环泵；5-高位水箱；6-冷水；7-辅热热源；8-膨胀罐

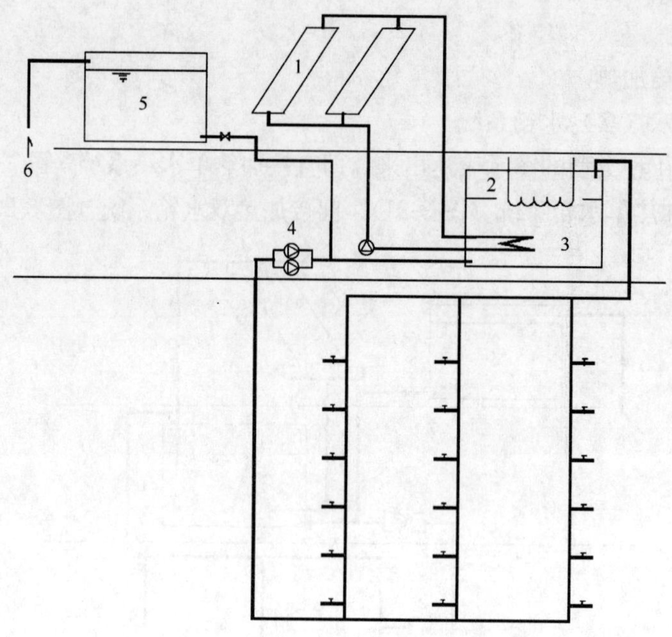

图 3-21 间接加热单水箱系统

1-集热器；2-供水容积和辅助加热器；3-储热水箱；4-循环泵；5-高位水箱；6-冷水

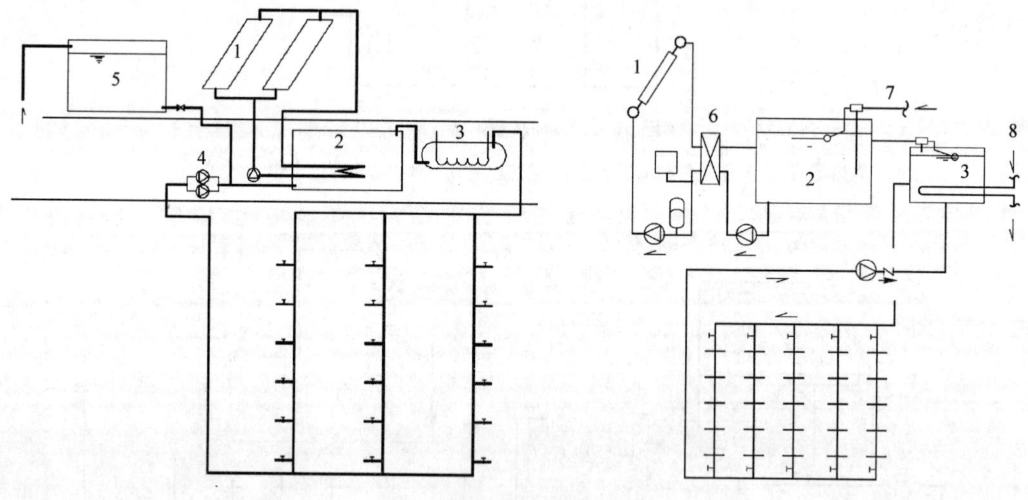

图 3-22 间接加热双水箱系统

1-集热器；2-储热水箱；3-供水容积和辅助加热器；4-循环泵；5-高位水箱；6-板式换热器；7-冷水；8-辅助热源

2. 太阳能集热器设置规模

太阳能集热器的设计总面积代表了系统的设置规模。集热器总面积根据式（3-31）、式（3-32）确定。

（1）集热器总面积

直接加热系统集热器总面积根据式（3-31）计算。

$$A_c = \frac{Q_w c \rho (t_{end} - t_L) f}{J_T \eta (1 - \eta_L)} \tag{3-31}$$

式中：A_c——直接式系统集热器总面积（m^2）；

Q_w——设计日用热水量（L）；

c——水的质量定压热容［kJ/（kg·℃）］；

ρ——水的密度（kg/L）；

t_{end}——储热水箱内水的终止设计温度（℃）；

t_L——水的初始温度（℃）；

f——太阳能保证率，无量纲；

J_T——当地集热器总面积上的年平均日或月平均日太阳辐射量（kJ/m^2）；

η——集热器年或月平均集热效率，根据经验取0.25～0.50，具体取值根据集热器产品的实际测试结果而定；

η_L——管路及储热水箱热损失率，根据经验取0.20～0.30。

间接加热系统集热器总面积根据式（3-32）计算。

$$A_{IN}=A_c\left(1+\frac{F_R U_L A_c}{U_{hx}A_{hx}}\right) \tag{3-32}$$

式中：A_{IN}——间接式系统集热器总面积（m^2）；

$F_R U_L$——集热器总热损失系数，平板型集热器取4～6，真空管集热器取1～2，具体取值根据集热器产品的实际测试结果而定；

U_{hx}——换热器传热系数［W/（m^2·℃）］；

A_{hx}——间接系统换热器换热面积（m^2）。

（2）设计日用热水量（定额）

①按最高日用水定额设计存在的问题

设计热水用量决定着太阳能集热加热部分的规模大小。目前有些工程包括奥运工程采用最高日用水定额配置太阳能集热加热器，大大降低了太阳能系统的经济性。

首先，根据大学教材《水泵及水泵站》可知，最高日用水量出现的频率很小，只有百分之几，形象地说，就是一年中只有十几天的用水达到最高日用水量。太阳能系统若按此水量设计，则一年中只有极少的天数满负荷运行，绝大多数时间低负荷运行或闲置一部分设备。这样就延长了太阳能设备的回收期，降低了其经济性。

其次，太阳能集热器长时间低负荷运行或部分闲置使得集热系统的过热防护问题变得突出。集热系统低负荷运行或闲置使系统处于闷晒状态，导致集热系统过热。过热现象会对集热器和管路系统造成损坏。因此需要采取过热防护措施，进行散热降温，甚至增设冷却系统。这造成整套太阳能系统的投资和运行费用提高，经济性进一步下降。

②太阳能设备应按平均日用水量设置

太阳能集热加热（集热板和间接加热器）系统的利用，追求的首要目标是节能带来的经济效益。系统满负荷运行的时间比例越大，则系统的利用率越高，投资回收期越短。集热器设计用水量取的低，则用户实际用水超出设计水量的机会越大，太阳能满负荷运行的时间越长，投资回收期越短。然而，太阳能设备的规模过小，虽然回收期很短，但太阳能资源又未被充分合理利用。综合平衡之后，设计用水量应按平时经常出现的数值选用，这样可使集热加热部分得到较充分的利用。对于超出设置流量的用水时段，可启动辅助热源加热。

从概率上讲，平均日用水量是出现频率非常大的水量，所以太阳能集热加热设备要按平均日用水定额设计。

③平均日用水定额的确定

传统的建筑给排水系统设计考虑的都是最高用水工况，平均日用水定额包括热水定额在我国建筑给排水领域的设计规范中都未涉及，即使有关太阳能生活热水系统设计的国家标准和 CECS 协会标准，也没有平均日用水的设计数据。《建筑中水设计规范》（GB 50336—2002）和《建筑与小区雨水利用工程技术规范》（GB 50400—2006）虽涉及了平均日用水量，但也未能给出资料，只是根据最高日用水定额进行粗略折减。

经过资料搜集与整理，目前可供参考的国内资料罗列如下。

a.《室外给水设计规范》（GB 50013—2006）给出了大、中、小城市居民的生活用水最高日和平均日用水定额。根据这些定额，可整理出日变化系数在 1.2～1.43 之间，平均日用水占最高日的比例为 0.83～0.70。

b.《建筑中水设计规范》（GB 50336—2002）给出了最高日用水量折算成平均日给水量的折减系数，一般取 0.67～0.91。《建筑与小区雨水利用工程技术规范》（GB 50400—2006）借鉴了这组数据。

c. 国家住宅工程中心太阳能研究项目的调查结果：居民日均热水用量范围约为 28～48L/d，约为最高日热水定额的 50%。

d.《民用建筑太阳能热水系统工程技术手册》推荐日平均用水量按规范最高日用水定额的 50%～60%计算。

参考上述数据，并考虑到热水的变化系数一般要比自来水大，建议各类建筑中的日平均热水用水定额不宜超过最高日热水定额的 50%。例如，若最高日热水用水定额取 50～100L/（人·d），则平均日定额可取 25～50L/（人·d），太阳能集热加热系统可按 25～50L/（人·d）设计。以此类推。

（3）终止设计温度

储水箱内水的终止设计温度目前尚没有公认值，相关的设计标准中也没有给出此参数。参考文献［24］推荐按≥45℃取值，参考文献［25］推荐的温度值是《建筑给水排水设计规范》（GB 50015—2003）中配水点冷热水混合后的设计水温。可见，确定合适的终止设计温度是个尚待解决的问题。

储水箱内水的终止设计温度应该是水箱中所允许的最高温度，实际运行时不允许超过此温度。一旦达到这个温度，太阳能加热系统应立即停止工作，加热循环泵被强制关断，即使屋面集热器内的温度继续升高也不再继续加热。根据国标《建筑给水排水设计规范》（GB 50015—2003），水加热设备出口的最高水温不应大于表 3-6 中的数值，因此终止设计温度可按表 3-6 取值。水箱中的水温若超过此水温，说明水箱出现了过热，是不允许的；在终止设计温度以内，加热循环泵可根据集热器内和储热水箱底部的水温差自动运行工作。

水加热设备出口的最高水温（单位：℃） 表 3-6

水质情况	水加热器出口的最高水温	配水点的最低水温
原水水质无需软化处理 原水进行了水质处理	75	50
原水需进行水质处理但未处理	60	50

需要注意的是，终止设计温度不应取值太低。如果取值小，会产生以下两个问题：

①储热水箱和集热器得不到最充分的利用，因为在储存水温不太高时就终止了加热；

②辅助热源耗费增多，因为要辅助加热把出口温度提高到表 3-6 中的值才能保证配水点的水温。

在管网用水量小于太阳能集热器设计水量（平均日水量）的时段，储热水箱中的水温完全有可能达到终止设计水温，这时可直接满足管网供水水温的要求，而不需要辅助热源工作。

（4）太阳能保证率

太阳能保证率是系统中太阳能加热供给的热量与配水系统的总热负荷之比，它反映了太阳能设备提供热水的比率。保证率取值大，则太阳能集热器的总面积大，热水的总产量就高，辅助热源的消耗量就少；保证率取值小，则太阳能集热器的设置规模就小，热水的产量低，辅助热源的消耗量增大。

在设计用水工况（平均日用水量）和设计光照发生的条件下，保证率就等于太阳能集热系统制备的热水量占日均热水量的比率。当保证率取 1，则集热系统配置的集热面积能制备 100%的平均日耗水量；若保证率取 0.8，则集热系统能制备 80%的日均耗水量；若取 0.5，则只能制备 50%的耗水量。其余不足部分均由辅助加热系统补齐。

太阳能设备保证率的取值一般为 30%～80%，具体值主要取决于太阳能资源状况。对于同一个用水系统，处在太阳能资源丰富的地区，应该设置更多的集热面积，让太阳能加热日均水量的绝大部分，如 80%；如果该系统处在太阳能资源贫乏的地区，则应该少设置集热面积，让太阳能加热日均用水量的少量部分，如 40%。这样可使太阳能设备的利用率和投资回收期处于一个较为合理的水平。

太阳能保证率的取值见表 3-7。

太阳能热水系统太阳能保证率 f 推荐选用表 表 3-7

等　级	太阳能资源	保　证　率	等　级	太阳能资源	保　证　率
I	丰富区	60%～80%	III	一般区	40%～50%
II	较富区	50%～60%	IV	贫乏区	≤40%

3. 储热水箱

（1）容积确定

目前，储热水箱的容积确定方法各异。参考文献［22］、［25］根据太阳能集热面积确定；国家规范按传统热水供应系统中的供热调节容积确定；参考文献［23］根据集热面积计算容积，并和供热调节容积比较，取二者中的大值。

储热容积是为了储存集热器生产制备设计热水量过程中的热水，理论上，储热容积应根据设计条件下 24h 太阳能集热和系统用水的变化规律确定。太阳能集热是按日用水量（平均日用水量）设计的，系统用水的变化规律则与建筑的使用性质有关。

对于住宅、酒店、宿舍等居住类建筑，热水主要在晚间使用，太阳能白天集热需要大量储存以备晚间使用，储热水箱的容积按集热器全天的热水产量计算为宜。

对于办公、展馆类建筑，热水是在白天使用，与太阳能集热器的工作时间吻合，储热水箱的容积可以减小，如储存半日的产水量。

对于商店、体育类建筑，热水在白天和晚上都同样使用，水箱储热水容积可介于居住建筑和办公类建筑之间。

集热面积的日产水量和产品的性能密切相关，需要仔细了解产品。当条件不具备时，可按目前的经验值选取。

对于需要供热调节容积的单水箱系统，水箱的容积应为储热容积和供热调节容积之和。

需要强调的是，储热水箱的容积不可按国标《民用建筑太阳能热水系统应用技术规范》(GB 50364—2005)给出的值设计，其存在的问题是把集热系统的储热容积和供热水系统的调节容积混在了一起。

（2）加热运行控制

强制循环系统储热水箱中的水加热一般采用温差控制。在储热水箱的底部和屋面集热器的出水口分别设置温度控制器，在水箱内水温小于设计终止温度条件下，当二者的温差大于某一数值时，循环泵开启将集热系统的热量传递到水箱；当二者温差小于设定值，循环泵停止工作。如此往复循环，直至到达终止设计温度。

另外，如果水箱中的水温大于终止设计温度，说明水箱出现了过热现象，循环泵被强制停止工作。温差取值见表3-8。

循环泵运行控制温差（单位:℃）　　表3-8

循环泵工作状态	直接加热系统	间接加热系统	循环泵工作状态	直接加热系统	间接加热系统
启动	≥5	≥10	停止	≤2	≤5

4. 辅助热源

(1) 辅助热源的必要性

辅助热源在太阳能热水系统中必须配置，其作用主要是：

①在太阳能集热系统不产热或达不到设计产热水量时辅助生产热水；

②在太阳能集热器按设计能力产热水日，系统的日用热水量超过集热器产热水量时，辅助生产热水。

总之，辅助热源是为了在太阳能产热水能力供不应求时辅助加热。

(2) 辅助热源加热器的运行控制设计

运行中的太阳能系统所产热水量是否供不应求而需要辅助加热可通过储热容积的上端面水温进行判别。当水温不低于系统的设计供水温度（如60℃），则说明产热量足够，无需辅助加热；当低于该温度，则说明产热水量供不应求，需要辅助加热。

根据上述判别方法，辅助热源加热器应采用下述方式自动控制运行：在太阳能储热容积的上端面处设置温控计，并设定供水温度。当感应温度低于供水温度时，开启辅助热源；当感应温度高于供水温度时，关闭辅助热源。允许温度波动范围可采用常规系统的取值。

设计供水温度的取值应满足如下要求。

①防烫伤要求，即供水温度不可太高。国标《建筑给水排水设计规范》(GB 50015—2003）已经规定了限定值，见表3-9。

②水质卫生要求。近年来，生活热水系统中的军团菌已越来越引起关注，水温在60℃左右或以上，军团菌会被很快杀灭。但水温低于55℃，军团菌将很难再杀灭。

综合考虑防烫伤和水质卫生两方面的要求，供水水温按表3-9中的值控制为宜，不应再低。

感温点的设置位置若偏离储热容积的上端面，则会产生下列弊端。

①感温点设在储热容积顶端面的下方，会造成辅助热源过早投入工作，致使储热区内的水温加快上升并达标，减少太阳能集热器的工作时间，降低太阳能利用率和节能效率。因为热水在储热水箱中按温度分层，下面的水温比上部的低，当顶端面的水温满足设计供水温度而无需加热时，下面的水温却显示水温低不满足要求，造成辅助加热启动。

②感温点设在供热容积上部，会导致供热容积内存有过多的低温水，影响高峰用水时的出水温度，甚至无法满足设计水温。

(3) 辅助热源的供热量

对于辅助加热系统，需要保证最高日生活用水，应按最高日用水定额设计，满足最高用水日太阳能完全不工作条件下的用水工况。根据系统供水容积的设置情况，辅助热源的设计供热量应满足下列要求。

①设置供水调节容积时，应按最高日最大时用水量耗热功率配置辅助热源，且供水调节容积应满足常规热源的热水系统的规定；

②当不设置供水调节容积时，应按瞬时高峰用水设计秒流量耗热功率配置辅助热源。

（4）辅助热源加热器的布置

辅助热源加热器的设置位置应在储热容积的上端面处。对于设有供水调节容积的系统，辅助加热器应设置在调节容积的底部（供水箱中）或下部（储热水箱与供热水箱合并），如图 3-19 所示。工程中有些单水箱系统把辅助加热器放在供水调节容积的上部，如图 3-23 所示，这是错误的，其道理同常规热源容积式系统不可把加热器放置在容器的顶端一样。

水加热设备出口的最高水温 表 3-9

原水水质情况	水加热器出口的最高水温（℃）
无需软化处理 需处理且进行了水质处理	75
需水质处理但未进行处理	60

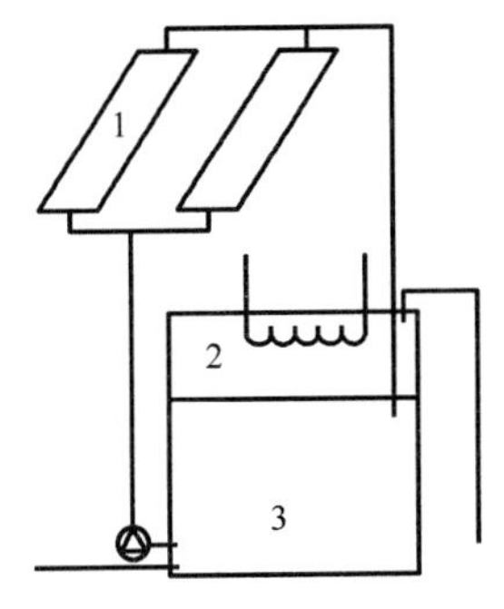

图 3-23 辅助加热器设在供水调节容积的上部（错误布置）
1-集热器；2-供水调节容积和辅助加热器；3-储热水箱

3.4.3 太阳能利用节能经济分析与实例

1. 生活热水太阳能利用节能经济分析

对于一个太阳能热水系统，其使用过程中消耗的能量为：

$$W_{太阳能}=W_1+W_2 \tag{3-33}$$

式中：W_1——消耗的太阳能量；

W_2——消耗的辅助热源的能量。

对于一个使用传统能源的热水系统，其使用过程中消耗的能量为：

$$W_{传统能源}=4.187q_g\Delta t\rho_r \tag{3-34}$$

式中：q_g——热水设计秒流量（L/s）；

Δt——冷热水温差（℃）；

ρ_r——热水密度（kg/L）。

太阳能热水系统在使用过程中，W_1 和 W_2 随系统设计的不同和季节的不同而变化。此时的系统节能率 $\eta=(W_{传统能源}-W_{太阳能})/W_{传统能源}$。在光照充足的季节，可完全不使用辅助热源加热，此时 $W_2=0$，$W_{太阳能}=W_1$。假设某时刻完全使用辅助热源，此时 $W_1=0$，$W_{太阳能}=W_2$。

王晟等人经过对比发现，电热水器的加热费用比燃气热水器高约 16%。而当辅助热源不工作时，太阳能热水器几乎是没有任何加热费用的，所需的只是一次投资和日后的维护费用。于国清对上海地区家用热水器的技术经济性进行分析后发现，在不考虑环保税的前提下，太阳能热水器+电、电热水器、天然气热水器 3 种热水供应模式每人次洗浴费用之比为 0.445∶1.00∶0.442；如考虑环保税，其比值为 0.369∶1.00∶0.387。考虑气候条件对太阳能热水器经济性的影响，上海、北京、昆明、拉萨每人次洗浴费用之比为 1.00∶0.93∶0.67∶0.61；分别以电、天然气、城市煤气作为太阳能热水器辅助加热能源，每人次洗浴费用之比为 1.00∶0.805∶0.828。

太阳能热水系统的投资不算很多，一般的太阳能热水器可在 3～4 年收回投资，且太阳能取之不尽，太阳能热水系统年运行的能耗和维护费用低廉，相对其他矿物能源或电能等具有极大的优势。太阳能热水系统不仅清洁、节约能源，而且具有较好的经济性，是一种理想的热水供应系统。

2. 生活热水太阳能利用工程实例

【案例 8】 北京某中学游泳馆，原加热方式为常压燃油热水炉产生 80℃热水，交换后供泳池水加热和淋浴。由于燃油价格及热水炉、换热器效率等因素，2002 年运行以来游泳池水加热时的费用很高。

节能改造措施：2004 年对游泳池的加热系统进行改造，增加了太阳能集中制热系统。将太阳能集热板、热水箱和太阳能循环泵等放置在游泳池屋顶，产生 55℃左右的热水。以此为热媒，再经过板式换热器制备生活热水，优先用于游泳馆淋浴喷头使用，有富余热量时，则通过板式换热器加热游泳池水。

自投入运行以来，经济效益明显。通过市场价格测算，每加热 $1m^3$ 热水（55℃）太阳能系统耗电费用约 2.2 元，而原燃油炉约为 27 元。若全年 80%的天数可采用太阳能系统制备热水，则全年可节约费用 17.7 万元，只需 2 年多的时间便可收回投资。

【案例 9】 湖北宜昌某酒店，集餐饮、娱乐、商务会议等于一体。原设计采用两台 1t 燃油蒸汽锅炉供应宾馆用汽和生活热水。后增设大面积太阳能加热系统，用 $190m^2$ 全玻璃真空管，共计 1 900 根集热管、38 个集热器单元，与一台 1t 燃油蒸汽锅炉组成宾馆热力系统，两者共享一个 $25m^3$ 蓄热水箱，生活热水加热以太阳能为主、蒸汽为辅。太阳能热水器水温达到设定值（40～65℃可调）即进入蓄热水箱，积聚蓄热。该系统能满足酒店日常的生活热水需要。

太阳能热水器投资 21 万元，扣除太阳能热水器所替代的 1t/h 燃油蒸汽锅炉的投资 15 万元，实际投资额仅 6 万元。

运行结果表明，每年节约燃油 20.1t，节约费用 64 320 元，年减排 CO_2 74.82t。

【案例 10】 某酒店，每年大约需要热水 5 000t，采用 $150m^2$ 真空管太阳能集热器，15t 保温储热水箱，配备 50kW 电加热器，同时加装冬季暖气换热器为辅助热源的产热水系统。系统设循环泵及温度自动控制装置。太阳能系统扣除阴雨雪天后，每年产热水大约为 3 000t，电加热需要生产热水约 1 400t，换热器生产约 600t。

运行费用分析如下。

每年需要投入燃料费用：24 元/t×1 400t+1.5 元/t×600t=34 500 元；

每年需要投入热水系统维护费：2 000 元；

综上两项，酒店每年需要投入的总费用为 36 500 元。

系统使用年限为 15 年，则每吨水费用为：

（270 000 元+36 500 元/年×15 年）÷（15 年×5 000t）=10.9 元/t（水泵耗电未进行计算）

如果不利用太阳能，单独使用电热水器，费用如下。

每产 1t 热水需要费用：24 元；

初投资及维护费：1 700 元/台；

电热水器寿命为 8 年，与太阳能相比，宾馆运行 15 年需要安装 2 台电热水器，扣除物价上涨因素，酒店在 15 年内需要投入电热水器设备的费用为：

1 700 元×100 个房间×2 台＝340 000 元

15 年内每吨热水的费用为：

(340 000 元＋24 元 /t×5 000t/ 年×15 年)÷(5 000t/ 年×15 年)＝28 元 /t

投资要大于使用太阳能热水器的费用。

【案例 11】 某医院，建筑面积 $16\,400m^2$，需要供热水的面积为 $14\,000m^2$。建筑为 9 层，每层约 $1\,800m^2$，屋顶面积约为 $1\,800m^2$。按每一人 $25m^2$ 的使用面积考虑，使用人数为 560 人，用户定额为 60L/（人·d），整个建筑用热水量为 60×560=33 600L。经计算，所需的太阳能热水器的集热面积为 $483.49m^2$，需要 4 752 根集热管。储热水箱放在地下室内，水箱容积为 $50m^3$，内设两台 15kW 的循环泵，系统设自动控制系统。

运行费用分析如下。

如采用燃气热水器，使用寿命为5年，则15年的使用过程中燃料、电的费用和设备投资总和约为273.5万元。

如采用电热水器，则15年电耗和设备投资总和约为240万元；采用燃油锅炉，15年间燃油费用和设备投资总和约为185万元。

采用太阳能热水系统，设备总投资74.2万元，15年间辅助加热所消耗的燃料和电费用约为16.4万元，合计仅为90.6万元。

3.4.4 建筑空调废热回收利用技术

1. 建筑空调废热回收利用发展

实际生活中，很多建筑在夏季有同时需要冷热供应的要求。过去制冷和制热分别采用两套系统，不但投资大，运行费用也高，而且制冷系统产生的余热在能源相对紧张的我国也没有得到足够重视。在设有空调的场所，一方面需要把冷凝余热排入大气，造成热污染；另一方面要耗费能量获得生活热水。这无疑是对能源的巨大浪费，所以有效回收和利用制冷余热对我国节能和环境保护都有重要意义。因此通过对空调废热加以回收加热生活用热水具有很好的节能效果。

除空气源热泵以外，污水源热泵也得到日益广泛的使用。污水源热泵技术有机地将污水排放与城市能源结合起来，通过热泵技术可以提供生活热水。污水源热泵系统是集成供暖、制冷和生活热水功能的高效率系统，它的水源来源主要为污水等水源。建设水源热泵系统，开发水中的能源，能够有效地改善我国能源的结构和发展可再生的清洁能源。污水热泵技术在美国、北欧及日本等国家已经有了广泛的应用，北京市的一些污水处理厂也进行了试验性的应用，目前该项技术在国内大批项目中得到推广应用。

2. 废热回收的技术设计方法

空调制冷是指通过外界能量做功，把热量从“低温热源”转移到“高温热源”的过程。因为有外界能量做功，所以在这个制冷过程中，要产生比冷量更大的热量。在空调工况下运行，冷凝热可达到制冷量的1.18～1.3倍。目前使用的中央空调系统大多数没有对这部分热量进行利用，而是通过冷凝装置散掉，而冷凝装置工作时，还要消耗掉设备运转的能量和资源。如果能够把这部分热量加以利用，则可以在运行过程中实现一份能耗、两份输出，既提高了空调机组对能源的利用率，也节约了系统的能源消耗，同时还减少了对环境的污染。

利用热泵技术可以对这部分废热进行回收。空气源热泵利用专用的制冷剂作为工质，将中央空调工作的废热作为热源，工质吸收热源的热量后汽化，通过压缩机压缩后升温，变成高温高压气体，再经热交换器把热量传递给冷水，最后经泄压，回到低温低压的液态，完成一次循环。热泵通过制冷剂的不断循环，将空调废热传递到需要加热或预热的冷水中，提高冷水的温度。

对空调制冷的废热加以回收，无需对空调系统增加其他电控系统，自动化程度高，运行稳定；热水系统出水温度变化较小，可满足不同需要的生活热水需求；安装简便，使用周期长。此外，由于不设冷却塔，对建筑物周围环境有较大改善，减小了工作噪声。相对于传统中央空调，对空调制冷的废热加以回收可以实现一机多用，除能一年四季为房间提供中央空调冷、热空气调节外，还能一年四季为房间提供恒温的中央热水。管理方便，系统简单，能效高、节约运行费用。

空调制冷废热的回收用来制备生活热水的技术有直接式和间接式。直接式废热回收的技术原理是：把制备生活热水的换热器串联接入空调压缩机与冷凝器之间的工质管道中，见图3-24，使高温高压气态工质先在新增的换热器中放热而加热生活热水，然后再经过原有的冷凝器放热，达到空调所要求的工况。新增换热器的接入，既加热了生活热水，又减小了冷凝器中冷却水的负荷。直接式废热回收技术适用于活塞式和螺杆式制冷循环机组。

间接式废热回收制备生活热水的技术是利用热泵的原理把冷却水所携带的空调冷凝热提取出来。此方式适用于离心式制冷循环机组。

空调制冷废热回收，既节省了加热生活热水的能耗，又节约了空调冷却水补水，具有节能和节水的双重功效。

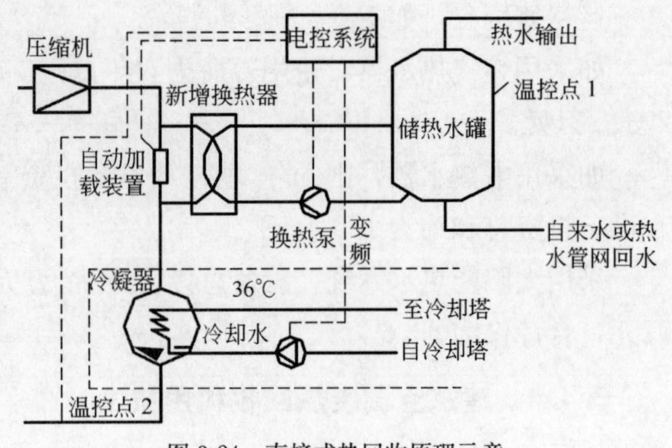

图 3-24　直接式热回收原理示意

3.4.5　废热回收节能分析与实例

1. 废热回收技术节能分析

对废热进行回收利用之前，这部分热量是被浪费掉的，而且为了及时散热，还需要增加相关设备及其运行的费用。假设这部分能量为 $W_{废}$，若将这部分能量 $W_{废}$ 用于生活热水的加热，可以加热的热水量为：

$$q_{rh} = \frac{Q_h}{1.163(t_r - t_l)\rho_r} \tag{3-35}$$

式中：q_{rh}——设计小时热水量（L/h）；

Q_h——设计小时耗热量（W/h）；

t_r——设计热水温度（℃）；

t_l——设计冷水温度（℃）；

ρ_r——热水密度（kg/L）。

假设设计热水温度为 50kW·h，设计冷水温度为 10kW·h，热水密度近似取 1kg/L，则利用 1kW 废热每小时可产生温升 40kW·h 的热水为 0.021 5m^3。

在空调系统中利用热交换器回收余热增加了初期投资，会使系统复杂化，但却回收了大量的能量，节约了运行费用，具有明显的经济性。李惟毅等对某宾馆的集中空调冷凝热回收工程进行研究后发现，该项目采用热回收技术与采用其他加热系统相比，其经济性可用表 3-10 表示。李觐在对华南地区的旅馆采用空调冷凝热制备生活热水的技术经济性进行分析后发现，采用冷凝热制备生活热水系统的初投资可在不满一年内完全回收。

利用中央空调制冷废热对生活热水加热，只需要新增一套换热装置，系统的改变不大，投资也较小，而且资金回收时间短，收益明显，对保护环境、节约能源也有长远的意义。

2. 废热回收应用工程实例

【案例 12】　南宁明园新都酒店（五星级），回收空调废热制备生活热水，节能效益非常可观。根据 1999～2002 年实际使用情况的资料统计，空调废热回收制备的生活热水占到该酒店全年消耗的生活热水总量的 65%以上。

【案例 13】　北海某三星级酒店，原用燃油热水炉制备生活热水，用燃油蒸汽炉制备洗衣房等所用蒸汽。2000 年底完成回收空调制冷废热的改造，用废热制备生活热水，节能效果显著。改造前，酒店平均每接待一个客人（次）所消耗的总燃油量基本在 3L 以上，见图 3-25 中上方的曲线。图中曲线是根据按月统计的平均每接待一个客人（次）所消耗的总燃油资料绘制的。进行空调废热回收改造以后，在夏季制冷期，即从 4 月一直到 11 月，酒店平均每接待一个客人（次）的总燃料消耗均在 1.5L 以下，基本上是蒸汽锅炉的消耗量，即生活热水供应系统进入夏季制冷期后基本不再消耗燃料。全年平均后，每接待一个客人（次）的总燃料消耗量节约达 50%。

热回收方案与其他供热方案的经济性比较　表 3-10

与其他方案的比较	ΔNPV（万元）	$\Delta P_t'$（年）
蒸汽加热	27.01	0.897
柴油锅炉	43.11	0.584
电锅炉	102.4	0.255

注：ΔNPV——投资增额净现值，计算两个互斥方案现金流量的差额净现值，判断方案优劣；

$\Delta P_t'$——相对投资动态回收期，计算两个方案之间投资增额的动态回收期。

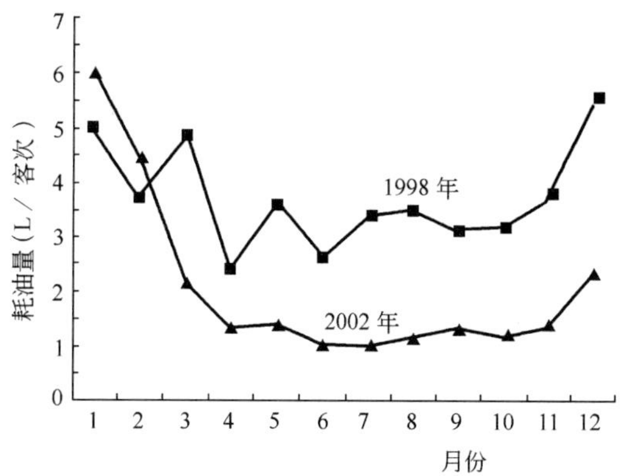

图 3-25　实际运行的燃料消耗对比

【案例 14】　广东省中山市某四星级酒店，生活热水供应系统由 4 台 175kW 的燃油热水炉制备，客房 24h 供应热水。按改造前 12 个月的统计，共消耗柴油 55.86t。

进行了空调废热回收改造后，在空调运行时间较长的季节（每年的 4～10 月）可完全停用热水炉，客房、餐厅等所需热水全部由废热回收系统提供；在空调机组间断运行的季节（每年的 3 月和 11 月）新旧热水系统同时提供热水，热水炉仅在废热回收系统提供热水不足时才启动。只有在冬季（每年的 12 月至次年的 2 月）的 3 个月时间，才全部由旧系统的热水炉提供热水。

该项改造工程完成后一年的统计资料表明，年节约柴油 42.9t，折标煤 61.27t。柴油价格按 2 800 元/t 计，共节约燃料费 12.01 万元。同时减排 CO_2 159.6t。改造项目的总投资 18 万元，可在 1.5 年回收。由于减少了燃油的消耗，也大大减少了向大气排放废气和废热，保护了环境。

3.4.6　总结

（1）太阳能集热系统的设计水量宜按平均日用水量取值。各类建筑中的平均日热水定额不宜超过最高日热水定额的 50%。目前一些工程按最高日用水量取值不经济。

（2）储热水箱内水的终止设计温度应按表 3-9 取值。目前文献资料中的值偏小，不经济。

（3）太阳能生活热水集中供应系统必须配置辅助热源。

当设置供水调节容积时，应按最高日最大时用水量耗热功率配置辅助热源，且辅助加热器应设置在调节容积的底部或下部，不可放在调节容积的上部。辅助加热器的运行应由供热容积的中下部位的水温控制。当不设置供水调节容积时，应按瞬时高峰用水设计秒流量耗热功率配置辅助热源。

（4）储热水箱的有效容积可根据下列方法确定。

对于住宅、酒店、宿舍等居住类建筑，容积按集热器全天的热水产量计算。

对于办公、展馆类建筑，容积可以减小，取半日的产水量。

对于商店、体育类建筑，容积可介于住宅和办公类建筑之间。

储热水箱的容积不可按《民用建筑太阳能热水系统应用技术规范》（GB 50364—2005）给出的值设计。

（5）强制循环系统储热水箱中的水加热应采用温差控制，温差为储热水箱的底部温度和集热器的出水口温度之差。加热循环泵运行的控制温差按表 3-8 选取。当储热水箱中的水温上升到终止设计温度后，循环泵自动停止工作。

（6）集中空调系统的废热回收可采用两种方式：一个是在空调压缩机和冷凝器之间的工质管路上，采用换热方式；另一个是在冷却水循环管路上，采用热泵方式。废热回收用于加热生活热水可取得节能和节省冷却塔补水的双重效果。

建筑暖通空调专业节能设计

4.1 空调冷、热源系统

4.1.1 冰蓄冷空调技术应用

蓄冷空调是指在电力负荷很低的夜间用电低谷期，采用电制冷机制冷（或冰），将冷量以冷水（或冰）的方式储存起来。在电力负荷较高的白天，也就是用电高峰期，把储存的冷量释放出来，以（全部或部分）满足建筑空调负荷的需要。冷量以水的形式储存称水蓄冷，以冰的形式储存称冰蓄冷。

与常规空调相比，蓄冷空调有以下优点：

(1) 消峰——制冷机装机容量减少，消减电力峰值，降低变配电设备投资，减少电力需求。

(2) 移峰填谷——利用电网低谷期的电力储冷，平衡电网负荷，提高电厂的运行效率。

(3) 利用峰谷段电力差价，降低空调运转费用。

(4) 冷冻水供水温度可低至1～5℃，能实现大温差送水和低温送风，节约水泵、空调末端用电功率和设备费用。

(5) 冷却塔、冷却水泵、配管等辅助设施减少。

(6) 具有应急冷源，利用建筑物自备电源，可不间断空调使用，提高供冷系统的安全性。

蓄冷空调系统广义讲可平抑电网峰谷差，减少空调在电力高峰时段的需求，稳定电力低谷时段负荷，提高电厂发电效率，降低电网输送损耗，节能减排意义深远；狭义讲等同蓄水电站，电耗有所增加，需要进行蓄冷系统的深入优化，来提高蓄冷系统的总体效率，采用科学可行的技术平抑电耗增加，如采用大温差供水、大温差送风、水泵和风机变频控制降低空调水和空调风的输送能耗，尽量提高制冷机的制冷、制冰温度，提高制冷机效率，严谨可行的蓄冷空调自控设计和运行管理等措施，实现蓄冷空调系统的节能设计。

蓄冷空调系统比常规空调系统复杂，多数设计人员对其相对陌生。实际中，设计人员应从概念和主要系统数据出发，分析不同系统和设备匹配，进行蓄冷系统的合理优化。

1. 蓄冷介质

(1) 水——利用水温变化储存的显热量［4.184kJ/（kg·℃）］——显热式蓄冷。一般其蓄冷温差为5～10℃，蓄冷温度为4～6℃；单位蓄冷能力为5.8～11.6kW·h/m^3。蓄冷体积大，适宜现有工程的改造、规模较小或有其他可供利用水池的工程。

(2) 冰——利用冰的溶解潜热储存冷量（335kJ/kg）——潜热式蓄冷。单位蓄冷能力为40～80kW·h/m^3。蓄冷体积小，可提供较低的空调供水温度，制冷机制冰温度（－4～－8℃）低，效率衰减大，适用范围较广。

2. 蓄冷类型

(1) 全蓄冷。在电网高峰时段内，蓄冷装置提供全部的空调负荷。虽然该类型的运行费用低，但其设备投资高、蓄冷装置占用面积大，除短时段使用空调或限制制冷用电的工程外，一般不宜采用。

(2) 部分蓄冷。在电网高峰时段内，蓄冷装置提供部分的空调负荷，另一部分由制冷机承担。该类型设备投资低，能充分发挥所有设备能力，应优先采用。

3. 制冷设备

双工况制冷主机——蓄冷系统的制冷机要在制冷工况和制冰工况下运行，应兼顾这两种工况都能达到高能效比的制冷机。宜选用螺杆式制冷机，较大工程也可采用三级压缩离心式制冷机，较小工程可采用活塞式制冷机。

(1) 制冷机在制冰工况的产冷量小于空调工况制冷量，一般蒸发温度每降低1℃，产生冷量会减少2%～3%；系统设计宜尽可能提高制冰温度。

(2) 冷凝温度每降低1℃，产冷量可提高1.5%，风冷系统按干球温度计算，水冷系统可不考虑。

4. 蓄冰装置

(1) 盘管式蓄冰装置

①蛇形盘管（BAC、RH)。钢制，连续卷焊而成的立置蛇形盘管，外表面热镀锌，管外径26.67mm，冰层厚度为25～30mm；可内融冰也可外融冰；取冷均匀，温度稳定。

②椭圆形盘管（Evapco)。钢制，连续卷焊而成的立置椭圆形截面蛇形盘管，外表面热镀锌，冰层厚度为25～30mm；可内融冰也可外融冰；取冷均匀，温度稳定。

③圆形盘管（Clamac、Dunham-Bush)。盘管为聚乙烯管，外径分别为16mm和19mm；为内融冰方式，并做成整体式蓄冰筒。

④U形盘管（Fafco)。盘管由耐高温的石蜡脂喷射成型，每片盘管由200根外径为6.35mm的中空管组成，管两端与直径50mm的集管相连，管径很细，载冷剂系统应加强除污设施。

(2) 封装式蓄冰装置

将蓄冷介质封装在球形或板形小容器内，并将许多蓄冷小容器密集地放置在密封罐或开式槽体内。载冷剂在小容器外流动，将其中蓄冷介质冻结或融化。该装置运行可靠，单位取冷率高，流动阻力小，载冷剂充注量大。

①冰球（CIAT)。由硬质塑料制成空心球，壁厚1.5mm，外径98mm；封装球内充水（91%)，水在其中冻结蓄冷；单位蓄冷量为56kW·h/m，闭式系统膨胀量3%。

②凹面冰球（Cryogel)。由硬质塑料制成空心球，球体外径103mm，在表面压制16个凹坑，凹坑直径25mm；封装球内充水率高，水在其中冻结蓄冷，凹坑可变形，减少内压、增加换热；单位蓄冷量为52～58kW·h/m。

③冰板（MTC)。由高密度聚乙烯制成815mm×304（90）mm×44.5mm中空冰板，板中充注去离子水；冰板有次序地放置在卧式圆形密封罐内，制冷剂在板外流动换热。

(3) 动态蓄冰装置

①冰晶式蓄冷装置。将低浓度载冷剂经超冰机冷却至冻结点温度以下，产生细小（直径100μm）而均匀的冰晶，与载冷剂形成泥浆状的物质，储存在蓄冷槽内。该装置融冰速率高，供冷温度低（0～1℃)，制冷与供冷可同时进行。

②冰片滑落式。在制冷机的板式蒸发器上淋水，其表面不断冻结薄冰片，然后滑落至蓄冰槽内储存冷量。该装置融冰速率高，供冷温度低（1～1.5℃)，制冷与供冷可同时进行。

5. 融冰方式

盘管式蓄冷设备是由浸在冰槽中的盘管构成换热表面。蓄冷时，载冷剂在盘管内循环，吸收水的热量，在盘管外表面形成冰层。而取冷方式有如下两种。

(1) 外融冰。槽内水参与空调水循环或换热，冰层由外向内融化。供水温度1～3℃，一般蓄冰率不大于50%；采用压缩空气加强冰水换热。该取冷方式适宜大型区域供冷和低温送风工程。

(2) 内融冰。与空调水换热的载冷剂在盘管内循环，冰层由内向外融化，槽内水为静态。载冷剂送冷温度为2.2～5℃。该取冷方式适宜单体建筑的常温及低温送风工程。

6. 蓄冷系统

蓄冷系统应根据建筑物类型及设计日冷负荷曲线、空调系统规模及蓄冷装置特性等因素确定。

(1) 有足够的空间设置蓄冷水池的非高层建筑，可采用开式蓄冷水池的显热蓄冷系统。

(2) 蓄冷时段仍需供冷时，宜另设直接向空调系统供冷的基载主机，基载主机与蓄冷系统并联设置。

(3) 蓄冷时段所需冷量较少时，也可不设基载主机，而由蓄冷系统同时蓄冷和供冷。

(4) 空调水系统规模较小，工作压力较低时，可直接采用乙二醇循环，否则宜采用板式热交换器换热循环，向空调系统供冷。

(5) 冰蓄冷系统的运行温度，可根据双工况主机和蓄冰装置特性及蓄冰系统形式确定。

①常温制冷冷水温度为7℃（12℃），低温大温差供冷冷水温度为3℃（13℃）。

②蓄冰装置供冷温度为3～5℃，低温系统为1～3℃。

③双工况主机制冰温度为－5～－7℃（－1～－3℃），制冷工况温度为3～6℃（8～11℃）。

以上温度参数，应经蓄冰装置的蓄冰和融冰供冷特性曲线校核计算确定。

(6) 并联与串联。冰蓄冷系统根据双工况制冷机与蓄冰装置的关系，分为并联系统和串联系统。

①并联系统。双工况制冷机与蓄冰装置并联设置，见图4-1、图4-2。

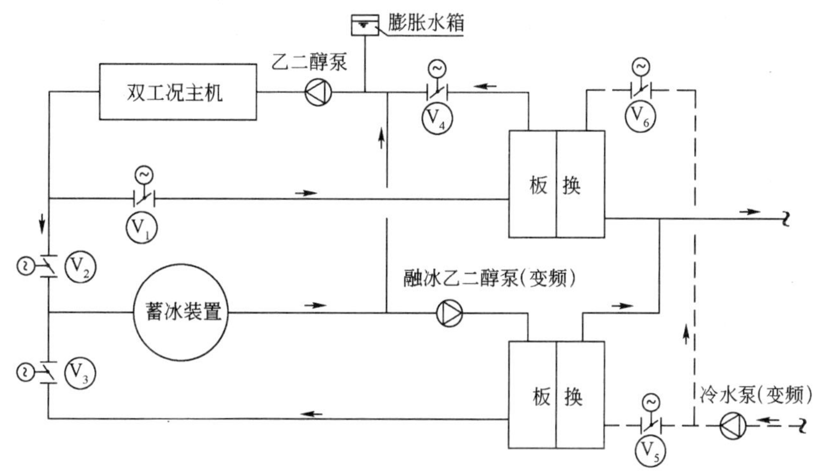

图4-1 并联系统

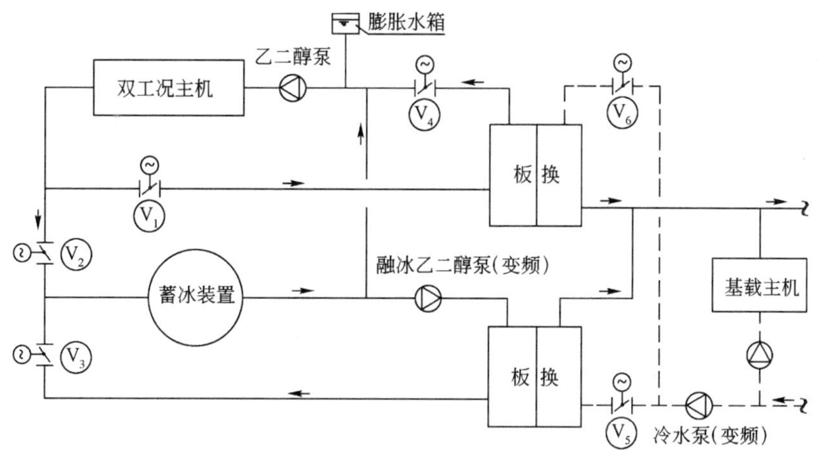

图4-2 有基载的并联系统

两个设备均处在高温（进口温度8～11℃）段，能均衡发挥各自的效率，融冰泵采用变频控制，所有电动阀可双位开闭；但其配管、流量分配、冷媒温度控制、运转操作等较复杂。该设置形式适宜全蓄冷系统和供水温差小（5～6℃）的部分蓄冷系统。

②串联系统。双工况主机与蓄冰装置串联布置，控制点明确，运行稳定，可提供较大温差(≥7℃）供冷。

a. 主机上游：制冷机处于高温端，制冷效率高，而蓄冰装置处于低温端，融冰效率低，见图4-3、图4-4。该设置形式适合融冰特性较理想的蓄冰装置或空调负荷平稳变化的系统。

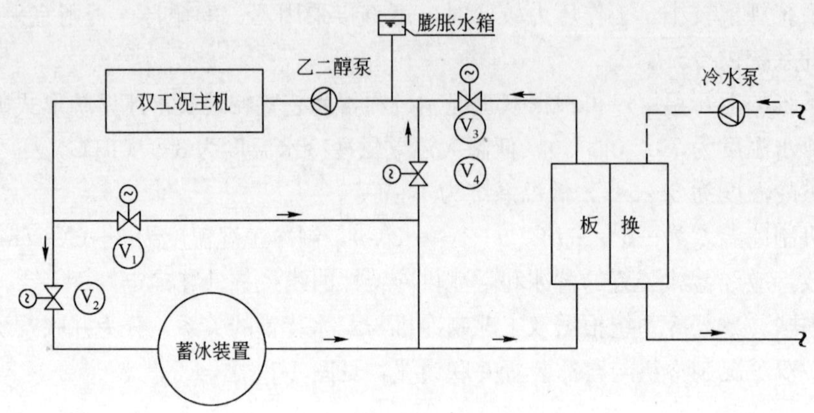

图 4-3 主机上游串联系统

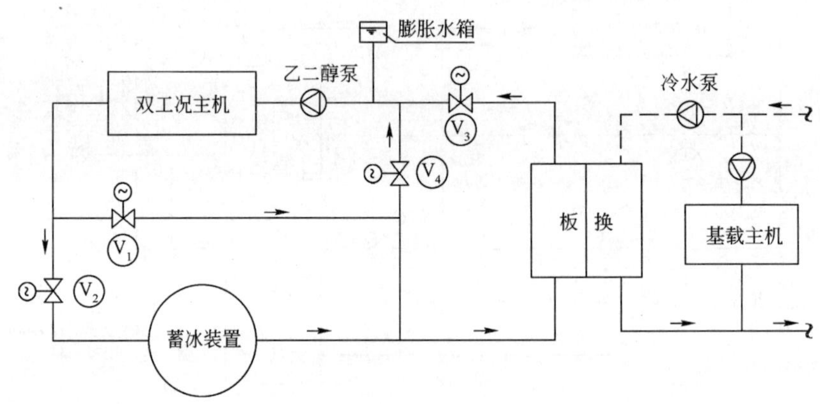

图 4-4 有基载的主机上游串联系统

b. 主机下游：制冷机处于低温端，制冷效率低，而蓄冰装置处于高温端，融冰效率高，见图4-5、图4-6。该设置形式适合融冰特性欠佳的蓄冰装置、封装式蓄冰装置或空调负荷变幅较大的系统。

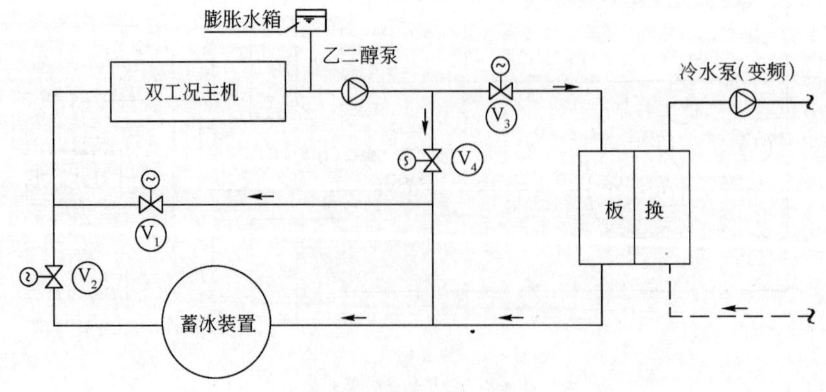

图 4-5 主机下游串联系统

c. 外融冰系统：为开式系统，蓄冰装置内的水为动态，效率高，融冰速率大，释冷温度为1～3℃，见图4-7、图4-8。该设置形式适于工业用冷水和区域供冷空调系统。

d. 双蒸发器外融冰系统：为开式系统，释冷温度为1～3℃，见图4-9、图4-10。双工况主机设两个蒸发器，夜间制冰为乙二醇蒸发器，白天制冷为冷水蒸发器；冷水不需换热直接进入冰槽融冰，白天可提高主机效率，减少一次冷水泵扬程。该设置形式适于大型区域供冷空调系统。

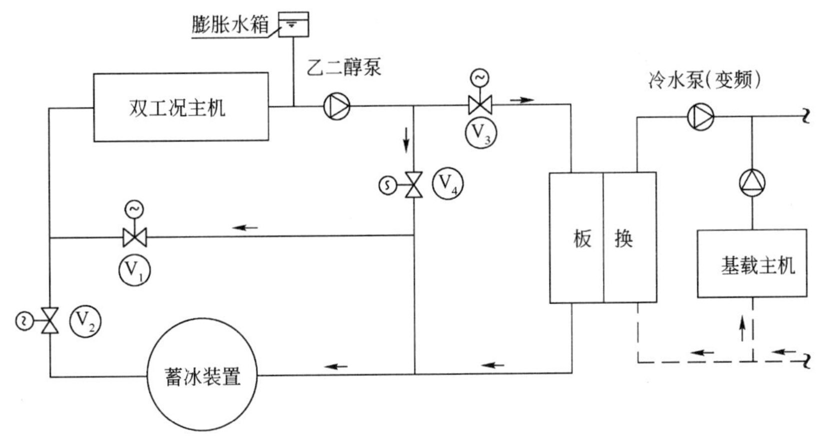

图4-6 有基载的主机下游串联系统

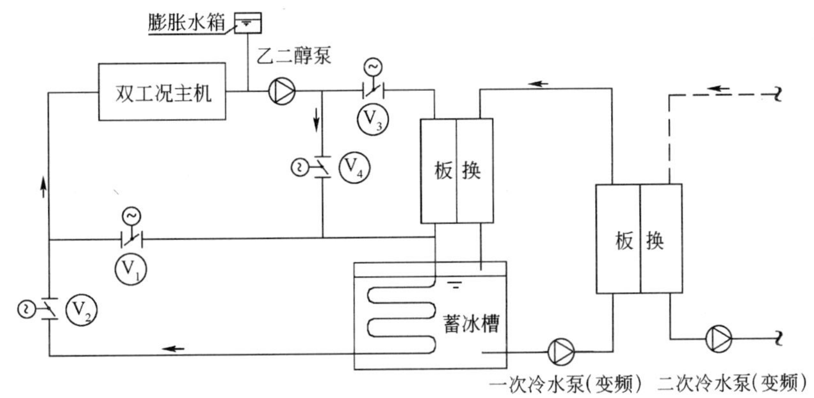

图4-7 外融冰系统

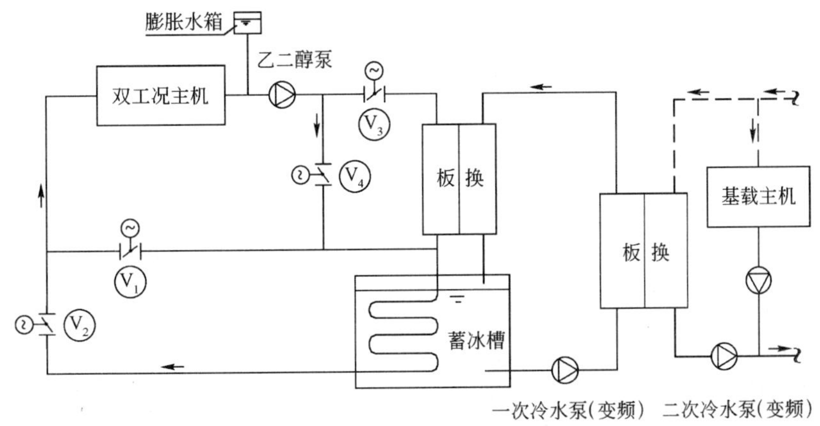

图4-8 有基载的外融冰系统

7. 蓄冷系统的控制

应配置较完善的检测及自动控制装置进行蓄冷系统的优化控制，解决各工况的转换操作，进行蓄冷系统供冷温度和空调供水的温度控制，以及双工况主机和蓄冷装置供冷负荷的合理分配。

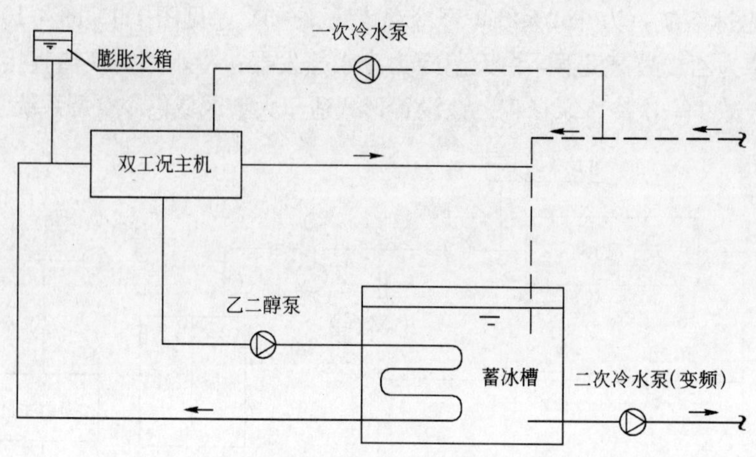

图 4-9 双蒸发器外融冰系统

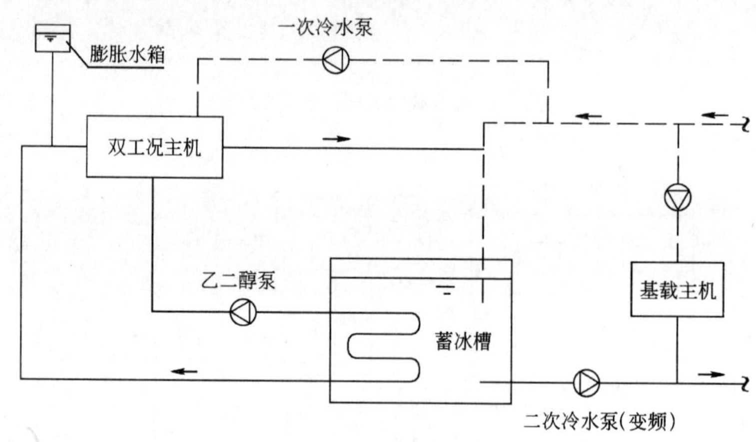

图 4-10 有基载的双蒸发器外融冰系统

(1) 应合理配置电动阀（三通或两通）实现双工况主机蓄冰、主机单独供冷、蓄冷装置单独供冷及主机与蓄冷装置联合供冷 4 种工况运行方式的转换。

(2) 应配置完善的检测及自动调节装置，实现各工况运行方式的能量调节及温度控制。

①主机蓄冷工况。封装式蓄冰装置根据给定的冷机蒸发温度测定蓄冰量，开式蓄冷装置可根据液位变化测定蓄冰量。

②主机单独供冷。根据恒定冷机出口温度调整主机出力。

③蓄冷装置单独供冷。恒定蓄冷装置出口温度，调节进入蓄冷装置内载冷剂流量，控制融冰供冷量。

④联合供冷。恒定主机与蓄冷装置的混合温度，进行主机的能量调节；调节进入蓄冷装置内载冷剂的流量，控制融冰供冷量，实现系统供冷负荷的控制。

⑤优化控制。应进行每天的逐时负荷预测及建筑物逐时逐日负荷的不断积累，决定每日主机开机供冷时段，尽可能地发挥蓄冰装置的供冷能力。

⑥冷冻水温度控制。恒定冷冻水供水温度，调节进入板式换热器的载冷剂流量。

(3) 部分蓄冷系统控制关键点设置如下。

①串联系统控制点，见图 4-11。

a. 主机蓄冰工况：V_1、V_3 全闭，V_2、V_4 全开，根据冰槽液位测定蓄冰量，蓄到预定值时停机。

b. 主机单独供冷：V_2 全闭，V_1、V_3 全开，根据 T_1 恒定来控制主机能量调节。

c. 蓄冷装置单独供冷：恒定 T_1，调节 V_1、V_2 开度，改变进入冰槽载冷剂流量。

d. 联合供冷：恒定 T_1，控制主机能量调节及调节 V_1、V_2 开度，改变进入冰槽载冷剂流量。

e. 冷水供冷控制：以上 b、c、d 工况，T_2 恒定，调节 V_3、V_4 开度，改变进入板式换热器的载冷剂流量；恒定负荷侧压差 ΔP，改变冷水泵 B 频率，以均衡负荷侧供冷量。

②并联系统控制点，见图 4-12。

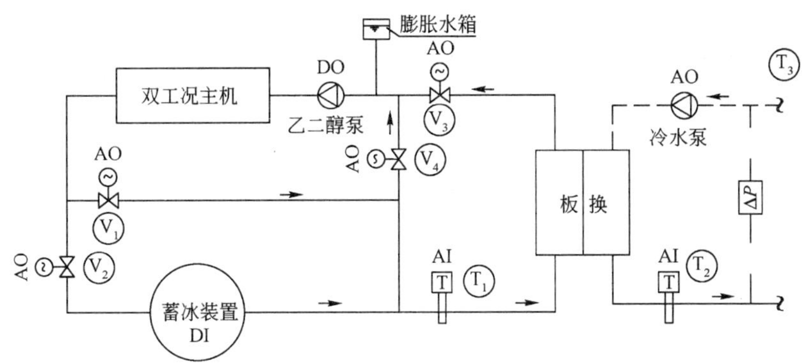

图 4-11 串联系统自控原理图

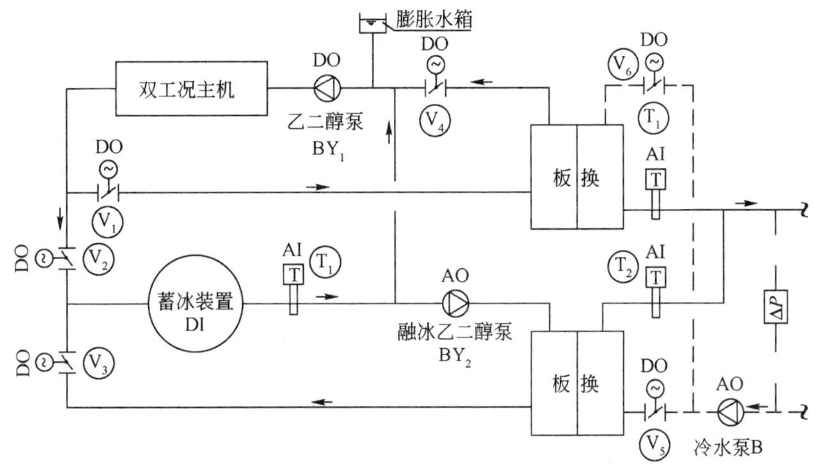

图 4-12 并联系统自控原理图

a. 主机蓄冰工况：V_1、V_3、V_4 全闭，V_2 全开，BY_2 泵停，BY_1 泵开。根据冰槽液位测定蓄冰量，蓄到预定值时停机。

b. 主机单独供冷：V_2、V_3、V_5 全闭，V_1、V_4 全开，BY_2 泵停，BY_1 泵开。根据 T_1 恒定来控制主机能量调节。

c. 蓄水装置单独供冷：V_1、V_2、V_4、V_6 全闭，V_3、V_5 全开，BY_1 泵停，恒定 T_2，融冰乙二醇泵变频控制，改变进入冰槽载冷剂流量。

d. 联合供冷：V_1～V_6、BY_1、BY_2 全开，恒定 T_1，控制主机能量调节；恒定 T_2，融冰乙二醇泵变频控制，改变进入冰槽载冷剂流量。

e. 冷水供冷控制：恒定负荷侧压差 ΔP，改变冷水泵 B 频率，以均衡负荷侧供冷量。

8. 设计应注意的问题

(1) 载冷剂。一般为空调专用、加有缓蚀剂和泡沫剂的 25%～30%（质量比）乙二醇水溶液，其密度、黏度、比热与水不同。一般双工况主机制冷量下降约 2%、板式换热器传热系数下降约 10%，在设计中应明确提出双工况主机及板式换热器的载冷剂种类和溶液浓度要求。计算载冷剂系统管道阻力和流量、乙二醇泵流量时，应按以下系数加以修正。

①25%乙二醇水溶液（质量比），相变温度－10.7℃，在同样载冷量和温度条件下，所需流量约是水的1.08倍，管道阻力修正系数：5℃时为1.22倍，－5℃时为1.36倍。

②30%乙二醇水溶液（质量比），相变温度－14.1℃，在同样载冷量和温度条件下，所需流量约是水的1.1倍，管道阻力修正系数：5℃时为1.257倍，－5℃时是1.386倍。

（2）应确保系统的密闭性，内漏和外漏对两侧的相变温度都有影响。乙二醇与锌有化学反应，不应采用镀锌钢管（内侧）及含锌材质的设备。

（3）载冷剂管路为闭式系统，应设置定压及膨胀装置。封装式蓄冰装置，应考虑蓄冰单元冰水相变体积膨胀（一般为9%）挤占载冷剂容积，膨胀水箱应能容纳这部分膨胀量。

（4）双工况主机台数不宜少于2台，不设备用。

（5）乙二醇泵应按双工况主机一对一匹配设置，且应设备用泵。

4.1.2 低品位能源利用

在现代文明高度发展的今天，节能和环保已成为可持续发展战略的重要课题。能源是国民经济和社会发展的重大战略物质，是现代社会和生活的物质基础。随着世界人口和经济的迅速增长，能源消耗急剧增加，并导致环境污染日益加剧。在能源每年增长率约为3%～5%的条件下，要满足国民经济持续每年增长8%～9%，即在能源短缺的条件下，必须重视节能技术和节能产品的开发。我国的能源政策和环境保护政策是提高石油、天然气和水电等优质能源的比重，减少污染严重的煤炭消耗比重。因此，改善和调整能源结构，开发利用清洁能源是经济、能源、环境和社会可持续发展的必由之路。随着社会的不断进步与发展，制冷空调能耗越来越受到人们的关注。据统计，建筑能耗约占社会总能耗的20%，而制冷空调能耗占建筑总能耗的80%以上。因此，制冷空调能源形式的选择应该以保护环境、提高能源利用率为基本原则。

热源可分为高位热源和低位热源。高位热源指温度较高而能直接应用的热源，如蒸汽、热水及天然气、煤炭、石油等燃料化学能、生物能等。低位热源指接近环境温度不能直接应用的热源，如储存在周围空气、土壤、地下水、江河湖泊和海水中的热能，生活生产排除的废热等。根据热力学原理，能量应按级使用，有限的高品位能源应尽可能先功利用，后热利用，先高温用，后低温用，避免能量无效降级。

近年来，热泵作为既节能又环保的技术已经受到人们的重视，并逐步向大型热泵装置发展。热泵是以消耗一部分高质能（机械能、电能）或高温位能，按照逆向热力循环，把热能由低温位物体转移到高温位物体的能量利用装置。热泵可以利用自然环境资源（如空气、水、地热能、太阳能等）作为低温位热源，仅需消耗较少的高品质能量就可以获得相同的供热量，从而节约了大量燃料。热泵与地热资源相结合可以大大拓宽地热的应用领域，使我国地热资源的开发得到最大限度的利用。

1. 风冷热泵

以空气作为低位热源的热泵机组称为风冷热泵。空气作为低位热源，可以取之不尽，用之不竭，并节约用水，避免对水源水质的污染，而且空气源热泵装置的安装和使用均比较方便。但风冷热泵冷热水机组同时具有以下缺点。

（1）室外空气状态参数随地区和季节的不同而变化，对热泵的容量和制热性能系数影响很大，造成热泵供热量与建筑物耗热量之间的供需矛盾。同时，随室外温度降低，热泵制热性能系数就愈低。

（2）由于空气的比热容小，传热性能差，为获得足够的热量，需要较大的空气量，因而空气侧换热器体积较为庞大，空气源热泵装置的噪声较大。

（3）空气中含有水分，当空气侧表面温度低于0℃时，空气中的水分将在翅片管表面上结霜，使热泵的供热量及性能系数下降。因此风冷热泵机组在制热工况下工作时要定期除霜。

2. 水源热泵

水源热泵是一种利用地球表面或浅层水源（地下水、河流、湖泊），或者人工再生水源（工业废水、地热尾水等）的既可供热又可制冷的空调系统。水源热泵技术利用热泵机组实现低温位热能向高温位热能的转移，将水体和地层蓄能在冬、夏季作为供暖的热源和制冷的冷源。即在冬季，把水体和地层中的热量取出来，提高温度后供给室内采暖；夏季，将室内的热量释放到水体和地层中去。地下水温度一年四季相对稳定，波动范围小，为热泵提供了良好的冷热源条件，保证了系统运行的高效性和经济性。

水源热泵在国内的应用始于20世纪90年代，建设部等部门将其作为绿色环保节能技术建议推广应用。

(1) 地下水源热泵系统

地下水源热泵以地下水作为能量传导介质，地下水经过抽水系统进入热泵系统，经过热交换后，回灌到地下含水层中。

虽然地下水热泵技术具有高效节能、环境效益显著等优点，但地下水的水量、水温、水质直接影响到水源热泵制冷制热效率的高低和使用寿命。水源热泵技术受地质条件、环境温度、地下水质和建筑条件的制约。

①地下水开采

实际工程中，不同地区水资源利用成本相差很大，在不同地区是否有合适的地下水源是水源热泵应用的关键问题。

②地下水水质

地下水水质直接影响到水源热泵制冷制热效率和使用寿命。地下水水质的基本要求是澄清、水质稳定、不腐蚀、不滋生微生物、不结垢等。

③地下水回灌

为保护地下水资源，对于开采的地下水应严格要求回灌，地下水回灌要求等量回灌，即抽出地下水水量应与回灌的水量相等。地下水应同层回灌，以防止地面沉降和地下水源污染。伴随回灌时间增长，单井回灌能力因结垢、气泡堵塞、含水层细颗粒重组等原因逐渐变小。加强地下水回灌能力的分析研究，采用不同的回灌方式和处理方式保护地下水资源，是水源热泵今后发展的重要研究课题。

水源热泵应用受地域限制较多，由于地下水资源有限，大规模的开采利用地下水可能造成地质环境问题和地质灾害。因此，不同地区的政策、水质、地层结构对出水、打井投资、回灌技术提出不同程度的要求。项目实施前，应对水源热泵系统进行合理的技术经济分析，以评价热泵系统的节能性和经济效果。

(2) 地下水直接利用

地下水直接利用空调系统是利用低温地下水作为冷媒水，用深井泵将地下水抽入管路内，经风机盘管向房间供冷后，再用回灌泵回灌到地层深处。地下水直接利用系统与常规系统相比，节省了冷水机组、冷却塔等制冷设备，节省了机房面积。由于水温高于冷冻水水温，需要加大风机盘管等末端设备的换热面积。该系统只能解决夏季供冷，不能解决冬季供热问题。地下水空调系统受水温水量限制，只适用于中小型空调系统，在住宅空调中有一定的应用价值。

(3) 地表水热泵系统

地表水热泵系统是利用江、河、湖、海的水作为热泵的低品位热源，主要有开式和闭式两种系统。在寒冷地区，由于结冻危险，只能采用闭式系统。地表水热泵系统具有造价低廉、维修率低及运行费用少等优点，但是当湖泊过小或过浅，湖泊温度会随室外气候发生较大变化，使其效率降低、制冷供热能力降低。

(4) 污水热泵系统

随着热泵技术的不断发展，一直未能合理利用的污水中的热能逐渐受到人们的关注，被认为是未开发利用的清洁能源。在北京、哈尔滨、长春、沈阳、天津、大连等 47 个大中城市每天排放的污水中，可利用的热量可达到 1.26～132.72GJ/d。

作为热泵的低位热源，污水应具备下列条件：①水温较高且稳定；②污水水量大，排除污水的时间同用户用热时间相同；③污水水质较好，对换热器管道的腐蚀性小；④污水水源距热用户的距离较近。

城市污水水源热泵应用要解决的首要问题是如何防止污物对系统和设备的堵塞，同时又可实现换热功能。对于原生污水过滤设备的研究，我国正处于研制开发阶段。试验测定，污水黏度大约为清水的 15 倍，且换热壁面有附着物，使换热热阻加大，因此流动与换热问题是污水热泵系统稳定运行的另一个关键问题。

3. 地源热泵

地源热泵利用地下土壤作为热泵的低品位热源，该系统由室外埋管系统、热泵工质循环系统及室内空调管路系统组成。室外管路由埋设于土壤中的换热器构成，冬季作为热源从土壤中取热，夏季作为冷源向土壤放热。土壤温度相对稳定，全年温度波动小，研究表明：地下 10m 以下的土壤温度基本上不随外界环境及季节变化而变化，相当于该地区当年年平均气温。

土壤本身是一个巨大的蓄能体，具有较好的蓄能特性。通过埋地换热器，夏季利用土壤本身的冷量及冬季蓄存的冷量进行温度调节，同时将部分热量蓄存于土壤中以备冬季供暖用；冬季利用土壤本身的热量及夏季蓄存的热量来供暖，同时蓄存部分冷量为夏季空调使用。在 30～300m 的深地下，地源热泵系统以天、月、年时间尺度呈周期性取热与排热，只要其全年中取热量与总排热量相等，地源热泵便能持久维持恒温状态。一般情况下，冬季取热量与夏季取冷量应该匹配，以避免埋管区域出现越来越热或越来越冷的现象。如何保证夏季排热量与冬季取热量的平衡是一个关键的问题。

地下埋管换热器是土壤源系统的核心部件，按照埋地换热器的埋管形式不同，可分为水平埋管、垂直埋管和螺旋埋管三种类型。

(1) 水平埋管换热器

水平埋管热泵系统适用于有足够空闲场地的地方，一般的设计埋管深度为 0.5～2.5m，若整个冬季土壤均处于饱和状态，埋管深度一定要大于 1.5m，当埋管深度小于 0.8m 时，盘管就会受地面冷却和冻结的影响。该形式的优点是：施工方便、造价低；缺点是：换热器传热效果差、受地面温度波动影响大，同时占地面积大。

(2) 垂直埋管换热器

垂直埋管系统钻孔深度由现场钻孔条件及经济条件决定，一般为 33～180m 不等。实际工程中，U 形管形式应用最多。该形式优点是：占地面积小，土壤的热特性不受地表温度影响，土壤的全年温度比较稳定；缺点是：钻孔、土建等初投资较高。

(3) 螺旋埋管换热器

螺旋埋管系统结合了水平埋管和垂直埋管的优点，具有占地面积小、安装费用低等优点，但其管道系统结构复杂、管道加工困难，且系统运行阻力大、能耗高。

地源热泵多采用热熔性塑料管材，包括聚乙烯（PE）、聚丁烯（PB）和聚氯乙烯管（PVC）。由于高密度聚乙烯（PE）具有高强度、高寿命和抗腐蚀能力强等优点，目前施工中经常被采用。

4.2 空调输配系统

4.2.1 大温差冷冻水输送技术

在空调系统中常规冷冻水的供回水温差为 5℃，即供水 7℃、回水 12℃。近年来，随着冷水机组技

表 4-1

品牌一——冷水机组在不同水温条件下功耗对比表

制冷量 USRT	供回水温度（℃）	冷机功率（kW）	冷机效率	COP（kW/kW）	蒸发器水阻力（mH_2O）	机房内水阻力（mH_2O）	管路沿程阻力（mH_2O）	末端阻力（mH_2O）	系统水流量（L/min）	水泵扬程（m）	水泵功率（kW）	冷机增加功率（kW）	水泵减少功率（kW）	总功率变化（kW）
500	7/12	334	0.672	5.23	7.6	10	8	10	302.4	35.6	44.1	0	0	0
	5/13	344	0.689	5.10	4.4	10	8	10	189	13.91	10.8	10	33.341	23.341
	6/12	348	0.696	5.05	6.62	10	8	10	252	24.72	25.5	14	18.584	4.583 7
750	7/12	479	0.64	5.49	8.1	10	8	10	453.6	36.1	67.1	0	0	
	5/13	502	0.668	5.26	3.5	10	8	10	283.68	14.12	16.4	23	50.683	27.683
	6/12	495	0.661	5.32	9.75	10	8	10	378	25.07	38.8	16	28.267	12.267
1 000	7/12	626	0.626	5.61	10.56	10	8	10	605.2	38.56	95.6	0	0	0
	5/13	689	0.689	5.10	4.54	10	8	10	378	15.04	23.3	63	72.321	9.321 4
	6/12	642	0.644	5.4	7.62	10	8	10	504	26.74	55.2	16	40.394	24.394
1 200	7/12	735	0.615	5.71	9.4	10	8	10	726.1	37.4	111	0	0	0
	5/13	785	0.654	5.37	4.53	10	8	10	453.6	14.6	27.1	50	84.143	34.143
	6/12	762	0.637	5.52	6.79	10	8	10	604.8	25.95	64.3	27	46.968	19.968

表 4-2

品牌二——冷水机组在不同水温条件下功耗对比表

制冷量 USRT	供回水温度（℃）	冷机功率（kW）	冷机效率	COP（kW/kW）	蒸发器水阻力（mH_2O）	机房内水阻力（mH_2O）	管路沿程阻力（mH_2O）	末端阻力（mH_2O）	系统水流量（L/min）	水泵扬程（m）	水泵功率（kW）	冷机增加功率（kW）	水泵减少功率（kW）	总功率变化（kW）
500	7/12	314.6	0.629	5.59	9.12	10	8	10	301.3	37.12	45.8	0	0	0
	5/13	331.9	0.664	5.29	2.69	10	8	10	188.2	14.48	11.2	17.3	34.659	17.359
	6/12	320.4	0.641	5.48	4.49	10	8	10	250.92	25.74	26.5	5.8	19.358	13.558
750	7/12	458.2	0.611	5.75	6.84	10	8	10	451.8	34.84	64.5	0	0	0
	5/13	519.7	0.693	5.07	3.57	10	8	10	282.6	13.63	15.8	61.5	48.713	−12.79
	6/12	499.4	0.666	5.28	6.03	10	8	10	376.6	24.21	37.4	41.2	27.142	−14.06
1 000	7/12	583.3	0.583	6.03	8.07	10	8	10	602.6	36.07	89.1	0	0	0
	5/13	628.2	0.629	5.59	3.47	10	8	10	376.6	14.09	21.7	44.9	67.322	22.422
	6/12	608.2	0.608	5.78	5.79	10	8	10	502.2	25.05	51.6	24.9	37.511	12.611
1 200	7/12	714	0.595	5.94	7.13	10	8	10	723.4	35.13	104	0	0	0
	5/13	767.7	0.64	5.49	2.13	10	8	10	451.8	13.7	25.4	53.7	78.761	25.061
	6/12	771.7	0.643	5.46	6.7	10	8	10	602.6	24.38	60.2	57.7	43.939	−13.76

表 4-3

品牌三——冷水机组在不同水温条件下功耗对比表

制冷量 USRT	供回水温度 (℃)	冷机功率 (kW)	冷机效率	COP (kW/kW)	蒸发器水阻力 (mH_2O)	机房内水阻力 (mH_2O)	管路沿程阻力 (mH_2O)	末端阻力 (mH_2O)	系统水流量 (L/min)	水泵扬程 (m)	水泵功率 (kW)	冷机增加功率 (kW)	水泵减少功率 (kW)	总功率变化 (kW)
500	7/12	321	0.642	5.47	10.46	10	8	10	302.4	38.46	47.7	0	0	0
	5/13	346	0.692	5.08	4.61	10	8	10	189.36	15.08	11.7	25	35.953	10.953
	6/12	357	0.714	4.92	7.01	10	8	10	252.36	26.78	27.7	36	19.958	−16.04
750	7/12	466	0.621 3	5.66	7.42	10	8	10	453.6	35.42	65.8	0	0	0
	5/13	474	0.632	5.56	3.77	10	8	10	283.68	13.85	16.1	8	48.394	40.394
	6/12	458	0.610 7	5.75	6.25	10	8	10	378.36	24.64	38.2	−8	26.291	34.291
1 000	7/12	607	0.607	5.79	10.17	10	8	10	604.8	38.17	94.6	0	0	0
	5/13	679	0.679	5.17	6.57	10	8	10	378.36	14.94	23.2	72	71.431	−0.569
	6/12	665	0.665	5.28	8.43	10	8	10	504.72	26.58	55	58	39.616	−18.38
1 200	7/12	756	0.63	5.58	9.5	10	8	10	727.2	37.5	112	0	0	0
	5/13	816	0.68	5.17	4.14	10	8	10	453.6	14.59	27.1	60	84.619	24.619
	6/12	785	0.6542	5.376	6.88	10	8	10	604.8	25.94	64.3	29	47.458	18.458

表 4-4

品牌四——冷水机组在不同水温条件下功耗对比表

制冷量 USRT	供回水温度 (℃)	冷机功率 (kW)	冷机效率	COP (kW/kW)	蒸发器水阻力 (mH_2O)	机房内水阻力 (mH_2O)	管路沿程阻力 (mH_2O)	末端阻力 (mH_2O)	系统水流量 (L/min)	水泵扬程 (m)	水泵功率 (kW)	冷机增加功率 (kW)	水泵减少功率 (kW)	总功率变化 (kW)
500	7/12	315.2	0.63	5.58	7.03	10	8	10	302.8	35.03	43.5	0	0	0
	5/13	344.8	0.689	5.10	3.03	10	8	10	189.4	13.71	10.6	29.6	32.826	3.225 8
	6/12	327.9	0.656	5.36	5.08	10	8	10	252.4	24.34	25.2	12.7	18.29	5.590 4
750	7/12	447.7	0.596 9	5.89	7.93	10	8	10	454.3	35.93	66.9	0	0	0
	5/13	496.2	0.661 6	5.31	3.43	10	8	10	284.4	14.08	16.4	48.5	50.474	1.973 8
	6/12	476	0.634 7	5.54	5.71	10	8	10	378	24.87	38.5	28.3	28.356	0.056
1000	7/12	620.2	0.62	5.67	8.45	10	8	10	605.5	36.45	90.4	0	0	0
	5/13	662.5	0.663	5.30	3.63	10	8	10	378	14.21	22	42.3	68.431	26.131
	6/12	640.7	0.641	5.48	6.11	10	8	10	504.7	25.32	52.4	20.5	38.063	17.563
1 200	7/12	759.7	0.633	5.55	9.47	10	8	10	727.2	37.47	112	0	0	0
	5/13	829.2	0.691	5.08	4.06	10	8	10	453.6	14.58	27.1	69.5	84.552	15.052
	6/12	783.9	0.653	5.38	6.81	10	8	10	604.8	25.92	64.2	24.2	47.42	23.22

术的进步，越来越多的空调冷冻水系统采用了大温差设计。所谓的大温差冷冻水系统，就是指空调冷冻水供回水温差大于5℃，目前常采用的温差有6℃（供回水6℃/12℃）、8℃（供回水5℃/13℃）。

1. 大温差冷冻水系统的优点

由于冷冻水系统的供回水温差加大，水流量明显降低，水泵能耗明显减少，可降低水泵的运行费用；水流量的减少也使管道、阀门的尺寸相应减少，从而节约了建筑空间和初投资。

2. 实现冷冻水大温差的技术手段

实现冷冻水大温差的关键是冷源。根据目前电制冷冷水机组的技术能力，已经可以将供水温度降低至5℃，在冰蓄冷系统中甚至可以做到0℃以下。电制冷冷水机组的这种能力已为冷冻水系统采用大温差设计提供了先决条件。

3. 大温差冷冻水系统设计中应注意的事项

由于冷冻水系统采用了比常规系统低的冷冻水供水温度和较大的供回水大温差，因此要想在大温差冷冻水系统设计中实现该系统的优点，要考虑以下因素。

(1) 冷冻水供水温度的降低将使冷水机组的效率下降，能耗上升。这部分增加的能耗是否小于水泵节约的能耗。

下面将以4种品牌、不同容量的离心式冷水机组为例，以7℃/12℃为对比基准计算出冷机能耗上升与水泵能耗降低的差值进行说明，见表4-1～表4-4。

通过对比可以发现，仅在个别容量下冷水机组因采用大温差造成的能耗增加会大于水泵的能耗减少。

(2) 常规空调系统的末端设备（空调箱、风机盘管）在大温差条件下是否能够满足使用要求。

下面将以常规风机盘管为例说明采用大温差后其性能参数的变化，并以7℃/12℃水温参数下风机盘管制冷量为基准点进行对比。

夏季室内参数：干球25℃、60%湿球19.4℃；冬季室内参数：20℃、30%；FCU夏季供回水7℃/12℃，FCU冬季供回水60℃/50℃。风机高速性能参数见表4-5。

表4-5

型　号	全冷量（W）	显冷量（W）	潜冷量（W）	热量（W）	风量（m^3/h）
型号1	2 276	1 437	839	3 923	340
型号2	3 212	2 028	1 184	5 528	510
型号3	4 206	2 655	1 551	6 977	680
型号4	4 671	2 949	1 722	8 317	850
型号5	5 839	3 686	2 153	9 855	1 020
型号6	8 066	5 091	2 975	13 195	1 360
型号7	9 362	5 910	3 452	15 833	1 700
型号8	11 480	7 247	4 233	18 710	2 040
型号9	12 995	8 203	4 792	20 447	2 380

夏季室内参数：干球25℃、60%湿球19.4℃；冬季室内参数：20℃、30%；FCU夏季供回水5℃/13℃，FCU冬季供回水60℃/50℃。风机高速性能参数见表4-6。

表4-6

型　号	全冷量（W）	显冷量（W）	潜冷量（W）	热量（W）	风量（m^3/h）
型号1	2 051	1 346	705	3 923	340
型号2	2 895	1 889	1 006	5 528	510

续上表

型　号	全冷量（W）	显冷量（W）	潜冷量（W）	热量（W）	风量（m^3/h）
型号 3	3 791	2 486	1 305	6 977	680
型号 4	4 210	2 761	1 449	8 317	850
型号 5	5 263	3 452	1 811	9 855	1 020
型号 6	7 269	4 768	2 501	13 195	1 360
型号 7	8 437	5 534	2 903	15 833	1 700
型号 8	10 346	6 787	3 559	18 710	2 040
型号 9	11 711	7 682	4 029	20 447	2 380

夏季室内参数：干球 25℃、60％湿球 19.4℃；冬季室内参数：20℃、30％；FCU 夏季供回水 6℃/12℃，FCU 冬季供回水 60℃/50℃。风机高速性能参数见表 4-7。

表 4-7

型　号	全冷量（W）	显冷量（W）	潜冷量（W）	热量（W）	风量（m^3/h）
型号 1	2 296	1 446	850	3 823	340
型号 2	3 240	2 040	1 200	5 528	510
型号 3	4 243	2 671	1 572	6 977	680
型号 4	4 712	2 966	1 746	8 317	850
型号 5	5 890	3 708	2 182	9 855	1 020
型号 6	8 136	5 122	3 014	13 195	1 360
型号 7	9 444	5 945	3 499	15 833	1 700
型号 8	11 580	7 291	4 289	18 710	2 040
型号 9	13 107	8 253	4 854	20 447	2 380

从表 4-8 中可以发现，当采用 5℃/13℃供回水参数时，制冷量较 7℃/12℃下降 10％，其中显冷量下降 7％，潜冷量下降 16％；当采用 6℃/12℃供回水参数时，制冷量较 7℃/12℃略有增加。

不同水温条件下风机盘管制冷量对比表　　表 4-8

供回水温度（℃）／型号	5/13			6/12		
	全冷量	显冷量	潜冷量	全冷量	显冷量	潜冷量
型号 1	0.90	0.93	0.84	1.008	1.006	1.013
型号 2	0.90	0.93	0.84	1.008	1.005	1.013
型号 3	0.90	0.93	0.84	1.008	1.006	1.013
型号 4	0.90	0.9	0.84	1.008	1.005	1.013
型号 5	0.90	0.93	0.84	1.008	1.005	1.013
型号 6	0.90	0.93	0.84	1.008	1.006	1.013
型号 7	0.90	0.93	0.84	1.008	1.005	1.013
型号 8	0.90	0.93	0.84	1.008	1.006	1.013
型号 9	0.90	0.93	0.84	1.008	1.006	1.012

注：以 7℃/12℃水温条件下风机盘管制冷量为 1。

在确定大温差冷冻水系统的供回水温度时，既要考虑冷水机组因出水温度降低造成的能耗增加，同时还要注意末端设备（风机盘管）因水温变化导致的制冷量变化。

4.2.2 大温差送风技术

常规全空气空调系统送风温度一般为11～15℃，其名义送风温度为13℃，亦即为了保证空调房间温度在24～26℃、相对湿度50%～60%，使得空调冷水温度尽量高（如7℃），得到制冷机高效率，同时也使末端冷盘管的选择更宽松，而形成的通用做法。

伴随制冷空调制造行业的发展，制冷机和空调末端设备技术性能有了很大的提高，尤其是蓄冷空调技术的应用，13℃送风温度的常规系统并非是最经济和系统效率最高的。

在保证室内舒适度的前提下可适当降低送风温度，即加大送风温差，减少送风量，节约空调风的输送能耗，降低空调机组、风管等投资。针对一般公共建筑中办公或商业营业厅，室内参数25℃、55%，通常送风温度为15℃，送风温差为10℃，可以推算送风温度每降低1℃，送风量减少10%，风机能耗降低27.1%。由此可见，大温差送风技术节能潜力巨大。

空调送风温差加大，可以带来投资和风机电费的降低，但送风温度的降低是需要其他技术突破才能实现的，如冷水温度、空调机组冷却盘管性能、送风口的优化等设计。

低温送风是指送风温度低于10℃的空调系统，一般送风温度为4～10℃，可分为三类：超低温送风系统（送风温度≤5℃）、名义送风温度7℃的低温送风系统（6～8℃）、名义送风温度10℃的低温送风系统（9～10℃）。

对于一般空调机组表冷器出风温度与冷媒进口温度的温差不宜小于3℃，即风-冷水温差大于3℃，称3℃接近度。三类低温送风系统对应的冷水供水温度应分别不大于2℃、4℃、7℃，由此可见名义送风温度10℃的低温送风系统，可直接用常规制冷机组作为冷源，其他两类系统则应该通过冰蓄冷系统或直接蒸发得到。

盘管内融冰和封装式冰蓄冷系统供水温度2～5℃，可用于名义送风温度7℃及10℃的低温送风系统；动态冰蓄冷系统和外融冰冰蓄冷系统温度变化范围小，释冷温度不超过1～3℃，能满足低温送风系统。

低温送风系统应重视气流组织及送风口的选择，避免风口结露现象和吹冷风感，可采用散流器、低温送风口、诱导箱或以风机为动力的混合箱等送风末端装置。送风管道的保温层应按实际送风温度选择厚度，保温材料应有隔汽层以防水汽渗透保温层后在风管表面结露，送风管道的法兰、阀门及其他连接附件也应采取保温措施。在空调房间送冷风的初期，应采取逐渐降低送风温度的控制措施。

低温送风系统对冷源、表冷器、风口、风管防结露、保温隔汽等要求很高，尤其风机动力型风口、低温风口等投资相对提高，同时考虑过渡季利用室外新风空调的时间随送风温度的进一步降低而减少，低温送风温度应切合实际。应广泛应用大温差送风（>10℃）系统和名义送风温度10℃的低温送风系统，不宜盲目或刻意追求更低的送风温度。

4.2.3 变频技术的应用

近十几年来，随着电力电子技术、微电子技术及现代控制理论的发展，变频器技术的成熟和价格的降低，变频器已广泛应用于交流电动机的变速控制。暖通空调系统耗能在整个建筑物耗能中所占的比例日益增大，其中泵与风机的流体输送能耗在空调设备能耗中又占了很大比例，因此在暖通空调领域应用变频调速技术，一方面可以极大地节省水泵或风机的电能，实现系统的节能运行；另一方面可以提高系统的运行品质，实现高精度控制，满足对环境的舒适度和生产过程中对环境的温、湿度精度要求。近年来，变频控制已在通风、空调、供热等系统中得到了广泛应用。

1. 水泵与风机的特性

水泵和风机是暖通空调系统中大量应用的流体输送设备，也是主要能耗设备之一。在集中空调系统中，循环水泵、风机的装机功率约占空调系统总装机功率的50%。

风机与循环水泵的特性为转速改变时，其流量、扬程和轴功率相应改变，变化关系为：

$$G_1/G_2 = n_1/n_2$$

$$H_1/H_2 = (n_1/n_2)^2 = (G_1/G_2)^2$$

$$N_1/N_2 = (n_1/n_2)^3 = (G_1/G_2)^3$$

式中：G、H、N、n——分别为水泵的流量、扬程、轴功率和转速。

即流量与转速的一次方成正比，压力与转速的二次方成正比，功率与转速的三次方成正比。由此可见，当通过降低转速以减少流量来达到节流目的的同时，所消耗的功率将明显降低。例如，当转速降到80%时，流量减少到80%，而轴功率却下降到额定功率的（80%）^{3}≈51%；若流量需减少到40%，则转速相应减少到40%，此时轴功率下降到额定功率的（40%）^{3}≈6.4%。

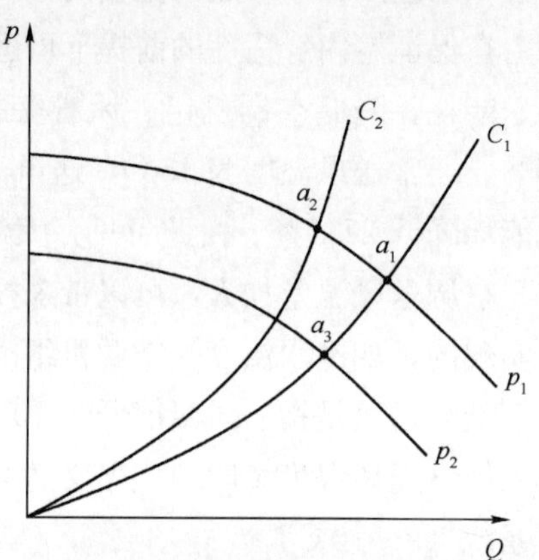

图4-13　流量-压力曲线图

p_1-设计工况下风机（或水泵）性能曲线；p_2-风机（或水泵）降低转速后的性能曲线；C_1-设计工况下管路流量-压损曲线；C_2-改变系统阻力，即关小阀门后的管路流量-压损曲线；a_1-设计工况下系统标准工作点；a_2-改变系统阻力，即关小阀门后的系统工作点；a_3-风机（或水泵）调转速后的系统工作点

水泵转速改变时不仅可调节流量，且可大幅度节约水泵、风机电量消耗，是水泵、风机能量调节最合理的方法。但在一定的转速下，流量与压力之间的关系却是固定的，这就是风机或循环泵的流量-压力（Q-p）曲线，即图4-13中p_1曲线，与管道参数无关。

空调系统的设计一般都是按室内负荷（与人员、灯光、设备有关）和室外气候最不利的情况来设计的，设备是按其使用的最大负荷来确定的。但空调负荷在全年是不断变化的，一年中设计工况的出现时间只有数天或数十小时，空调及其输送设备绝大多数情况下都是在非满负荷工况下运行，那么就要有有效的调节手段满足负荷的需求。输送系统理想的运行工况应当是系统的风量或水量随空调系统负荷的变化而作相应的变化。改变流量的方法不同，节能的效果也不一样。

对于一个输送系统，当其管路确定后，其管道内流量与阻力的关系就是管道的流量-压损曲线。一台特定的风机或水泵与一个特定阻力的管道组成系统后，管路系统要求的流量及相应的阻力必须由水泵或风机来满足，如将水泵或风机的性能曲线Q-p与管路的流量-压损曲线同绘在一张坐标图上，其设备的工作曲线与管道系统的阻力曲线的交点就是系统的工作点（见图4-13中的a_1点），这时风机或水泵的压头与管道的压力损失达到平衡。

2. 输送系统调节方式

如果要调节输送流量，可行的方式有如下两种。

（1）改变管路特性曲线。即在管路上安装阀门，通过关小阀门加大系统局部阻力（也即改变管路系统特性曲线）的方法来进行调节。从图4-13中可见，随着系统阻力增加，系统管路特性曲线从C_1过渡到C_2，工作点则沿着曲线p_1从a_1点移动到a_2点，虽然流量减少了，但消耗在阀门上的损耗增加了，且随着工作点的偏移，风机或水泵的效率也相应降低。实践证明，这种调节方式在流量减少的情况下，水泵或风机的轴功率基本没有改变。

（2）变频调速的方式。即管路的阻力特性保持不变（即阀门不变），通过改变风机或水泵的工作特性来调节流量。对于一台特定的风机或水泵，其工作特性随转速的改变而改变。当需要的流量减少时，对风机或水泵可通过变频调速的方式使其转速降低。从图 4-13 中可看到：设备特性从 p_1 过渡到 p_2，工作点改变为沿曲线 C_1 移动至与 p_2 的交点即 a_3 点，在流量降低的同时压力也降低了。依据风机或水泵的轴功率与流量的三次方成正比的关系式可分析出，变频调速方法的节能效果是非常明显的。表 4-9 列出了不同流量下节电率的经验数据。

风机变频调速节能率参考数据（单位：%） 表 4-9

实需流量/标称流量	与不调节方案比	与出口节流比	与入口节流比
90	20～23	19～22	17～20
80	37～42	35～40	32～37
70	50～57	47～54	43～50
60	58～68	54～64	48～58

3. 变频调速控制系统的组成

暖通空调中用到的变频调速控制系统一般由传感器、变送器、调节器、控制器、变频器、电动机及被控制设备几部分组成。传感器用来感测被控设备中的被控参数，它可以是流量、压力、温度、湿度、气体含量等，一般是利用传感器把被控参数转换成电信号。变送器的作用是把传感器得到的电信号进行放大、整形等处理，然后统一调整为规则化的电压，如 0～5V 或电流信号 4～20mA 等作为调节器的输入。调节器或控制器，其实就是一个由单片机组成的微型控制系统，本身具有计算、判断、逻辑分析功能。它有数字和模拟输入端、数字和模拟输出端，可以在软件的控制下实现 PID 或模糊控制等控制规律，还可以利用数字输出口，指挥数台电机的调频与工频之间的切换、被控设备相关部件的开启或关闭等多种操作。变频器是利用电子器件的智能控制技术把电压频率固定的交流电变成电压频率可变的交流电的一种控制设备。用变频器输出的频率、电压可变的交流电去驱动输送设备的电机，就可以实现风机或水泵调速的目的。变频器一般由供电部分、输出部分、控制部分、保护部分、显示部分和给定部分组成。电机和被控设备一起构成了生产过程的动力源和执行机构，用以保证生产或系统的正常工作。

十多年以来，变频器的可靠性越来越强，价格越来越低，应用的领域越来越广泛。目前我国变频器的市场价格：容量为 11～90kW 时，进口品牌约 800～1 300 元/kW，国产约 350～500 元/kW；容量为 5.5kW、7.5kW 时，进口品牌约 1 500 元/kW，国产约 800 元/kW；容量≤4.0kW 时，进口品牌约 2 000～4 000 元/kW，国产约 900～1 700 元/kW。

4. 变频调速技术在暖通空调中的应用

(1) 变风量空调及控制系统

空调系统的设备选型一般都是按室内负荷和室外温湿度接近最不利的情况来确定的。但在运行中，大部分时间都是在非满负荷下工作。常规的定风量系统是靠调节送风温度来确保空调区域的设定温度，而变风量系统则是当空调冷负荷变小以后，通过改变送风量来调节和控制空调区域的设定温度。如果系统全年均在 70% 风量下工作，风机耗电约可减少一半，因此变风量系统是一种节能的空调运行方式。

变风量（简称 VAV）系统是属于全空气系统的一种空调方式，通过变风量末端装置调节送入房间的一次风量，其变频送风空调机组的风量也相应调整。

变风量系统的分类：按服务区域分，可分为单区和多区系统；按风道布置方式分，可分单风道和双风道系统；按风管内静压控制的方式分，可以分为定静压控制、变静压控制、直接数字式控制和静压不控制系统，实际中，应用较多的是定静压控制和变静压控制。

①单区变风量系统——是目前最简单的一种变风量系统，通过改变空调机组中风机的转速来达到变风量的目的，系统只有风机调速部分，而无末端装置，送风量根据房间负荷的变化作相应变化。需要注意：要确定运行最低转速值，以确保气流组织不受影响。

多区变风量系统——其与单区变风量系统的主要区别是，除了空调机组可以调节外，每间空调房间的送风口都安有变风量末端装置，由该房间的温控器控制送入房间的风量，达到控制房间温度的目的。

②单风道系统——采用一条送风管，经变风量末端装置再调节后向室内送风。单风道系统又可分为再热、诱导、风机动力等几种调节形式。

双风道系统——采用双风管送风，一根风管送热风，一根风管送冷风，通过变风量末端装置混合后送入室内。双风道变风量系统可以是单风机，也可以是双风机。双风道变风量系统的优点是可以同时供冷和供暖，不需要进行季节转换，对于建筑物的分隔变更，有较大的灵活性和适应性；其缺点是冷热混合会因能源抵消造成浪费，湿度控制困难，且一次投资高、双风道占用空间大。

③定静压控制——在送风系统管网的适当位置设置静压传感器，测量该点静压，根据测量到的静压和设定值，通过不断地调节空调箱送风机的送风量以保持该点静压固定不变。静压传感器一般布置在风机出口到最远末端距离约 2/3 处。在大型系统中，因末端较多，确定各种负荷下的最佳传感器位置比较困难，常常采用多个传感器并通过试错选定。

变静压控制——采用带风阀开度传感器、风量传感器和室内温控器的变风量末端装置，根据风阀开度由系统控制器计算判断来控制送风机的变频器。实际中，应使系统中至少有一个变风量末端装置的风阀处于接近全开状态，即尽量使风机运行静压最低。变静压控制是最节能的控制方法，其优点是节能效果显著，适用于各种送风管网系统；其缺点是因增加了风阀开度控制，变风量末端装置的成本相应增加，现场调试工作周期较长。

（2）水泵的特性及变水量系统节能潜力

闭式循环系统中的循环水泵工作特性及其管路的阻力特性、水泵变频调速的节能潜力与风系统近似。但担负垂直提升扬程的水泵，因垂直压差是固定的，水被泵提升到高位获得的位能功率，与流量成正比而不与转速的三次方成正比，因此其系统的管道阻力特性与风道阻力特性明显的差别就是：其特性受到管路中垂直扬程的影响，特性曲线的起点在压力坐标上有一个起始值，见图 4-14a）中的 A 点，该值就是水泵的泵升扬程（泵升扬程＝实际提升扬程＋管路出口压力－管路入口压力）。因此转速-功率关系就分为了两段：在出水转速以下即水泵的压力小于垂直压差时，输入的电功率需要克服机械损耗、电机与变频器损耗及水泵内部水流空转的损耗，功率很小，且随转速变化幅度不大，如图 4-14b)中 B 点左边的曲线；出水后水流空转损耗变成了管道损耗，其功率与转速间有近似三次方关系，如图 4-14b）中曲线 1 所示，输入功率随转速降低而明显减少。

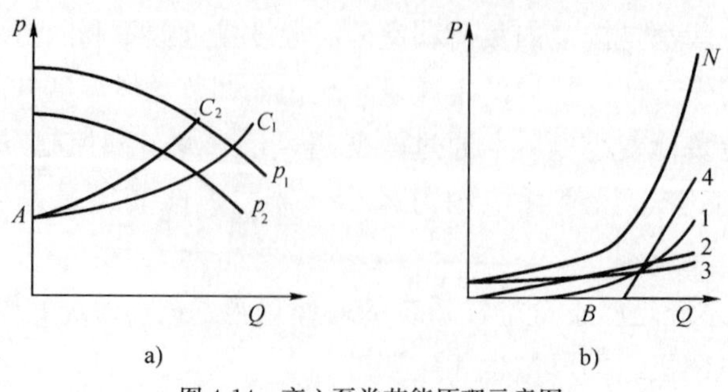

图 4-14　离心泵类节能原理示意图

a)流量-压力；b)转速-功率

（3）循环泵变频调速的应用

共母管的多台泵组成的流体输送系统，在应用变频调速时有两种不同的方式：多台泵全变速和多台定速泵＋一台变频调速泵。这两种方式使整个输送系统的流量、压力关系不一样，其节能效果也有差别。

①多台泵全变速，即对多台泵进行同步调速，其联合运行的特点与一台大流量变速泵的特点相似，但是多台泵并联后联合运行的性能曲线变得更为平坦。因此，采用全变速泵方式时，泵的台数不宜较多。变速泵可采用泵出口压力控制，也可采用供、回水压差控制，采用压差控制比压力控制更节能。

②采用多台定速泵与一台变速泵同时运行，在流量未达到满负荷时调节变速泵转速而改变联合运行的总流量，当流量每减少一台泵的流量时则停一台定速泵。在所有运行过程中，变速泵始终处于运行状态。下面以两台泵并联其中一台变频为例作一分析，参见图 4-15。

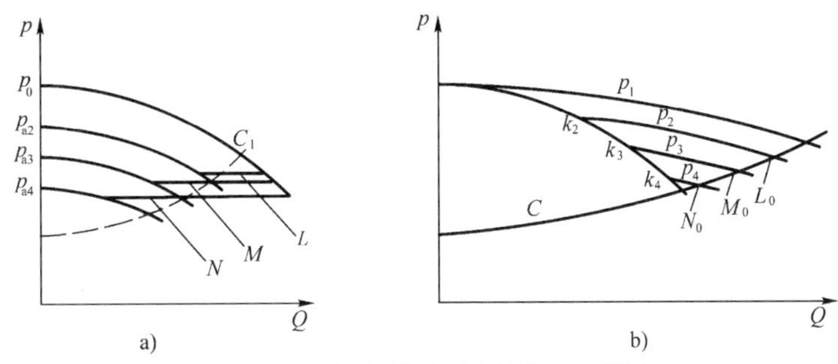

图 4-15　多泵系统流量-压力关系示意图

a)各泵单独工作时的流量-压力关系；b)两泵联合工作时的流量-压力关系

当两台泵同时在定频下运行时，两泵的工作特性如图 4-15 a）所示曲线 p_0，两泵的联合工作特性如图 4-15 b）所示曲线 p_1，其与系统阻力特性曲线 C 的交点就是系统设计工作点，这时两泵各自的工作点都在图 4-15 a）中曲线 p_0 与 C_1 的交点处，C_1 曲线相当于单泵系统的自然管路阻力特性曲线。当调速泵转速降低，其工作特性变化为图 4-15 a）中曲线 p_{a2}时，定频泵的工作特性仍然是曲线 p_0，两泵的等效工作特性如图 4-15 b）所示曲线 p_2，它与系统的阻力特性曲线 C 的交点 L_0 就是其新的工作点，此时两泵的工作压力为图 4-15 a）中压力线 L，它与图 4-15b）中 L_0 点的压力相等。从图中可看出，这时两泵的工作点均偏移，定频泵的工作压力低于自然管路阻力点，流量比不调速时增加了。而调速泵的工作压力高于自然管路阻点，即图 4-15a）中曲线 p_{a2}与 C_1 的交点，其流量比单泵变频调速时低，两泵联合作用后系统总流量的下降大致与单泵调速时流量下降的绝对值相当，但因工作点的偏离，效率有所降低。当调速泵转速进一步降低，工作曲线变化为 p_{a3}时，定频泵仍然在曲线 p_0 上工作，两泵联合工作特性为曲线 p_3，交点 M_0 为其新的工作点，两泵各自的工作点分别为各自特性曲线与压力线 M 的交点，这时两泵的工作点更加偏离自然管阻点，效率降低更加明显。当调速泵转速进一步降低到压力低于系统工作压力线时，其逆止阀关闭，调速泵不能出水，水泵不出水时的空转不仅要浪费能耗，而且会对泵本身产生不良影响，因此在系统调试时应限制最低频率以防止空转。如果将图 4-15 的情况量化分析，则为：当一台泵调速时，转速下降使系统总流量下降，系统阻力损失降低，系统的压力因此下降，导致定频泵流量增加，当系统流量降低到 92％时，定频泵流量增加到 106％，变频泵流量则降低为 78％；当系统流量降低到 83％时，定频泵流量增加到 112％，变频泵流量则降低为 54％；当系统流量降低到 70％时，定频泵流量增加到 120％，变频泵流量则降低为 20％；如果转速再降低，则调速泵将不再出水。图 4-15 b）中的 k_2、k_3、k_4 分别是调速泵不同转速下的出水点，压力高于此点，则调速泵不能出水。

多泵并联系统中用一台作变频调速，其余泵作定速泵联合运行的方式，其投资比用多台泵全变速小，但由于工作点偏移造成机械效率降低，其节能效果不如多台泵同时调速好。关于控制方式对其节能效果的影响，采用压差控制与压力控制，在定-变速泵系统中两种方式的节能效果相近。

空调采暖循环水泵变速调节一般多用于二次泵系统（即用户侧）。关于一级泵系统、水泵变流量调节（即负荷侧和冷源侧的水流量均随空调负荷改变，冷水机组根据系统回水温度调节制冷量，而水泵随着冷负荷的变化而改变流量)，由于冷水机组对水流量的变化大小及变化率有一定的要求，如果流量过低，可能导致局部冻结的危险。为了使设备安全运行，变流量调节时要保证冷水机组的水流量不低于生产厂家规定的最低额定流量。

需要注意的是，无论是变频水泵或是风机，调试时均需要针对共振可能进行测试和处理。即在调试时，在电机启动至缓慢加速过程中，在设备旁观查有无共振现象，发现共振区域后设置跳跃频率参数将该频率跳过。

空调、采暖、通风系统采用变频调速，最终目的是调节系统的水量和风量，借以满足负荷不断变化时的供热、供冷需求的同时，实现最大限度的节电、节能效果。把变频调速技术应用于暖通空调系统，是一种理想的调速控制方式，对减少建筑物的整体能耗、提高能源利用率、提高系统运行效率有很大的意义。

4.3 自然通风系统

1. 基本概念

自然通风是指利用建筑物内外空气的密度差引起的热压或风力造成的风压来促使空气流动而进行的通风换气，具体表现为通过墙体的缝隙渗透和门窗的空气流动。这种通风方式特别适合于对空气温度、湿度等无严格要求的工业建筑和民用建筑。与机械通风不同，它受到气候、建筑周围的微环境、建筑结构及建筑内部热源分布情况的强烈影响。

现代建筑的自然通风设计是利用其两大主要功能：一是合理利用自然通风可以取代或部分取代传统制冷空调系统——降低室内温度，带走潮湿气体，借以改善室内热湿环境（热舒适）状态；二是通风换气——提供新鲜、清洁的自然空气，带走潮湿污浊的空气，借以改善室内空气品质，有利于人体的生理和心理健康，同时满足人们心理上亲近自然、回归自然的需求。

2. 自然通风的作用原理

建筑物中的自然通风，关键在于室内、外空气之间存在着压力差。形成空气压力差的原因有二：一是热压作用；另一个是风压作用。

（1）热压作用下的自然通风

室内温度高的空气比重小而上升，并从建筑物上部风口排出，这时会在原低密度空气处形成负压区，于是，室外温度比较低而比重大的新鲜空气从建筑物的底部被吸入，从而室内外的空气源源不断地进行流动，如图 4-16 所示。这种现象是因建筑物内外空气的温度差而形成，常称为热压作用。这种热压引起的自然通风也被称为“烟囱效应”。

热压作用下的压差为：

$$\Delta p_r = \Delta\rho gH = (\rho_n - \rho_w)gH \quad (4\text{-}1)$$

式中：Δp_r——热压压差（Pa）；

ρ_n——室内空气密度（kg/m^3）；

ρ_w——室外空气密度（kg/m^3）；

H——进风口、出风口的高度差（m）；

g——重力加速度，取 9.8m/s^2。

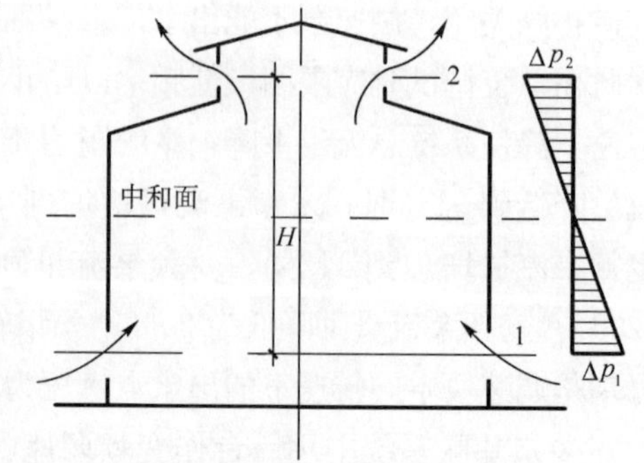

图 4-16 在热压作用下的自然通风

由式（4-1）可知，要形成热压，建筑物的进、排气口一定要有高差，热压的大小与高差成正比。此外，室内外空气一定要有温差，从而因温度不同形成密度差，热压也与密度差成正比。这两个条件缺一不可。

(2) 风压作用下的自然通风

风压作用是风作用在建筑物上产生的压力差。当自然界的风吹到建筑物上时，在迎风面，由于空气流动受阻，速度减小，使风的部分动能变成静压，亦即使建筑物迎风面的压力大于大气压，形成正压区。在建筑物的背风面、屋顶和两侧，将产生局部涡流，这些面上的压力小于大气压，形成负压区，如图4-17所示。这样便在迎风面与背风面形成压力差，室内外的空气在这个压力差的作用下由压力高的一侧向压力低的一侧流动。如果在建筑物的正、负压区都设有门窗口，气流就从正压区流向室内，再从室内流至负压区，形成室内空气的流动。

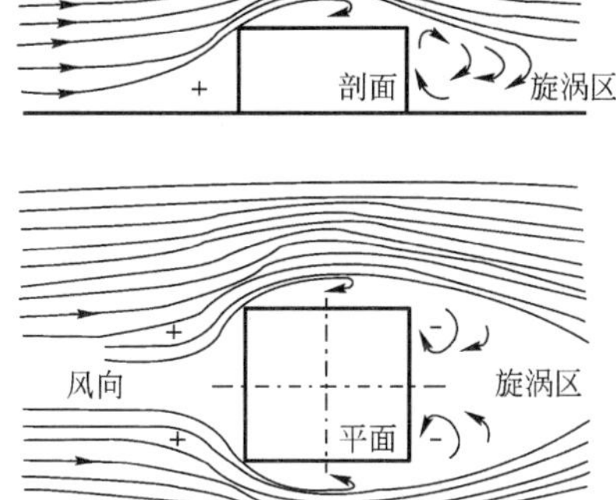

图4-17 风在建筑物上形成的正、负压区

风压作用下的压差为：

$$\Delta p_{\mathrm{f}} = \frac{1}{2}\rho v^2 (K_1 - K_2) \tag{4-2}$$

式中：Δp_{f}——风压压差（Pa）；

K_1——进风口的风压系数；

K_2——出风口的风压系数；

v——室外风速（m/s）；

ρ——室外空气密度（kg/m^3）。

式（4-2）说明，建筑物四周的风压分布与建筑物的几何形状和风向、风速等因素有关。

(3) 热压和风压共同作用下的自然通风

建筑物中的自然通风往往是风压与热压共同作用的结果，只是各自作用的强度不同，从而对建筑整体自然通风的贡献不同。建筑物受到风压、热压同时作用时，各个窗孔的内外压差就等于风压、热压单独作用时内外压差之和。

$$\Delta p = \Delta p_{\mathrm{r}} \pm \Delta p_{\mathrm{f}} \tag{4-3}$$

$$Q = A\sqrt{\frac{2\Delta p}{\rho}} = A\sqrt{2gH\left(\frac{t_{\mathrm{n}} - t_{\mathrm{w}}}{t_{\mathrm{n}}}\right) \pm 2\,\frac{\Delta p_{\mathrm{f}}}{\rho}} \tag{4-4}$$

式中：Δp——热压和风压共同作用下的压差（Pa）；

Q——热压和风压共同作用下的自然通风风量（m^3/h）；

A——有效风口面积（m^2）；

t_{n}——室内空气温度（℃）；

t_{w}——室外空气温度（℃）。

式（4-3）中正号表示热压作用与风压作用方向相同，负号则表示方向相反。

3. 民用建筑设计与自然通风

在现代建筑中，自然通风设计远不是简单地设置大量可开启外窗这么容易。不合理的自然通风设计会带来一系列的负面影响，主要表现在以下几个方面。

(1) 不合理的开窗设计会造成空调房间内的紊流和强烈气旋，扰乱气流流场，严重影响室内空调效果，这在高层建筑的较高楼层中表现得尤其明显。

(2) 自然通风适合在温和干燥的气候条件下使用，在高温或高湿度气候条件下，不适当的自然通风会将高温或高湿度空气引入室内，恶化室内环境，甚至会促进大量霉菌的生成。

(3) 飞速发展的经济及自然环境的恶化，使大城市的室外空气受到不同程度的污染，在临街建筑或处于污染源下风处的建筑中会发现通过开窗和空调新风系统而引进室内的氮氧化物、硫化物等室外污染物。

热压和风压形成的两种自然通风动力形式对不同建筑物的通风效果是不一样的，工厂的热车间，通常工艺设备的散热量恒定、厂房空间高度大，能够形成稳定有效的热压可供利用，而在沿海地带的建筑物，往往风压值较大，因此处于这两种状况下的房间通风情况良好。但在一般民用建筑中，室内、外温差不大，进、排风口高度相近，难以形成有实效的热压，这时主要是依靠风压组织自然通风。若室外风速较小或没有风时，自然通风必然难以通畅。这时，自然通风效果与建筑构件（窗、门、墙体等）关系极其密切，需要合理地进行建筑物的总体布局和设计建筑物的门、窗，并采取必要的技术措施，使通风成为改善室内热环境的有利因素。

(1) 双层玻璃幕墙

在欧洲，采用玻璃幕墙的建筑很流行。为减少夏季空调的冷负荷，需要遮阳设备，虽然采用外遮阳设备比内遮阳设备节能效果更佳，但外遮阳设备投资大且影响美观，于是出现了在两层玻璃之间留有较大空间的双层玻璃幕墙。在夏季，可利用烟囱效应在玻璃间层内通风；在冬季，玻璃间层又形成了阳光温室，提高建筑围护结构表面温度。玻璃幕墙间层内气流和温度分布受双层玻璃及建筑的几何、热物理、光和空气动力特性等因素的影响，图 4-18 为双层玻璃幕墙气流示意图。计算流体力学（CFD）等方法的模拟结果表明，该结构可大大减少建筑冷负荷，提高自然通风效率。双层玻璃幕墙具有避免简单开窗带来的对室内气候的干扰、使室内免受室外交通噪声的干扰、夜间可安全通风等优点，因此，常被称为“会呼吸的皮肤”。然而由于大量使用玻璃，夏季会增加太阳辐射的热而使夹层内的温度很高，引起能耗增加。为减少其带来的不利影响，内层可采用浅色玻璃，间层内设置窗檐，但应注意窗檐、风口、窗户的合理安装。

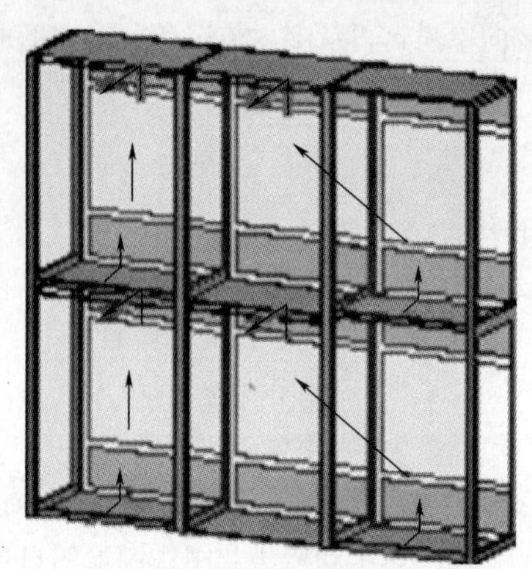

图 4-18 双层玻璃幕墙气流示意图

(2) 窗户

大多数情况下，自然通风系统中以窗户来充当风口，窗户的形式、面积及安装位置影响通风效率、室内气流组织和室内热舒适。丹麦的 Per Heiselberg 教授等人研究了不同类型窗户的通风特性，认为对于单侧自然通风、贯流通风或热压驱动的自然通风来说，在冬季最好选择底悬式窗户，在夏季最好选择侧悬式窗户。窗户的通风系数随其开口面积、窗户类型和室内外温差的变化而变化，不能认为是常数，当窗的开口面积较大时，通风系数近似等于 0.6。

(3) 中庭

现代建筑中普遍有“中庭”或“共享空间”这样的建筑空间，但大多数为封闭式，设计的目的主要是采光，在实际使用中只发挥了其组织交通流线和观赏功能，是整栋大楼里热环境最差的地方。中庭通常具有不同于一般建筑形式的特点——大体量、高容积及大面积的玻璃屋顶或者玻璃外墙，因此中庭的温室效应和烟囱效应作用明显。在夏季，必须采取必要的遮阳措施，避免太阳辐射过多地进入中庭，同时利用烟囱效应引导热压通风，使室外空气从中庭底部进入，从顶部排出；而在过渡季节，当室外温度较低时，则应充分利用中庭的烟囱效应排风，带动环绕在其周围的各个功能房间自然通风，以及时带走聚集在功能房间内和中庭的热量。德国法兰克福商业银行大楼（52 层，建筑高度 258m）运用了中庭的热压作用实现自然通风技术，成为绿色超高层建筑的典范，见图 4-19。

(4) 风塔

这种通风方式由垂直竖井和几个风口组成，在房间的排风口末端安装太阳能空气加热器以对从风塔顶部进入的空气产生抽吸作用。在酷热或严寒季节，建筑的门窗关闭，新鲜的空气通过屋顶上风塔的机械抽风和热回收装置被引到风道中，然后进入各层楼板的夹层空间，进而在楼板低压发散装置的辅助下进入室内；而废气的排出是通过走道和楼梯间的抽风作用，最终又回到风塔上部，经过热回收和蒸发冷却装置，最终由风斗排出，这时采用的就是机械辅助的自然通风模式。太阳能集热片被集成在中厅屋顶的吸热强化玻璃中，其吸收的热能用于驱动机械抽风装置。图 4-20为风塔通风气流示意图。

图 4-19　法兰克福商业银行大楼

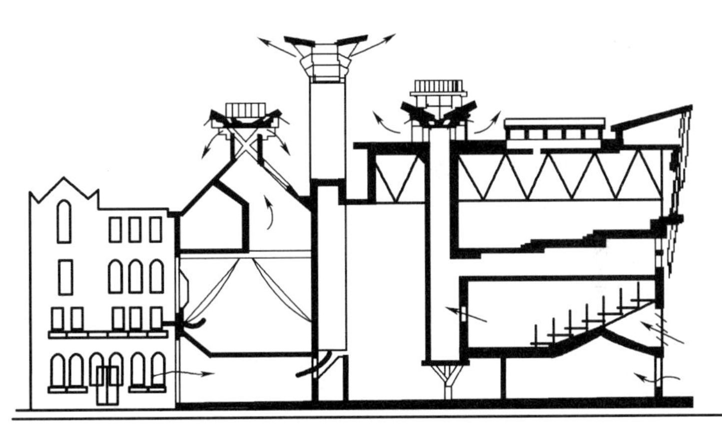

图 4-20　风塔通风气流示意图

(5) 屋顶

屋顶作为整个建筑自然通风系统的一个组成部分，利用天窗、烟囱、风斗等构造为气流提供进出口，采用翼形屋顶以便形成高压区和低压区，增加自然通风的效果。其本身也可以成为一个独立的通风系统。这种通风屋顶内部一般有一个空气间层，利用热压通风的原理使气流在空气间层中流动，以提高或降低屋顶内表面的温度，进而影响到室内空气的温度。在日本的 OM 阳光体系（在国外称为“柑橘模式”，即 Orange Mode）住宅中，室外空气由屋顶下端被吸入空气间层，并被安装在屋顶上的玻璃集热板加热，受热后上升到屋顶的最高处。屋顶最高处设置了空气处理装置，包括空气阀门、热交换盘管和一个小型风机。这个装置既能将加热过的空气通过管道送到建筑的各个角落，又能将不需要加热的空气由排气管排出。

4. 民用建筑的自然通风设计步骤

由于自然通风受气候、建筑周围的微环境、建筑结构及建筑内部热源分布情况的强烈影响，所以现代建筑的自然通风应该是有组织、有控制的自然通风。它的设计是与气候、环境、建筑融为一体的整体设计。其主要设计步骤如下。

(1) 确定气候的自然通风潜力

自然通风潜力是指仅依靠自然通风就可确保可接受的室内空气品质和室内热舒适性的潜力。根据建筑所在地区的宏观气候条件，如宏观风速分布和风向（风玫瑰图）、宏观气温分布、太阳辐射照度、室外空气湿度等来确定该地区气候的自然通风潜力。在确定自然通风方案之前，有必要收集建筑所在地区的气象参数逐时变化情况资料并进行分析。

(2) 确定建筑微环境的自然通风潜力

根据建筑微环境如建筑周围风速分布及气温分布、城市地形与布局（建筑平均高度、建筑分布情况、街道的布局、植被分布等）、建筑内部布置、建筑高度、室外噪声水平、室外污染等来确定建筑微环境的自然通风潜力。建筑微环境对自然通风的影响很复杂，目前这方面的研究较少。

(3) 预测自然通风驱动力，确定自然通风方案

根据建筑周围微环境和建筑内部情况（如热源分布、房间大小、房间的布置、内隔断、房间的位置等）预测自然通风驱动力，确定自然通风方案和设计气流路径。一般情况下，自然通风驱动力是很小的，自然通风系统中风口两侧的压差一般小于10Pa，而机械通风系统风口两侧压差可达100Pa左右。当预测的自然通风驱动力很小时，就需考虑是否可以通过改变建筑设计方案，如采用双层玻璃幕墙，或设计为中庭式建筑，或改变窗户形式、位置及大小等，或采用风机辅助式自然通风等来改善自然通风条件。

(4) 根据设计要求和设计参数选择自然通风设备

自然通风的设计要求和设计参数与机械通风的差别很大，在自然通风环境中人们能够忍受较大的温度波动范围。目前还没有较完整的自然通风设计指南或手册，而且现有的研究成果还远远不能满足自然通风设计的要求，因此，在设计阶段需要应用CFD技术对建筑周围和建筑室内的风环境作详尽分析。自然通风设备主要指窗户、风口、排风竖井、天窗、门及风机等，目前已开发出了适于自然通风的自控型通风口。

(5) 控制系统的设计

由于影响自然通风的各种因素是动态变化的，所以自然通风过程也是一个动态变化过程，如何在自然通风的动态变化过程中保证室内的热舒适性呢？控制系统起到关键作用。自然通风控制系统一般包括手动控制和自动控制。手动控制以保证不同人的实际需要，增强了人控制环境的自主能动性。自然通风的控制主要是对风口的控制。但如果是风机辅助式自然通风（混合通风），则还须控制风机的启停，控制问题变得复杂。

(6) 评估设计方案并作修改

评价一个设计方案的优劣，首先应确立一个评价标准。自然通风系统评估标准与机械通风系统评估标准有所不同。在评价一个机械通风方案时，通常确定一些指标，如通风效率、空气龄等。总之，自然通风系统的设计应从动态和整体的观念出发，与建筑结构设计密切配合，以适应未来建筑物整体设计越来越重要的发展趋势。另外，自然通风系统的两个重要设计参数，即通风量与室内温度相互影响，故其设计还需借助于一些设计和分析工具。

5. 自然通风的设计计算方法

(1) 数值模拟法

在自然通风的研究与设计过程中，需借助于现有的分析流体流动和能量的一些软件，目前可应用于分析自然通风系统的通风特性和热特性的常见软件有CONTAMW、COMIS、Lesocool、NatVent、Fluent、Flovent、MIX、CHEMIX、BREEZE与NewQUICK、TRNSYS、BLAST、EnergyPlus、DOE22、ESP2r等。

①多区域网络模型法（multi-zone model 或 single-flow element model）

多区域网络模型法把整个建筑物作为一个系统，假设每个房间的气流速度、温度、浓度等都分布均匀，将其中的每一个房间看作一个网络节点，各节点通过窗户、门、缝隙等与其他节点相连接，从而形成网络，利用质量、能量守恒等方程对整个建筑物的空气流动、压力分布和污染物的传播情况进行研究。如果内部开口相当大，建筑可视为一个单区，即单区域模型法。该方法模型简单，可以预测通过整个建筑的风量，但不能提供房间的温度与气流分布信息，只适用于预测每个房间参数分布较均匀的多区建筑的通风量，不适合预测建筑内的气流分布。在设计初期，可使用多区域网络模型法进行宏观预测。由于该方法假设房间内的特征参数分布均匀而过分简化了系统，误差很大，特别是在处理热压驱动的自然通风等室内温度产生明显分层的情况时误差更甚。

②区域模型法（zonal model 或 multi-flow elements model）

区域模型法的基本思想是：将房间划分为一些有限的宏观区域，认为每个区域的相关参数如温度、浓度等相等，而区域间存在热质交换，通过建立质量和能量守恒方程并分析考虑区域间压差和流动的关系来研究房间内的温度分布及流动情况。该方法与多区域网络模型法的主要区别在于射流、热羽流、热分层等理论的不同运用，它比多区域网络模型法复杂和精确，在一定程度上弥补了后者的不足之处，比 CFD 简单，可以嵌套在多区建筑能源和气流分析软件（如 SPARK，COMIS 和 CONTAM）中预测气流及温度分布。

③CFD 法（computational fluid dynamics）

CFD 法应用相当广泛，在空调专业，主要用于模拟计算室内气流速度、温度和污染物浓度分布。该方法就是将房间划分为小的网格控制体，对于每个网格分别列出质量、动量、能量、紊流度和污染物浓度平衡方程，并把这些控制空气流动的连续性微分方程组通过有限差分或有限元方法离散为非连续的代数方程组，并结合实际的边界条件在计算机上求解离散所得的代数方程组，从而得到每个网格的压力、气流速度、温度和污染物浓度。只要划分的控制体足够小，就可认为离散区域的离散值代表整个房间内空气分布情况。由于分割的控制体可以很小，所以它可详细描述流场，但由于求解的问题往往是非线性的，需进行多次迭代，故较耗时。它可与建筑能源模拟软件如 EnergyPlus 进行耦合。

（2）软件间的耦合

由于每个软件其本身的局限性及自然通风与热传递的相互影响，为了全面预测建筑热特性与自然通风之间的关系，有必要将通风模拟软件与热模拟软件进行耦合，常见的耦合方法有以下 4 种。

①顺序耦合（sequential coupling）

给定室内温度，由流动模型方程计算通风量，然后将计算出的流量代入热模型方程中计算温度。但因计算出的温度并不代入流动模型方程中，而是就此终止计算，因此该方法的误差相对较大。

②Ping-Pong 耦合

在第一个时间步长内，给定初始室内温度，由流动模型方程计算出通风量，然后将计算结果代入热模型方程中，并将计算出的温度再代入流动模型方程中，计算出第二个时间步长的通风量，以此类推。该方法计算速度快，但产生的误差也相对偏大。

③Onions 耦合

与 Ping-Pong 方法不同，它是在每个时间步长内对两个模型方程进行多次迭代直到得出的结果收敛为止，然后才转入下一个时间步长再进行迭代。该方法计算速度慢，但产生的误差较小。

④直接耦合

将流动模型方程和热模型方程合并成热传递过程控制方程组后同时解出两个方程。该方法比前 3 种方法更精确，但需更多的计算时间。

6. 小结

自然通风拥有许多无可替代的优势，因此在空调技术得以普及、机械通风广泛应用的今天，迫于节约能源、保持良好的室内空气品质的双重压力，自然通风技术得到空前的广泛应用。但同时，作为设计师，也应清醒地意识到自然通风是不能完全取代传统空调系统的。

4.4 空调自控系统

1. 空调自动控制的基本原理、内容及设计原则

所谓自动控制，就是在无人直接参与的情况下，通过控制器使被控对象或过程自动地按照预定的

要求运行。一个完整的室温调节系统是由测定温湿度的传感器、变送器、调节器、执行器和房间对象等几个环节组成。在空调机组中，一般安装有对空气进行过滤、制冷、加热、去湿、加湿处理和输送设备，因此对空调机组的控制包括空气处理过程的控制、空气流量的控制、各处理设备的运行状态监测及保护，以及各设备之间的动作联锁。空调系统是以满足一定的人体舒适性为基本要求的，通过设置适当的控制系统，能使空调系统符合各种场所的设计标准，如合理的温度、湿度、新风量等人体舒适性指标，在满足设计标准下尽可能地节省能源，是自动控制系统的一个主要目标。节能可以说是空调自动控制系统的出发点和归宿。

空气调节系统的监测与控制内容包括参数监测、参数与设备状态显示、自动调节与控制、工况自动转换、能量计量及中央监控与管理等，具体内容应根据建筑功能、相关标准等通过技术经济比较后确定。

空调自动控制系统的设置是提高能源的有效利用率、保证能源按需分配、减少和节省不必要能耗的一个重要措施之一。根据国外的统计，采用较为完善的自控系统后，全年来看，可以节省大约20%的能耗。空调系统的设计是需要自动控制系统来支持的，尤其一些需要实时参数（如室温及变新风比等）控制的系统，采用人工控制不但无法满足要求，大多数情况下也是耗费能源的。

空调自动控制系统在我国已经有了几十年的应用历史和经验。在现阶段强调建筑节能的情况下，我们有充分的理由认为合理的自控系统投资及运行管理，会给用户带来更好的经济效益。自动控制系统是以空调设计为基础的，只有空调设计合理了，才能有助于自控系统的合理设计和实现预期的功能。

由于全年室外气候呈周期性变化，而目前空调设计的目标首先是以满足设计状态下室外正常运行来确定设备装机容量和进行系统设计的，以此对全年来说，在绝大部分时间段，建筑的冷热量需求都处于低负荷状态，如果设备还按照满负荷来运行，必然造成大量不必要的能耗增加，室内所需空气参数也得不到保证（过冷或过热），必须有目的地对相关系统和设备采取必要的控制措施。

目前常用的自动控制系统为DDC（direct digital control）直接数字化控制，它是一项构造简单、操作容易的控制设备，它可借由接口转接设备随负荷变化作系统控制。DDC直接数字化控制是一种简易的微电脑设备，须与其他组件，如变频器、温度湿度传感器、焓差控制器、两通阀等组件整合搭配才能发挥功效。这些组件的输入输出以模拟信号DC 0～10V或低电流4～20mA作信号传送，送至DDC控制器，经DDC内置软件作判别后反向输出信号来控制阀部件或变频器来调节空调。DDC系统的最大特点是从参数的收集、传输到控制等各个环节均采用数字控制功能来实现。它采用了数字控制器来代替常规仪表控制器，并且一个控制器可同时完成多个常规仪表控制器的功能，可有多个不同对象的控制环路，正是由于整个控制系统实现了数字化，使其在速度、精度、管理等方面都远强于传统的常规仪表，因此，DDC系统适于监控参数点较多、控制功能复杂、使用及管理要求较高的建筑中，是空调系统节能控制的重要手段。

2. 几种典型空调机组控制

(1) 室内温、湿度控制与监测

室内空气温、湿度控制和监测是空调风系统控制的一个基本要求。过低或过高的室内空气温、湿度不仅舒适性差，还会浪费空调系统的运行能耗。常用的控制方法如下。

在新风系统中，通常控制送风温度和送风的相对湿度（对于典型房间，则取决于新风系统的加湿控制方式）。

在带回风的系统中，通常控制回风（或室内）温度和相对湿度。如果不具备湿度控制条件（如夏季使用两管制供水系统），舒适性空调的夏季相对湿度可不作精确控制。在温、湿度同时控制的过程中，应考虑到人体的舒适性范围，防止由于单纯追求某一指标而发生冷、热相互抵消的情况（例如大多数舒适性空调对夏季湿度的要求并不严格，如果为此采用“冷却＋再热”方式控制相对湿度，会大大提高空调系统的运行能耗）。在技术可靠、经济合理的情况下，可考虑夜间（或节假日）对室内温、湿度进行再设定控制，降低室内温度标准，节约能源。

（2）变新风比焓值控制

在大多数民用建筑中，如果采用双风机系统（设有回风机），其目的通常是为了节能而更多地利用新风（直至全新风）。因此系统应采用可变新风比焓值控制方式，其主要内容是：根据室内外焓值的比较，通过调节新风、回风和排风阀的开度，最大限度地利用新风来节能，技术可靠时，可考虑夜间对室内温度进行自动再设定控制。目前也有一些工程采用“单风机空调机组加排风机”的系统形式，通过对新风、排风阀的控制及排风机的转速控制也可以实现变新风比的控制要求。

以下介绍一种相对简化的全年变新风比焓值控制策略。

①冬季运行状态（系统供热水情况）下，由室温控制空调机组热水阀，此时采用最小新风比。

②在当室外温度逐渐升高、热负荷逐渐减小的过程中，热水阀逐渐关小，当热水阀已经全部关闭后，如果室温仍然超过设定值，则控制策略由“室温控制热水阀”改为“室温控制新风比”（加大新风比），通过对新风、回风电动阀的开度控制来实现。显然，此过程是一个完全利用室外空气进行自然冷却的过程。

③当室外空气的焓值小于室内空气的焓值，且新风比加大至100％（新风阀全开）时，室温仍然超过设定值，则要求对空调机组供冷水，控制策略由“室温控制新风比”改为“室温控制冷水阀”，所谓焓值控制主要体现在此点。从定性来看，这时采用回风的空气处理冷量会大于采用全新风的处理冷量，因此在这一过程中，新风阀维持100％开度。

④当室外空气的焓值大于室内空气的焓值，采用部分回风方式的处理冷量小于采用全新风方式时，可采用最小新风比控制。

（3）变风量采用风机变速是最节能的方式

变风量系统是全空气系统的一种形式，与定风量系统相比，其突出的使用优点是同一空调风系统内可以进行不同空调区域的温度控制；与风机盘管系统相比，变风量系统在对房间的改造适应性、室内空气环境质量等方面有明显的特点。因此，从使用上看，变风量系统综合了全空气定风量系统和风机盘管加新风系统这两者的优点。变风量系统节能主要体现在三个方面：运行节能、设计状态的节能、防止区域温度过高或过低的节能。

（4）盘管防冻保护

在冬季室外气温有可能低于0℃的地区，应该设置对盘管的防冻控制。空调机组停止运行时，如果低温室外空气进入了空调机组内，则极易导致热盘管内的水冻结；空调机组在运行过程中，当流量降低至热水温差大于盘管的供水温度时，就可能出现盘管冻结的情况。这时的防冻措施有以下两点。

①新风阀与空调机组联锁，当空调机组停止时，新风阀自动关闭。

②考虑到新风阀可能存在的漏风等因素，同时测量热盘管的防冻温度，一旦低于5℃，则打开热水阀加大盘管内的热水流量。

在全空气空调系统（包括变风量系统）中，对组合式空调机组控制的主要目的是为了室内温度和相对湿度保持在设定值附近，同时监测组合式空调机组的运行情况，在变风量系统中，还要根据室内负荷的大小和既定的控制策略调节风机转速。

在组合式空调机组运行过程中，需要检测的参数主要有室内外空气的温湿度、送风量、送回风的温湿度、冷热水盘管的进出水压力和温度、过滤器两侧的压差、各调节阀（包括调节风阀）的阀位、风机的运行状态和电流及变频器的输出频率（变风量系统）等。图4-21～图4-24分别为几种典型空调机组和风机盘管控制原理图及控制要求。

图 4-21～图 4-24 图例：

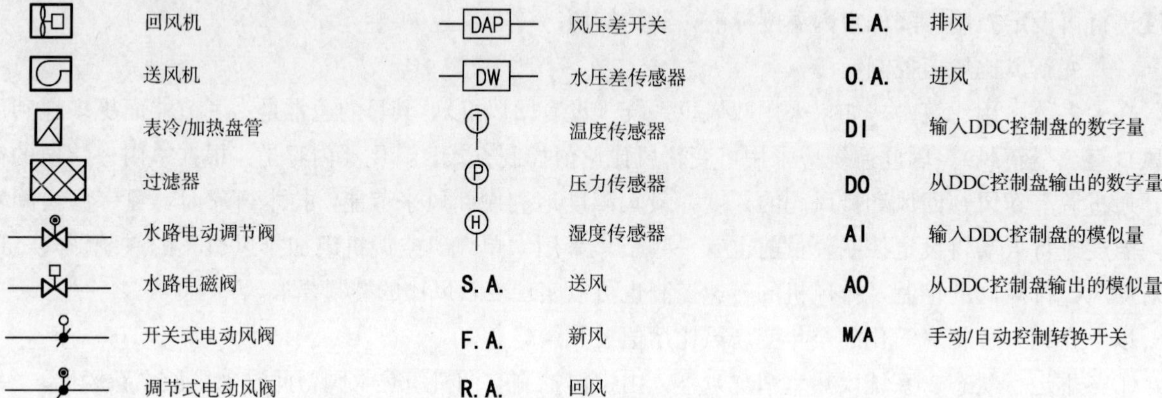

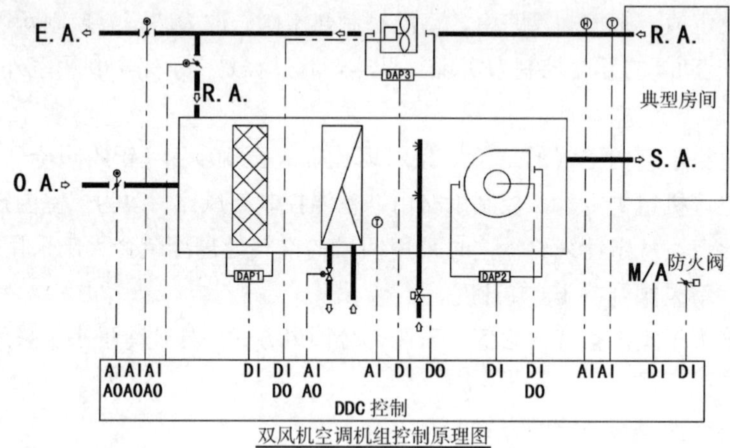

双风机空调机组控制原理图

双风机空调机组控制要求

一、启停 / 开关 / 调节控制

1. 可分别在现场和 DDC 控制中心进行送风机启停控制。
2. 可分别在现场和 DDC 控制中心进行回风机启停控制。
3. 空调冷热水路电动调节阀比例积分调节控制。
4. 新风、回风、排风电动调节风阀联动调节控制。
5. 加湿水路电磁阀开关控制。
6. 预置工作时间表自动运行功能。
7. 现场设置自动 / 手动启停控制切换开关，手动状态时 DDC 控制中心控制操作无效。

二、联锁控制

1. 送风机、回风机联锁启停。
2. 新风、回风、排风电动调节风阀与送风机联锁控制，送风机停止时新风、回风、排风电动调节风阀关闭。
3. 空调冷热水路电动调节阀与送风机联锁控制，送风机停止时空调冷热水路电动调节阀关闭。
4. 加湿水路电磁阀与送风机联锁控制，送风机停止时加湿水路电磁阀关闭。
5. 防火阀关闭联锁停止送风机、回风机（由消防中心控制）。

三、温、湿度设定

可在 DDC 控制中心和现场 DDC 控制盘设定回风温、湿度。

四、回风温、湿度控制

1. 根据回风温度对空调冷热水路电动调节阀进行比例积分调节控制。
2. 根据回风湿度对加湿水路电磁阀进行开关控制。

五、新风量控制

1. 供冷工况下，首先进行焓值比较，当新风焓值小于室内空气焓值时，由回风温度控制新风、回风、排风比例。
2. 供热工况下，新风量为设计最小新风量。

六、防冻控制

1. 空调机组停止运行时，关闭新风阀。
2. 当防冻温度传感器感应温度低于设定温度时，开启空调冷热水路电动调节阀。

七、手动 / 自动控制转换开关

1. 现场设置手动 / 自动控制转换开关。
2. DDC 控制中心可进行手动 / 自动控制方式转换。

八、冬夏工况转换

可分别在 DDC 控制中心和现场 DDC 控制盘进行冬夏工况转换。

九、监测、记录设备启停状态、时间

1. 送风机、回风机启停状态、时间。
2. 各风阀、水阀开关 / 开度状态。

十、故障报警与报警记录

1. 送风机热继电器故障报警、时间。
2. 回风机热继电器故障报警、时间。
3. 送风机风压差开关故障报警、时间。
4. 回风机风压差开关故障报警、时间。
5. 过滤器风压差开关故障报警、时间。

图 4-21　双风机空调机组控制原理及要求

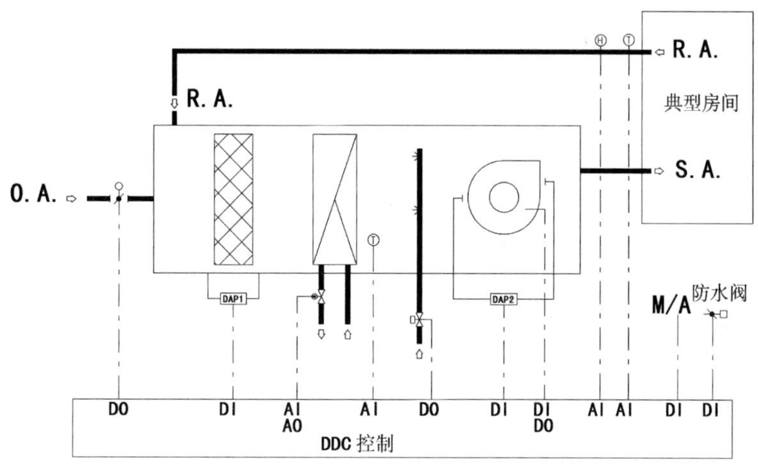

单风机空调机组控制原理图

单风机空调机组控制要求

一、启停/开关/调节控制

1.可分别在现场和DDC 控制中心进行送风机启停控制。

2.空调冷热水路电动调节阀比例积分调节控制。

3.加湿水路电磁阀开关控制。

4.新风电动风阀开关控制。

5.预置工作时间表自动运行功能。

6.现场设置自动/手动启停控制切换开关，手动状态时DDC 控制中心控制操作无效。

二、联锁控制

1.新风电动开关风阀与送风机联锁控制，送风机停止时新风电动开关风阀关闭。

2.空调冷热水路电动调节阀与送风机联锁控制，送风机停止时空调冷热水路电动调节阀关闭。

3.加湿水路电磁阀与送风机联锁控制，送风机停止时加湿水路电磁阀关闭。

4.防火阀关闭联锁停止送风机(由消防中心控制)。

三、温、湿度设定

可在DDC 控制中心和现场DDC 控制盘设定回风温、湿度。

四、回风温、湿度控制

1.根据回风温度对空调冷热水路电动调节阀进行比例积分调节控制。

2.根据回风湿度对加湿水路电磁阀进行开关控制。

五、防冻控制

1.空调机组停止运行时，关闭新风阀。

2.当防冻温度传感器感应温度低于设定温度时，开启空调冷热水路电动调节阀。

六、手动/自动控制转换开关

1.现场设置手动/自动控制转换开关。

2.DDC 控制中心可进行手动/自动控制方式转换。

七、冬夏工况转换

可分别在DDC 控制中心和现场DDC 控制盘进行冬夏工况转换。

八、监测、记录设备启停状态、时间

1.送风机启停状态、时间。

2.各风阀、水阀开关/开度状态。

九、故障报警与报警记录

1.送风机热继电器故障报警、时间。

2.送风机风压差开关故障报警、时间。

3.过滤器风压差开关故障报警、时间。

图 4-22　单风机空调机组控制原理及要求

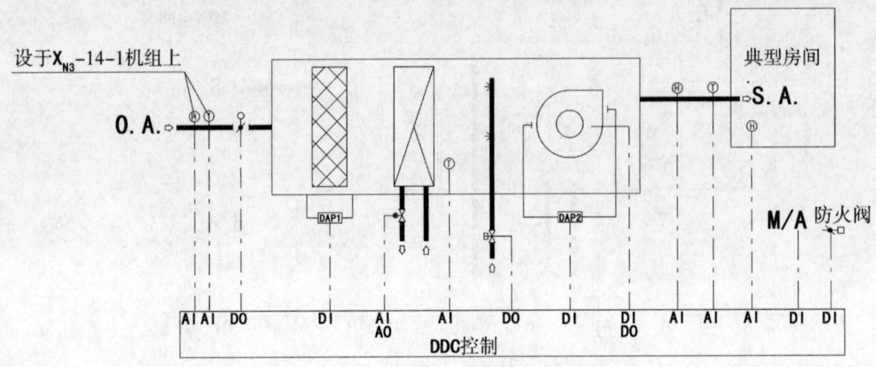

新风空调机组控制原理图

新风空调机组控制要求

一、启停/开关/调节控制
1.可分别在现场和DDC控制中心进行送风机启停控制。
2.空调冷热水路电动调节阀比例积分调节控制。
3.加湿水路电磁阀开关控制。
4.新风电动风阀开关控制。
5.预置工作时间表自动运行功能。
6.现场设置自动/手动启停控制切换开关，手动状态时DDC控制中心控制操作无效。

二、联锁控制
1.新风电动开关风阀与送风机联锁控制，送风机停止时新风电动开关风阀关闭。
2.空调冷热水路电动调节阀与送风机联锁控制，送风机停止时空调冷热水路电动调节阀关闭。
3.加湿水路电磁阀与送风机联锁控制，送风机停止时加湿水路电磁阀关闭。
4.防火阀关闭联锁停止送风机(由消防中心控制)。

三、温、湿度设定
可在DDC控制中心和现场DDC控制盘设定送风温、湿度。

四、送风温、湿度控制
1.根据送风温度对空调冷热水路电动调节阀进行比例积分调节控制。
2.根据送风湿度对加湿水路电磁阀进行开关控制。

五、防冻控制
1.空调机组停止运行时，关闭新风阀。
2.当防冻温度传感器感应温度低于设定温度时,开启空调冷热水路电动调节阀。

六、手动/自动控制转换开关
1.现场设置手动/自动控制转换开关。
2.DDC控制中心可进行手动/自动控制方式转换。

七、冬夏工况转换
可分别在DDC控制中心和现场DDC控制盘进行冬夏工况转换。

八、监测、记录设备启停状态、时间
1.送风机启停状态、时间。
2.各风阀、水阀开关/开度状态。

九、故障报警与报警记录
1.送风机热继电器故障报警、时间。
2.送风机风压差开关故障报警、时间。
3.过滤器风压差开关故障报警、时间。

图4-23 新风空调机组控制原理及要求

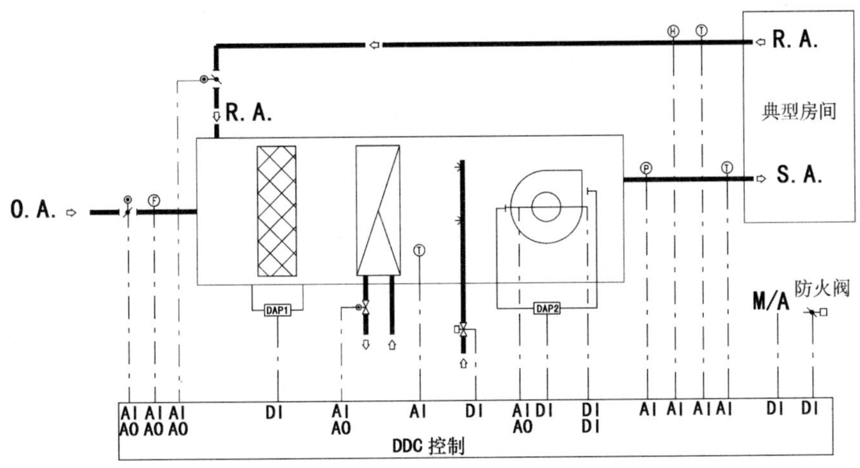

变风量空调机组控制原理图

变风量空调机组控制要求

一、启停 / 开关 / 调节控制

1. 可分别在现场和 DDC 控制中心进行送风机启停控制。
2. 空调冷热水路电动调节阀比例积分调节控制。
3. 监控新风管风量，当新风量低于设定值时，关小回风阀；反之当新风量大于设定值时，则开大回风阀。
4. 新风、回风、排风电动调节风阀联动调节控制。
5. 加湿水路电磁阀开关控制。
6. 预置工作时间表自动运行功能。
7. 现场设置自动 / 手动启停控制切换开关，手动状态时 DDC 控制中心控制操作无效。

二、联锁控制

1. 新风电动开关风阀与送风机联锁控制，送风机停止时新风电动开关风阀关闭。
2. 空调冷热水路电动调节阀与送风机联锁控制，送风机停止时空调冷热水路电动调节阀关闭。
3. 加湿水路电磁阀与送风机联锁控制，送风机停止时加湿水路电磁阀关闭。
4. 防火阀关闭联锁停止送风机（由消防中心控制）。

三、温、湿度设定

1. 温度控制：设定机组送风机最低转速或最小送风量，按变风量系统的要求进行设定，当冷量在一定范围内变化时，应控制送风温度不变。

   当风机转速大于所设定的最低转速时，采用送风温度控制冷（热）水阀门。

   当风机转速降至所设定的最低转速时，采用回风温度控制冷（热）水阀门。
2. 相对湿度控制：冬季由回风相对湿度控制加湿器。

四、新风量控制

当送风量减少时，调节回风电动阀开度，减少回风量，保持最小设计新风量不变，新风比则逐渐加大；当系统达到最小送风量时，新风比达到 100%。

五、防冻控制

1. 空调机组停止运行时，关闭新风阀。
2. 当防冻温度传感器感应温度低于设定温度时，开启空调冷热水路电动调节阀。

六、手动 / 自动控制转换开关

1. 现场设置手动 / 自动控制转换开关。
2. DDC 控制中心可进行手动 / 自动控制方式转换。

七、冬夏工况转换

可分别在 DDC 控制中心和现场 DDC 控制盘进行冬夏工况转换。

八、监测、记录设备启停状态、时间

1. 送风机停状态、时间。
2. 各风阀、水阀开关 / 开度状态。

九、故障报警与报警记录

1. 送风机热继电器故障报警、时间。
2. 送风机风压差开关故障报警、时间。
3. 过滤器风压差开关故障报警、时间。

图 4-24　变风量空调机组控制原理及要求

对于全年运行的空调系统，需要充分考虑到季节变化对系统运行的影响，应根据室内外不同的热湿条件，确定不同的运行工况，以多工况的方式运行。其主要目的是为了充分利用新风和回风，尽量减少制冷机、加热器和加湿器的运行时间，达到节能的目的。要对这样一个多工况系统进行监测和控制，不仅需要根据相关参数确定工况转换的时机，在转换时切换运行设备，还要相应改变控制参数的数值，以及执行机构的动作方向。室内温度和湿度控制是空调系统的主要任务，由于这两个参数都受冷却盘管水量的影响，所以仅仅通过调节冷却盘管的水量是不可能同时满足这两个参数的调节要求的，因此，需要首先通过高（低）值信号选择器对来自温度控制器和湿度控制器的输出信号进行选择，其中一个参数必然超标，或者温度过低，或者湿度过低，从而再利用温度控制器和湿度控制器的输出信号对加热器和加湿器进行分程控制，调节另一个参数，使之满足要求。

风机盘管是半集中式的空气处理设备，由加热、制冷盘管和风机组成，通过温度控制器控制盘管的截止阀或三通阀，从而控制冷、热盘管水流的通、断，风机速度的控制通常由人工完成。无论采用哪一种控制方法，风机盘管的电动截止阀或三通阀都应当与风机开关联锁，当风机停止运转时切断盘管水流。对于四管制的风机盘管，还应当将冷、热水盘管的电动截止阀互锁，防止同时供冷、供热，当风机盘管在冬季和夏季分别供热水和冷水时，在温控器中应当设置冷热转换开关。

实施控制的目的，是在满足房间参数达到正常使用要求的基础上，让设备的供冷、供热能力尽可能与建筑空调的需求相一致，减少过多的能源消耗。实施控制的方法是通过控制各种有效的控制设备或控制手段，对空调系统的主要环节采取合理、可行的量调节和质调节措施。由于需要实时跟踪各种参数的变化并及时采取相应的调控措施，因此，实时控制需要以完善的自动控制系统为基础才能实现。DDC 控制系统从 20 世纪 80 年代后期开始进入我国，已经经过约 20 年的实践，证明其在设备及系统控制、运行管理等方面具有较大的优越性且能够较大地节约能源，并在大多数工程应用中取得了较好的效果。就目前来看，多数大中型工程也是以此为基本控制形式的。

建筑电气专业节能设计

5.1 变配电站计算机监控系统

5.1.1 变配电站计算机监控系统的概念

变配电站计算机监控系统是近年发展起来的多专业综合技术，是变配电所设计和运行管理的一次重大改革。

该系统以计算机监控为基础，实现变配电所管理自动化，改变了传统变配电站的主体管理模式和值班维护方式，是现代电网发展的必然趋势。

变配电站计算机监控系统集现代电子技术、计算机技术、网络技术、控制技术及现场总线技术为一体，对变配电站进行集中监控管理和分散数据采集，对变配电站内供配电系统中传统的二次设备（继电保护、安全分动装置、测量仪表、操作控制、信号系统）的功能重新组合，进行系统保护、控制测量、信号采集、故障录播、谐波分析、电能量管理、负荷控制和运算管理等，取消了常规的仪表盘、操作控制屏及中央信号系统等二次设备。

系统可以通过计算机及通信网络，将各个变配电站相互关联的部分连接为一个有机的整体，以实现对电网的安全控制，对电网运行状态及电量参数进行实时采集和显示，对电能进行自动分析统计，对事故、跳闸等参数自动记录等；可以按照要求，按时序排序，进行事故处理提示并快速处理事故等。

这一系统使供电安全、可靠、方便、灵活，可以进行避峰填谷操作，并完成了遥信、遥测、遥控、遥调及继电保护等功能，提高了供电质量，提高了综合效益。

5.1.2 变配电站计算机监控系统组成

变配电站计算机监控系统宜分为三层，即现场监控层（间隔层）、网络管理层（通信层或中间层）及主站层（系统管理层）。

1. 现场监控层（间隔层）

现场监控层采用分散分布式结构，按供配电系统一次设备隔离，单元化设计，分布式处理各隔离单元，相互独立，不依赖计算机，以增强系统的可靠性。

现场监控层的主要设备是指多功能继电保护装置、多功能电力网络监控仪表、开关量和模拟量采集模块、继电器输出模块等。这些模块与一次设备对应分散式配置，就地安装在开关柜内，均设有网络通信接口（RS485），通过现场总线如Modbus总线将开关设备连接起来，上传至通信网络层，完成保护、控制、监测和通信等功能，同时还具有动态实时显示功能，如开关状态运行参数、故障信息和事故记录、保护设定值等功能。这些监控单元可以不依赖网络而独立完成对监控对象（一次设备）的保护、测量及实时性监控。

2. 网络管理层（又称通信层或中间层）

网络管理层位于站控层（系统管理层）与现场监控层之间，它的主要任务是完成现场监控层和网络管理层之间的网络连接、转换和数据、命令的交换，通过以太网可以实现与办公自动化信息管理系统（MIS）、建筑设备监控系统（BAS）及智能消防管理系统（FAS）等自动化系统的网络通信，以实现信息资源共享。

网络管理的主要设备，由于各厂家网络系统不同，设置的设备也有差异，有的采用现场管理机，除实现对现场监控层的各测控单元模块的数据采集上传给站控层主机外，还可以方便灵活地对现场各采集单元进行管理和调试；有的设置网络服务器、以太网交换机通信处理器等将网络升级为以太网。

3. 系统管理层（站控层）

系统管理层位于变配电站控制室或值班室内，设有高性能工业控制计算机、显示器、打印机、

UPS不间断电源、报警音箱、GPS对时机构及动态模拟屏等。

控制软件一般安装在工业计算机上，主要作用是将中间层传来的现场设备的数据，通过人机界面的方式，显示给用户，通过处理发送命令给现场控制层设备，完成相应的操作如跳闸、合闸、报警等。

5.1.3 变配电站计算机监控系统的功能特点

计算机监控系统软件一般是基于Windows，能够运行在Microsoft（微软）环境下的电力系统专用组态软件，它可以提供全中文界面，并采用了简洁的画面设计、灵活的组态方式、高性能驱动程序，遵循开放式数据库连接标准。计算机监控系统软件具有以下功能。

1. 显示功能

计算机监控系统软件可显示变配电站一次系统图，并在一次系统图上显示各开关的分、合状态；显示各主要配电回路的零序电流、零序电压、三相电流、三相电压、有功功率、无功功率、有功电量、无功电量、频率、功率因数、谐波等变量参数；显示各用电回路开关的分、合状态及事故报警信号等；显示上述各电量参数的曲线图；显示变压器的运行状态，高温、低温报警，风机运行状态等。

2. 报警功能

（1）状态报警

当变配电系统的开关出现过载跳闸、短路故障跳闸及综合继电保护装置内部故障时，计算机能够通过多媒体音箱发出声音报警并自动记录时间、变配电站号、回路名称等。

（2）超限报警

当变配电系统的各电量参数出现超过额定值或其他工艺设备超限运行时，计算机能够通过多媒体音箱发出超限报警，同时自动记录时间、变配电站号、回路名称等。

（3）三相不平衡报警

当变配电系统的三相电流或三相电压出现不平衡时（可自定义范围），计算机能够通过多媒体音箱发出声音报警并自动记录时间、变配电站号、回路名称等。

3. 控制功能

（1）在电力管理部门许可下，可以通过鼠标控制高压主进柜、母联柜、馈电柜及低压主进柜、母联柜断路器（带有电动操作机构的开关或者带有交流接触器回路）的合闸和分闸。

（2）在监控主机上下达操作命令时，需要进行外部密码验证，只有操作人员输入正确密码时，才可下达操作命令操作。

4. 统计和打印功能

（1）统计和打印所监控的所有电流值、电压值、功率值、频率值、功率因数、谐波等，以及这些参数的一天24h变化曲线。

（2）统计和打印各断路器运行状态变化时间、故障报警时间，类别统计、打印各断路器的操作时间及操作人员代码。

（3）统计和打印有功电量、无功电量，以及一天24h内单位小时用电量和电量棒图。

5. 历史记录

计算机能将所监测并统计的各种电量参数、各断路器或开关的状态变化时间、报告故障类别、操作人员代码和时间、开关机时间等永久保存，以便对整个变配电站运行情况进行分析。

6. 通信功能

系统内部一般采用RS485接口，与上位机通信遵循一定规约或TCP/IP通信协议。

7. 自检功能

本系统具有完善的自诊断功能，当系统发生故障时，诊断功能将提供单方面故障信息，以便及时排除故障。

5.1.4 变配电站计算机监控系统对供配电系统的优化

采用变配电站的计算机监控系统，可合理调整变配电运行参数，控制用电高峰，调节负荷。

计算机监控系统的统计和打印功能、历史记录功能等，给人们提供了大量的日、月、年的电能统计，自动生成日用电负荷表、月用电负荷表、年用电负荷表、变压器的负荷年表及电费报表等，使用电管理人员及有关部门领导很容易掌握各个变配电站的用电情况、用电数量、用电规律、不同用电性质的用电特点等。

利用计算机监控系统，可以准确地了解和掌握各行各业的用电状态，进行分析和比较、优化供配电系统，找出各行各业用电的共同点、不同点，有利于指导我国的电力能源政策，有利于制定电能的收费标准，有利于科学地发展我国的电能供应，有利于指导各设计院电气设计人员合理地确定变压器的运行台数和容量，合理地利用电力资源。根据用电负荷特点，平衡用电的高峰期、低谷期，优化组合用电系统，节约电力资源。

5.1.5 变配电站计算机监控系统对供电质量的改善

采用变配电站的计算机监控系统，可进行谐波分析，减少用电损耗，提高供电质量。

目前，大量的用电设备，如荧光灯、气体放电灯、调光设备、大型电动机的软启动设备、UPS、EPS 等各用电源设备，均会产生多次谐波。

变配电站的计算机监控系统在满足常规监控要求的基础上，能对电压波动、频率波动、谐波畸变等电能质量问题进行全面监视，同时它的波形捕捉功能可以记录波形的异常变化。

（1）可对谐波畸变率、单次谐波幅值和相角进行分析，对谐波功率、2～63 次的各次谐波含量等电参数进行检测。

（2）可进行瞬态过程监测。如监测电压凹陷、电压不平衡度、频率变化、电压和电流的总谐波含量及 1～63 次的各次谐波含量等。

（3）可进行稳态波形捕捉。根据预设的条件或前端发出的指令，通过电能质量监测单元可捕捉预先设定的周期数或时间长度的电压/电流的稳态波形，其采样频率为每周波 128 采样点。

所有的测量结果，通过工业控制现场总线实时传输给前端机，在积累了一定时间的电能质量数据后，可以据此对谐波污染进行科学治理和采取相应措施，以改善供电质量，减少谐波对变压器、电容器等设备的损害，延长设备的使用寿命。

5.1.6 变配电站计算机监控系统对供电系统整体性能的提高

采用变配电站的计算机监控系统，可提高供电系统的可靠性、安全性、灵活性。

监控系统能实时监控整个变配电系统的运行并对其参数、故障、事件及操作记录等进行更新、存档及分析。

（1）在监控站的监控计算机的显示器上以图形界面的方式实时显示所有断路器的状态。断路器接通时，断路器的图标为接通状态，且显示红色。正常分断时，断路器的图标为分断状态，且显示绿色。出现短路或过载脱扣等故障时，断路器的图标为分断状态，显示黄色，并有声音报警和文字提示。同时，在监控计算机图形界面的相应位置显示出配电系统运行参数的实时值和累计电量值等其他需要显示的信息。

（2）在监控站的监控计算机中建有数据库，监控计算机按设定的时间间隔自动采集并存储所有的运行参数。此外，配电系统的操作记录如操作时间、操作内容、故障记录（如故障发生时间、故障内容、排除故障时间等）也能自动记录存档。故障记录实时打印，以便值班人员及时了解和处理故障，当然也可以事后打印和调阅，用于故障原因的分析处理。

(3) 监控计算机根据数据库中存储的数据可以自动生成日负荷表、年度报表等。这些报表既可以在屏幕上随时调阅，也可以打印输出。除了用报表的形式，监控计算机还可以以曲线的形式显示所要求时间段的电压、电流及负荷等参数的历史曲线。这些曲线可以打印输出。

(4) 当配电系统中出现故障报警时，除有声音报警外，不管监控计算机的显示器显示的是什么画面，都会自动切换到与故障相关的画面上，并输出文件报警窗口提示发生了什么故障。运行值班人员了解了所发生的故障后，可用鼠标点击“报警复位”图标按钮使声音报警停止。但断路器的故障状态图标只有在故障清除后才会消失。

(5) 在监控计算机中，按监控人员的职责设置不同等级的操作权限。系统工程师有最高的权限，不仅可以进行断路器的远程操作，而且可以进行运行人员/保护参数的远程设置和修改、联锁关系的修改，还可以调阅和打印报表和曲线。值班电工具有进行断路器远程操作、调阅和打印报表或曲线的权限。闲杂人员无权进行任何操作，从而保证了配电系统的可靠运行。

5.1.7 变配电站计算机监控系统的目标

节能是监控系统所追求的主要目标。变配电站监控系统，不可避免地要增加一次投资，不应仅仅重视初期投资问题，而不重视长期效应和节省电能。

变配电站监控系统能实现经济运行、负荷分析、移峰填谷、合理调度等功能，因而节约电能效果显著。另外，计算机监控系统可以实现除主站监控室外，各分变配电站无人值守，节省的人工费也是一笔可观的数字。

有资料计算统计，一个变配电站规模的监控系统一次投资可以与5年中节省的人工费用相抵。

变配电站监控系统，促进了无人值班变电站的实现，可以远程迅速而准确地获得变配电站运行的实时信息，完整地掌握变配电站的实时运行状态，及时发现变配电站运行的故障，并作出相应的决策和处理。同时可以使管理人员根据变配电站系统的运行情况进行负荷分析，合理调度，远控合分闸，把握安全控制、事故处理的主动性，减少和避免误操作、误判断，缩短事故停电时间，实现对变配电系统的现代化运行管理。

5.2 照明节能控制系统

5.2.1 智能照明节能控制系统定义

智能照明控制系统是一种可编程的照明管理系统，是根据某一照明区域的功能、用途、不同的时间、光照度等要求进行预先设定、编程，自动控制该区域的照明系统。

5.2.2 智能照明节能控制系统的应用

智能照明控制系统可对照明系统进行实时动态跟踪，将照明供电的输出、输入电压信号与最佳照明电压相比较，通过计算进行自动调节，确保照明工作电压能稳定输出不受电网电压波动的影响。

通过系统中的时钟管理器、自动探测设备（如动静感应器、人体感应器、光感应器等），感测诸如人体运动波、周围环境照度、温度等信号的变化，再根据不同环境要求、预先设定的假想条件，自动执行相应的操作，如开/关、调节灯光的亮度等。

1. 智能照明节能控制系统的控制方式

(1) 根据照度自动控制（智能照度传感器）

智能照度传感器利用光敏元件在自然光照射下的变化，通过检测周围环境的亮度（如自然光强、弱），与设定值进行比较后发出指令（如自动调整光源的亮度及分布），保证照明区域所需的最佳照度要求并充分有效利用自然光（智能照度传感器有休眠、工作两种工作状态，处于休眠状态时可认为强制性地进行 ON/OFF）。

在建筑物内，以照度计组成的传感器获得的计测信息为基础，通过限制照明器具的输出功率来实现节能。例如在可以利用自然光的地方，如窗边，通过减少灯光来使桌子上方的照度保持在一定水平。

将亮度传感器和调光装置合为一体，设置于天花板下。调光装置通过信号线和照明器具连接在一起，利用传感器作为输入、调光装置作为输出进行反馈控制，通过这种反馈控制的方法来进行自动控制。

智能照度传感器还可以保证照度保持不变，而窗口等处灯具自动调光。

（2）根据时间自动控制（时钟管理器）

时钟管理器可预先设置若干种基本工作状态，通常为“白天”、“晚上”、“清扫”、“周末”、“午饭”、“日升”和“日落”时间等，根据预先设定的时间自动地在各种状态之间转换工作。

例如，上班来临时，自动打开相应区域的灯光或系统提前自动将灯打开；午餐时间，系统自动变换到一个舒适、柔和的灯光场景；定时开/关路灯、庭院照明灯。

照明控制系统中最具代表性的就是时间自动控制。定时控制器适用于公共区域照明及道路照明，即商店和公共交通设施等无法确定人数的公共建筑物里。在办公大楼内，定时控制器多用于公共场所（区域），如白天强制关灯、防止夜间忘记关灯的应用实例日益增多，这样可以节能。

（3）人体感应自动控制（红外线传感器）

红外线传感器由单元控制器、无源远红外传感器组成，通过探测人体移动时发出的红外线，感知周围环境是否有人在活动，从而实现“人来灯亮，人走灯灭”的功能。即自动控制所控区域（如走廊、休息室、大开间办公室、广场、卫生间等）的照明，并可自动调整该区域的灯光照度，也可通过探测到的人员活动，根据预先程序控制其他负载如空调、风扇、电动门窗、报警器等的开关。

根据人体发出的红外线来感应有人或没人，从而自动开关灯的做法在很久以前就开始应用了。但在日本，人体传感器多用于使用频率低、人员出入少的场所，这点与国内不同。以写字楼为例，在日本，这种控制通常适用于厕所、仓库、存包处等平常进出人少，而且容易忘记关灯的地方。

（4）车辆感应自动控制车库灯光

在车库出入口车道、停车位等合适位置设置智能移动探测传感器，当有人或车移动时，开启相应的局部照明，车停好后或人、车离开后灯延时关闭。

2. 智能照明控制系统的优点

（1）提高了管理水平，降低了运行维护费用。采用智能照明控制系统，可使照明系统运行在全自动状态，系统将按预先设置的若干基本工作状态工作。有外窗的房间，系统能智能地利用室外自然光，天气晴朗时，室内灯会自动调暗，天气阴暗时，室内灯会自动调亮，以始终保持室内恒定的亮度（预设定要求的亮度）。也可使用手动控制面板或遥控器等，随意改变各区域的光照度。

智能照明控制系统运用先进的通信技术，不但实现了单点、双点、多点、区域、群组控制、场景设置、定时开关、亮度手/自动调节、红外线探测、集中监控/遥控等多种照明控制功能，而且还能优化能源的利用，降低运行费用。在实际使用时，由于可以实现远距离监控，在远处就可以控制灯具 ON/OFF，减少了管理人员往返于各照明现场的工作量，十分便利。

（2）节约能源。智能照明控制系统能利用智能传感器感应室外光线，自动调节光照度，即室外自然光强，室内灯光变弱，室外自然光弱，室内灯光变强，保证室内天然光和人工照明的总照度始终恒定在一个水平上，既创造了最佳工作环境，又达到节能的效果。

智能照明控制系统能利用时钟管理器根据不同日期、不同时间按照各个功能区域的运行情况预先进行光照度的设置，不需要照明的时候，将灯关掉；大多数情况下，很多区域并不需要将灯全部打开或开到最亮，智能照明控制系统能用最经济的能耗提供最舒适的照明；在会议室、休息室等公共区域，利用动静探测功能在有人进入的时候把灯点亮或切换到某种预置场景。系统只有在必要的情况下才把灯点亮或达到要求的亮度，可以减少无人场所的能源浪费，从而大大降低了大楼的电能损耗。

一般照明设计师在对新建的建筑物进行照明设计时，均会考虑到随着时间的推移，灯具效率和房间墙面反射率不断衰减，而器具在初期阶段的亮度会高出设计照度的20%～30%，因此设计时，会预先估算并预留出保养率，导致初始照度均设置得较高，然后再通过调节照度达到设计照度。随着照明器具的使用，灯的亮度逐渐下降，器具污染也使照度逐步降低，这时进行调光可以使其维持在设计照度的水平。

采用这种方法不仅造成建筑物使用期（或两次装饰的间隔期）的照度不一致，而且由于照度偏高造成了不必要的能源浪费。采用智能照明控制系统后，虽然照度还是偏高设计，但由于可智能调光，系统将会按照预先设置的标准亮度使照明区域保持恒定的照度，而不受灯具效率降低和墙面反射衰减的影响（见图5-1），这也是安装智能照明控制系统可以节约能源的原因之一。

(3) 延长灯具寿命。灯具的使用寿命与工作电压有直接的关系。灯具的工作电压越高，其寿命则成倍降低，因此适当降低灯具的工作电压是延长灯具寿命的有效措施之一。

我国电网的供电电压波动范围通常为10%，其电网过电压是灯具损坏的致命原因。

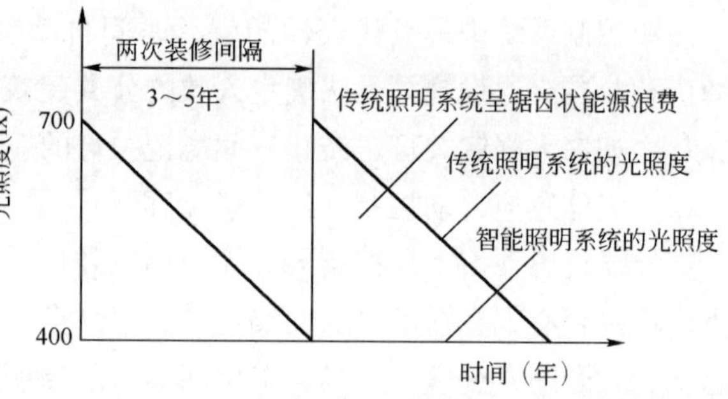

图5-1　照度一致性曲线图

智能照明控制系统有效抑制了电网的冲击电压和浪涌电压，使灯具不会因上述原因而过早损坏，而且还可限制电压，提高灯具寿命。智能照明控制系统采用的软启动和软关断技术，避免了开启灯具时电流对灯丝的热冲击，使灯具寿命进一步得到延长。这不仅节省了大量灯具，而且大大减少了更换灯具的工作量，有效降低了照明系统的运行费用。

(4) 线路简单、安装方便、易于维护。布线由传统的从配电箱断路器接至现场开关，再接负载的方式改为直接从控制模块接至负载，控制模块可在现场安装，从而节省了大截面导线材料消耗量，降低了建筑开发商的维修管理运行费用，缩短了安装工期（20%左右），提高了投资回报率。

(5) 根据用户需求和外界环境的变化，只需修改软件设置，就可以调整照明布局和扩充功能，大大降低了改造费用和缩短改造周期，适于商业、工业、家居的不同使用要求。区域变化后，控制系统的设定十分方便。

(6) 控制回路与负载分离，控制回路的工作电压为安全电压DC12～36V，即使开关面板意外漏电，也不会危及人身安全。

(7) 当建筑物停电时，由于智能照明控制系统中每个传感器元件、驱动器元件均预存有系统状态和控制指令，因此在恢复供电时，系统会根据预先设定的状态重新恢复正常工作，实现无人值守，提高物业管理水平。

(8) 智能照明控制系统具有开放性，可以和其他物业管理系统（BMS）、楼宇自控系统（BA）、保安及消防系统组合联网，符合智能大厦的发展趋势。

3. 智能照明控制系统节能造价估算

以上海地区为例，仅从节电和节省灯具这两项做估算，得出这样一个结论：用3～5年的时间，业主就可基本收回智能照明控制系统所增加的全部费用。而智能照明控制系统可改善环境、提高员工工作效率、减少维修和管理费用等，也为业主节省一笔可观的费用。

下面以一建筑面积为1 000m^2左右的办公楼为例，估算区域智能照明控制系统的经济性。灯具120套2×36W荧光灯，总功率9.6kW，回路数为12，工作时间以10h/d计，一年以300d计，电费以0.5元/（kW·h）计。系统的基本配置见表5-1。

智能照明控制系统的基本配置　　表5-1

序号	设备名称	规格型号	单　位	数　量
1	荧光灯	YG2-2	套	120
2	荧光灯控制器	DTK925	只	3
3	光感智能传感器	DTK503	只	6
4	可编程控制面板	DTK841	块	6
5	遥控编程器	DTK508	只	4
6	编程接口	DTK140	只	1
7	智能管理器	DTK602	个	1

智能系统基本配置参考价格为49 200元。

原照明系统所需常规格控制器件费用为5 000元。

采用智能系统增加的费用为44 200元。

系统年运行电费：10h/d×300d×0.5元/（kW·h）×9.6kW=14 400元。

年节约电费按节约50%计为7 200元。

延长光源寿命以3倍计，若未用智能系统，一年换一次灯，需1 680元，采用智能系统后，则3年换一次灯，每年节省灯管费用为1 120元。年降低运行费用：7 200元+1 120元=8 320元。

智能控制系统回收年限：增加费用分年降低运行费用≈5年。

一个工程的照明节能效果通常可通过两个方面进行评估：一方面是根据照明设计方案的节能措施判定；另一方面可用一个数量级指标进行评估。我国《工业企业照明设计标准》（GB 50034—1992）中提出的评估照明节能效果采用“目标效能指标”，即用100lx/m^2照度所需的用电量来表示，当照明工程实际能耗低于标准中规定的目标效能值时，即可认为其符合照明节能要求。其节能效益比为：

$$E_r = e_1/e_2$$

$$e_1 = N(P_1 + P_2)/A$$

$$e_2 = NP/A$$

式中：E_r——节能效益比；

e_1——目标效能值；

e_2——照明工程计算效能值；

N——灯具数量；

P——光源功率；

A——房间面积。

国家标准《建筑照明设计标准》（GB 50034—2004）也明确了照明功率密度值（LPD）。

5.2.3 自然光的应用

1. 充分利用自然光、太阳能的理由

(1) 自然光（含直射阳光和天空光）无处不在，是一种取之不尽、用之不竭、无污染的绿色洁净能源。

我国幅员辽阔，自然光资源十分丰富。由表5-2可见，我国可利用太阳能资源的地区十分广泛，因此充分开发并有效利用这一巨大的太阳光能源，既可节约大量人工照明用电，又保护了环境，无疑会对我国的现代化建设起到加速推动作用。

可利用太阳能地区分布表

表5-2

区域划分	丰富区	较丰富区	可利用区	贫乏区
年总辐射量 [kJ/（cm²·年）]	≥580	500～580	420～500	≤420
全年日照时数（h）	≥3 000	2 400～3 000	1 600～2 400	≤1 600
地域	内蒙古西部、新疆南部、甘肃西部、青藏高原	新疆北部、东北、内蒙古东部、华北、陕北、宁夏、甘肃部分、青藏高原东侧、海南、台湾	东北北端、内蒙古呼盟、长江下游、两广、福建、贵州部分、云南、河南、陕西	重庆、四川、贵州、广西、江西部分地区
特征	日照时数≥3 300h/年 日照百分率≥0.75%	日照时数2 600～3 300h/年 年日照百分率≥0.6%～0.75%	太阳能丰富区到贫乏区的过渡带	日照时数≤1 800h/年 年日照百分率≤0.4% 建议不使用太阳能的地区
连续阴雨天	2	3	7	5

注：引自无锡尚德太阳能电力有限公司资料。

(2) 阳光是万物生长之源泉。太阳光系全光谱辐射，可在人的肌体内产生维生素等多种营养物质，且人们在自然光下活动，无论是心理还是生理上都会感到舒适、愉快，对人的身心健康十分有利。太阳光能消除室内的霉气，抑制微生物的生长，改善室内居住环境。

(3) 每天接受一定量的日照是人类必需的一项生理需求，太阳光的紫外线能有效杀灭细菌，一定量的日照对于人体尤其是少年儿童的正常生长发育十分必要。我国的建筑设计规范对住宅、医院、疗养院、敬老院、幼儿园等建筑物的日照时间都作了相应的明确规定，希望以此保障广大人民群众的基本利益。

天然光还能向人们提示一天的时间变化，使人们感受到生物钟的周期，有利于人的身心健康。

(4) 对于人们的工作和学习，自然光比人工照明具有更好的视觉效果。据国外的研究报告指出，在自然采光教室学习的学生成绩比在人工照明教室学习的要好，其中教学成绩平均提高20%，阅读成绩平均提高26%。

(5) 多变的自然光，特别是直射阳光的光与影，加上阳光的丰富色彩，使之成为建筑艺术造型、表现材料质感、改善室内环境氛围的主要手段。

(6) 科学的研究结果表明，人工照明可以满足人类的光照需要，但满足不了人们的心理需求。充分利用自然光照明可以使工作更有效率、生活环境更加健康。

2. 自然光的利用

建筑物利用自然光分为主动式采光和被动式采光两类。被动式天然采光是通过利用不同类型的建筑窗户进行采光（通常由建筑专业实施，本章节不再论述）。主动式采光则是利用集光、传光和散光等设备与配套的控制系统将自然光传送到需要照明部位的采光法。

主动式采光又有如下6种方法：镜面反射采光法、利用导光管导光采光法、光纤导光采光法、棱镜传光采光法、利用卫星反射镜的采光法、光电效应间接采光法。

本文仅就与建筑电气设计有关的利用光导管导光采光法、光纤导光采光法、光电效应间接采光法予以阐述。

（1）利用导光管导光采光法

导光管导光照明系统工作原理：透过采光装置聚集室外的自然光线，再经特殊制作的光导管高效传输到系统底部的漫射装置，并由漫射装置均匀地照射到室内任何需要光照的地方。

导光管导光照明系统由采光装置、光导管和漫射装置三部分组成。

①采光装置：通常由定日镜、聚光镜和反射镜组成，将室外自然光透过采光罩聚集于系统内。

②导光管：为传送聚集于系统内的自然光的高效传输装置。目前常用的导光管有两种：有缝空心内有高反射比涂层的导光管，简称有缝导光管；带全反射导光棱镜膜的导光管。导光管可以通过旋转、弯曲、重叠来改变导光角度，将自然光准确导入需要光线的地方而不影响室内原有结构。

有缝导光管的开发与应用已有数十年历史，技术成熟。带全反射导光棱镜膜的导光管推出和应用的时间较短，但它具有导光效率高、导光管表面亮度均匀、漫射性能好、照明时无眩光、利于视力保护等优点，但造价较有缝导光管高数倍之多。

③漫射装置：该装置可将自然光均匀地照射到室内任何需要光线的地方，使用的材料有漫射板、带颜色片的漫射板、透光棱镜、透镜或特制透光材料等，使导光管出来的光线具有不同的配光曲线。

该种采光法适用于单层、多层建筑或地下室。

（2）光纤导光采光法

光纤导光采光法是一种利用光纤将阳光传送到建筑室内需要采光部位的采光方法。

光纤导光照明系统由集光器、光纤、光纤末端灯具三部分组成。

①集光器：由聚光的凸透镜、凸透镜跟踪太阳的控制系统、集光器的支架组成。

通过凸透镜把阳光聚集起来，形成焦点，把光投射到光纤的进光口，而后由光纤进行导光传输。

②光纤：传送光的一种介质。在光纤采光系统中，主要有石英光纤、多组分玻璃光纤、塑料光纤三种类型。因光在光纤中传输时会造成损失，所以与采光效率关系最为密切的因数是光纤对光的衰减率。石英光纤的光衰减率最低，多组分玻璃光纤次之，塑料光纤最大。换言之，石英光纤的传光效率最高，多组分玻璃光纤次之，塑料光纤最低。但是石英光纤的价格昂贵，多组分玻璃光纤次之，塑料光纤较便宜。目前采用的导光光纤一般由塑料或玻璃纤维束或单根塑料纤维构成，考虑到传输过程中的光衰，其长度一般不超过 30m，可通过系统串联解决其长度问题。

③光纤末端灯具（光纤出光端）：将光线合理地分配到需要照明的方向。

此类灯具又可分为一般采光的光纤灯具和局部采光的光纤灯具两类。根据其内部所配光源不同，此类灯具又可分为卤钨灯系列和金卤灯系列两种。其中卤钨灯光源功率一般为 50W 或 75W，工作电压为交流 12V（装置自带电源变压器），适用于博物馆或展览馆等对温度、湿度、紫外线及红外线有特殊控制要求的场所；金卤灯光源功率一般为 150W 或 200W ，适用于建筑物轮廓照明及立面照明等对光亮度要求较高的场所。

光纤导光照明系统具有线径细；质量轻、寿命长、可挠性好、抗电磁干扰、不怕水、耐化学腐蚀、光纤原料丰富、光纤生产能耗低及经光纤传导出的光线基本上无紫外线和红外辐射线；可自动变换光色、重复使用，节省投资；系统发热低于一般照明系统，可降低空调系统的电能消耗等一系列优点。

（3）光电效应间接采光法

光电效应间接采光法即利用太阳能电池的光电特性，先将光转化为电，而后再将电转化为光进行照明的一种采光方法。

通常采用的系统称为太阳能光伏发电系统，有独立运行和并网运行两种方式。独立光伏发电系统是将入射的太阳辐射能直接转换为电能，不与公用电网连接的独立发电系统。与交流电网连接的光伏发电系统称为太阳能并网光伏发电系统。并网光伏发电系统是将太阳能发出的多余电能售给电力公司，太阳能发电不足时再从电力公司买电。独立光伏发电系统需要蓄电池作为储能装置，而并网光伏发电系统则可以省去蓄电池，既可大幅降低造价、提高发电效率，还可避免蓄电池的二次污染。

5.2.4 照明系统传统的节能控制

1. 充分利用自然光，房间内靠近外窗一侧的照明灯具应能单独控制

在白天的室内，自然光照射在近窗处，使得靠窗处亮度较高，房间深处较暗，要想保持室内照明均匀度、改善室内环境质量并充分利用自然光，靠近外窗一侧的照明灯具布置及控制应与窗平行，并能单独控制，在自然光光线不够时只开室内照度不足的部分灯。

2. 利用普通翘板照明开关或照明电子开关节能

理论上讲，一个开关所控灯具数量为负载（灯具数之和）电流小于开关允许的载流量即可。由于各种光源的容量不同，每个开关所能控制的灯具数量是不同的。为便于节能，普通翘板照明开关设置应遵循以下原则：

（1）一个开关控制灯数不宜太多，小房间应每灯设一开关，但位置要合理，以便随手关灯。

（2）根据使用场所的不同功能设置开关，如大开间办公室、商场等按区域设置开关；走道、前室等按功能性质设置开关；体育设施按不同运动项目分区设开关，并提供不同的照度水平。

（3）靠窗一侧的灯具单独控制，自然光充足时方便关灯。

3. 照明电子开关设置原则

可采用调光开关、定时开关、光控开关、声控开关、触摸开关等限制照明使用时间、调节照度等实现节电功能。定时开关有电子式、气囊式、时钟式等，控制时间由1min到数小时可选。

（1）节能自熄式的声控开关、触摸开关：用于住宅楼梯间、公共走道等部位。触摸开关：需照明时，用手按一下设置在开关板上的按钮或触摸一下触摸部位，人的意图经内部控制电路转变为触发执行部件的信号，开关执行部件导通，灯开始工作。

（2）声、光控电子开关：声、光两种媒体通过声、光传感器对开关实施控制。白天或光照度大于设置的临界值，不管有没有声音信号，灯都不亮。当亮度低于设置值或在夜间，声传感器接收到一定强度的声响信号，开关导通，灯开始工作。

（3）定时开关可用于路灯、广告照明、标志灯、庭院灯、企业保安照明等。

（4）定时开关、光控开关、声控开关可用于小区路灯、庭院灯等。

（5）酒店客房采用节能控制开关，控制冰箱之外的所有灯光、电器，以达到人走灯灭、调整空调等，安全节电的目的。其节电开关有以下两种。

①继电器式节能控制开关：与钥匙牌、电子门卡联动方式。即客人开门进入房间后将钥匙牌或电子门卡插入门口取电开关，接通房间总电源；客人离开房间，取出钥匙牌、电子门卡后，经1～30s延时自动断开总电源。

②直接式节能钥匙开关：通过钥匙的插塞直接控制插孔内的开关，通断电源。

5.3 节能型照明光源、灯具及附件

5.3.1 照明的基本概念

1. 绿色照明（green lights）

绿色照明是指节约能源、保护环境，有益于提高人们生产、工作、学习效率和生活质量，保护人们身心健康的照明。

2. 光源的发光效能（luminous efficiency of a source）

光源发出的光通量除以光源功率所得之商，简称光源的光效，单位 lm/W。

3. 照度（illuminance）

表面上一点的照度 E 是入射在包含该点面元上的光通量 $d\Phi$ 除以该面元面积 dA 之商，即：

$$E=\frac{d\Phi}{dA}$$

照度的单位为勒克斯（lx），$1lx=1lm/m^2$。

4. 总光通量（total flux）

光源在 4π 球面立体角内的光通量总和，即为总光通量。

5. 下半球光通量（downward flux）

光源或灯具在水平面下的 2π 立体角内的总光通量，为下半球光通量。

6. 上半球光通量（upward flux）

光源或灯具在水平面上的 2π 立体角内的总光通量，为上半球光通量。

7. 直接光通量（direct flux）

表面上直接得到来自照明装置的光通量，为直接光通量。

8. 间接光通量（indirect flux）

表面上由其他表面反射之后所得到的光通量，为间接光通量。

9. 利用系数（utilization factor）

投射到参考平面上的光通量与照明装置中的光源的额定光通量之比，即为利用系数。

10. 维护系数（maintenance factor）

照明装置在使用一定周期后，在规定表面上的平均照度或平均亮度与该装置在相同条件下新装时在规定表面上所得到的平均照度或平均亮度之比，即为维护系数。

11. 维持平均照度（maintained average illuminance）

规定表面上的平均照度不得低于维持平均照度。它是在照明装置必须进行维护的时刻，在规定表面上的平均照度。

12. 照明功率密度（lighting power density，简称 LPD）

单位面积上的照明安装功率（包括光源、镇流器或变压器），称为照明功率密度，单位为 W/m^2。

13. （灯的）寿命 [life (of a lamp)]

灯泡点燃到失效，或者根据某种规定标准，点到不能再使用的状态时的累计燃点时间，称为灯的寿命。

14. 平均寿命（average life）

在规定条件下，同批寿命试验灯所测得寿命的算术平均值，称为灯的平均寿命。

15. 光通量维持率（luminous flux maintenance factor）

灯在给定点燃时间后的光通量与其初始光通量之比，即为光通量维持率，通常用百分比表示。

16.（灯的）发光效率 [luminous efficiency (of a lamp)]

灯的光通量与灯消耗电功率的比值即为灯的发光效率，单位为 lm/W。

5.3.2 照明方式和种类的基本概念

1. 一般照明（general lighting）

一般照明为照亮整个场所而设置的均匀照明。

2. 局部照明（local lighting）

特定视觉工作用的、为照亮某个局部而设置的照明为局部照明。

3. 混合照明（mixed lighting）

由一般照明与局部照明组成的照明，为混合照明。

4. 常设辅助人工照明（permanent supplementary artificial lighting）

当天然光不足和不适宜时，为补充室内天然光而日常固定使用的人工照明。

5. 直接照明（direct lighting）

由灯具发射的光通量的90％～100％，直接投射到假定工作面上的照明，为直接照明。

6. 半直接照明（semi-direct lighting）

由灯具发射的光通量的60％～90％，直接投射到假定工作面上的照明，为半直接照明。

7. 一般漫射照明（general diffused lighting）

由灯具发射的光通量的40％～60％，直接投射到假定工作面上的照明，为一般漫射照明。

8. 半间接照明（semi-indirect lighting）

由灯具发射的光通量的10％～40％，直接投射到假定工作面上的照明，为半间接照明。

9. 间接照明（indirect lighting）

由灯具发射的光通量的10％以下部分，直接投射到假定工作面上的照明，为间接照明。

5.3.3 电光源

1. 白炽灯（incandescent lamp）

（1）白炽灯的定义

用通电的方法加热玻壳内的灯丝，导致灯丝产生热辐射而发光的光源，称为白炽灯。

（2）白炽灯泡的种类

白炽灯泡包括普通照明白炽灯泡、反射型白炽灯泡、聚光灯泡、泛光灯泡。

（3）钨丝白炽灯泡发光效率特性（表5-3）

钨丝白炽灯泡发光效率特性　　表5-3

额定功率（W）	6	10	25	40	60	100	150	200	300	500	1 000	1 500
发光效率（lm/W）	6.7	8.0	9.4	11.5	14.8	17.4	19.2	19.7	19.9	20.9	23.1	22.4

注：6W、10W、25W是真空灯泡，其余是充气灯泡。

由表5-3可知，额定功率越高，发光效率越高。

2. 卤钨灯（tungsten halogen lamp）

（1）卤钨灯的定义

填充气体内含有部分卤族元素或卤化物的充气白炽灯，称为卤钨灯。

（2）卤钨灯的种类

卤钨灯包括普通照明管形卤钨灯、紧凑型双端卤钨灯、单端卤钨灯、PAR型卤钨灯、介质膜冷反光杯卤钨灯、硬质玻璃卤钨灯。

（3）卤钨灯的特性

电源电压变化对卤钨灯的电阻、电流、功率、光通量和发光效率的影响与普通白炽灯泡相似。卤钨灯泡可以在相当大的电压范围内调光。

3. 荧光灯（fluorescent lamp）

（1）荧光灯的定义

主要由放电产生的紫外辐射激发荧光粉层而发光的放电灯，称为荧光灯。

（2）荧光灯的种类

荧光灯包括直管形荧光灯、环形荧光灯、紧凑型荧光灯（compact fluorescent lamp）、三基色荧光灯（three-band fluorescent lamp）、高频荧光灯（high-frequency fluorescent lamp）。

（3）荧光灯的特性

①早期的荧光灯大多采用 T12（ϕ38mm）玻璃管，20 世纪后期陆续开发成功 T10（ϕ32mm）、T8（ϕ26mm）和 T5（ϕ16mm）直管形荧光灯。细管径荧光灯的发光效率更高，而且制造过程的材料消耗也大大下降，因此 T8、T5 荧光灯可称得上是绿色照明产品。

②荧光灯中的惰性气体通常是氩，节能型荧光灯用氪氩混合气，也可以用氖氩、氖氙氩混合气体。

③电源电压变化时荧光灯的各项参数随之变化，电源电压上升，灯管功率增加，光通量上升。但同时灯管电流增加，引起电极过热而加速电子发射材料的溅散和灯管端头发黑，灯管寿命将会缩短。反之电源电压下降将引起灯管电流减少，电极温度不足也将促使电极电子发射材料的溅散而缩短灯管寿命。因此标准规定荧光灯电源电压应当满足于额定电压的 90%～105%。

④通常，荧光灯在频率为 50Hz 或 60Hz 的交流电源中使用。试验证明，提高电源的频率后荧光灯的发光效率可以提高 10%。20 世纪后期发展起来的荧光灯电子镇流器的工作频率为 20kHz 以上，采用这样的电子镇流器，荧光灯的发光效率得以提高，而且电子镇流器的本身功率损耗低于传统的铁芯电感式镇流器，符合绿色照明的要求。普通照明用自镇流荧光灯的光效见表 5-4。

普通照明用自镇流荧光灯的光效 表 5-4

功率范围（W）		5～8	9～14	15～24	≥25
光效（lm/W）	RZ，RR	36	44	51	57
	RL，RB，RN，RD	40	48	55	60

注：RR-日光色；RN-暖白色；RL-冷白色；RZ-中性白色；RB-白色；RD-白炽灯色。

⑤环形荧光灯多采用比较细的 T10（ϕ32mm）或 T9（ϕ28mm）玻璃管，而且玻璃厚度从直管形荧光灯的 0.7～0.9mm 增加到 1.1～1.3mm。日光色环形荧光灯发光效率见表 5-5。

日光色环形荧光灯发光效率 表 5-5

日光色环形荧光灯额定功率（W）	20	22	30	32	40
日光色环形荧光灯发光效率（lm/W）	35.75	35.91	41.83	39.22	44.88

⑥在相同光输出的情况下，紧凑型荧光灯较白炽灯泡节约电能 80%。两者的替代关系见表 5-6。

紧凑型荧光灯替代白炽灯关系（单位：W） 表 5-6

紧凑型荧光灯功率	6	9	11	13	15	18	20	23
替代白炽灯功率	25	40	60	60	75	75	100	120

紧凑型荧光灯的照明成本，由灯泡费用、电费和替换灯泡及擦拭灯具的劳动力费用三部分构成，一般灯泡费用仅占 4.4%，电费占 94.6%，劳动力成本占 1%。因此尽管高质量节能荧光灯比白炽灯泡昂贵许多倍，但长期使用中节约的电费却更多，因此采用节能荧光灯既节能又省钱。而且紧凑型荧光灯有较多的光色可供选择，可为使用场所营造各种不同的氛围。

4. 高频无极感应灯（high-frequency induction lamp）

不需要电极，利用在气体放电管内建立的高频（频率达几兆赫）电磁场，使管内气体发生电离而产生紫外辐射激发玻壳内荧光粉层发光的气体放电灯，称为高频无极感应灯。

对封有水银蒸气的玻璃球用功率耦合器施加高频磁场，靠此产生的感应电场来激发内部的水银蒸气，从而产生紫外线。产生的紫外线遇到涂在玻璃球内面的荧光体变成可视光。

其特征是高效（12W、810lm）和寿命长（30 000h）、节能等，在考虑使用场所、用途、时间的基础上进行有效利用，可以达到大幅节能的效果。

5. 低压钠灯（low pressure sodium lamp）

即放电稳定时，灯内钠蒸气的分压强为 0.1～1.5Pa 的钠灯。

6. 高压汞灯（high pressure mercury lamp）

即放电稳定时，汞蒸气的分压强达到或大于 10^5 Pa 的汞灯，其性能参数见表 5-7。

高压汞灯性能参数

表 5-7

种　类	规格（W）	初始光通量额定值（lm）	2 000h 光通维持率（%）
高压汞灯	50～80	1 570～2 940	≥85
	125～175	4 990～7 350	
	250～1 000	11 000～52 500	

7. 高压钠灯（high pressure sodium lamp）

即放电稳定时，灯内钠蒸气的分压强达到 10^4 Pa 的钠灯，其性能参数见表 5-8。

高压钠灯性能参数

表 5-8

种　类			规格（W）	初始光通量额定值（lm）	2 000h 光通维持率（%）
高压钠灯	普通型	外启动	35～100	1 780～7 280	≥80
			150～1 000	11 880～95 000	≥86
		内启动	250～400	20 590～37 200	
	中显色性	外启动	150～400	10 290～30 090	≥84
	高显色性		250～400	16 630～27 720	

8. 金属卤化物灯（metal halide lamp）

即由金属蒸气与金属卤化物分解物的混合物的放电而发光的放电灯，其性能参数见表 5-9。

金属卤化物灯（钪钠系列）性能参数

表 5-9

种　类	规格（W）	初始光通量额定值（lm）	2 000h 光通维持率（%）
金属卤化物灯（钪钠系列）	175～1 000	14 000～110 000	75
	1 500	155 000	—

9. 微波硫灯（microwave sulphur lamp）

利用微波能量直接耦合到无电极的等离子体放电空间，激发硫或硒等非金属元素产生分子发光机理所制成的光源，称为微波硫灯。

微波硫灯是与传统高强度气体放电灯（高压汞灯、高压钠灯、金属卤化物灯）竞争的产品，最早的微波硫灯曾用于美国华盛顿宇航博物馆空间大厅及美国能源部大楼的照明。改进后的微波硫灯降低了灯泡功率密度，取消了强制风冷和机械转动，结构简单，使用方便，预计可以应用于街道、公路、厂房、仓库、商场、体育场等高强度气体放电灯照明的区域，而且由于其光谱能量分布十分接近于太阳光，所以又是人工气象模拟、植物生长试验的新型光源。

微波硫灯发光效率高、节约能源，而且告别了汞金属对环境的污染，是很有希望的一种绿色照明产品。但目前微波硫灯的商用，还存在一定的问题，现阶段应用不广泛。

10. 发光二极管（light emitting diode，简称 LED）

发光二极管是一种场效发光光源，是将电能直接转换成光能的半导体器件。

白色发光二极管与白炽灯泡的特性比较见表 5-10。

由表 5-10 可见，发光二极管的寿命达到白炽灯泡的 10 倍以上，发光效率也可以与白炽灯泡相媲美，但是单只发光二极管的光通量太小，方向性太强，光束太窄，要达到60W普通照明白炽灯泡的光通量需要将1 500只白光发光二极管组合在一起。价格是另外一个难关。发光二极管是一种极有前途的新型电光源，但要成为一种经济实用的照明光源还有许多工作要做。

白色发光二极管与白炽灯泡特性比较表 表5-10

灯种类	光通量(lm)	发光效率(lm/W)	色温(K)	显色指数(Ra)	价格（美元）	寿命(h)	灯寿命——半时光衰（%）
白炽灯（普灯60W）	900	15	2 800	100	1.36	1 000	>90
白色LED（5mm）	0.6	10	>6 000	85	1	10 000（50%光通量）	75

11. 霓虹灯（neon tubing）

霓虹灯主要指利用惰性气体辉光放电的正柱区发光的管形放电灯，也包括同样形式的氮和汞蒸气的辉光放电灯。

5.3.4 照明灯具附件

1. 镇流器（ballast）

即为使放电稳定而与放电灯一起使用的器件。镇流器可以是电感式、电容式、电阻式或这些的组合方式，也可以是电子式的。

2. 电感镇流器（magnet ballast）

电感、电容或电阻，单个或组合成的一种器件，接入电源或一个或多个灯之间，主要用于将光源的电流限制在所规定的数值。

3. 节能型电感镇流器（energy saving ballast）

它是电感镇流器的一种类型，比普通电感镇流器效率高、温升低，尺寸较长。

4. 电子镇流器（electronic ballast）

用电子器件组成，将50～60Hz变换成20～100kHz高频电流供给放电灯的镇流器。它同时兼有启动器和补偿电容器的作用。

5. 镇流器能效因数（ballast efficiency factor，简称BEF）

BEF作为能效指标，其计算公式如下。

$$BEF = 100\mu/P$$

式中：BEF——镇流器能效因数；

μ——镇流器流明系数；

P——线路功率（W）。

6. 电子调光镇流器（electronic dimming ballast）

它是一种能变化荧光灯电子镇流器光输出的镇流器。

7. 镇流器功率因数（ballast power factor ）

镇流器的交流电压（V）与电流（A）的乘积除以镇流器功率（W）的比值，称为镇流器功率因数。

8. 人体感应传感器（occupancy senser）

当人不占用此空间时就关掉的控制器件，可以是超声的、红外的或其他形式的。

9. 触发器（ignitor）

触发器为产生脉冲高压（或脉冲高频高压）使放电灯启动的附件。

10. 启动器（starter）

启动器为启动放电灯的附件。它使灯的阴极得到必需的预热，并与串联的镇流器一起产生脉冲电压使灯启动。

5.3.5 灯具

1. 灯具（luminaire）

（1）灯具的定义

能透光、分配和改变光源光分布的器具称为灯具，包括除光源外所有用于固定和保护光源所需的全部零、部件，以及与电源连接所必需的线路附件。

（2）灯具的主要作用

①控光作用

即通过灯具将光源发出的光强或光通量重新分配（配光），从而提供符合各种照明场所的光分布，使之有合理的配光，以满足照明的数量和质量的要求。

②保护光源的作用

灯具可保护光源免受机械损伤，或将光源与外界隔开，免受污染。

③安全作用

即使灯具具有电气和机械的安全性。

④美化环境作用

灯具有美化和装饰室内外景观环境的作用。

其中，控光作用是灯具的主要作用，是合理利用光源的主要手段。

2. 直接型灯具（direct luminaire）

能向灯具下部发射90％～100％直接光通量的灯具，称为直接型灯具。

在条件允许的情况下，直接型灯具是光源利用最好的灯具，也是最节能的灯具。

3. 半直接型灯具（semi-direct luminaire）

能向灯具下部发射60％～90％直接光通量的灯具，称为半直接型灯具。

外包半透明漫射罩的灯具，下面敞口的半透明罩及上方留有通风、透光空隙的灯具均属半直接型灯具，较节能。

4. 漫射型灯具（diffused luminaire）

能向灯具下部发射40％～60％光通量的灯具，称为漫射型灯具。

该类灯具中最典型的是配有乳白玻璃球形灯具，其他带有各种漫射透光的封闭灯罩的灯具，也属此类灯具，这种灯具将光线均匀发射空间各方向。若将一对直接型和间接型灯具组合在一起，或者用不透光材料遮住灯泡，而上下均敞口透光的灯具，其发出的光通量近似各一半的均为均匀漫射（直接型-间接型）灯具。这种灯具能耗稍大。

5. 半间接型灯具（semi-indirect luminaire）

能向灯具下部发射10％～40％直接光通量的灯具，称为半间接型灯具。

上面敞口的半透明罩属于此类灯具，大部分光线投向顶棚或墙上部，光线柔和，适用于建筑装饰照明。这种灯具较不节能，能耗较大。

6. 间接型灯具（indirect luminaire）

能向灯具下部发射10％以下的直接光通量的灯具，称为间接型灯具。

间接型灯具将光线全部投向顶棚，使顶棚成为二次光源。室内光线扩散性好，几乎无阴影和反射，更无直接眩光，但这种灯具能耗大、不节能。

7. 截光型灯具（full cut-off luminaire）

最大光强方向在 0°～65°，其 90°和 80°角度方向上的光强最大允许值分别为 10cd/1 000lm 和 30cd/1 000lm 的灯具，称为截光型灯具。

8. 半截光型灯具（semi-cut-off luminaire）

最大光强方向在 0°～75°，其 90°和 80°角度方向上的光强最大允许值分别为 50cd/1 000lm 和 100cd/1 000lm 的灯具，称为半截光型灯具。

9. 非截光型灯具（non-cut-off luminaire）

在 90°角度方向上的光强最大允许值为 1 000cd/1 000lm 的灯具，称为非截光型灯具。

10. 灯具效率（luminaire efficiency）

在相同的使用条件下，灯具发出的总光通量与灯具内所有光源发出的总光通量之比，称为灯具效率，也称灯具光输出比。

5.3.6 照明产品的能效问题

1. 能效定义

“能效”（energy efficiency）一词来源于国外，是“能源利用效率”的简称。

2. 能效与能耗的区别

能效与能耗是两个不同的概念。

能耗是指用能产品在使用时，对能源消耗量大小进行评价的指标。

能效即能源利用效率，反映了产品利用能源的效率质量特性，评价的是单位能源所产生的输出或做功，是评价产品使用能源性能的一种较为科学的方法。

能效标准即能源利用效率标准，是对用能产品的能源利用效率水平或在一定时间内能源消耗水平进行规定的标准。通过实施能效标准，可以不断提高家用电器的能源利用率，用较少的能源来维持或提高现有的生活水平，同时有利于保护环境和保障国家能源供需的平衡。

3. 我国节能标准

我国在 20 世纪 80 年代时就已制定出 9 个产品节能标准，但对用电设备规定的还是能耗指标。随着人们节能观念的转变，以及国际上能效标准的发展，原有的能耗标准已跟不上我国节能管理的需要。我国从 1996 年开始对能效标准进行研究，在照明产品方面制定了《管形荧光灯镇流器能效限定值及节能评价值》(GB 17896—1999)，自镇流荧光灯、双端荧光灯和单端荧光灯产品的能效标准，并且准备制定高压钠灯和金属卤化物灯，以及高压钠灯镇流器和金属卤化物灯镇流器能效标准。

4. 能效限定值

能效限定值是国家允许产品的最低能效值，低于该值的产品则属国家明令淘汰的产品。这类产品不但额外地消耗了大量能源，同时也相对加大了用户在用能方面的开支。所以淘汰高耗能、低能效的产品是我国能源管理的一个重要制度。

5. 对用户的经济利益有较大影响的产品质量因素

从用户经济利益考虑，用户购买被认证机构确认为“节能”的产品后，在使用这种产品时，不但能够获得节能产品所带来的最大效用，同时也可节省费用支出。这里的费用支出不是仅仅指电费，而是指由使用该产品所引发的一切费用的支出。

要减少这种广义的费用，节能产品必须具备能源转换效率高、产品性能质量好、安全可靠等特性。

产品的寿命对用户的经济利益有着较大的影响，劣质、寿命短的产品是造成用户节电不节钱的主要原因。

除产品寿命外，其他质量因素同样也影响着用户的使用效用和费用支出。例如，非预热启动的电子镇流器，在它的电路中取消了预热启动部分，镇流器的能效可能会提高一点，在电费支出上就可减少一点，但非预热镇流器对灯管的寿命是非常有害的，且不说废弃的灯管对环境造成的污染，仅用户在购买灯管所增加的费用上已大于电费的减少，所以用户应避免购买这种镇流器，以免造成更多的经济损失。

又比如，用户买了个虽节电但谐波含量高、电磁干扰强的照明产品，使用时这些产品会对用户的通信设备、仪器、计算机等产生干扰，轻则给用户带来负效用，重则给用户带来不可挽回的损失。

6. 不同效率值的照明产品可适用于不同的场所

(1) 电感镇流器与电子镇流器相比各有利弊，电感镇流器虽然耗电高，但其寿命长、谐波含量较低，而电子镇流器虽然省电、没有频闪效应，但在寿命与谐波问题上又不如电感镇流器。

(2) 寿命周期成本的分析也证明，不同类型的镇流器适用于不同的场合。

(3) 一般情况下，电费高、照明时间长的用户更适合使用电子镇流器，而电费低、照明时间短的用户则适合使用电感镇流器。

(4) 节能电感镇流器在低电费、短照明时间的用户市场中占有更强的优势。

综合考虑镇流器的各种特性（如噪声、寿命、耗能等）和投资回报等因素，在不同的使用场合对镇流器应进行合理的选用。

7. 我国管形荧光灯镇流器能效标准

(1) 我国国家标准《管形荧光灯镇流器能效限定值及节能评价值》(GB 17896—1999)，适用于220V、50Hz交流电源供电，标称功率在18～40W的管形荧光灯所用独立式电感镇流器和电子镇流器，该标准不适用于非预热启动的电子镇流器。

(2) 各类镇流器能效限定值应不小于表5-11的规定。

镇流器能效限定值 表5-11

标称功率（W）		18	20	22	30	32	36	40
BEF	电感	3.154	2.952	2.770	2.232	2.146	2.030	1.992
	电子	4.778	4.370	3.998	2.870	2.678	2.402	2.270

对于电子镇流器，其电源中谐波含量还应符合《电磁兼容限值谐波电流发射限值（设备每相输入电流≤16A）》(GB 17625.1—2003) 中的规定，无线电骚扰特性应符合《电气照明和类似设备的无线电骚扰特性的限值和测量方法》(GB 17743—1999) 中的规定。

8. 我国自镇流荧光灯能效标准

(1) 我国国家标准《自镇流荧光灯能效限定值及能效等级》(GB 19044—2003)，适用于额定电压220V、频率50Hz交流电源，标称功率为60W及以下，采用螺口灯头或卡口灯头，在家庭和类似场合普通照明用的，把控制启动和稳定燃点部件集成一体的自镇流荧光灯。

该标准所适用的自镇流荧光灯，其性能应符合《普通照明用自镇流荧光灯性能要求》(GB/T 17263—2002) 的规定。

(2) 自镇流荧光灯能效等级见表5-12。自镇流荧光灯能效限定值为表5-12能效等级的3级。自镇流荧光灯节能评价值为表5-12中能效等级的2级。

自镇流荧光灯能效等级 表5-12

标称功率范围（W）	光效（lm/W）					
	能效等级（色调：RR，RZ）			能效等级（色调：RL，RB，RN，RD）		
	1	2	3	1	2	3
5～8	54	46	36	58	50	40
9～14	62	54	44	66	58	48

续上表

标称功率范围（W）	光效（lm/W）					
	能效等级（色调：RR，RZ）			能效等级（色调：RL，RB，RN，RD）		
	1	2	3	1	2	3
15～24	69	61	51	73	65	55
25～60	75	67	57	78	70	60

注：表中色调应符合 GB/T 17263—2002 中表 3 的要求。企业可以根据用户的要求制造非标准颜色的灯，但应同时给出非标准颜色色度坐标的目标值，且其容差应符合 5SDCM 的要求。对介于 RR，RZ 两个标准颜色之间及相关色温高于 RR 标准颜色灯的非标准颜色灯的光效，按 RZ 标准颜色灯的光效值标准进行判定；对介于 RL，RB，RN，RD 标准颜色之间及相关色温低于 RD 标准颜色灯的非标准颜色灯的光效，按 RD 标准颜色灯的光效值标准进行判定；对于介于 RZ 和 RL 标准颜色灯之间的非标准颜色灯的光效，按 RL 标准颜色灯的光效值标准进行判定。

9. 我国双端荧光灯镇流器能效标准

（1）我国国家标准《双端荧光灯能效限定值及能效等级》（GB 19043—2003），适用于标称功率在 14～65W 范围内，采用 50Hz 频率电源带启动器的预热阴极双端荧光灯及采用高频电源工作的预热阴极双端荧光灯。

该标准所适用的双端荧光灯，其各项性能指标应符合《双端荧光灯 性能要求》（GB/T 10682—2002）中第 5 部分的规定。

（2）双端荧光灯能效等级见表 5-13。

双端荧光灯能效等级 表 5-13

标称功率（W）	光效（lm/W）								
	能效等级（色调：RR，RZ）			能效等级（色调：RL，RB）			能效等级（色调：RN，RD）		
	1	2	3	1	2	3	1	2	3
14～21	75	53	44	81	62	51	81	64	53
22～35	84	57	53	88	68	62	88	70	64
36～65	75	67	55	82	74	60	85	77	63

注：ϕ16 高光效系列（14W、21W、28W、35W）双端荧光灯的节能评价值为表中能效等级的 1 级。

双端荧光灯能效限定值为表 5-13 中能效等级的 3 级。双端荧光灯节能评价值为表 5-13 中能效等级的 2 级。

（3）双端荧光灯目标能效限定值见表 5-14。

双端荧光灯 2005 年的目标能效限定值 表 5-14

标称功率（W）	光效（lm/W）		
	RR，RZ	RL，RB	RN，RD
14～21	53	62	64
22～35	57	68	70
36～65	67	74	77

10. 单端荧光灯能效标准

（1）《单端荧光灯能效限定值及节能评价值》（GB 19415—2003），适用于具有预热式阴极的装有内启动装置或使用外启动装置的单端荧光灯。本标准所使用的单端荧光灯，其性能应符合《单端荧光灯 性能要求》（GB/T 17262—2002）的要求。

（2）单端荧光灯能效限定值见表 5-15。

单端荧光灯能效限定值　　表 5-15

灯 的 类 型	标 称 功 率 (W)	最低初始光效（lm/W）	
		RR，RZ	RL，RB，RN，RD
双管、四管、多管和方形	5～7	41	44
	9、10、13	50	54
	11（双管）	67	72
	16～26	56	60
双管、方形	≥28	62	66
多管		54	58
环形	22	44	51
	≥32	48	57

注：表中色调应符合 GB/T 17262—2002 中标准色品坐标的要求。企业可根据用户的要求制造非标准颜色的灯，但应同时给出非标准颜色色品坐标的目标值，且其容差应在 5SDCM 的范围之内。对于非标准颜色的灯，其光效应按临近标准颜色色温较低的光效值进行判定。

（3）单端荧光灯节能评价值见表 5-16。

单端荧光灯节能评价值　　表 5-16

灯的类型	标称功率 (W)	最低初始光效（lm/W）	
		RR，RZ	RL，RB，RN，RD
双管、四管、多管和方形	5～7	51	54
	9、10、13	60	64
	11（双管）	74	80
	16～26	62	66
双管、方形	≥28	69	73
多管		64	68
环形	22	58	62
	≥32	68	72

注：表中色调应符合 GB/T 17262—2002 中标准色品坐标的要求。企业可根据用户的要求制造非标准颜色的灯，但应同时给出非标准颜色色品坐标的目标值，且其容差应在 5SDCM 的范围之内。对于非标准颜色的灯，其光效应按临近标准颜色色温较低的光效值进行判定。

5.3.7 照明光源的合理选用

1. 各种光源的技术指标

各中光源的光效、显色指数、色温和平均寿命等技术指标见表 5-17。

各种电光源的技术指标　　表 5-17

光 源 种 类	光效（lm/W）	显色指数（Ra）	色温（K）	平均寿命（h）
普通照明	15	100	2 800	1 000
卤钨灯	25	100	3 000	2 000～5 000
普通荧光灯	70	70	全系列	10 000
三基色荧光灯	93	80～98	全系列	12 000
紧凑型荧光灯	60	85	全系列	8 000
高压汞灯	50	45	3 300～4 300	6 000
金属卤化物灯	75～95	65～92	3 000/4 500/5 600	6 000～20 000
高压钠灯	100～200	23/60/85	1 950/2 200/2 500	24 000
低压钠灯	200		1 750	28 000
高频无极灯	55～70	85	3 000～4 000	40 000～80 000

由表5-17可知，低压钠灯光效最高，但由于其显色性较差，故主要用于道路照明；其次是高压钠灯，主要用于室外照明；再次是金属卤化物灯，室内外均可应用，一般低功率用于室内层高不太高的房间，而大功率则应用于体育场馆、建筑夜景照明等；最后为荧光灯，在荧光灯中尤以三基色荧光灯光效最高；高压汞灯光效较低，而卤钨灯和白炽灯光效更低。

2. 各种光源的经济效益

(1) 普通照明白炽灯由紧凑型荧光灯取代（在照度相同的条件下），取代后的效果见表5-18。

紧凑型荧光灯取代白炽灯的效果 表5-18

普通照明白炽灯（W）	由紧凑型荧光灯取代（W）	节电效果（W）（节电率，%）	电费节省（%）
100	25	75（75）	75
60	16	44（73）	73
40	10	30（75）	75

(2) 粗管径荧光灯由细管径荧光灯取代，节电和节省电费的效果见表5-19。

细管径荧光灯取代粗管径荧光灯的效果 表5-19

灯管径	镇流器种类	功率（W）	光通量（lm）	光效（lm/W）	替换方式	照度提高率（%）	节电率或电费节省率（%）
T12（ϕ38mm）	电感式	40	2 850	72			
T8（ϕ26mm）三基色	电感式	36	3 350	93	T12→T8	17.54	10
T8（ϕ26mm）三基色	电子式	32	3 200	100	T12→T8	12.28	20
T5（ϕ16mm）	电子式	28	2 900	104	T12→T5	1.75	30

(3) 荧光高压汞灯由高压钠灯和金属卤化物灯取代，取代的效果见表5-20。

荧光高压汞灯由高压钠灯和金属卤化物灯取代的效果 表5-20

编号	灯　种	功率（W）	光通量（lm）	光效（lm/W）	寿命（h）	显色指数（Ra）	替换方式	照度提高率（%）	节电率或电费节省率（%）
NO.1	荧光高压汞灯	400	22 000	55	15 000	40			
NO.2	高压钠灯	250	22 000	88	24 000	65	NO.1→NO.2	0	37.5
NO.3	金属卤化物灯	250	19 000	76	20 000	69	NO.1→NO.3	−13.6	37.5
NO.4	金属卤化物灯	400	35 000	87.5	20 000	69	NO.1→NO.4	37.1	0

(4) 合理选用光源的措施

①尽量减少白炽灯的使用量

白炽灯因其安装和使用方便，价格低廉，目前在国际上及我国其生产量和使用量仍占照明光源的首位，但因其光效低、能耗大、寿命短，应尽量减少其使用量。在一般场所应禁止使用白炽灯，无特殊需要不应采用100W以上的大功率白炽灯。如需采用，宜采用光效稍高些的双螺旋灯丝白炽灯（光效提高10%～15%）、充气白炽灯、涂反射层白炽灯或小功率的高效卤钨灯（光效比白炽灯提高1倍）。

②推广使用细管径T8、T5荧光灯和紧凑型荧光灯

荧光灯光效较高，寿命长，节约电能。目前应重点推广细管径T8（ϕ26mm）荧光灯和各种形状的

紧凑型荧光灯以代替粗管径（ϕ38mm）荧光灯和白炽灯，有条件时，可采用 T5（ϕ16mm）荧光灯。

③逐步减少高压汞灯的使用量

因其光效较低，显色性差，不是较节能的电光源，特别是不应随意使用能耗大的自镇流高压汞灯。

④积极推广高光效、长寿命的高压钠灯和金属卤化物灯

钠灯的光效可达 120lm/W 以上，寿命 12 000h 以上，而金属卤化物灯光效可达 90lm/W，寿命达 1 万 h，特别适用于工业厂房照明、道路照明及大型公共建筑照明。

3. 光源选择

设计中可参照规范《建筑照明设计标准》(GB 50034—2004）选择光源。

(1) 高度较低房间，如办公室、教室、会议室及仪表、电子等生产车间宜采用细管径直管型荧光灯。

(2) 商店营业厅宜采用细管径直管型荧光灯、紧凑型荧光灯或小功率的金属卤化物灯。

(3) 高度较高的工业厂房，应按照生产使用要求，采用金属卤化物灯或高压钠灯，亦可采用大功率细管径荧光灯。

(4) 一般照明场所不宜采用荧光高压汞灯，不应采用自镇流荧光高压汞灯。

(5) 一般情况下，室内外照明不应采用普通照明白炽灯；在特殊情况下需采用时，其额定功率不应超过 100W。

5.3.8 灯具的合理选用——采用高效率灯具

1. 选用配光合理的灯具

选择合理的灯具配光可使光的利用率提高，达到最大节能的效果。灯具的配光应符合照明场所的功能和房间体形的要求，如在学校和办公室宜采用宽配光的灯具，在高大（高度 6m 以上）的工业厂房宜采用窄配光的深照型灯具，在不高的房间采用广照型或余弦型配光灯具。房间的体形特征用室空间比（RCR）来表示。

2. 选用高效率灯具

不同的灯具类型，其光效率一般是不同的。通常在满足眩光限制要求的条件下，应优先选用开启式直接型照明灯具，而不宜采用带漫射透光罩的包合式灯具和装有格栅的灯具，前者的效率比后者高 20%～40%。从节能的角度出发，室内灯具的效率不宜低于 70%，要求反射罩具有高的反射比。

《建筑照明设计标准》(GB 50034—2004）规定如下。

在满足眩光限制和配光要求的条件下，应选用效率高的灯具，并应符合下列规定。

(1) 荧光灯灯具的效率不应低于表 5-21 的规定。

荧光灯灯具的效率（单位：%） 表 5-21

灯具出光口形式	开敞式	保护罩（玻璃或塑料）		格栅
		透明	磨砂、棱镜	
灯具效率	75	65	55	60

(2) 高强度气体放电灯灯具的效率不应低于表 5-22 的规定。

高强度气体放电灯灯具的效率（单位：%） 表 5-22

灯具出光口形式	开敞式	格栅或透光罩
灯具效率	75	60

在设计选型时，为节约能源，应严格执行规范要求。

3. 选用光利用系数高的灯具

选择灯具所发出的光尽可能多地射向工作面上，这表明灯具的光的利用率高，亦即灯具的利用系数高，可节约电能。灯具的光利用系数取决于灯具效率、配光形状、房间各表面的颜色装修和反射比，以及房间的体形。一般情况下，灯具效率高，其利用系数也高。灯具的配光若适应其房间体形(RCR)，则其光的利用系数高。如宽而矮的房间（RCR 小），则应选择宽配光的灯具；如果房间的体形高而窄（RCR 大），则可选用窄配光的灯具。如果房间各表面采用浅色的装修，则其光利用系数也大；反之，则小。

4. 选用高光通量维持率的灯具

灯具在使用过程中，由于灯具中的光源随着光源点燃时间的增长，其发出的光通量在下降，同时灯具的反射面由于受到尘土和污渍的污染，其反射比也在下降，从而导致反射光通量的下降，这一切使灯具的效率降低，所消耗的能源量不变，但其发出的光通量较初始光通量减少，造成能源的浪费。

5. 尽可能选用不带光学附件的灯具

灯具的附件常用包合式的玻璃罩、格栅、有机玻璃板和棱镜等，这些附件对灯具起改变配光、减少眩光及免受外部的损伤等。这些部件使灯具的光输出下降，降低灯具光效率，在同样的照度水平条件下比无附件灯具的光输出下降多，从而使用电量增加。

6. 采用空调和照明一体化灯具

现今的办公大楼均采用集中式的空调设备，大都在顶棚采用嵌入式的荧光灯具照明，而荧光灯的能量只有25%变为可见光，用于办公室的照明，其余75%则以辐射的形式传向空间。如果采用空调与照明相结合的灯具，夏季通过灯具的空气将热量带到顶棚空间，用风机将60%的热空气排到室外，从而减少空调制冷量20%，但从管道需补充新鲜空气，最后可以达到节约10%电能的效果。冬季，将灯产生的热量送到室内，可减少供热量。总之，可减少供暖和制冷设备的容量，减少用电量。此外，由于空调和照明一体化，使天棚美观，照度和空气分布好，隔墙可灵活布置，且由于环境温度适当，可使荧光灯的光输出增加，提高室内照度，减少镇流器的故障。

5.3.9 灯具的合理布置

1. 均匀布置灯具

灯具在房间均匀布置时，其布置是否达到规定的均匀度，取决于灯具的间距 L 和灯具的悬挂高度 H（灯具至工作面的垂直距离），即 L/H。L/H 值愈小，则照度的均匀度愈好，但用灯多、用电多、投资大、不经济；L/H 值大，则不能保证照度的均匀度。一般灯具的最大允许距高比，会在厂家的灯具样本中给出。

2. 灯具与建筑围护结构表面的距离

为使整个房间有较好的亮度分布，还应注意灯具与顶棚的距离及灯具与墙的距离。当采用均匀漫射配光的灯具时，灯具与顶棚的距离和顶棚与工作面的距离之比宜在0.2～0.5之间。当靠墙处有工作面时，靠墙的灯具距墙不大于0.75m；靠墙无工作面时，则灯具距墙的距离为0.4～0.6L_0（L_0 为灯间距）。

3. 非均匀布置灯具

在高大的厂房内，为节能并提高垂直照度也可采用顶灯与壁灯相结合的布灯方式，但不应只设壁灯而不装顶灯，以避免空间亮度明暗不均，不利于视觉适应。对于大型公共建筑，如大厅、商店，有时也不采用单一的均匀布灯方式，以形成活泼多样的空间照明效果，同时也可节约电能。

5.3.10 照明灯具节能附件

1. 推广采用节能镇流器

普通电感镇流器因具有自身功耗大、系统的功率因数低、启动电流大等缺点，同时又有温度高和在市电电源下有频闪等效应，实际中，应尽量避免选用。从表5-23中也可以看出，普通电感镇流器的功耗大于节能型电感镇器和电子镇流器。

各种镇流器的功耗比较表　　表5-23

灯功率（W）	镇流器功耗占灯功率的百分比（%）		
	普通电感	节能型电感	电子型
20以下	40～50	20～30	<10
30	30～40	<15	<10
40	22～25	<12	<10
100	15～20	<11	<10
150	15～18	<12	<10
250	14～18	<10	<10
400	12～14	<9	5～10
1 000以上	10～11	<8	5～10

2. 电子式镇流器

电子镇流器用电子部件（DC-AC变换）线路取代铁芯产生的电磁场来启动荧光灯，是一种高频稳定的点灯方式。其频率范围设定在与家用电器的控制不发生冲突的约40～50kHz范围内。由于荧光灯在高频状态下工作，因此比在通常频率下工作的光输出增加10%。从商业性考虑出发，可以不增加光输出而将这部分用于节能，虽然这两种方式都可以选择，但是“相同明亮度节省能源”的产品是现在的主流产品。

40W两灯用电子镇流器的耗电量为72W（200V），与节能型镇流器配普通荧光灯使用的系统相比减少了15%的电量；与配节能型光源使用的系统相比，则减少了8%的电量（72/85=0.85、72/78=0.92）。

电子镇流器除了节能以外，还具有无频闪、噪声小、质量轻、体积小、用较低的价格即可实现分段调光和连续调光等特点。

3. Hf电子镇流器

更节能、更高效化的照明器具是使用Hf电子镇流器（高频点灯光源用镇流器）的灯具。Hf（high frequency）表示高频，以与一般的电子镇流器相区别。此产品在进入市场之初（1992年），是以在额定光通量（3 200lm）的150%的光通量值（4 500lm）下的使用作为标准，此产品也可以对应额定光通量使用，还可以连续调光。Hf照明器具虽然高效率、高性价比，但初期设备费稍微高一些，以后可以通过节省的电费来弥补，所以大型设施若重视长期的经济效益，采用Hf电子镇流器的照明器具是最有利的。

5.3.11 正确选择照度标准及亮度分布

1. 正确选择照度标准

目前国际上及我国的照度标准，可以根据照明要求的档次高低选择照度标准值，一般的房间选择照度标准值，档次要求高的可提高一级，档次要求低的可降低一级。这样选择照度标准值，对于照明节能十分有利。不宜一味地追求高照度，有些场所，照度高并不合适。

2. 照明功率密度的相关规定

《建筑照明设计标准》(GB 50034—2004）对照明功率密度（LPD)，即单位面积上的照明安装功率（包括光源、镇流器或变压器)，作出了严格的规定，且为强制性标准。

(1）办公建筑照明功率密度值不应大于表 5-24 的规定。

办公建筑照明功率密度值 表 5-24

房间或场所	照明功率密度（W/m^2）		对应照度值（lx）
	现行值	目标值	
普通办公室	11	9	300
高档办公室、设计室	18	15	500
会议室	11	9	300
营业厅	13	11	300
文件整理、复印、发行室	11	9	300
档案室	8	7	200

(2）商业建筑照明功率密度值不应大于表 5-25 的规定。

商业建筑照明功率密度值 表 5-25

房间或场所	照明功率密度（W/m^2）		对应照度值（lx）
	现行值	目标值	
一般商店营业厅	12	10	300
高档商店营业厅	19	16	500
一般超市营业厅	13	11	300
高档超市营业厅	20	17	500

(3）旅馆建筑照明功率密度值不应大于表 5-26 的规定。

旅馆建筑照明功率密度值 表 5-26

房间或场所	照明功率密度（W/m^2）		对应照度值（lx）
	现行值	目标值	
客房	15	13	—
中餐厅	13	11	200
多功能厅	18	15	300
客房层走廊	5	4	50
门厅	15	13	300

（4）医院建筑照明功率密度值不应大于表 5-27 的规定。

医院建筑照明功率密度值　表 5-27

房间或场所	照明功率密度（W/m²）		对应照度值（lx）
	现行值	目标值	
治疗室、诊室	11	9	300
化验室	18	15	500
手术室	30	25	750
候诊室、挂号厅	8	7	200
病房	6	5	100
护士站	11	9	300
药房	20	17	500
重症监护室	11	9	300

（5）学校建筑照明功率密度值不应大于表 5-28 的规定。

学校建筑照明功率密度值　表 5-28

房间或场所	照明功率密度（W/m²）		对应照度值（lx）
	现行值	目标值	
教室、阅览室	11	9	300
试验室	11	9	300
美术教室	18	15	500
多媒体教室	11	9	300

（6）工业建筑照明功率密度值不应大于表 5-29 的规定。

工业建筑照明功率密度值　表 5-29

房间或场所		照明功率密度（W/m²）		对应照度值（lx）
		现行值	目标值	
1. 通用房间或场所				
试验室	一般	11	9	300
	精细	18	15	500
检验室	一般	11	9	300
	精细，有颜色要求	27	23	750
计量室、测量室		18	15	500
变、配电站	配电装置室	8	7	200
	变压器室	5	4	100
电源设备室、发电机室		8	7	200
控制室	一般控制室	11	9	300
	主控制室	18	15	500
电话站、网络中心、计算机站		18	15	500
动力站	风机房、空调机房	5	4	100
	泵房	5	4	100
	冷冻站	8	7	150
	压缩空气站	8	7	150
	锅炉房、煤气站的操作层	6	5	100

续上表

房间或场所		照明功率密度（W/m²）		对应照度值（lx）
		现行值	目标值	
仓库	大件库（如钢坯、钢材、大成品、气瓶）	3	3	50
	一般件库	5	4	100
	精细件库（如工具、小零件）	8	7	200
车辆加油站		6	5	100
2. 机、电工业				
机械加工	粗加工	8	7	200
	一般加工，公差≥0.1mm	12	11	300
	精密加工，公差＜0.1mm	19	17	500
机电、仪表装配	大件	8	7	200
	一般件	12	11	300
	精密	19	17	500
	特精密	27	24	750
电线、电缆制造		12	11	300
线圈绕制	大线圈	12	11	300
	中等线圈	19	17	500
	精细线圈	27	24	750
线圈浇注		12	11	300
焊接	一般	8	7	200
	精密	12	11	300
钣金		12	11	300
冲压、剪切		12	11	300
热处理		8	7	200
铸造	熔化、浇铸	9	8	200
	造型	13	12	300
精密铸造的制模、脱壳		19	17	500
锻工		9	8	200
电镀		13	12	300
喷漆	一般	15	14	300
	精细	25	23	500
酸洗、腐蚀、清洗		15	14	300
抛光	一般装饰性	13	12	300
	精细	20	18	500
复合材料加工、铺叠、装饰		19	17	500
机电修理	一般	8	7	200
	精密	12	11	300
3. 电子工业				
电子元器件		20	18	500
电子零部件		20	18	500
电子材料		12	10	300
酸、碱、药液及粉配制		14	12	300

注：房间或场所的室形指数值等于或小于1时，本表的照明功率密度值可增加20%。

设计中，必须严格遵守规范的强制性条文。

3. 照明方法

以满足上述照明标准为前提，对照度水平进行区域划分（zoning），根据区域的大小、布灯方式、局部照明和整体照明等的不同，选择效率高的照明方式。

另外，近年来有效利用工作面照明（task lighting）的方法备受关注。一般来讲，欧美等国家的工作空间大多是单人房间，如果在作业面（task）集中照明，而使其周围（ambient）变得稍微暗些（约为作业面的1/3），同时使其他地方（通道或大厅等）变得再暗些（约为作业面的1/9，但100lx以上）的话，就可以达到照度的合理化，并且能够减少照明用电。照明方式是将照明分为基础照明和作业面照明两个部分。综合考虑场所用途和室内设计，有顶棚格栅型、顶棚吊挂型和附近照明型等多种局部照明方式。附近照明方式下应尽量避免直接眩光和反射眩光。

4. 室内形状和反射率

在采用高效光源和灯具的同时，室内形状和墙壁、顶棚的反射率等因素也十分重要，两者相结合会达到更好的效果。

在形状方面，进行照明设计时，室指数是用来计算平均照度的因数之一，室指数和符号对照见表5-30。

室指数：

$$R=\frac{X-Y}{H(X+Y)}$$

式中：X——长度；

Y——进深；

H——光源到作业面的距离。

室指数和符号的对照表 表5-30

室指数	5.0	4.0	3.0	2.5	2.0
范围	4.5以上	4.5～3.5	3.5～2.75	2.75～2.25	2.25～1.75
符号	A	B	C	D	E
室指数	1.5	1.25	1.0	0.8	0.6
范围	1.75～1.38	1.38～1.12	1.12～0.9	0.9～0.7	0.7以下
符号	F	G	H	I	J

注：本表选自《建筑物、工厂设备的节能措施实用手册》，（日本）丸岗巧美著，OHM社，2002年。

顶棚和墙壁的反射率不同，采用相同光源时，作业面照度不同。表5-31给出了各种材质反射率的近似值。

不同材质的顶棚和墙壁的反射率 表5-31

顶棚和墙壁的材质	石膏板 白色瓷砖 白色、浅黄色油漆 白色壁纸 抛光金属面	浅色石膏板 浅色油漆 白色窗帘	纤维板（质地） 混凝土 带色油漆 浅色窗帘	玻璃窗 深色油漆
反射率（%）	约75	约50	约30	约10

作为照明器具，最好是适合房间，并且不产生眩光。

灯具效率和反射率相同的器具的照明率大致相同，室指数和反射率比光源本身对照明效率的影响更大。这里所说的照明效率，是指从光源到达作业面的有效光束占全光束的比例（%），是在考虑了房间面积、顶棚、墙壁的反射率和器具的配光等因素后得出的数值。

提高反射率可以节省电量，表 5-32 为室内各面反射率的推荐值。因此，在最初设计时充分考虑反射率的因素，可以避免用灯数量过多的情况发生。

室内各面反射率的推荐值 表 5-32

区　分	照明学会制定的照明标准（JIEC 001—1992）	国际推荐的标准（ISO 8995—1989）
顶棚	0.6 以上	0.6 以上
墙壁	0.3～0.7	0.3～0.7
地板	0.1～0.3	0.1～0.3
日常用具	0.25～0.5	0.25～0.5
桌面	0.3～0.5	

图 5-2 表示了房间形状变化对照明率的影响情况。房间形状对照明率的影响很大，但是与将墙壁和顶棚的反射率提高 20% 的方法相比较，反射率的增加更加节能。从这些可以看出，选择正确的室内装修材料是十分重要的。

5. 恰当的亮度分布

(1) 在工作视野内有合适的亮度分布是舒适视觉环境的重要条件。如果视野内各表面之间的亮度差别太大，且视线在不同亮度之间频繁变化，则可导致视觉疲劳。一般被观察物体的亮度高于其邻近环境亮度的 3 倍时，则视觉舒适，且有良好的清晰度，而且应将观察物体与邻近环境的反射比控制在 0.3～0.5 之间。

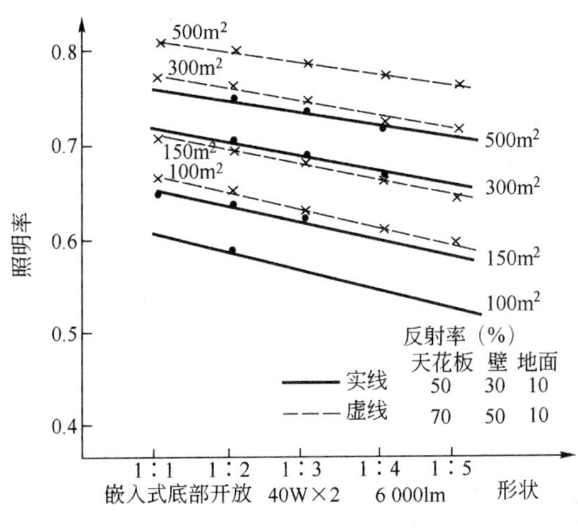

图 5-2 房间形状和照明率的关系

(2) 为了保证室内有良好的亮度比，减少灯同其周围及顶棚之间的亮度对比，顶棚的反射比宜为 0.7～0.8，墙面的反射比宜为 0.5～0.7，地面的反射比宜为 0.2～0.4。

(3) 适当增加工作对象与其背景的亮度对比，比单纯提高工作面上的照度能更有效地提高视觉功效，且较为经济，节约电能。

5.3.12 正确选择照明方式

(1) 当照明场所要求高照度时，宜选混合照明的方式。因为如果采用一般照明方式，势必消耗大量的电能方能达到高照度，然而采用混合照明的方式，少量的电能用在一般照明方式，而设在作业旁边的局部照明，可以较低的功率消耗，达到高照度的要求，则可较一般照明节约大量电能。

(2) 当工作位置密集时，则可采用单独的一般照明方式，但照度不宜太高，一般最高不宜超过 500lx。

(3) 如果工作位置的密集程度不同，或者为一条生产线时，可采用分区一般照明的方式，对于工作区可采用较高的照度，而交通区或走道上则可采用较低的照度。该种照明方式可以节约大量的电能，但工作区与非工作区的照度比不宜大于 3∶1。

(4) 对于高大的厂房，在高处采用一般照明方式。在墙壁或柱子上装灯的方式，也可达到节能的目的，但不能只设壁灯和柱灯，而无顶灯。

(5) 把照明灯具安装在家具上或设备上，也不失为一种照明节能方式，但不允许只设局部照明，而无一般照明。

(6) 间接照明或发光顶棚，在达到同样的照度水平条件下，比直接照明方式所用电能要大得多，虽其照明质量好，光线柔和，但不是一种节能的照明方式。

5.3.13 照明负荷的功率因数与节能

(1) 荧光灯宜采用电子镇流器，其功率因数不宜低于0.97。

(2) 高强度气体放电灯采用节能型电感镇流器时，可选用恒功率型。

(3) 气体放电灯的功率因数都很低，约为0.4～0.55，由于功率因数低，致使大量的无功功率增大了照明线路电流和变压器容量，从而大大增加了线路和变压器电能损耗，也加大了电压损失，降低了照明质量。

5.3.14 照明系统谐波与节能

1. 照明系统谐波的产生

(1) 非线性的照明系统及照明设备，产生谐波。各种气体放电灯及镇流器，是照明系统谐波的来源。

(2) 采用电感镇流器的气体放电灯的谐波含量，一般在允许范围内，但装设补偿电容器后，明显放大了谐波电流。

(3) 采用电子镇流器时，其谐波含量比较大。按国家和国际标准，电子镇流器有高谐波量的H级和低谐波量的L级产品，H级产品的谐波含量比较大，配电系统必须注意采取相应措施。

(4) 照明调光设备、控制设备也将产生谐波。

2. 照明系统谐波的危害

(1) 过大的谐波电流在照明线路及变压器中产生附加损耗，不利节能。

(2) 各相的三次谐波，在配电线路的中性线上叠加，导致中性线的电流过大，甚至超过相线的电流，使中性线过热，可能引发火灾事故。

(3) 谐波使照明电器、变压器过热，降低它们的寿命，产生噪声。

(4) 谐波过大，会降低照明系统的功率因数。

(5) 对电网和通信、信息系统带来干扰和危害，如电话杂音，计算机误动、误显，电视图像变坏，某些保护装置误动等。

3. 照明系统最大允许谐波电流限值

(1) 照明设备的谐波限值应符合国标《低压电气及电子设备发生的谐波电流限值（设备每相输入电流≤16A)》(GB 17625.1—1998) 的规定。该标准将设备分为4类，其中C类为照明设备，包括带调光装置的照明设备。

C类设备的谐波电流限值见表5-33。

C类设备（照明设备）的谐波电流限值 表5-33

谐波次数 n	最大容许谐波电流（%，以基波频率输入电流为基数）	谐波次数 n	最大容许谐波电流（%，以基波频率输入电流为基数）
2	2	7	7
3	30λ	9	5
5	10	11≤n≤39（仅奇次）	3

注：λ为电路的功率因数。

(2) 荧光灯的电子镇流器的谐波应符合国标《管形荧光灯用交流电子镇流器　性能要求》(GB/T 15144—2005) 的规定。

4. 限制谐波的措施

(1) 限制谐波应首先从照明设备采取措施。

①气体放电灯采用电感镇流器时，应选用节能型，其总谐波含量不应大于10%；

②采用电子镇流器时，应选用低谐波的L级产品，其总谐波含量不宜大于15%；

③采用照明调光、控制设备的，应有良好的滤波措施，其谐波含量应符合相关规定。

(2) 照明配电变压器应选用D,yn11接线三相变压器，为三次谐波电流提供环流通路。

(3) 照明配电系统三相负荷应尽量平衡，不平衡度不宜超过10%。

(4) 当采取以上措施后，配电系统三次谐波含量仍过大时，宜在配电系统装设三次谐波滤波器。

5.3.15 照明节能设计示例

照明设备的节电节能方法及其注意点如表5-34所示，主要的解决方法如下：

(1) 减少开灯时间；

(2) 减少供电线路的能耗；

(3) 减少镇流器的能耗；

(4) 降低不必要的照度；

(5) 消减灯具数量；

(6) 提高利用系数；

(7) 提高维护系数；

(8) 采用高效率的光源。

照明设备的节电节能方法 表5-34

分　类	具体的方法	注　意　点
减少开灯时间	·办公室午休时间关灯； ·室外照明白天关灯； ·靠近窗户的照明器具，单独控制； ·勤关灯； ·在人少的地方关灯或者部分开灯	·培养节电意识； ·细分照明回路
减少供电线路的能耗	·改变配电方式； ·提高配电电压（220V→380V）； ·使用高功率因数镇流器或恒功率型镇流器； ·采用电子镇流器	在新建或者全面改造时实施
减少镇流器的能耗	采用扼流圈式、漏磁变压式镇流器时，镇流器的能耗相当于光源输入功率的9%	与扼流圈式和漏磁变压式镇流器相比，电子镇流器可以减低15%～20%的能耗
降低不必要的照度	·重新评估照明水平； ·利用自然采光； ·利用调光型镇流器进行分段调光； ·控制灯具使用	·确保工作时必要的照度； ·在通道等处可以重新设定照度水平或采用分区照明的方法
消减灯具数量	·光源间隔点灯； ·改善照明器具的布置方法（改善不理想的布灯方法可以减少灯具台数）	
提高利用系数	·采用高效率的照明器具； ·采用光束效率高的投光灯具	注意眩光的问题（glare）
提高维护系数	·改善环境质量（防尘、防有害气体）； ·选择维护系数高的照明器具； ·照明器具定期打扫； ·光源定期更换	照明器具反射面的加工方法不同、对有害气体进行控制的措施有无，都会影响反射率的恶化进程
采用高效率的光源	·采用高压钠灯； ·采用节电型光源（采用250W的高压钠灯或300W的金属卤化物灯代替400W水银灯）； ·采用Hf荧光灯	

注：本表选自《建筑物、工厂设备的节能措施实用手册》，（日本）丸冈巧美著，OHM社，2002：74。

特别是在办公大楼的节能应用中，表 5-35 所示的方法效果十分明显。

办公大楼照明设备的节电节能的具体措施　　表 5-35

具体措施	概　要	采用的必要条件	效　果
采用 Hf 照明器具	·改用高频荧光灯（Hf 荧光灯）和电子镇流器； ·不仅可以减少照明耗电，还可以减少散热，降低空调的负荷	·取代以往的快速启动荧光灯； ·需要考虑照明追求的效果（亮度、演色性）和灯具结构等问题	节能：和以往的快速启动荧光灯相比可以节能 20%～30%； 明亮度：提高 10%
采用 HID 光源	·采用 HID 光源（高强度放电灯）； ·荧光灯的光效（lm/W）是 90，高压钠灯是 132，高压荧光水银灯是 55，金属卤化物灯是 95	·取代以往的水银灯等的投光照明； ·需要考虑灯具的安装场所、大小和内部装修（反射率）等对照明效率有影响的因素	节能：比以往的白炽灯、射灯节能 20%
采用感应式照明	·采用可以对日光和人进行探测，根据需要自动开灯、关灯、调光的感应式照明灯具； ·有传感器内置型照明器具，也有单独使用的控制用传感器	在很多部门和人员共处的办公室、走廊及公共场所很有效	节能：带感光、人感传感器的 Hf 照明器具和以往的快速启动式器具相比节能 50%～60%
采用定时自动控制	·在设定的时刻、时间段自动控制照明状态	需要针对白天、夜晚、深夜各个时间段和设施内各个区域分别进行控制的设施	节能：和以往的快速启动式器具相比可以节能 30%

注：本表选自《民用领域解决温室效应的技术手册》，（日本）环境省地球环境局，2004：57-58。

5.4 电气设备节能

5.4.1 变压器

1. 变压器的工作原理

变压器通过磁路的耦合作用把交流电从原边输送到副边，利用绕制在同一铁芯的原绕组和副绕组匝数的不同，把原绕组的电压和电流从某种数量等级改变为副绕组的另外一种等级。

变压器由磁芯和两个线圈构成，接入电源的称为一次线圈，接至消费能源电器的线圈称为二次线圈。

2. 变压器的损耗

变压器的损耗主要有两大部分，即有功损耗和无功损耗。

(1) 有功损耗

变压器的有功损耗包括铜损和铁损两大部分。铁损又称空载损耗，其值与铁芯材质等有关，而与负荷大小无关，是基本不变的；铜损耗是一侧绕组短路，另一侧通入额定电流时的损耗，与负荷电流平方成正比，负载电流为额定值时，铜损耗又称短路损耗。

(2) 无功损耗

变压器的无功损耗，一部分由励磁电流即空载电流造成的损耗，它与铁芯有关而与负荷无关；另一部分是一、二次绕组的漏磁电抗损耗，其大小与负载电流平方成正比，此损耗又称变压器无功漏磁损耗。

3. 变压器损耗与效率的关系

变压器效率的计算公式为：

$$\eta=P_2/P_1=(P_1-\sum P)/P_1=1-[\sum P/(P_2+\sum P)] \quad (5\text{-}1)$$

式中：P_2——副绕组输出的有功功率；

P_1——原绕组输入的有功功率。

总损耗$\sum P$包括铁损耗P_{Fe}和铜损耗P_{Cu}，即$\sum P=P_{Fe}+P_{Cu}$。

经过试验分析，变压器空载和负载时，铁芯中的主磁通基本不变，因此相应地铁损耗对于具体的变压器基本不变，也称为不变损耗。

额定电压下的铁损耗，近似等于空载试验时输入的有功功率P_0，即$P_{Fe}\approx P_0$。

铜损耗P_{Cu}是原、副绕组中电流在电阻上的有功功率损耗，因此是与负载电流的平方成正比的，随负载而变化，也称为可变损耗。额定电流下的铜损耗，近似等于短路试验电流为额定值时输入的有功功率P_{kN}；若忽略空载电流I_0在原绕组电阻上产生的损耗，负载不为额定负载时，铜损耗与负载系数的平方成正比，即$P_{Cu}=\beta^2P_{kN}$。

上面关于P_2、P_{Fe}、P_{Cu}的计算，都是在一定假设条件下的近似值，会造成一定的计算误差，但是误差都不超过0.5％。对所有电力变压器都规定用这种方法来计算效率，可以在相同的基础上比较。

将P_2、P_{Fe}、P_{Cu}分别代入式（5-1），效率计算公式则变为：

$$\eta=1-[(P_0+\beta^2P_{kN})/(\beta S_N\cos\phi+P_0+\beta^2P_{kN})] \quad (5\text{-}2)$$

对于给定的变压器，P_0、P_{kN}是一定的，可以用空载试验和短路试验测定。从式（5-2）中看出，对于一台给定的变压器，运行效率的高低与负载的大小和负载功率因数有关：当β一定即负载电流大小不变时，负载的功率因数$\cos\phi$越高，η越高；当负载功率因数$\cos\phi$一定时，效率η与负载系数的大小有关，用$\eta=f(\beta)$表示，叫做效率特性。

从效率特性上看出，当变压器输出电流为零时，效率为零。

输出电流从零增加时，输出功率增加，铜损耗也增加，但由于此时β较小，铜损耗较小，铁损耗相对较大，因此效率η也是增加的。

当铜损耗随着β增加而达到$P_{Fe}=P_{Cu}$时，效率达到最高值，这时的负载系数叫做β_m。当$\beta>\beta_m$后，P_{Cu}成了损耗中的主要部分，而且由于$P_{Cu}\propto I_1^2\propto\beta^2$，$P_2\propto I_1\propto\beta$，因此$\eta$随着$\beta$增加反而降低了。

效率特性是一条具有最大值的曲线，最大值出现在$d\eta/d\beta=0$处，因此取η对β的微分，其值为零时的β即为最高效率时的负载系数β_m。经过推导可得：

$$\beta_m^2P_{kN}=P_0 \quad 或 \quad \beta_m=\sqrt{P_0/P_{kN}} \quad (5\text{-}3)$$

上式表明，最大效率发生在铁损耗P_0与铜损耗$\beta_m^2P_{kN}$相等的时候。

4. 变压器的损耗与效率、无功功率的关系

变压器在负载情况下，一般包含有功功率和无功功率两部分，在三相总有功功率相等的条件下，负荷不含无功功率（$\cos\phi=1$）时，变压器铜损耗最低。当负荷中含有无功功率时，变压器的无功附加铜损耗与无功功率的平方成正比，与功率因数的平方成反比，因此提高功率因数可以节约大量电能。

5. 变压器的损耗与负荷波动的关系

无论变压器的负荷曲线形状如何，在相同时间内输送相同电能的情况下，负荷波动将增加电能损耗，限制负荷波动幅值是重要的节能途径之一。

6. 变压器节能措施

通过研究变压器的工作原理及变压器的各种损耗，不难看出变压器节能措施即变压器节能的实质就是降低其损耗，提高变压器运行效率，具体措施可以根据变压器的固有情况和运行情况归纳总结

如下。

（1）选用节能型变压器；

（2）合理选择变压器容量和台数，应根据负荷情况综合考虑投资和年运行费用，对负荷进行合理分配，选取容量适合的变压器，满足变压器经济运行率的要求；

（3）加强管理，实行变压器经济运行。

7. 干式变压器的技术性能

（1）干式变压器的类型

当前，存在着以欧洲为代表的树脂浇注干式变压器（CRDT）及以美国为代表的浸漆型干式变压器（OVDT）两种类型。我国由早期采用浸漆式发展到采用树脂真空浇注、纸作绝缘的浸漆式干式变压器（OVDT），因各方面的原因，尚未占据国内较大市场。

环氧树脂浇注的干式变压器机械强度高，耐受短路能力强，防潮及耐腐蚀性能特别好，且局放小、运行寿命长、损耗低、过负荷能力强，企业设计制造经验丰富，产品具备高安全可靠性及良好的环保特性，尤其是运行业绩非常好。据变压器行业统计，树脂真空浇注干式变压器（CRDT）在我国市场占有率高达 90%以上。

H 级绝缘与 F 级绝缘的环氧树脂浇注干式变压器，在外形、基本结构方面极为相近；不同之处主要是采用 H 级绝缘环氧树脂，导线匝绝缘要用 MOMEX 纸包烧，部分线圈绝缘件要用 NOMEX 纸板制造。由于采用 H 级绝缘，按 F 级进行温升考核，变压器不但具有环氧树脂浇注式结构的优点——抗短路能力强、免维护、难燃阻燃等，而且具有更高的超铭牌运动能力。

相对于其他类型 H 级绝缘的干式变压器，环氧树脂浇注式技术更为成熟、可靠。

（2）干式变压器损耗

为了降低损耗，干式变压器采取了一系列措施，如选购优质低耗的晶粒取向冷轧硅钢片，先进的硅钢片剪切线，阶梯步进铁芯接缝，合理的铁芯、线圈结构，不叠上轭等先进工艺以及计算机三维优化设计等，使其新系列产品损耗值达到世界先进水平。

SC(B)10 新系列比现行国标《干式电力变压器技术参数和要求》（GB/T 10228—2008）空载损耗 P_0 下降 25%，负载损耗平均下降 7%，总损耗平均下降约 10%。表 5-36 及表 5-37 摘录列出西子（志享）SCLB9、ABB（上海）SCR9 与顺特电气 SC(B)9、10 的空载损耗 P_0、负载损耗 P_k 值，并与我国 GB/T 10228—2008 国标值相对照。

空载损耗 P_0 比较 表 5-36

容量（kV·A）	250	500	800	1 000	1 250	1 600	2 000	2 500
ABB（上海）SCR9	750	1 180	1 600	1 800	2 200	2 500	3 100	3 700
西门子（志享）SCLB9	810	1 160	1 450	1 700	2 000	2 300	3 100	3 650
GB/T 10228	900	1 450	1 900	2 210	2 610	3 060	4 150	5 000
顺特电气 SC(B)9	650	1 100	1 350	1 550	2 000	2 300	2 700	3 200
顺特电气 SC(B)10	630	1 020	1 330	1 550	1 830	2 140	2 400	2 850

负载损耗 P_k（75℃）比较 表 5-37

容量（kV·A）	250	500	800	1 000	1 250	1 600	2 000	2 500
ABB（上海）SCR9	2 540	4 500	6 430	7 500	9 000	10 840	13 360	15 870
西门子（志享）SCLB9	2 600	4 500	6 400	7 600	8 900	10 800	13 300	16 000
GB/T 10228	3 240	5 740	81 800	9 560	11 400	13 800	17 000	20 200
顺特电气 SC(B)9	2 410	4 300	6 600	7 600	9 100	11 000	13 300	15 800
顺特电气 SC(B)10	2 750	4 880	6 950	8 130	9 690	11 730	14 450	17 170

注：GB/T 10228—1997 及顺特电气 SC(B)10 系按包封线圈配电变压器、F 级绝缘耐热等级 120℃下的负载损耗值，而其余各栏均按 75℃值，比较时应注意换算。

从比较中可见：国产干式变压器新系列产品损耗值已达到世界先进水平，空载损耗 P_0 具有明显的品质优势（在国际性招标中，每 1kW P_0 损耗，约折合 5 000～6 000 美元；每 1kW P_k 损耗，约折合 1 000～2 000 美元）。

值得注意的是，在相同原材料的情况下，苛求更低的损耗值是不尽合理的。此时，空载损耗的降低将导致用铁（硅钢片）量增加，负载损耗的降低将导致用铜量增加。收益与付出之利弊是需要精心权衡比较的。

（3）干式变压器声级水平

随着我国现代化进程的加速，环境保护显得日益重要，变压器的噪声危害提上了日程。干式变压器制造厂与科研院校密切合作，对噪声产生的原因、机理进行潜心研究，不断深入求索，十几年来，使干式变压器的噪声大幅度下降。

新系列配电变压器已将其噪声比现行国标降低达 10～20dB（A），2 500kV・A 及以下容量的配电变压器，噪声一般可控制在 50dB（A）以内。

（4）干式变压器的未来与发展

10kV 级变压器绝大多数为标准设计，其产品标准经历“64”标准、“73”标准、“86”标准到 20 世纪 90 年代中期的“95”标准的不断进步，产品由原来的高损耗型（SJ、SJL、…、S7）发展到了现行的较低损耗型（S9、S10 型等），20 世纪 80 年代中期，我国强制性地采用 S7 系列低损耗配电变压器，淘汰正在电网运行的 JB 1300—73 和 JB 500—64 标准的高能耗变压器。1998 年开始，我国又不惜代价在全国推行两网改造，用 S9 系列配电变压器取代 S7 系列。目前市场上已出现了比 S9 系列更节能的产品，如 S10、S11 系列等。节能变压器的研制、推广仍在继续。

8. 变压器的经济运行

变压器的经济运行是指在传输电量相同的条件下，通过择优选取最佳运行方式和调整负载，使变压器电能损失最低。换言之，经济运行就是充分发挥变压器效能，合理地选择运行方式，从而降低用电能耗。所以，变压器经济运行无需投资，只要加强供、用电科学管理，即可达到节电目的。

9. 变压器的经济运行分析

（1）变压器的技术参数

①空载电流

空载电流的作用是建立工作磁场，又称励磁电流。当变压器二次侧开路，在一次侧加电压 U_{1e}时，一次侧要产生电流 I_0（即空载电流）。

$$I_0 = U_{1e}/(Z_1 + Z_m)$$

式中：Z_1——变压器原绕组漏阻抗；

Z_m——变压器励磁阻抗，通常 $Z_m \gg Z_1$，则 Z_1 可以忽略。

②空载损失

励磁电流在变压器铁芯中产生的交变磁通会引起涡流损失和磁滞损失。涡流损失是铁芯中的感应电流引起的热损失，其大小与铁芯的电阻成反比。磁滞损失是由于铁芯中的磁畴在交变磁场的作用下，做周期性的旋转引起的铁芯发热，其损失大小由磁滞回线决定。

③短路电压（短路阻抗）

短路电压是指在进行短路试验时，当绕组中的电流达到额定值时，加在一次侧的电压。

$$U_k\% = U_k/U_{1e} \times 100\%$$

从运行性能考虑，要求变压器的阻抗电压小一些，即变压器总的阻抗电压小一些，使二次侧电压波动受负载变化的影响小些；但从限制变压器短路电流的角度出发，阻抗电压应大一些。

④短路损失

短路损失 P_k 是变压器在额定负载条件下其一次侧产生的功率损失（即铜损耗）。变压器绕组中的功率损失和绕组的温度有关，变压器铭牌规定的 P_k 值，即指绕组温度为 75℃时额定负载产生的功率损失。

（2）变压器经济运行的因素

①变压器间技术参数存在差异

每台变压器都存在有功功率的空载损失和短路损失以及无功功率的空载消耗和额定负载消耗。

因变压器的容量、电压等级、铁芯材质不同，所以上述参数各不相同。因此变压器经济运行就是选择参数好的变压器和最佳组合参数的变压器的运行方式运行。

②变压器有功功率损失和损失率的负载特性

变压器有功功率损失 ΔP（kW）、效率 η（%）和损失率 $\Delta P\%$的计算公式：

$$\Delta P = P_0 + \beta^2 P_k$$

$$\eta = P_2 / P_1 = S_e\cos\phi/(S_e\cos\phi + P_0 + \beta^2 P_k) \times 100\%$$

$$\Delta P\% = \Delta P/P_1 \times 100\% = (P_0 + \beta^2 P_k)/(S_e\cos\phi + P_0 + \beta^2 P_k) \times 100\% = I_2/I_{2e} = P_2/S_e\cos\varphi$$

式中：P_1——变压器电源侧输入的功率；

P_2——变压器负载侧输出的功率；

$\cos\phi$——负载功率因数；

β——负载系数；

I_2——变压器二次侧负载电流；

I_{2e}——变压器二次侧额定电流。

由图 5-3 可知，变压器损失率 $\Delta P\%$是变压器负载系数的二次函数，$\Delta P\%$先随 β 的增大而下降，当负载系数等于 $\beta_{jP} = (P_0/P_k)^{1/2}$ 时，铜损耗等于铁损耗。此时，损耗最小。然后 $\Delta P\%$又随着 β 增大而上升。β_P 是最小损失率 $\Delta P\%$的负载系数，称为有功经济负载系数。所以，当固定变压器运行时，可通过调整负荷来降低 $\Delta P\%$。

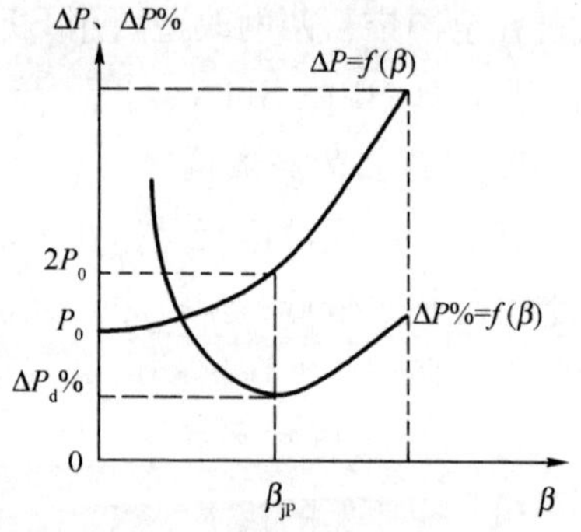

图 5-3 变压器功率损失和功率损失率的负载特性曲线

③变压器无功功率消耗和消耗率的负载特性

变压器无功功率消耗 ΔQ 的基本公式为：

$$\Delta Q = Q_0 + \beta^2 Q_k$$

为衡量变压器传输单位有功功率时消耗的无功功率，提出无功消耗率的公式：

$$\Delta Q\% = \Delta Q / Q_1 \times 100\%$$

（3）变压器无功功率的经济运行

由于变压器的变压过程是借助于电磁感应完成的，因此，变压器是一个感性的无功负载。在变压器传输功率时，其无功损耗远大于有功损失。因此，在分析变压器经济运行时，无功消耗和有功损失都要最小。

在额定负载条件下，变压器的无功功率消耗和有功功率损失之比为：

$$K_{XR} = \Delta Q_e/\Delta P_e = (Q_0 + Q_k)/(P_0 + P_k)$$

$$K_{XR} = [(I_0 + I_e)^2 X_m + X_k]/[(I_0 + I_e)^2 R_m + R_k]$$

式中：K_{XR}——阻抗比；

ΔQ_e、ΔP_e——变压器自身无功功率消耗和有功功率损失；

X_m、R_m——变压器励磁回路感抗和电阻；

X_k——变压器额定负载下的漏磁感抗和；

R_k——变压器短路电阻。

K_{XR}为变压器总的电抗和总的电阻之比，其值大小代表变压器感性强度。阻抗比和变压器的容量有关，容量在560～7 500kV·A之间，$K_{XR}\approx 5\sim 10$。

变压器空载功率因数公式为：

$$\cos\Phi_0 = P_0/S_0$$

由于变压器是个感性负载，其空载功率因数很低，一般变化范围为$\cos\Phi_0=0.05\sim 0.2$。变压器容量越大，$\cos\Phi_0$越小。

10. 变电所变压器并列运行的经济运行方式

(1) 容量相同、短路电压相同的变压器并列经济运行方式

容量相同、短路电压相同，也就是说，在多台变压器并列运行时，认为负载分配是均匀的、相等的。短路电压相接近的条件是变压器间的短路电压差值$\Delta U_k\%$应满足下式要求：

$$\Delta U_k\% = (\Delta U_{Dk}\% - \Delta U_{Xk}\%)/\Delta U_{Pk}\% \times 100\% < 5\%$$

式中：$\Delta U_{Dk}\%$——变压器最大短路电压；

$\Delta U_{Xk}\%$——变压器最小短路电压；

$\Delta U_{Pk}\%$——并列运行方式中全部变压器短路电压的算术平均值。

例如，变电所设置3台主变，容量为5 000kV·A，其中2号和3号主变并列运行供6 300kW电机试车。如果试车产品为3 200kW及以下电机拖动试车2号和3号主变任意一台即可满足生产要求。2号主变$\Delta U_{k2}\%=5.64\%$，3号主变$\Delta U_{k3}\%=5.52\%$。根据公式可得：

$$\Delta U_k\% = (5.64-5.52)/5.58\times 100\% = 2.15\% < 5\%$$

因此，2号和3号主变满足并列运行的短路电压差值的要求。

例如，中央变电所设置3台主变，容量为20 000kV·A，其中2号和3号主变并列运行供30 000kW电机试车。2号主变$\Delta U_{k2}\%=8.76\%$，3号主变$\Delta U_{k3}\%=8.67\%$。根据公式可得：

$$\Delta U_k\% = (8.76-8.67)/8.715\times 100\% = 1\% < 5\%$$

因此，2号和3号主变满足并列运行的短路电压差值的要求。

(2) 两台变压器并列运行

两台变压器A、B并列运行时，组合技术参数的空载损失和短路损失为两台之和：

$$\Delta P_0 = P_{A0} + P_{B0}$$

式中：P_{A0}——变压器A的空载损失；

P_{B0}——变压器B的空载损失。

$$\Delta P_k = P_{Ak} + P_{Bk}$$

式中：P_{Ak}——变压器A的短路损失；

P_{Bk}——变压器B的短路损失。

(3) 多台变压器并列运行

如有N台变压器并列运行时，组合技术参数的空载损失和短路损失为各台之和：

$$\Delta P_{N0} = \sum P_{i0}$$

$$\Delta P_{Nk} = \sum P_{ik}$$

11. 变压器经济运行方式的经济负载系数

由于变压器各种运行方式的有功损失和无功损失随负载发生非线性变化的特性，因此就存在着在

某一负载系数条件下运行，其有功损失和无功损失最低的情况，称此负载系数为运行方式的经济负载系数。

单台变压器运行的经济负载系数

有功经济负载系数 $\beta_{JP}=(P_0/P_k)^{1/2}$

无功经济负载系数 $\beta_{JQ}=(I_0\%/U_k\%)^{1/2}$

根据经验可知，随着变压器的容量增大，有功损失系数稍微下降，而无功损失系数则明显下降，特别是当变压器容量增大到10 000kV·A以上时，β_{JP}、β_{JQ}下降更加明显。

随着变压器耗能参数的改善，经济负载系数β_{JP}有较大的下降，而β_{JQ}下降更加明显。所以，由于变压器的材质不同，容量不同，再加上制造水平不同，其经济负载系数β_{JP}、β_{JQ}存在着很大差异。

12. 变压器“大马拉小车”的技术分析

(1) 技术分析

“大马拉小车”是指变压器长期不合理轻载运行，使得变压器容量得不到充分利用，效率降低。人们习惯以变压器的容量利用率作为划分“大马拉小车”的标准。

节电措施中规定变压器负荷率小于30%即为“大马拉小车”。节约功率的习惯计算公式为：

$$\Delta P = P_{D0} - P_{X0} \tag{5-4}$$

式中：P_{D0}——大容量变压器铁损耗；

P_{X0}——小容量变压器铁损耗。

这种计算方法不太合理，原因是忽略了负载时的铜损耗而只计其空载的铁损耗。一般情况下，大容量变压器的铁损耗比小容量变压器的大，而供相同负载时铜损耗小。因此，符合实际的计算应该同时考虑两种因素，其计算公式为：

$$\Delta P = P_{D0} - P_{X0} + \beta^2 D\{[P_{Dk} - (S_{De}/S_{Xe})^2 P_{Xk}]\} \tag{5-5}$$

(2)“大马拉小车”临界负载系数的确定

“大马拉小车”负载系数应根据变压器损失率的变化规律确定。按有功损失率确定临界负载系数，其计算公式为：

$$\Delta P_d\% = (P_0 + \beta^2 P_k)/(S_e\cos\phi + P_0 + \beta^2 P_k) \times 100\% \tag{5-6}$$

设“大马拉小车”有功临界负载系数为β_L，则有功功率的临界损失率为：

$$\Delta P_L\% = (P_0 + \beta_L^2 P_k)/(S_e\cos\phi + P_0 + \beta_L^2 P_k) \times 100\% \tag{5-7}$$

临界损失率与最低损失率的关系式为：

$$\Delta P_L\% = \beta_{kL} \times \Delta P_d\% \tag{5-8}$$

式中：β_{kL}——变压器“大马拉小车”临界有功损失率系数。

解得：

$$\beta_L = \beta_{kL} \pm (\beta_{kL}^2 - 1)^{1/2} \tag{5-9}$$

由此可知，如果变压器实际负载系数≤β_L，则变压器运行在“大马拉小车”区间内（见图5-4）。β_L 的大小与β_{kL}的大小有关。

β_{kL}值选得较小，即$\Delta P_L\%$较小，则β_L增大，即增大了变压器“大马拉小车”的范围。反之，β_{kL}值选得较大，即$\Delta P_L\%$较大，则β_L减小，即减小了变压器“大马拉小车”的范围。但运行损失率增大，因此选取L时既要考虑$\Delta P_L\%$不能太大，又要照顾到变压器更换条件不能太多，同时还要考虑更换小容量变压器后的经济效益。因此，推荐β_{kL}选值为1.5，代人式（5-9）得β_L=0.382。

13. 变压器经济容量的确定

两台容量相近的变压器都能满足供电要求，但选择哪台变压器必须进行分析计算才能确定。

容量较大的变压器和容量较小的变压器功率损失和负载系数公式为：

$$\Delta P_D = P_0 + D^2 P_k$$

$$\Delta P_X = P_0 + X^2 P_k$$

$$X = D(S_{De}/S_{Xe})$$

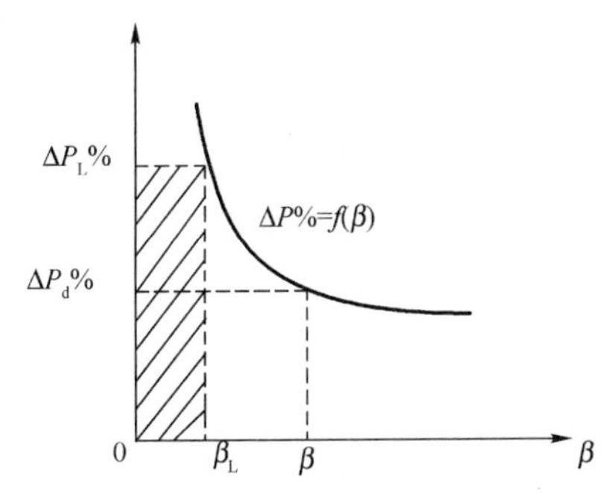

图 5-4 变压器“大马拉小车”区间划分图

根据上式可得出临界经济容量的计算公式：

$$S_L = [(P_{D0} - P_{X0})/(P_{Xk}/S_{Xe}^2 - P_{DK}/S_{De}^2)]^{1/2}$$

由图 5-5 可知，临界经济容量的意义是：当按实际负载需用变压器的容量$S > S_L$时，则选用容量大的变压器；反之，$S < S_L$时，则选用容量小的变压器。

14. 变压器运行方式的经济运行区

由于变压器损失率的负载特性是一个非线性函数，所以，如图 5-6 所示可按损失率的大小分成三个运行区：经济运行区、不良运行区和最劣运行区。运行区间临界条件的计算公式是在“大马拉小车”临界条件的基础上导出的。

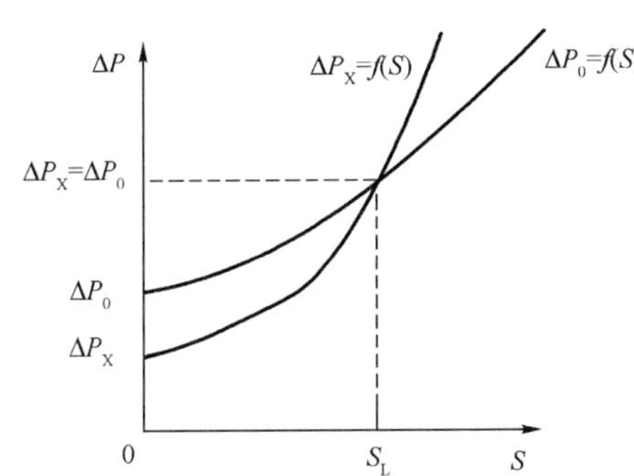

图 5-5 变压器经济运行容量确定原理图

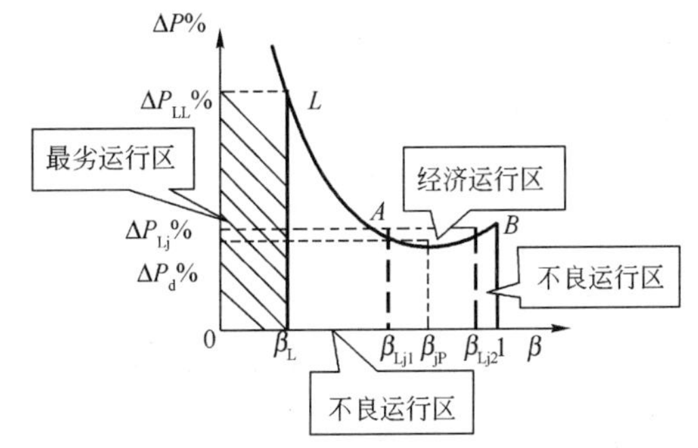

图 5-6 变压器经济运行区划分

根据式（5-9）可知，在一般情况下β_{Lj}有两个根，即图 5-6 中 A、B 两点。所以，当负载系数在β_{Lj2}～β_{Lj1}内变化时，变压器处在经济运行区，损失率是较低的，其变化范围$\Delta P_d\%$～$\Delta P_{Lj}\%$。

由图 5-6 可知，β_L只有一个根，即图中点β_L，区间β_L～β_{Lj2}及β_{Lj1}～1 称不良运行区。在此区间内变压器损失率是比较大的，变化范围是$\Delta P_{Lj}\%$～$\Delta P_{LL}\%$，运行不经济。

图 5-6 中 0～β_L是最劣运行区，通称过轻载运行区间，变压器损失率很大，运行极不经济。

经过上面的分析计算，建议变压器运行的最佳负载率一般在 0.7～0.8 之间。

15. 科学管理和变压器经济运行

(1) 变压器制造和经济运行

变压器经济运行不仅取决于经济运行方式，更取决于变压器的制造水平。按变压器的经常负载，大致可以分为 4 种情况：一是经常处于满载或接近满载运行的变压器；二是经常处于多半载运行的变压器；三是经常处于少半载运行的变压器；四是经常处于轻载或空载运行的变压器。

当前制造厂出厂的变压器，经济负载率多在 40%～60%之间，对上面的 4 类负载都不完全适应，特别是对满载或轻载运行的变压器损失率是很大的。

(2) 变压器更新和经济运行

设备更新的目的不单纯是消除其有形磨损，更是为了消除其无形磨损。只有通过不断更新的途径才能从根本上使设备损耗降低、效率提高，改善技术落后状况。

更新变压器必然会带来有功电量和无功电量的节约，但要增加投资，这里也存在一个回收年限的问题。变压器不是损坏后才更新，而是老化到一定程度，还要有一定剩值时就应更新。变压器厂家对不同类型、不同容量的变压器的使用寿命都有规定，一般为 20 年。使用单位应按这一规定年限提取设备折旧费，并进行变压器更新。

(3) 技术管理和经济运行

①减少变压器的降压次数，就减少了变压器的损耗。

②在安全条件的允许下，对于变比小于 2 的变压器，尽量采用自耦变压器。自耦变压器和同容量的两线圈的变压器相比，有功和无功损耗要减小很多。

③不同的功率因数引起的变压器有功和无功消耗也不同，即随着功率因数的提高，变压器的有功和无功消耗都要下降。因此，应尽量提高功率因数，降低变压器的无功功率。

(4) 变压器绕组的电阻随温度增高而增大。对于同一台变压器，在同一负载下，温度越低，损耗也越低。因此，应做好变压器散热工作，降低变压器的温度。

(5) 平衡变压器的三相负荷，减小三相负荷的不对称度，以达到减小损耗的目的。

(6) 调整负荷曲线，降低变压器负载损耗。

建立动态的负荷监控系统，及时分析负荷突变原因，掌握负荷峰谷时间域，采取有效的方法削峰填谷，限制最大负荷，减少负荷波动幅值。将连续运行的负荷均衡配置到各台变压器上，将连续运行的负荷和随机运行的负荷尽量配置于变压器负荷谷时间域内。

5.4.2 太阳能产品

在全球能源形势紧张、全球气候变暖严重威胁经济发展和人们生活健康的今天，传统的燃料能源正在一天天减少，同时全球还有 20 亿人得不到正常的能源供应，世界各国都在寻求新的能源替代战略，以求得可持续发展和在日后的发展中获取优势地位。这个时候，全世界都把目光投向了可再生能源，希望可再生能源能够改变人类的能源结构，维持长远的可持续发展。

太阳能以其清洁、源源不断、安全等显著优势，成为关注重点。丰富的太阳辐射能是重要的能源，是取之不尽、用之不竭、无污染、廉价、人类能够自由利用的能源。太阳能每秒钟到达地面的能量高达 80 万 kW，把地球表面 0.1%的太阳能转为电能，转变率 5%，每年发电量可达 5.6×10^{12} kW · h，相当于目前世界上能耗的 40 倍。

当电力、煤炭、石油等不可再生能源频频告急，能源问题日益成为制约国际社会经济发展的瓶颈时，越来越多的国家开始实行“阳光计划”，开发太阳能资源，寻求经济发展的新动力。欧洲一些高水平的核研究机构也开始转向可再生能源。截至 2002 年底，太阳能光伏发电制造能力已达 56 万 kW，实际装机容量近 400 万 kW，组件成本下降到 3.5 美元/W_P（峰值功率）。预计，2020 年光伏组件的价格将下降到 1 美元/W_P（峰值功率）以下。目前世界最大的光伏工厂年产 36MW，价格为 3～4 美元/W_P（峰值功率）。

我国太阳能资源非常丰富，理论储量达每年 17 000 亿 t 标准煤，太阳能资源开发利用的潜力非常广阔。我国地处北半球，南北距离和东西距离都在 5 000km 以上，大多数地区年平均日辐射量在 4kW · h/m^2 以上，西藏日辐射量最高达 7kW · h/m^2，年日照时数大于 2 000h。与同纬度的其他国家相比，我国的太阳能资源与美国相近，比欧洲、日本优越得多。

在国际光伏市场巨大潜力的推动下，各国的光伏制造业争相投入巨资，扩大生产，以争一席之地。中国作为世界能源消耗第二大国也不例外。与国际上蓬勃发展的光伏发电相比，我国落后于发达国家 10～15 年，甚至明显落后于印度。我国光伏产业正以每年 30%的速度增长，国内光伏电池生产能力已达 100MW。在国家各部委立项支持下，目前我国试验室光伏电池的效率已达 21%，可商业化光伏组件效率达 14%～15%，一般商业化电池效率 10%～13%。目前我国太阳能光伏电池生产成本已大幅下降，太阳能电池的价格逐渐从2000年的40元/W降到2003年的33元/W，2004年已经降到27元/W。这对国内太阳能市场走向壮大与成熟起到了决定性作用，对实现与国际光伏市场接轨的目标具有重要意义。

与此同时，我国其他方面的太阳能开发利用也在蓬勃发展。我国太阳能热水器销售量在2004年已经达到1 200万m^2，在世界各国排名首位，整个太阳能热水器行业产值超过130亿元人民币，行业正以每年20%～30%的高增长率迅猛发展。作为一种有效的节能绿色产品，太阳能光热产品将在建筑供热系统中发挥越来越重要的作用。在众多的供热装置中，太阳能集热板与空气源热泵相结合的装置，具有很强的竞争力。太阳能空调作为近几年新发展起来的太阳能利用方式也已经有了较为成熟的产品，可望逐步走进百姓生活。而太阳能照明系统和太阳能灶的应用在部分地区已小有普及。

作为21世纪最有潜力的能源，太阳能产业的发展潜力巨大。太阳能产业是新兴的朝阳产业，再加上良好的政策环境、行业本身的特性，使得太阳能产业具有较高的投资价值和发展潜力。

1. 太阳能灯

太阳能灯由太阳电池、蓄电池、控制器、发光体组成。

太阳能灯是一个自动控制的工作系统，只要设定该系统的工作模式就能自动工作。控制模式一般分为光控方式和计时控制方式，一般采用光控或者光控与计时组合工作方式。灯在光照强度低于设定值时控制器启动灯点亮，同时开始计时，当计时到设定时间时就停止工作。一般采用5W或7W直流节能灯作为光源。

太阳能灯是一种独立的照明系统，每盏太阳能灯上都装有太阳能光电池板，当被太阳照射时，就会对内置蓄电池充电，黄昏时，智能控制器通过光控或时控功能将灯开启。太阳能灯具有低电压运行、节能、环保、安全、美观及安装简便、不需要市电等优点，是理想的道路、庭院、小区、公园等照明灯具。随着人们生活水平的提高和社会的不断发展，太阳能灯必将得以广泛应用。

2. 太阳能加热设备

在太阳能产业的发展中，太阳能热水器的热利用转换技术无疑是最为成熟的，其产业化进程也较光伏电池、太阳能发电等产业领先一步。太阳热水器在中国五类太阳能资源区的每平方米集热面积年节能量分别为170kg标准煤、140kg标准煤、120kg标准煤、100kg标准煤和80kg标准煤，在节能的同时，太阳热水器也具有明显的环境效益，五类地区每平方米二氧化碳的减排量分别为306kg、252kg、216kg、180kg和144kg，对环境起到了保护的作用。

在不断的实践下，产生了一种新型热泵式太阳能热水设备，它比传统型太阳能热水设备节省工程投资30%～70%。这种新型太阳能热水设备，取消太阳能集热板，阴雨天照常制热水，辅助加热耗能低于传统太阳能热水器，减少太阳能热水工程投资50%，减少太阳能热水工程占地面积95%。

(1) 传统太阳能热水工程

传统太阳能热水工程是一种直接利用太阳光热量制热水的设备，受阴雨天、夜间没有阳光的影响不能制热水，需要辅助加热设备才能保证全天、全年供应热水需要，具有以下缺点：

①阴雨天不能制热水。全年50%的时间要用辅助加热设备制热水。

②实际使用中晴天也只有1/3的时间（白天）能制热水，其他时间由于没有太阳不能制热水，为了满足全天用热水的需要，要加大太阳能集热器的面积，增加蓄热水水箱的容积，这样只能增加造价、增加占地面积，空间比较小的用户就难以实施。

③按累计时间计算，太阳能热水设备全年平均只有1 500h能制热水，而且制热水量不稳定，其余时间及不足部分热水需要通过辅助加热设备制取（我国长江以南大部分地区每年日照时间在1 000～2 000h）。

（2）热泵式太阳能热水设备

热泵式太阳能热水设备采用热泵技术制热水，是一种间接利用太阳能热量制热水的设备，阴雨天、夜间照常制热水，不需要辅助加热设备，能保证全天、全年供应热水需要。

热泵式太阳能热水设备吸收经过阳光照射过的空气中的热量制热水，可以保证全年 365 天不间断制热水，取消了太阳能集热板，空间比较小的用户也可以使用，具有以下优点：

①节能效果与传统太阳能热水设备相比：辅助加热耗能费用小于或等于传统集热板式太阳能热水器，即每耗电 1kW·h 平均可以产生 3kW 的热能，同等耗电量大于集热板式太阳能的制热水量，同等耗电量比电热水锅炉多制热水 3 倍。

②单独使用不受阴雨天影响，可以实现全年 365 天、全天 24h 制热水。

③不需要太阳能集热板，减少占地面积 95%。

④由于取消了造价较高的太阳能集热板，比传统太阳能热水工程减少投资 50%。

⑤由于全天 24h 制热水，可以减少热水蓄水箱容积 50%～70%。

⑥与太阳能热水设备配套使用可以减少太阳能集热器 50%的面积，大量节省太阳能集热器占地面积，减少蓄热水水箱的容积。

3. 太阳能发电

（1）太阳能发电是最理想的新能源

照射在地球上的太阳能非常巨大，大约 40min 照射在地球上的太阳能，便足以供全球人类一年能量的消费。可以说，太阳能是真正取之不尽、用之不竭的能源，而且太阳能发电干净，不产生公害，所以太阳能发电被誉为是理想的能源。

通过太阳能获得电力，具有以下特点：无枯竭危险，绝对干净（无公害），不受资源分布地域的限制，可在用电处就近发电，能源质量高，使用者从感情上容易接受，获取能源花费的时间短。

不足之处是：照射的能量分布密度小，即要占用巨大面积；获得的能源同四季、昼夜及阴晴等气象条件有关。

但总的说来，作为新能源，太阳能具有诸多优点，因此受到世界各国的重视。

（2）太阳能发电系统的组成

太阳能发电系统由太阳能电池组、太阳能控制器、蓄电池（组）组成（图 5-7）。如输出电源为交流 220V 或 110V，还需要配置逆变器。各部分的作用如下。

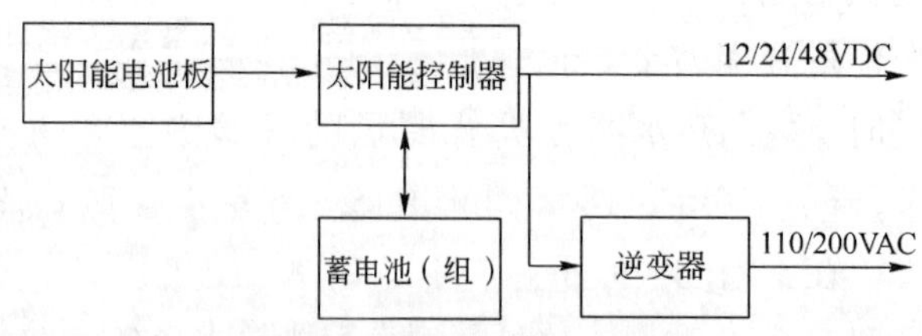

图 5-7 太阳能发电系统示意图

①太阳能电池板：太阳能电池板是太阳能发电系统中的核心部分，也是太阳能发电系统中价值最高的部分。其作用是将太阳的辐射能转换为电能，或送往蓄电池中存储起来，或推动负载工作。太阳能电池板的质量和成本将直接决定整个系统的质量和成本。

②太阳能控制器：太阳能控制器的作用是控制整个系统的工作状态，并对蓄电池起到过充电保护、过放电保护的作用。在温差较大的地方，合格的控制器还应具备温度补偿的功能。其他附加功能如光控开关、时控开关都应当是控制器的可选项。

③蓄电池：一般为铅酸电池，小微型系统中，也可用镍氢电池、镍镉电池或锂电池。其作用是在有光照时将太阳能电池板所发出的电能储存起来，到需要的时候再释放出来。

④逆变器：在很多场合，都需要提供 220VAC、110VAC 的交流电源。由于太阳能的直接输出一般都是 12VDC、24VDC、48VDC，为能向 220VAC 的电器提供电能，需要将太阳能发电系统所发出的直流电能转换成交流电能，因此需要使用 DC-AC 逆变器。在某些场合，需要使用多种电压的负载

时，也要用到DC-DC逆变器，如将24VDC的电能转换成5VDC的电能（注意，不是简单的降压）。

(3) 利用太阳能发电需解决的问题

要使太阳能发电真正达到实用水平，一是要提高太阳能光电变换效率并降低其成本，二是要实现太阳能发电同现在的电网联网。

目前，太阳能电池主要有单晶硅、多晶硅、非晶态硅三种。单晶硅太阳能电池变换效率最高，已达20%以上，但价格也最贵。非晶态硅太阳能电池变换效率最低，但价格最便宜，今后最有希望用于一般发电，且一旦它的大面积组件光电变换效率达到10%，每瓦发电设备价格降到1～2美元时，便足以同现在的发电方式竞争。

当然，特殊用途和试验室中用的太阳能电池效率要高得多，如美国波音公司开发的由砷化镓半导体同锑化镓半导体重叠而成的太阳电池，光电变换效率可达36%，几乎赶上了燃煤发电的效率。但由于它太贵，目前只限于在卫星上使用。

(4) 太阳能发电的应用

太阳能发电虽受昼夜、晴雨、季节的影响，但可以分散地进行，适于各家各户分散进行发电，而且要连接到供电网络上，使得各个家庭在电力富余时可将其卖给电力公司，不足时又可从电力公司买入。实现这一点的技术不难解决，关键在于要有相应的法律保障。现在美国、日本等发达国家都已制定了相应法律，保证进行太阳能发电的家庭利益，鼓励家庭进行太阳能发电。

日本已于1992年4月实现了太阳能发电系统同电力公司电网的联网，已有一些家庭开始安装太阳能发电设备。日本通产省从1994年开始以个人住宅为对象，实行对购买太阳能发电设备的费用补助2/3的制度，要求第一年有1 000户家庭、2000年时有7万户家庭装上太阳能发电设备。

据日本有关部门估计，日本2 100万户个人住宅中如果有80%装上太阳能发电设备，便可满足全国总电力需要的14%，如果工厂及办公楼等单位用房也进行太阳能发电，则太阳能发电将占全国电力的30%～40%。当前阻碍太阳能发电普及的最主要因素是费用昂贵。为了满足一般家庭电力需要的3kW发电系统，需600万～700万日元，还未包括安装的费用。有关专家认为，至少要降到100万～200万日元时，太阳能发电才能够真正普及。降低费用的关键在于太阳能电池提高变换效率和降低成本。

不久前，美国德州仪器公司和SCE公司宣布，它们开发出一种新的太阳能电池，每一单元是直径不到1mm的小珠，它们密密麻麻规则地分布在柔软的铝箔上，就像许多蚕卵紧贴在纸上一样。在大约50cm^2的面积上便分布有1 700个这样的单元。这种新电池的特点是，虽然变换效率只有8%～10%，但价格便宜。而且铝箔底衬柔软结实，可以像布帛一样随意折叠且经久耐用，挂在向阳处便可发电，非常方便。据称，使用这种新太阳能电池，每瓦发电能力的设备只要15～20美元，而且每发1kW·h电的费用也可降到14美分左右，完全可以同普通电厂产生的电力相竞争。每个家庭将这种电池挂在向阳的屋顶、墙壁上，每年就可获得1～2kW·h的电力。

(5) 太阳能发电的前景

太阳能发电有更加激动人心的计划。一是日本提出的创世纪计划。日本准备利用地球上沙漠和海洋面积进行发电，并通过超导电缆将全球太阳能发电站联成统一电网以便向全球供电。据测算，到2000年、2050年、2100年，即使全用太阳能发电供给全球能源，占地也不过为65.11万km^2、186.79万km^2、829.19万km^2。829.19万km^2才占全部海洋面积的2.3%或全部沙漠面积的51.4%，甚至才是撒哈拉沙漠的91.5%。因此这一方案是有可能实现的。

另一是天上发电方案。早在1980年，美国宇航局和能源部就提出在空间建设太阳能发电站的设想，准备在同步轨道上放一个长10km、宽5km的大平板，上面布满太阳能电池，这样便可提供500万kW的电力，但这需要解决向地面无线输电问题，现已提出用微波束、激光束等各种方案。目前虽已用模型飞机实现了短距离、短时间、小功率的微波无线输电，但离真正实用还有漫长的路程。

4. 光导管照明的应用

光导管技术是近年来国外发展起来的一项建筑采光照明新技术，是太阳能光利用的有效方式。多年来在太阳能的利用方面，人们更多地集中在太阳能的热利用，对于太阳能的光利用重视程度还不够。随着人们对可再生能源的日益关注，太阳能的光利用也开始引起人们的注意。光导管技术是太阳能光利用的一种方式，属于绿色照明技术，该技术为光能的高效传输提供了可能的途径。光导管技术可以把室外的太阳光传输到室内来而不产生过多的热。光导管技术可以为办公室、商品陈列室、会议室、接待室、地下室、走廊等建筑提供良好的光环境。光导管技术与光催化技术相结合，可以在采光的同时有效改善室内空气品质；光导管技术与自然通风相结合，可以使光导管的功能更加完善，在采光的同时使室内保持良好的自然通风，对于建筑节能具有积极意义。光导管技术作为一项可持续能源技术，是一种很有效的绿色照明技术。随着人们生活水平的提高和节约建筑能耗的紧迫性，光导管技术必将在中国得到广泛应用。

（1）光导管系统的基本结构

建筑采光用光导管照明系统主要分为 3 部分：一是采光部分；二是导光部分，一般由 3 段导光管组合而成，导光管内壁为高反射材料，反射率可达 92%～99%，导光管可以旋转弯曲重叠来改变导光角度和长度；三是散光部分，为了使室内光线分布均匀，系统底部装有散光部件，可避免眩光现象的发生。由于这种自然光光导管照明系统结构简单，安装方便，成本较低，实际照明效果好，因此在国外发展迅速，应用也比较广泛。这种产品的应用提升了人们的生活品质，为人们提供了一种健康、环保、安全、节能的照明方式。光导管系统可应用在平屋顶上，也可以应用在坡屋顶上，应用在坡屋顶上的光导管需要专门制作弯头，以适应屋顶的结构。

（2）光导管系统的特点

国外的许多研究表明，电光源照明可能产生光污染。电光源发出的多为单色光，很容易造成频闪现象，长期在这种光环境下工作和学习容易造成视觉疲劳，影响人们的工作和学习效率。光导管系统采用自然光照明，不会产生光污染。光导管系统还具有环保、节能的特点。节能是指光导管不需要用电，完全采用天然光，可以节省电能的消耗。环保是指光导管系统不但采用天然光照明，清洁无污染，而且整个系统的所有零部件全部采用可回收的材料制成，能做到全生命周期的环保。另外，光导管系统不会有电器故障隐患。

光导管系统被称作“不用电的日光灯”，其原理是室外的自然光透过采光罩聚集入系统内，通过可调节弯头，经特殊制作的能够弯曲和转动的光导管高效传输到系统终端的漫射装置，均匀地照射到室内需要照明的部位。其中光导管是采用内表面镀有高反射涂层（反射率高达 99%）制成。

光导照明系统（图 5-8）与传统的照明系统相比，其完全不需电力，节约能源，采用自然光，无需配电装置和传导线路，具有环保、安全及健康的效果，并且外形美观时尚。

这种“日光灯”不受地域、气候的影响，产品寿命期可长达 25～30 年；可以应用于地下车库、走廊、大型场馆，其节能效果十分明显。

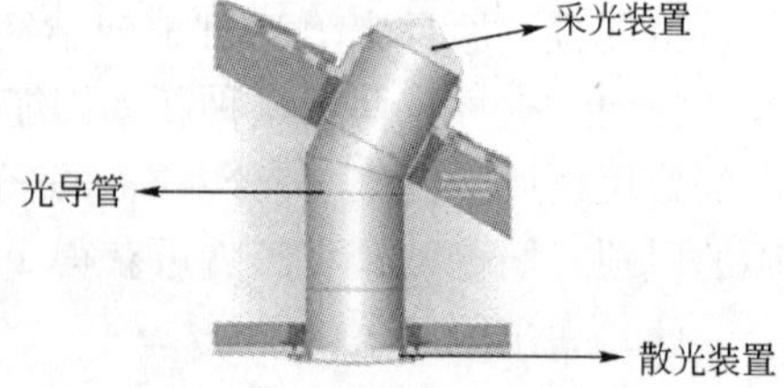

图 5-8　光导照明系统示意图

（3）应用光导照明系统的意义

合理利用自然资源，让廉价的太阳能资源充分发挥出它的效能；营造出一个绿色的社会；缓解电能的需求；延长不可再生能源（如煤等）的使用寿命；符合国家产业政策，是国家大力提倡和支持的产业方向。

5.4.3　电动机

1. 电机节能的重要性

电动机广泛应用于工业、商业、公用设施和家用电器等各种领域，作为风机、水泵、压缩机、机床等各种设备的动力。电动机的用电量一般均占到各国工业用量的 70%左右，为其全部用电量的 50%左右。因此，电动机系统能效水平的提高将可节约大量的电能。美国 1994 年统计，仅在工业加工过程中电动机系统就消耗了 6 790 亿 kW·h 的电能。据估计，如采用目前已成熟的节能技术和产品，可节约 11%～18%的电能，也即每年可节约 750～1 220 亿 kW·h，同时每年相应可节约电费 36～58 亿美元，并且由于电能的节约可大大减缓或减少对电站或发电设备的投资与建设。另外，目前的电力生产，大多数国家仍以火力发电为主，其生产过程中排出的 CO_2 等气体构成地球温室气体的主要部分，对气候环境带来很大影响。英国测算其 1995 年电动机系统总用电量为 1 300 亿 kW·h,为产生这些电能排放到空中的碳为 2 400 万 t，相当于英国该年所有能源生产所排放碳总量的 17%。根据 1997 年京都协定书，各国均需减少温室气体的排放，欧盟在 2008～2012 年要比 1990 年排放水平降低 8%，其中英国需减少 12.5%。电动机系统能效水平的提高所带来的电能节约，可大大减少温室气体的排放。

由于工业部门的用电量往往占据各国总发电量的相当大部分，所以不少国家对电机系统在工业部门中的用电情况颇为重视。美国能源部从 1993 年开始在工业部门中启动了“电动机挑战计划”。预计通过该计划，可使整个工业部门电动机系统的效率提高 14.8%，每年可节约电能 850 亿 kW·h，并相应地每年可减少 2 000 万 t 的碳排放到大气中，由此可见，在工业部门开展电动机系统的节能工作具有重要意义。

2. 高效率电机

(1) 概况

由于能源和环境问题的日显严峻，对于工业领域中的主要动力设备——中小型异步电机，国际上自 20 世纪 70 年代出现高效率电机后，于 20 世纪 90 年代又出现了更高效率的所谓“超高效率电机”。一般而言，高效率电机与普通电机相比，损耗平均下降 20%左右，而超高效率电机则比普通电机损耗平均下降 30%以上。因为超高效率电机的损耗较高效率电机更进一步下降，因此对于长期连续运行、负荷率较高的场所，节能效果更为明显。

(2) 超高效率电机的节能潜力和经济效益

根据国内外调查，工业领域电机年平均运行时间约为 3 000h，但在石油、化工、造纸、冶金、电力等行业，电机年运行时间往往超过 6 000h。对于这些运行时间长的场合，如采用超高效率电机将会对能源节约带来更显著的效果。我国 2003 年的发电量为 18 500 亿 kW·h，由于发电量的 50%通过电机传递，而三相异步电机占 90%，其中一般用途的 Y 系列电机又占 70%，因此 Y 系列电机将传递 31.5%的总电能，即 5 800 亿 kW·h。若这些电机全部换成高效率电机，也即效率提高 2.75%，损耗平均下降 20%左右，则每年可节约电能 160 亿 kW·h。如果考虑其中 30%的电机运行在 6 000h 以上的场合，将这部分电机改用超高效率电机，也即效率再提高 1.5%～2%，损耗平均下降 15%左右，则可再节约电能 46 亿 kW·h，相应可再节约 170 万 t 标准煤，约合 240 万 t 原煤，并可再节约一座 100 万 kW 电站的投资建设。

应用超高效率电机对于使用者也是颇具经济性的。超高效率电机的价格较普通电机一般要贵30%～60%，虽然初始投资增加了，但电费节约了，从而使电机整个生命周期的总费用降低了。经计算，一般仅需 1.3 年，初始投资的增加即可收回。

(3) 超高效率电机效率指标的确定

为促进超高效率电机的发展，有必要制定一些超高效率电机的效率指标，国家也对节能潜力大、使用面广的用能产品将实行统一的能源效率标识制度。如 2004 年 8 月，《能源效率标识管理办法》由国家发改委与国家质检总局颁布，并定于 2005 年 3 月 1 日起实施。电机作为重要的用能产品，也已被列入能效标识管理的范围。目前，世界上已制定电动机强制性能效标准的国家和地区有澳大利亚、新西兰、加拿大、巴西、美国、墨西哥。欧盟虽然目前实施的是自愿性的能效标准，但他们已经开始研究制定强制性最低能效标准。

现行电机能效标准（GB 18613—2006）将电机的效率分成3级，其中1级能效最高。各等级电动机在额定输出功率和75％额定输出功率的效率（％）应不低于表5-38的规定，电动机能效限定值在额定输出功率和75％额定输出功率的效率（％）均应不低于表5-38中3级的规定。

电动机能效等级 表5-38

额定功率（kW）	效率（%）								
	1级			2级			3级		
	2极	4极	6极	2极	4极	6极	2极	4极	6极
0.55	—	—	—	—	80.7	75.4		71.0	65.0
0.75	—	—	—	77.5	82.3	77.7	75.0	73.0	69.0
1.1	—	—	—	82.8	83.8	79.9	76.2	76.2	72.0
1.5	—	—	—	84.1	85.0	81.5	78.5	78.5	76.0
2.2	—	—	—	85.6	86.4	83.4	81.0	81.0	79.0
3	—	—	86.9	86.7	87.7	84.9	82.6	82.6	81.0
4	89.3	89.9	87.9	87.6	88.3	86.1	84.2	84.2	82.0
5.5	90.1	90.7	89.1	88.6	89.2	87.4	85.7	85.7	84.0
7.5	90.9	91.5	90.6	89.5	90.1	89.0	87.0	87.0	86.0
11	91.9	92.2	91.4	90.5	91.0	90.0	88.4	88.4	87.5
15	92.5	92.9	92.3	91.3	91.8	91.0	89.4	89.4	89.0
18.5	92.5	93.5	92.7	91.8	92.2	91.5	90.0	90.0	90.0
22	93.3	93.6	93.1	92.2	92.6	92.0	90.5	90.5	90.0
30	93.9	94.2	93.6	92.9	93.2	92.5	91.4	91.4	91.5
37	94.2	94.5	94.0	93.3	93.6	93.0	92.0	92.0	92.0
45	94.6	94.8	94.4	93.7	93.9	93.5	92.5	92.5	92.5
55	94.9	95.0	94.7	94.0	94.2	93.8	93.0	93.0	92.8
75	95.4	95.5	95.0	94.6	94.7	94.2	93.6	93.6	93.5
90	95.5	95.7	95.2	95.0	95.0	94.5	93.9	93.9	93.8
110	95.8	96.1	95.7	95.0	95.4	95.0	94.0	94.5	94.0
132	96.1	96.1	95.7	95.4	95.4	95.0	94.5	94.8	94.2
160	96.1	96.1	95.7	95.4	95.4	95.0	94.6	94.9	94.5
200	96.1	96.1	95.7	95.4	95.4	95.0	94.8	94.9	94.5
250	96.1	96.1	95.7	95.8	95.8	95.0	95.2	95.2	94.5
315	96.1	96.1	—	95.8	95.8	—	95.4	95.2	—

注：容差应符合GB 755—2000第11章的规定。

3. 异步电动机典型的运行情况与电机参数之间的关系

在民用建筑中常涉及的是三相异步电动机，下面就以异步电动机为例分析异步电动机典型的运行情况与电机参数之间的关系。

（1）空载运行

转子转速接近同步转速，转子电路相当于开路，但功率因数是严重滞后的。

（2）额定负载运行

从空载到满载范围内，S_N很小，S变化也很小，但转子电路基本上成为电阻性的，功率因数能达到0.8～0.85。

$$\eta=\frac{P_2}{P_1}=1-\frac{\sum P}{P_1}=\frac{P_2}{P_2+P_{cu1}+P_{cu2}+P_{\Omega}+P_{\Delta}}$$

（3）效率特性

$$U_1=U_{1N}；\ f=f_N$$

从电机学理论分析上式，可得出从空载到满载运行，最大效率一般发生在0.75额定功率。

(4) 电动机的功率因数

感应电动机的功率因数有自然功率因数和总功率因数。自然功率因数就是设备本身固有的功率因数，其值取决于本身的用电参数（如结构、用电性质等）。倘若自然功率因数偏低，不能满足标准和节约用电的要求，就需设置人工补偿装置来提高功率因数，这时的功率称为总功率因数。由于设置人工补偿装置需要增加很多投资，所以提高电动机自然功率因数是首要任务。对于电网来说，可从以下两方面着手提高电动机的自然功率因数，减少输送的无功负荷，降损节能，提高运行效率。

①合理选用电动机容量，提高自然功率因数和效率，降低功率损失。

“大马拉小车”、轻载和空载运行情况，造成电动机自然功率因数偏低，无功损耗所占比例较大，损失电能增加，因此合理选择电动机容量，使之与机械负载相匹配，提高电动机的负载率，是改善其自然功率因数的主要方法之一。

电动机的负载率与功率因数的关系如表 5-39 所示。

电动机的负载率与功率因数的关系 表 5-39

负载率（%）	0	25	50	75	100
$\cos\phi$	0.2	0.5	0.77	0.85	0.88

由表 5-39 可得，随着负载率的提高，电动机自然功率因数也相应提高，所以合理选择电动机容量，能提高其功率因数，达到节约电能的目的。

可以下调轻载电动机容量，即将负荷不足的大容量电动机进行替换。当电动机的负载率小于 40%时，可进行调换；当电动机的负载率大于 40%而小于 70%时，则需通过技术经济比较后，再作决定，其主要判定条件是：原有电动机的有功损失－替换电动机的有功损失>0。

②对轻载电动机实行降压运行，提高自然功率因数和效率，降低功率损失。

当负载率小于 50%时，应对电动机采用降压运行，具体做法是将定子绕组由△改为 Y 接线。不同负载率改接前后效率和功率的变化，如表 5-40 所示。

不同负载率改接前后效率和功率的变化 表 5-40

$\eta_Y/\eta_\triangle$	1.27	1.1	1.06	1.04	1.02	1.01	1.005	1
负载率（%）	10	20	25	30	35	40	45	50

$\cos\phi$ 额定值	$\cos\phi_Y/\cos\phi_\triangle$				
	负载率 10%	负载率 20%	负载率 30%	负载率 40%	负载率 50%
0.78	1.94	1.8	1.64	1.49	1.35
0.80	1.85	1.73	1.58	1.43	1.30
0.82	1.78	1.67	1.52	1.37	1.26
0.84	1.72	1.61	1.46	1.32	1.22
0.86	1.66	1.55	1.41	1.27	1.18
0.88	1.60	1.49	1.35	1.22	1.14
0.90	1.57	1.43	1.29	1.17	1.10
0.92	1.50	1.36	1.20	1.11	1.06

4. 变频调速的应用

交流变频调速的方法是异步电机最有发展前途的调速方法，以其显著的节电效果、优良的调速性能以及广泛的适用性而成为电气传动发展的主流方向。变频调速技术涉及电机、电力电子技术、微电子技术、信息与控制等多个学科领域。随着电力电子技术的不断发展，性能可靠、匹配完善、价格便宜的变频器会不断出现，这一技术会得到更为广泛、普遍的应用。

(1) 变频调速的基本原理

在变频调速中使用最多的变频调速器是电压型变频调速器，由整流器、滤波系统和逆变器三部分组成。在其工作时首先将三相交流电经桥式整流为直流电，脉动的直流电压经平滑滤波后在微处理器的调控下，用逆变器将直流电再逆变为电压和频率可调的三相交流电源，输出到需要调速的电动机上。由电工原理可知，电机的转速与电源频率成正比，通过变频器可任意改变电源输出频率，从而任意调节电机转速，实现平滑的无级调速。

（2）交流变频调速的特性

①调速时平滑性好，效率高；

②调速范围较大，精度高；

③启动电流低，对系统及电网无冲击，节电效果明显；

④变频器体积小，便于安装；

⑤易于实现过程自动化；

⑥必须有专用的变频电源，目前造价较高；

⑦在恒转矩调速时，低速段电动机的过载能力大为降低。

（3）与其他调速方法的比较

交流电动机的调速方法有三种：变极调速、改变转差率调速和变频调速。其中变频调速最具优势。

（4）合理应用

风机、泵类设备多数采用异步电动机直接驱动的方式运行，存在启动电流大、机械冲击、电气保护特性差等缺点。不仅影响设备使用寿命，而且当负载出现机械故障时不能瞬间动作保护设备，时常出现泵损坏的同时电机也被烧毁的现象。

近年来，出于节能的迫切需要和对产品质量不断提高的要求，加之采用变频调速器（简称变频器）易操作、免维护、控制精度高，并可以实现高功能化等特点，因而采用变频器驱动的方案开始逐步取代风门、挡板、阀门的控制方案，这种变频技术在风机、泵类设备中的运用作为我国节能的一项重点推广技术，受到国家的普遍重视，《中华人民共和国节约能源法》第 39 条就把它列为通用技术加以推广。

实践证明，变频器用于风机、泵类设备驱动控制场合取得了显著的节电效果，是一种理想的调速控制方式。既提高了设备效率，又满足了生产工艺要求，并且因此而大大减少了设备维护、维修费用，还降低了停产周期。直接和间接经济效益十分明显，设备一次性投资通常可以在 9～16 个月的生产中全部收回。

交流变频调速技术在工业发达国家已得到广泛应用。美国有 60%～65%的发电量用于电机驱动，由于有效地利用了变频调速技术，仅工业传动用电就节约了 15%～20%。

（5）变频器容量的确定

变频调速是通过变频器来实现的，对于变频器的容量确定至关重要。合理的容量选择本身就是一种节能降耗措施。根据现有资料和经验，比较简便的方法有以下三种：

①测定电机的实际功率，以此来选用变频器的容量。

②公式法。取安全系数 1.05，则变频器的容量 P_b 为：

$$P_b=1.05P_m/h_m\times\cos\phi$$

式中：P_m——电机负载（kW）；

h_m——电机功率（kW）。

计算出 P_b 后，按变频器产品目录可选出具体规格。

③按电机额定电流法确定变频器：变频器的输出电流大于电机额定电流的 10%即可。

变频器容量的选定过程，实际上是一个变频器与电机的最佳匹配过程，最常见也较安全的是使变频器的容量大于或等于电机的额定功率，但实际匹配中要考虑电机的实际功率与额定功率相差多少，通常都是设备所选能力偏大，而实际需要的能力小，因此按电机的实际功率选择变频器是合理的，避免选用的变频器过大，使投资增大。

虽然变频调速有诸多优点，但也有其不利因素，主要问题是电流中含高次谐波较多，除对电网有污染外，也使电机自身增加损耗，引起电机发热。再有，变频器价格贵、投资回收期长、技术复杂，尤其在实现闭环自动控制时，还需进行技术处理。

因此，在采用变频调速时，需从工艺要求、节约效益、投资回收期等各方面考虑，不能不论场所、不管负载类型乱用变频技术，也并不是使用了变频器就一定节能。

5.4.4 交流接触器

交流接触器的节电是指采用各种节电技术来降低操作电磁系统吸持时所消耗的有功、无功功率。交流接触器的操作电磁系统一般采用交流控制电源，我国现有63A以上交流接触器，在吸持时所消耗的有功功率和无功功率在数十瓦至几百瓦之间，一般所耗有功功率铁芯约占65%～75%，短路环约占25%～30%，线圈约占3%～5%，所以可以将交流吸持电流改为直流吸持，或者采用机械结构吸持、限电流吸持等方法，以减少铁芯及短路环中所占的大部分功率损耗，还可消除、降低噪声，改善环境。根据原理，一般分为三大类：节电器、节电线圈、节电型交流接触器。

1. 节电器

节电器是交流接触器的外附产物，其常见线路方案如图5-9所示。

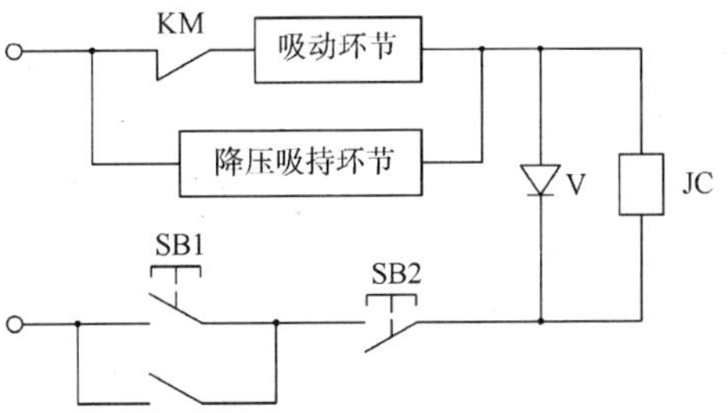

吸动环节可以由二极管和电阻串联，或由变压器组成。降压吸持环节可由电容器、变压器或电流互感器等组成。

图5-9 节电器线路图

SB1-闭合按钮；SB2-断开按钮；JC-接触器操作线圈；V-续流二极管；KM-接触器辅助触点

2. 节电线圈

典型的节电线圈为双绕组变压器式，原理见图5-10。节电部分由一个特殊设计的双绕组线圈和一个整流装置组成，并将接触器的铁芯兼作变压器铁芯之用。整流装置与线圈骨架固定在一起，成为一个整体的节电线圈。按下起动按钮SB，绕组1和绕组2同时通电，绕组1中的电流为交流，绕组2中的电流为经过全波整流的直流。两个电流产生的合成磁通使操作电磁铁的衔铁开始吸动，当接触器的常闭辅助触头KM断开后，接着就转换为吸持状态，此时实际上已转换为图5-10b）的简单等效电路。此时接触器的操作电磁系统就起到一个变压器的作用，一次绕组1接交流电源，二次绕组2接整流器，即变压器的负荷为半波整流。在绕组1和绕组2的合成磁动势作用下，铁芯中产生脉动直流的磁通和电磁吸力，使衔铁吸持于闭合位置上。

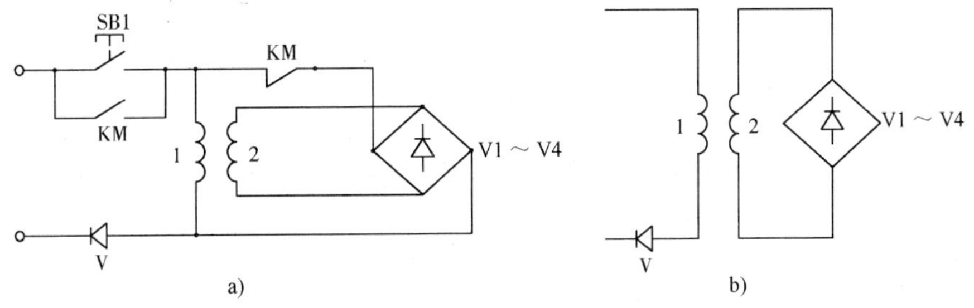

图5-10 典型双绕组变压器式节电线圈原理图

a）双绕组变压器式；b）等效电路

3. 节电型交流接触器

节电型交流接触器有机械锁扣式、剩磁吸持式和永磁吸持式等。机械锁扣式节电交流接触器是当操作电磁线圈通电使衔铁吸持后，线圈就断电，借助于机械锁扣使接触器保持于闭合位置，故此时线圈不再需要消耗电能，要使交流接触器断开，只需将机械锁扣解扣即可。剩磁吸持式和永磁吸持式节电交流接触器，是当交流接触器闭合后，在操作线圈无磁势的情况下利用铁芯材料的剩磁或永磁铁来吸持住衔铁，使之保持在闭合位置上，要使交流接触器断开，则需使剩磁和永磁反向去磁。

节电型交流接触器主要技术性能如下：

(1) 节电器接线端子的温升极限值为 30K（旧标准为 65K）；接触线圈的温升极限值为 30K（旧标准按不同的绝缘材料等级分为 85～160K）；接触器操作电磁铁的噪声应不超过 30dB（A）[旧标准为 40dB（A）]。

(2) 节电器与适合的交流接触器匹配使用下，其寿命次数为 10 万次、30 万次、60 万次、100 万次、300 万次、600 万次、1 000 万次。

(3) 节电器对交流接触器的主电路可有过电流、欠电压、断相、漏电等保护功能。

(4) 节电器的有功功率节电率（ΔP）有 7 个等级，无功功率节电率（ΔP）有 2 个等级，见表 5-41。

节电器的 ΔP、ΔQ　　表 5-41

等级	节电率（%）		等级	节电率（%）	
	有功功率 ΔP	无功功率 ΔQ		有功功率 ΔP	无功功率 ΔQ
1	$95 \leqslant \Delta P$	$\Delta Q \geqslant 95$	5	$60 \leqslant \Delta P < 70$	
2	$90 \leqslant \Delta P < 95$	$\Delta Q < 95$	6	$50 \leqslant \Delta P < 60$	
3	$80 \leqslant \Delta P < 90$		7	$\Delta P < 50$	
4	$70 \leqslant \Delta P < 80$				

5.5 合理选用电线、电缆

5.5.1 总述

电线、电缆的选择，是供电设计的重要内容之一，选择合理与否直接影响到有色金属消耗量与线路投资，以及电力网的安全经济运行。

1. 电线、电缆的选择原则

(1) 按发热条件选择：在最大允许连续负荷电流下，导线发热不超过线芯所允许的温度，不会因过热而引起导线绝缘损坏或加速老化。

(2) 按机械强度条件选择：在正常状态下，导线应该有足够的机械强度，以防断线，保证安全可靠运行。

(3) 按允许电压损失选择：导线上的电压损失应低于最大允许值，以保证供电质量。

(4) 按经济电流密度选择：应保证最低的电能消耗，并尽量减少有色金属的消耗。

(5) 按热稳定的最小截面来校验：在短路情况下，导线必须保证在一定时间内，安全承受短路电流通过导线时产生的热作用，以保证安全供电。

2. 选择导线电缆时应考虑的节能环节

(1) 节环供电距离最短，以减少电缆长度。变电所应靠近负荷中心，供电半径不宜超过 150m，否则，宜考虑另设配电所；变配电所应靠近电气竖井，末端配电箱供电半径不宜大于 40m。

(2) 选择电缆的基础数据是载流量，当电缆直埋地或穿管埋地时，影响电线、电缆载流量的因素之一是土壤热阻系数。

由表 5-42 可知干燥的砂热阻系数较高，约在 2.5～3.0 之间，建筑垃圾也在 2.0～2.5 之间。

不同类型土壤热阻系数 ρ_τ 表 5-42

热阻系数 ρ_τ(K·m/W)	0.8	1.2	1.6	2.0	3.0
土壤情况	潮湿土壤，沿海、湖、河畔地带，雨量多的地区，如华北、华南地区等； 湿度>9%的砂土或湿度>14%的沙泥土	普通土壤，如东北大平原夹杂质的黑土或黄土，华北大平原黄土、黄黏土等； 湿度为7%～9%或湿度为12%～14%的沙泥土	较干燥土壤，如高原地区、雨量较少的山区、丘陵、干燥地带； 湿度为8%～12%的砂质土	干燥土壤，如高原地区，雨量少的山区、丘陵、干燥地带； 湿度为4%～7%的砂土或湿度为4%～8%的沙泥土	非常干燥； 湿度<4%的砂土或湿度<1%的黏土

砂与砾石混合比1∶1，砂粒度直径不超过2.4mm，砾石粒度直径约为2.4～10mm（不得带有尖角形颗粒），均匀混合后，作为垫层代替砂垫层，在干燥状态下，ρ_τ 约为1.2～1.5K·m/W。

砂与水泥混合，砂与水泥体积比14∶1或质量比18∶1代替砂垫层，在干燥状态下，ρ_τ 约为1.2K·m/W。

由表5-43可知，砂子作为电缆敷设的垫层，对于电缆载流量并不是最好的选择，特别是颗粒大小均匀的粗砂更差，但仍由于取材容易且价格较低，而被大量应用。从提高载流量的角度，宜选择热阻系数小的垫层。

不同类型土壤热阻系数的载流量修正系数 表 5-43

土壤热阻系数 ρ_τ(K·m/W)		1.00	1.20	1.50	2.00	2.50	3.00
载流量校正系数	电缆穿管埋地	1.18	1.15	1.10	1.05	1.00	0.96
	电缆直接埋地	1.30	1.23	1.16	1.06	1.00	0.93

建议采用特殊配方的“敷设电缆用回垫土”（专利号90108313.5）代替沙垫层。这种特殊回垫土是由不同粗细的砂、砾石、水泥、粉煤灰及一些特殊材料配制而成，能有效降低土壤热阻，提高电缆载流量。它的 ρ_τ 约为1.0～1.2K·m/W，性能高于砂与砾石和砂与水泥混合的垫层，而且能长时间保持稳定，价格也很低廉。

5.5.2 配电线路的经济截面

电流流过电缆线路，因存在电阻，将产生正常的发热损耗。如果一条电缆的截面是按照温升条件选择，虽然它的发热程度是安全的，但是电能损耗可能很大。

电缆线路的经济截面选择与投资和年运行费用密切相关，不能套用以往规定的经济电流密度，也不能仅规定适用于高压输电线路的选择上。因为低压配电线路也常会遇到采用大一点截面的电缆更经济的情况。例如工矿企业，接有长年运行的大功率负载和较长低压配电电缆线路中，线路截面如按温升条件选择，每年造成的电力线路损耗是很大的。电缆截面的经济性，主要表现在电缆使用期间，其初次投资及其以后的电能损耗费用总和是否最小。经济合理的电缆截面不仅可以减小线路损耗，节约电能，而且还可以降低电缆的运行温度，延长电缆的使用寿命。

我国对电缆经济截面的选择在设计规范中已有规定，但是仅规定对较长距离的大电流回路或35kV以上高压电缆才宜选择经济截面。实际上，在许多工矿企业的低压配电系统中，干线与支线都有很大的节能潜力。人们常为了省钱，对这些电缆都是按温升最小截面来选，虽然可以减小一次投资，但却加大了长年线路损耗电费。

可举一例说明：一根截面为16mm² 的低压三芯铜线PVC电缆，空气中敷设温度为25℃，按允许载流量82A（按温升最小截面选）运行，每年运行6 000h，线路长100m，功率损耗约2.6kW，如果按0.5元/（kW·h）计算电费（不算基本电费），每年电耗费用约7 800元。然而，如果使用35mm² 截面的同样电缆每年电耗将减少4 200元，而全部材料价格差只有2 330元，电耗费6个月就可将差价回收。投资小、损耗大，投资大、损耗小，在运行期间两值之和最小时，为经济截面。

电缆导线的经济截面的评估方法和其他电力工程一样，考虑投资与运行费用的时间因素，采用国际通用的方法，用等价于投资的总拥有费用法（TOC_{EFC}）即现值法，将所比较的初次投资及日后运行费用均以现在时刻的价值表示。计算出给定电流下的不同截面的 TOC_{EFC} 值并找出它的最小值，此值即电缆使用期间总费用为最低的截面或经济截面。而按温升条件选择的截面一般只验算温度条件使电缆运行不出问题，而不计算电能损耗费用，所以前者的截面大于后者很多，初次投资虽大，但与使用期损耗费相加后总费却是最低的。

此外，经济截面与所供负载线路的年最大负荷损耗小时数有关，而年最大负荷损耗小时又与生产班制、年最大负荷利用小时和功率因数有关。例如冶金工厂的三班制作业，年最大负荷利用小时数很高，一般为 6 500～7 200h，功率因数为 0.92 左右，其年最大负荷损耗小时为 5 000～5 500。而机械制造工厂的三班制作业年最大负荷利用小时比较低，如为 4 500h，其年最大负荷损耗小时为 3 000；其两班制则为 3 500h，年最大负荷损耗小时为 2 100；一班制为 2 000h，年最大负荷损耗小时为 1 200。因此，实际工作中需要根据不同行业、不同生产班制和不同年最大负荷损耗小时求出不同的经济截面。以下用等价初次投资总拥有费用法（TOC_{EFC}）试求低压电缆在给定三种电流负载下的电缆经济截面。

1. 等价初次投资总拥有费用法（TOC_{EFC}）的计算

用等价初次投资总拥有费用法（以下简称 TOC 总费用法）对电力电缆使用期间内的总费用进行评价，现列等式如下：

$$\text{电缆 TOC 总费用}=\text{电缆购置费及安装费}+P_W\times\text{线路损耗电费}$$

式中的第一部分是电缆初次投资费用，可查询厂家与定额手册获得。第二部分是运行费用，影响它的因素较多，如线路所在企业的最大负荷利用小时、最大负荷损耗小时以及电费的数值，需根据实际情况取得，这部分的数据是计算 TOC 总费用的关键。P_W 为现值系数，计及年利息率 i，膨胀率 a 及 n 年使用期，计算式为：

$$P_W=\frac{1-\left(\frac{1+a}{1+i}\right)^n}{i-a}$$

举例，选择三种负载电流 50A、100A、200A 下的低压（220V/380V）铜电缆经济截面。

（1）计算条件及相应算值

电缆型号：VV_{22}＝0.6/1kV 型，四芯电缆；

电缆价格：烟台电缆厂 1998 年价格及预算系数 1.057；

电缆敷设费：按照北京建设工程概算定额（1996 年）计取；

基本电费：18 元/（kW·月）；

1kW·h 电费：0.5 元；

线路年最大负荷损耗小时数，按三个班制：$t_1=5\,500$h，$t_2=2\,100$h，$t_3=1\,200$h；

线路长度：1km（暂忽略线路电压降）；

电缆使用年限：25 年；

年利率 $i=7\%$，通货膨胀率 $a=5\%$；

现值系数 $P_W=\frac{1-\left(\frac{1+0.05}{1+0.07}\right)^{25}}{0.07-0.05}=18.8$；

年单位千瓦损耗电费，按三个班制：$t_1=5\,500$h，$f_1=18\times12+5\,500\times0.5=2\,966$ 元/（kW·年）；$t_2=2\,100$h，$f_2=1\,266$ 元/（kW·年）；$t_3=1\,200$h，$f_3=816$ 元/（kW·年）。

为了简化计算，电缆截面的温升选择暂不考虑多根电缆并列敷设的降容问题。

(2) 从最小截面依次计算电缆 TOC 总费用

先按负载电流温升条件选择电缆最小截面：负载电流为 50A 选用 $10mm^2$，100A 选用 $35mm^2$，200A 选用 $95mm^2$。

负载电流为 50A、最大负荷损耗小时数 $t_1=5\,500h$ 时的电缆线路年损耗费用：

$$\Delta P=3\times 50^2\times 2.064\times 2\,966/1\,000=45\,914\text{ 元/（km·年）}$$

50A 时电缆的最小截面为 VV-3×10+1×6，价格 18 180 元/km，电缆敷设费 18 030 元/km。

50A 时电缆线路 TOC 总费用=18 180+10 830+18.8×45 914=892 193.2 元/km。

用同样方法，以同一负载依次计算其他截面的 TOC 总费用后，可找到负载电流 50A 时 TOC 总费用最小时的截面为 $70mm^2$。

用同样方法，再计算负载电流为 100A 及 200A 时的 TOC 总费用。

图 5-11 显示出三个班制三种负载电流的截面与总费用的关系，图中各曲线的最低点所对应的截面为该电流下的经济截面。

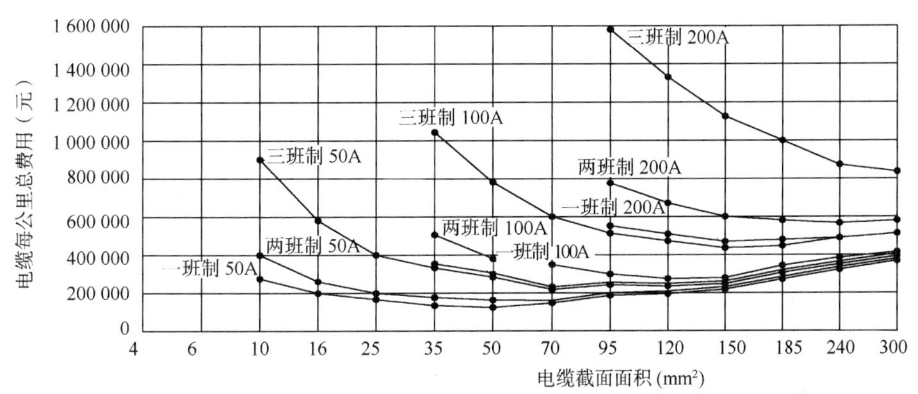

图 5-11 三个班制给定负载下电缆总费用

(3) 三个班制的经济截面及其电流密度

从以上举例计算的各负载下的电缆截面与其总费用的关系曲线中可以看出，三个班制 50A 负载电流的电缆截面分别为 $35mm^2$、$50mm^2$ 及 $70mm^2$ 是 25 年使用期间最经济的截面；相应电流密度 $1.43A/mm^2$、$1.0A/mm^2$ 及 $0.71A/mm^2$，可称为经济电流密度。

汇总以上计算结果，PVC 电力电缆的 TOC 最小费用截面及对应的电流密度如表 5-44 所示。

PVC 电力电缆的 TOC 最小费用截面及对应的电流密度 表 5-44

电流 (A)	截面 (mm^2)	电流密度 (A/mm^2)	一班制，$t_n=2\,000h$		二班制，$t_n=3\,800h$		三班制，$t_n=7\,200h$	
			截面 (mm^2)	电流密度 (A/mm^2)	截面 (mm^2)	电流密度 (A/mm^2)	截面 (mm^2)	电流密度 (A/mm^2)
50	10	5.00	35	1.43	50	1.00	70	0.71
100	35	2.86	70	1.42	120	0.83	150	0.67
200	95	2.11	150	1.33	240	0.83	300	0.67

由表 5-44 中数据可见，经济截面的电路密度的大小与电缆运行的最大负载利用小时数有关，比常规温升条件选截面大得多，电缆导线的用铜量将显然增加以换取最佳经济效益。在表 5-44、图 5-12 中显示出电缆截面升级的经济截面及其回收年关系的结果。

2. 电缆经济截面回收年计算

经济截面的电缆比温升条件的电缆初次投资大，年运行费用低，在实际工作中常用回收年限来评价。回收年限是两方案 TOC 总费用相等时的年限，现举例说明如下。

以上面列举的三班制，负载电流 50A 为例，等式为：

50A 负载 10mm² 截面电缆总费用＝50A 负载 70mm² 截面电缆总费用

即：（1 803＋1 818）＋P_W×（3×50²×0.206×2.966）＝（2 119＋8 625.1）＋P_W×（3×50²×0.029 5×2.966）

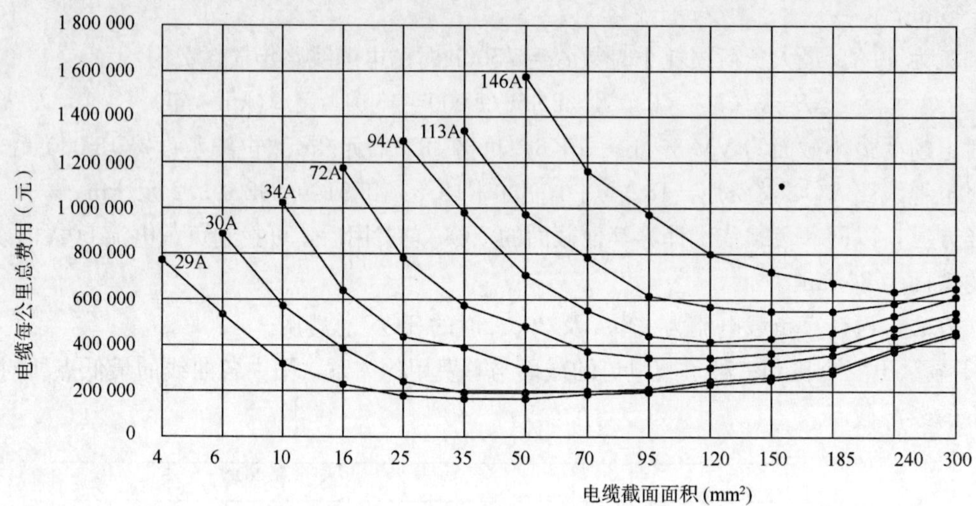

图 5-12　电缆每公里总费用和电缆截面面积的关系

由此可得 P_W＝1.81，此时再利用时间价值的公式算出 P_W 为 1.81 时的 n 值，即回收年限：

$$P_W=\frac{1-\left(\frac{1+0.05}{1+0.07}\right)^n}{0.07-0.05}=1.81$$

推知回收年限 n＝1.95 年。

同理，100A 及 200A 负载下的回收年限分别为 3.95 年、4.97 年。由回收年限的计算结果可知，截面大的电缆初次投资的投资价差大于电损的差价，回收年限数增加。因此，实际中采用何种方案要由投资者根据资金情况作出取舍。

建筑智能化专业节能设计

6.1 暖通空调系统的智能化控制

6.1.1 空调自动控制系统的特点

空调装置由空气加热器、冷却器、加湿器、去湿器、空气混合器以及净化器等设备组成。这些设备的容量都是按照设计负荷选定的，但是在实际运行中并不经常处于设计负荷的状态，而是需要按实际情况进行调节。空调系统自动控制的任务就是在最大限度节能与安全生产的前提下，自动调节各种装置的实际输出量与实际负荷，使它们相适应，以满足生产工艺和人们在工作与生活中对空气的温度、湿度、压力以及清新度等要求。

空调系统中的控制对象多属热工对象，从控制角度分析，具有以下特点。

（1）多干扰性

通过窗户进入的太阳辐射热是时间的函数，同时也受气象条件的影响。室外空气从门、窗、建筑缝隙等围护结构侵入室内对室温产生影响。另外，为了换气（或保持室内一定正压）所采用的新风的温度变化以及室内人员的变动、照明和机电设备的开停所产生的余热变化对室温也有直接影响。此外，电加热器（空气加热器）电源电压的波动，热水加热器热水压力、温度的波动，蒸气压力的波动等，都将影响室温。另一方面是湿干扰，在露点恒湿控制系统中，露点温度的波动、室内散湿量的波动以及新风含湿量的变化等都会影响室内湿度的变化。

如此之多的干扰，形成空调负荷在较大范围内的变化波动，而进入系统的位置、形式、幅值大小和频率程度等，均随着建筑的构造（建筑热工性能）、用途的不同而不同，更与空调技术本身有关。在设计空调系统时应考虑尽量减少干扰或采取抗干扰措施。

（2）多工况性

空调技术中对空气的处理过程有很强的季节性。一年中，至少要分为冬季、过渡季和夏季三种工况。近年来，集散型系统在空调系统上的应用，为多工况的空调应用创造了更好的条件。由于空调运行制度的多样化，运行管理和自动控制设备趋于复杂。因此，要求操作人员必须严格按照包括节能技术措施在内的设计要求进行操作和维护，不得随意改变运行程序或拆改系统中的设备。

（3）温度、湿度相关性

描述空气状态的两个主要参数是温度和湿度，并不是完全独立的两个变量。相对温度发生变化要引起加湿（或减湿）动作，其结果是引起室温的波动，而当室温变化时，室内空气中水蒸气的饱和压力也随之发生变化，在绝对含湿量不变的情况下，就直接改变了相对湿度（湿度增高相对湿度减少，湿度降低则相对湿度增加），这种相对关联着的参数称为相关函数。显然，在温度、湿度都有要求的空调系统中，自动控制系统的设计应充分注意这一特性。

6.1.2 风机盘管自动控制系统

风机盘管是半集中式空调系统中的空气局部处理装置，由空气的加热/冷热盘管和风机组成。通过温控器控制冷/热盘管的两通阀或三通阀，从而控制冷/热盘管水路的通断。

风机盘管系统可分为独立控制和联网控制两种类型。

独立型基于客户自身操作，形式简单，但能源耗费较大。当室温升高时，室内感温器送出信号给控制器，控制器接到信号与设定的温度比较，输出信号给冷水管上的两通阀，控制两通阀打开，使循环风变冷送入室内。若室内温度下降过多，室内温度感温器送模拟信号至控制器，控制器与设定温度比较，输出模拟信号至冷水管上的两通阀，控制其关闭。两通阀也有比例式形式，这种比例式两通阀控制冷水大小进入冷排使空调更有弹性控制，维持室温在设定值上下。

联网控制型，具有更加节能的特性，下面主要说明联网控制型风机盘管。

1. 风机盘管常用监测、控制内容（表 6-1）

风机盘管监测、控制点表 表 6-1

受控设备	设备数量	监控点描述	输入		输出		备注
			AI	DI	AO	DO	
风机盘管	1台	风机启/停控制				1	继电器
		风机手/自动状态		1			常开无源触点
		风机运行状态		1			常开无源触点
		风机故障报警		1			常开无源触点
		室内温度监测	1				本地温控器
		水阀开度调节			1		本地温控器
		水阀阀位反馈	1				本地温控器

2. 风机盘管常用的监控功能（图 6-1）

简单控制：使用三速开关直接手动或自动控制风机的三速转换与启停、室温设定、日/夜工作模式，也可选择“自动”模式，由中央站进行控制。

温度控制：温控器根据设定温度与实际检测温度的比较、运算，自动控制电动两/三通阀的开闭和风机的三速转换，或直接控制风机的三速转换与启停，从而通过控制系统水流或风量达到恒温的目的。

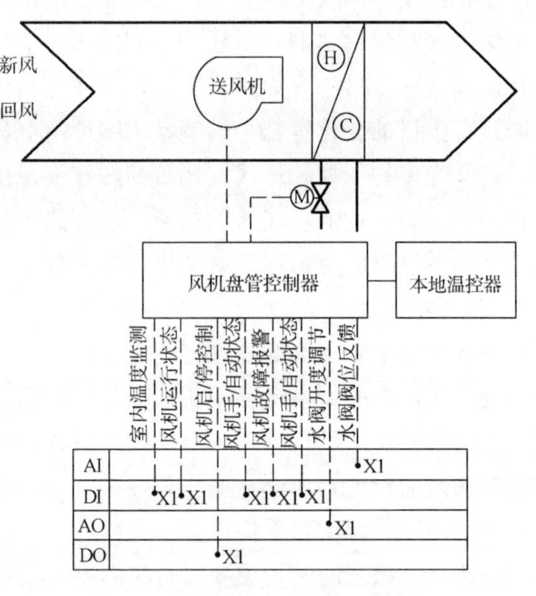

图 6-1 风机盘管控制系统

所有风机盘管 DDC 控制器联成开放的现场总线数据网络，网络是点对点通信标准网络，可以实现由 3 台室温测温元件共同测温后，取 3 台测量值的平均值去同时控制 3 台 DDC 控制器，以提高室温控制精度的设计要求。

自动选择风速或手动选择风速；风机工作模式选择，风机自动控制或手动停机；用户控制模式，包括“有人存在”方式和“无人存在”方式的两种就地控制选择，就地控制表示由用户决定控制器所有应用，例如改变室温设定点等。“有人存在”和“无人存在”的区别是室内温度设定点不同，用户选择“无人存在”方式时，由控制器决定节能型的温度设定值，直到恢复进入“有人存在”方式时为止。

中央站可以强行转入全自动控制的网络操作方式，完成室温设定，定时启停程序，室外温度补偿节能控制，最佳启停节能程序等。

与集中管理矛盾的解决：由于已自动停机，但控制器内设定时间程序，恢复用户超驰功能，用户可超驰控制，重新启动风机盘管系统，控制器同时提供默认值 180min 或根据用户通知时间完成定时控制，在定时结束后，自动停机。用户提前离去时，可手动停机或根据室内温度变化分析，风机盘管系统提前自动停机。所有加班情况，在中央控制室均有显示和记录，值班操作人员可以加强与用户的信息沟通，更好地进行管理。

由于冷水阀和热水阀动作方向相反，风机盘管控制器有冬夏自动切换程序。夏天，室内温度升高，超过设定值，水阀打开；冬天，室内温度升高，超过设定值，水阀关闭。

3. 风机盘管节能运行管理

时间程序启停风机盘管，可以避免下班后继续开机。下班后或节假日加班，自行启动风机盘管系统，控制器同时提供定时器服务，默认值为180min，可以修改定时范围。

根据室内有无人员，设置最佳启停控制，提前启动风机盘管以使室温在人员进入室内时，即达到舒适程度，人员离开之前，提前停止风机盘管，不仅提高舒适程度，还可节能。

DDC控制器风机盘管的节能控制，在冷水阀（或热水阀）关闭的“零能区”，为进一步节约能量，设置节能程序，停止风机运行或转入低速运行。

DDC控制器根据风机运行指令（高中低三速）、水阀开关状态及室温实测值达到室温设定值范围内时间，与设计期望值进行比较，由软件判断风机是否处于正常运行状态，建立软件点，累计风机运行时间及发出故障报警信号、统计故障时间。

中央安装有互联网应用软件，专门用于提供互联网图形化操作，用户可经由互联网实现远程操作管理。所有房间室内温度、风机盘管工作状态、温度设定值等信息均上传中央站，完成集中信息处理，进行为物业管理所需要的各种信息加工。监控所有风机盘管工作状况，处理所有收集的风机盘管信息，累计风机盘管运行时间，编制各种报表，完成计费、维修计划工作，绘制重点房间室温变化曲线，分析空调系统工作状况。

根据房间室温历史记录，绘制趋势图，分析用户使用情况和设备工作情况。

出于管理及节能要求，中央站可集中操作全部或部分风机盘管。

夜间周期：更改室温设定值，可节能（制冷工况）。

负荷再设定控制：随室外温度变化，更改室温设定（制冷工况）。

6.1.3 变风量空调自动控制系统

变风量（VAV）控制是一种复杂的自动空气调节技术，完整的变风量空调系统（图6-2）应该由可联动控制的冷热水机组、空气处理设备、中等压力的送回风系统、末端控制装置组成。

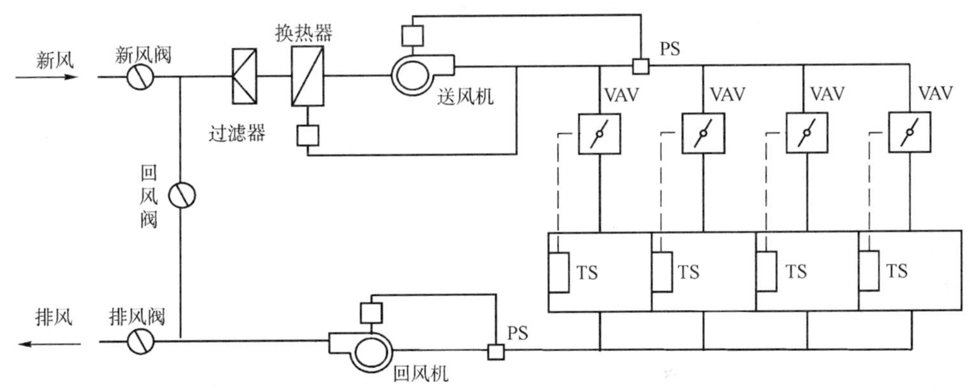

图6-2 变风量空调系统的组成

变风量空调系统可以根据空调负荷的变化及室内参数要求的变化，自动调节空调送风量，以满足室内人员的舒适要求和节约热能的工艺要求，同时根据实际送风量自动调节送风机的转速，最大限度地减少风机动力，节约电能。

变风量空调机组的系统类型很多，控制方式也不同。总风量控制是VAV系统控制的核心，其中应用最广泛、最有代表性的单风管VAV空调系统的风量与温度控制方法有定静压定温度法（constant pressure & temperature，简称CPT）、定静压变温度法（constant pressure variable temperature，简称 CPVT)、变静压变温度法(viable pressure variable temperature,简称 VPVT)及 VAV 总风量控制法。

1. 变风量空调系统的类型

(1)定静压定温度法(CPT)

在定静压定温度控制法中,变风量空调机组的节能抑制是通过空调房末端的静压来实现的,末端空调房间的空调负荷是通过风量来调节的。要稳定空调房间末端的温度,只要稳定空调房间末端的风量就行了。

定静压定温度法的控制原理,就是在送风温度保持不变的情况下,保证系统风管某一点或几点平均静压一定。通过控制变频器的输出频率以调节风机转速,将参考点(一点或多点的平均)静压控制在设定值,间接实现总送风量的调节。

一般选送风干管末端的风道静压(一点或几点平均静压,或主干管末端与末端空调房的压差)作为被调节参数。根据被调参数的变化来调节机组风机转速,以稳定末端静压。当房间负荷需要风量增加(减少)时,风管的压降增加(减少)、末端静压降低(升高),DDC 根据末端定压传感器的静压测量值与设定值比较的偏差量,按调节规律(一般为 PI 调节)运算后输出控制信号至变频器,变频器根据此信号调节风机(电机)转速,当风量逐步与所需负荷平衡时,静压恢复到原来状态,系统在新的平衡点工作。如果系统是多区系统(即空调机组送风机出口有两条以上主干风道,为多个区域输送冷/热负荷的系统),DDC 则根据所有干管末端的风道静压测量值进行加权平均(取最小值)与设定值比较的偏差量,运算输出控制信号并输出到变频调速器,变频调速器根据此信号调节送风机的转速以稳定系统静压。

在系统正常工作时,末端静压和送风温度都保持不变,这就是定静压定温度法(CPT)名称的来历。

(2)定静压变温度法(CPVT)

定静压变温度法,与定静压定温度法通过调整送风量以保持末端静压不变,使送风量适应末端空调负荷变化的工作原理有所不同。在定静压变温度法中,当 VAV 末端负荷改变时,除了像 CPT 法一样,通过调节空调机组送风量以保持末端静压和送风温度都不变,来适应负荷的变化之外,还可以通过改变空调机组送风温度来适应末端负荷改变引起 VAV 系统总负荷的变化。在 CPVT 中,可以保持送风温度不变,通过调整空调机组总风量来满足末端负荷变化的需要,同时保证末端定静压不变的条件;也可以保持空调机组总调机组送风量不变,通过调整空调机组送风温度来满足末端负荷变化的需要,并保证末端定静压不变的条件;当然也可以同时调整空调机组总送风量和送风温度以满足末端负荷变化的需要并保持末端定压恒定。在这一方法中,末端静压恒定而送风温度可调,故称为定静压变温度法(CPVT)。送风温度、总送风量均可调整,温度与总送风量调整的优先顺序及其具体的控制算法应根据实际 VAV 系统的热源特性、风管的气流特性等确定。

(3)变静压变温度法(VPVT)

定静压法(CPT 或 CPVT)中总是保持末端静压恒定,而变静压变温度法(VPVT)则把末端静压也作为可调参数处理。某一末端负荷变化的,可以考虑在最小末端静压(最大限度地节约风机送风动力)的条件下,同时调整风量和温度来满足末端负荷变化的需要。在 VPVT 法中,可调量增加一个,就增加了进一步节能的可能。

在 CPT、CPVT 和 VPVT 三种控制方法中,末端静压均是一个重要的被调参数。但在末端静压稳定的条件下,某一末端负荷发生变化会引起总风管系统特性的改变,而这种改变又会引起一些负荷没有变化的末端装置的气流条件发生变化,引起末端产生扰动。这表明静压控制的 VAV 系统存在整个系统稳定性能不是太好的问题,这是由于所有末端通过风路管网形成耦合引起的。

(4) VAV总风量控制法

由于静压控制存在不稳定因素，对VAV系统的使用造成了极大的障碍。如果通过统计计算出各末端风量的总量，并通过送风机相似特性计算出此风量所对应的空调机组送风机的转速，并控制空调机组送风机在此转速运行，从而保证送风量与负荷需求一致，这就是总风量控制法的基本原理。

总风量控制法是开环控制的思路，具体优点是控制算法简单、速度快、稳定性好；缺点是当设备性能变化时，空调系统会产生很大的误差，甚至完全失效无法工作。因此，需要和某种反馈方式结合起来才会取得好的效果。

2. 变风量空调系统常用的监控功能

变风量空调系统分为送风温度控制系统、室内温度变风量系统、系统静压控制系统及送、回风机平衡控制系统。空调处理机处理的空气经变风量末端装置送给多个空调房间。

(1) 送风温度自动控制系统

由室内温度传感器和冷热盘管部分组成送风温度恒定系统。根据送风温度与设定值之差，按PI规律控制电动调节阀的开度，补偿室外干扰，以恒定送风温度。温度恒定的空气经送风机再送往各个房间。

(2) 室内温度自动控制系统

由设在每个房间内的温控器（包括传感器在内的控制器）根据各室内温度与设定值之差，控制末端变风量装置，改变送往室内的风量，以补偿室内干扰，恒定房间温度。显然，这是利用节流型变风量末端装置调节风量的。

(3) 系统静压调节

使用节流型变风量末端装置后，系统管道特性发生变化，风阀工作点也将移动，工作点自A移到B。相应地风管内静压发生变化，即整个送风道内静压增加了。这种情况下，虽然风量减少但风机动力没有明显节约。相反，过量的节流会引起噪声增加等缺点。为了克服节流型产生的这一问题，必须在风管内设静压调节系统，由静压调节器和风机风量调节装置组成。也就是，通过改变系统的风量来保持系统静压恒定。

在空调系统中常用如下几种静压调节：

①风机变速调节

当改变转速后，风量也相应改变，可获得明显的节能效果。变频调速是最有发展前途的一种调速方式，优点是可以得到很宽的调速范围，很好的调速平滑数和足够硬的机械特性。但要有一套变频设备，目前主要采用可控硅变频装置。

②风机出口阀调节

在某些小型系统中，为了消除过高的系统静压，可在风机出口侧安装调节阀，相当于给风道附加一个阻力，消耗风机的剩余压力，以降低阀后的压力，同时也减少了风量。

③送、回风量的平衡控制

在变风量系统中，送、回风量的平衡是非常重要的。由于送、回风量不平衡，会引起室内静压的变动，随之而来的新风侵入、室内空气向外渗透等，会引起室内负荷的增加，因此需要保持空气的平衡。在对送风机控制的同时，也对回风机进行控制。常用的方法有风道静压控制、直接室内正压控制和风量追踪控制3种，分述如下。

a. 风道静压控制：回风机和送风机采用同一个来自送风道末端的静压信号控制运行状态。这种控制方法要求送、回风机特性曲线相似，系统风量变化范围不能过大，一般以不超过50%为宜。

b. 直接室内正压控制：回风机按照室内外压差调节运行状态。室内测压点远离门或任何可开启的孔洞处，更要远离电梯井，避开空气流动对室内测压的影响。室外测压点应离建筑物屋面 3m 以上，防止室外风直接吹入测压管内。

c. 风量追踪控制：送风机出口和回风机入口处设置风量测量台，测量各自的风量并保持其固定的差值，出现超差时，调节回风机以维持给定的风量差。

变风量自动控制系统采用风道静压控制，由风压变送器、控制器通过变速装置，分别控制送、回风机的转速，以获得送、回风风道静压的平衡。

（4）空气品质控制

有的空调系统设置空气品质控制，利用 CO 变送器测量回风中 CO 含量，当其含量超过标准时，通过控制器调节新风阀门的开度，同时控制回风阀门及排风阀的开度，保证提供足够的新风量，以维持空气品质的要求。

（5）时间启停控制

对于多而分散的系统，可按系统使用时间分成若干通道，各通道分别制定一周启停时间程序，当通道内系统多而各系统容量比较大时，可再通过多级延时逐一控制通道内各系统启动，避免因动力设备集中启动而造成启动电流过大。

在集散型控制系统中，时间程序控制主要由软件完成，启停时间可通过操作键盘送入存储器，由于内部没有保护电源，万一主电源停电，保证在 RAM 中的数据在一定时间内不丢失。

6.1.4 变冷媒流量末端的控制

VRV（variable refrigerant volume）意为变制冷剂流量系统，这种系统是日本大金（DAIKIN）公司在 20 世纪 80 年代初首次试制成功的。VRV 以制冷剂作为热输送介质，省去了水系统和风系统（当不考虑新风时），制冷剂传送的热量约 205kJ/kg，几乎是水的 10 倍；加上采用先进的变频调速技术、自动控制技术，并以其模块式的结构形式灵活组合，显示出极大的特点。一组室外机最多可连接 16 台室内机。一般在 1 000～10 000mm^2 的建筑，具有更大的实用性。虽然初次投资稍高些，但由于运行成本、维修成本和能量消耗较低，所需机房土建面积小，所以据有关资料表明，其总成本仅约为冷水机组系统的 86%。

1. 变冷媒流量末端的控制特点

（1）高效的容量控制

由于各房间具有独立的控制系统，利用电子膨胀阀，能随室内负荷变化，连续调节进入室内换热器传输介质的流量，可使房间温度得到满意控制，控制精度可达±0.5℃；对室外机可根据有关参数，对压缩机进行变频转速控制，变频段数可高达 20 段，因此其节能效果是非常明显的。

（2）组配的微机监控系统

这种系统在出厂前已配置好微机自动系统，无需另行配置，使用和安装极为方便。

（3）控制方式多种多样

使用液晶显示遥控器和多功能的集中控制板，可实现分散控制和集中管理功能。可根据用户要求实现多种控制方法，例如室内机可实现单独控制和成组控制；系统实现制冷、制热工况转化等（热泵）。

2. 室内机的容量控制

（1）室内遥控器及其控制功能

在室内机上使用遥控器，可以组成能满足各种要求的、用途广泛的控制系统。遥控器上液晶显示屏显示所有的运行状态信息，数字显示可以以 1℃为单位，进行温度设定。

遥控器内部配有温度传感器，可实现舒适的室内温度控制。

使用室内遥控器可以选择同一系统内室外机制冷、制热工况（仅 VRV 系统热回收系列）。

配备有“自动故障诊断功能”，能在故障发生时立即了解故障信息。利用室内遥控器可完成单独控制，实现单独控制功能；实现成组控制功能，可以用来控制多达 16 台的室内机；实现两地控制，例如，需要对接待室里的一台室内机进行运行控制，想在就近或从远处准确地操作该室内机时，两地都有温度设定，但后入指令优先；组合控制功能，通过一台室内机可以对全热交换器 HRV 系统同时进行控制；系统扩展控制功能，例如室内机可以从 BA 系统来启动或停止。

遥控器能进行温度设定、定时器设定（1～72h 之间的定时器设定）、风量设定、空气气流方向的调节（摆动叶片），显示功能有：运行显示、过滤网指示、温度设定显示、风量显示、异常显示等。

（2）集中遥控器及其控制功能

集中遥控器又称多功能集中遥控器，有些 VRV 系统最多能控制 16 个系统，256 台室内机。该控制器可实现空调系统综合控制，包括室内单机独立温度设定、检查操作等。

集中遥控器可以连接多达 64 组（128 台）室内机进行单独或同时的开、关控制，温度设定，监视等操作。一个系统可接多至 2 台控制器。

统一开、关控制器可以单独或同时对多达 16 组（128 台）室内机进行开、关控制及显示运行和故障状态。一个系统可接多至 4 台控制器。

日程设定器可以对多达 64 组（128 台）室内机进行一周日程程序控制，每日可开、关两次。

电脑控制的统一型转接器用于 BA 系统与集中遥控器之间的连接（开、关控制，显示等）。

（3）室外机的变频控制

根据室外温度和回风温度对压缩机的转速进行控制，改变压缩机的转速，维持制冷剂压力恒定。容量调节范围为 50％～130％。

所谓变频，是指通过半导体电子电路把市电网供应的频率为 50Hz 的交流电转换为所需频率的交流电，供给压缩机电动机作为电源。由于供电频率的变化，致使压缩机电动机转速也随之变化。VRV 系统没有变频电源系统，这个系统由遥控器控制，有以下特点。

①节能

传统的方法多为冷机启停控制，但启停控制在每次启动时有过大的启动电流，造成电能浪费。而变频控制系统是连续地调节冷机的输出量，以期与实际负荷相匹配，有利节能。

②舒适

由于 VRV 中室外机所供给的能量大致和实际负荷相对应，加之各室内机有室内遥控器控制，可使室内温度维持在预定值，室温变化小，形成一舒适空间。

③启动性能好

由于变频控制系统可在低频下启动，然后逐步提高运行速度，因此，起动电流低、动力损失小，并降低了对供电系统的干扰。

④可以提高制热能力

一般运行在热泵工况时，冬季室外温度下降，空调器热能力也随之明显下降，使房间舒适度受到很大影响。采用变频控制，可提高频率，增大压缩机转速，提高空调制热能力。

6.1.5 新风机组自动控制系统

新风机组是半集中式空调系统中，通常与风机盘管配合使用，主要用来集中处理新风的空气处理装置。新风在机组内进行过滤及热湿处理，然后利用风机通过管道送往各个房间。室内负荷通常由风机盘管处理。新风机组由新风阀，过滤器，冷、热盘管，进风机等组成，有的新风机组还设有加湿装置。

1. 新风机组常用监测、控制内容（表 6-2）

新风机组监测、控制点表 表 6-2

受控设备	设备数量	监控点描述	输入		输出		备注
			AI	DI	AO	DO	
新风机组	1台	新风调节阀			1		风阀执行器
		新风温、湿度	2				风道温、湿度传感器
		送风温、湿度	2				风道温、湿度传感器
		过滤网阻塞报警		1			压差开关
		冷热盘管防冻报警		1			防冻开关
		风机启/停控制				1	继电器
		风机手/自动状态		1			常开无源触点
		风机运行状态		1			常开无源触点
		风机故障报警		1			常开无源触点
		风机压差开/关		1			压差开关
		加湿器启/停控制				1	继电器
		冷/热水阀门调节			1		电动阀门执行器

新风温度测量：取自安装在新风口上的温度传感器，采用风管空气温度传感器。

新风湿度测量：取自安装在新风口上的湿度传感器，采用风管空气湿度传感器。

在BAS系统中，不是每个空调机组都安装新风温、湿度传感器，一般只需在有代表性的少数新风入口或室外适当的检测点安装，测量值可供BAS系统共用。

过滤网两侧压差监测：取自安装过滤网上的压差开关输出，采用压差开关监测过滤网两侧压差。

送风温度测量：取自安装在送风管上的温度传感器，采用风管式空气温度传感器。

送风湿度测量：取自安装在送风管上的湿度传感器，采用风管式空气湿度传感器。

防冻开/关状态监测：取自安装在送风管靠近表冷器出风侧的防冻开关输出，只在冬天气温低于0℃的北方地区使用。

送风机运行状态监测：送风机配电柜接触器辅助触点，也可用监测点在风机前后的压差开关监测。

送风机故障监测：送风机配电柜热机电继电器辅助触点。

送风机开/关控制：从DDC数字输出口（DO）输出到送风机配电箱接触器控制回路。

新风口风门开度控制：从DDC控制器数字输出口（DO）输出到新风口风门驱动器控制输入点。

冷/热水阀门开度调节：从DDC模拟输出口（AO）输出到冷热水二通调节阀阀门驱动器控制输入口。

加湿阀门开度调节：从DDC模拟输出口（AO）输出到加湿二通调节阀阀门驱动器控制输入口。

空气质量检测：取自安装在空调R区域的空气质量传感器，常选用二氧化碳传感器，一般设置在重要房间。

2. 新风机组常用监控功能（图 6-3）

联动控制：现场控制器按照时间表送出风机启停信号，新风阀与送风机联锁，当风机动作启动时，新风阀打开；风机关闭时，新风阀同时关闭。

新风机组启动顺序控制：新风风门开启→送风机启动→冷/热水调节阀开启→加湿阀开启。

新风机组停机顺序控制：关加湿阀→关冷/热水阀→送风机停机→新风阀门全关。

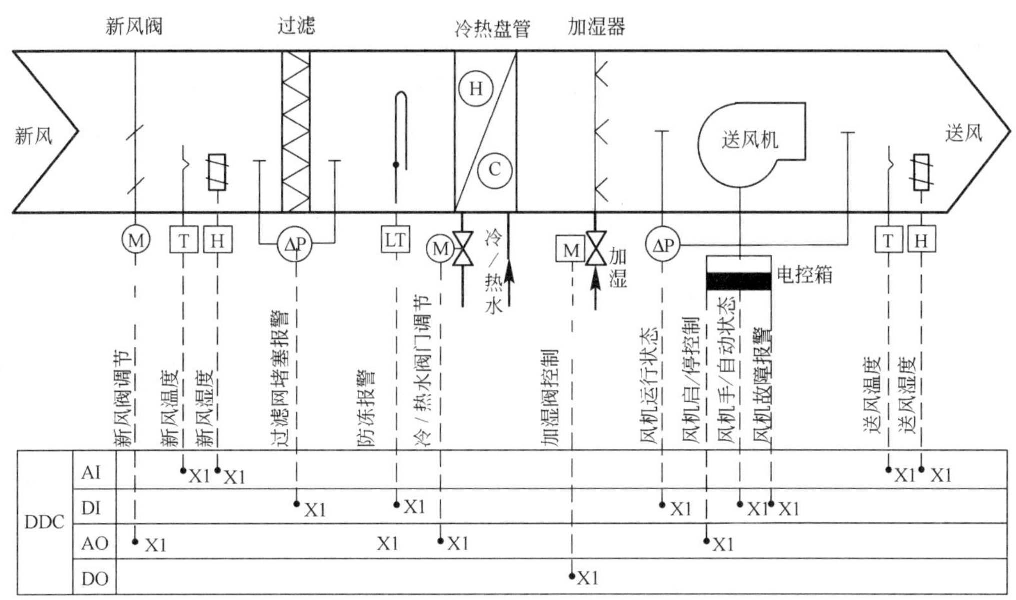

图 6-3 新风机组控制原理图

过滤器堵塞：当过滤网两侧压差超过设定值时，压差开关送出过滤器堵塞信号，中控电脑显示报警信号。

防冻报警：当冬季温度太低时，防冻开关送出信号，风机和新风阀关闭，防止盘管冻裂。当防冻开关正常时，应重新启动风机，打开新风阀，恢复正常工作。

温度调节：温度传感器检测到送风温度实际值，与控制器设定的温度比较，经 PID 计算后，输出相应的模拟信号，控制水阀的开度，使实测温度达到设定温度。

湿度调节：湿度传感器检测到送风湿度实际值，与控制器设定的湿度比较，经 PID 计算后，输出相应的模拟信号，控制加湿阀的开度，使实测湿度达到设定湿度。

空气质量控制：为保证空调房间的空气质量，应选用空气质量传感器，当房间中二氧化碳浓度升高时，二氧化碳传感器输出信号到 DDC，经计算，输出控制信号，控制新风风门开度以增加新风量。

设备定时启停与远程开/关操作：控制系统能够依据预定的运行时间表，实现新风机组的按时启/停；应有对设备进行远程开/关操作的功能，也就是在控制中心能实现对空调机组现场设备的远程控制。

以 DDC 控制器通过其内置的通信模块，可使 DDC 控制系统进入同层网络，与其他 DDC 控制器进行通信，共享数据信息；也可以进入集散型系统，构成分站，完成分站监控任务，同时与中央站通信。中央站只需通过鼠标，便可获得各分站的资料，并可下达启、停的指令。启动后，由 DDC 进行监控。

3. 新风机组的节能运行管理

（1）目标温度值的自适应调节

新风机组根据设定目标温度值，通过 DDC 的 PID 运算器来调节水阀的开度以调整回风温度值，使回风温度保持在设定温度的一定范围内。根据室外温度，自动调整新风机组设定温度值来达到浮动控制的目的。根据反复试验和设计院要求，确定室内的设定温度以夏季的室外温度为基准。当室外温度分别为 28℃以下、28～32℃、32℃以上时，对应空调设定温度分别为 24℃、25℃、26℃；冬季以室外温度10℃以上、10℃以下对应20℃、18℃。

（2）提高空调目标温、湿度的控制精度

对室内温、湿度控制精度的要求为：温度±1.5℃，湿度60%±5%。按照常规方式进行PID控制，根据BA系统不同的控制对象，应采用不同的控制方式。通常有以下4种控制：

比例控制P——适用于干扰变化幅度小，自衡能力强，对象滞后（τ/t）较小，控制质量要求不高，且系统允许有一定范围余差的场合。

比例积分控制PI——工艺要求静态无余差，控制对象容量滞后很小，负荷变化幅度较大，但变化过程又较缓慢的场合。

比例微分控制PD——适用于控制对象时间常数t_0较大的场合。对于滞后很小，信号有噪声或周期性干扰的系统不能采用微分作用。

比例积分微分控制PID——适用于负荷变化和对象容量滞后都较大、时滞不太大且控制质量要求又较高、被控变量变化缓慢的场合。

（3）最小新风量控制

控制方法：冬、夏典型工况下固定最小新风量的控制，一般按设计新风量，预调好新、排风和回风阀门的阀位，作为最小新风量的控制值。

（4）利用新风供冷控制

判定条件：室外空气的焓值低于室内空气的焓值，并且室外空气的含湿量大于送风点的含湿量。

控制方法：按一定时间间隔测量室内、外空气和送风点的干球温度与相对湿度，计算室内、外空气的焓和含湿量，并加以比较，满足上述判定条件，则进入全新风和全排风的工作状态，同时还需根据室内温度与设定值的比较来判定是否需要供冷水和制冷机的启/停，如果新风供冷工作状态能够满足室内温、湿度的要求，则关闭空调机组的表冷器供水阀。

6.1.6 空调机组自动控制系统

空调机组是将房间的温、湿度控制在一定的允许范围之内，而不是像新风机组那样控制送风的参数，由于控制目标的改变，控制系统的组成环节发生了变化，采用的调节方法也有所不同。空调机组处理的空气除有新风外，还有室内的回风。在总风量中处理新回风的关系，调节新回风量的比例，使之既能满足室内卫生条件的要求，同时又能节约运行能耗。

空调机组往往同时承担若干个房间的空气调节任务，而各房间的热湿特性、负荷大小，甚至要求的室内状态都不相同，空调机组应采取有效措施去适应这些不同的要求。新风机组仅存在室外空气参数变化对调节系统的干扰。而空调机组除了有室外空气参数变化的干扰外，还存在室内人员、设备散热、散湿量变化引起的干扰。调节系统必须同时考虑这几种干扰的影响，满足室内温、湿度的要求，同时减少运行能耗。空调机组使用场合比较多，对空调机组的结构、组成和功能的要求各有不同，导致了空调机组有比较多的样式。在这里，通过对有代表性的空调机组的监控系统进行分析，以使读者对空调机组基本的控制功能有一个全面清晰的认识。

1. 空调机组常用监测、控制内容（表6-3）

新风温度测量：取自安装在新风口上的温度传感器，采用风管空气温度传感器。

新风湿度测量：取自安装在新风口上的湿度传感器，采用风管空气湿度传感器。

在BAS系统中，不是每个空调机组都安装新风温湿度传感器，只需在有代表性的少数新风入口或室外适当的检测点安装，测量值可供BAS系统共用。

过滤网两侧压差监测：取自安装过滤网上的压差开关输出，采用压差开关监测过滤网两侧压差。

送/回风温度测量：取自安装在送/回风管道上的温度传感器，采用风管式空气温度传感器。

空调机组监测、控制点表

表 6-3

受控设备	设备数量	监控点描述	输入		输出		备注
			AI	DI	AO	DO	
空调机组（双风机）	1台	室内温、湿度监测	2				室内温、湿度传感器
		室内空气质量监测	1				室内空气质量传感器
		新风调节阀			1		风阀执行器
		回风调节阀			1		风阀执行器
		排风调节阀			1		风阀执行器
		新风温、湿度	2				风道温、湿度传感器
		送风温、湿度	2				风道温、湿度传感器
		回风温、湿度	2				风道温、湿度传感器
		过滤网阻塞报警		1			压差开关
		冷热盘管防冻报警		1			防冻开关
		送风机启/停控制				1	继电器
		送风机手/自动状态		1			常开无源触点
		送风机运行状态		1			常开无源触点
		送风机故障报警		1			常开无源触点
		送风机压差开/关		1			压差开关
		回风机启/停控制				1	继电器
		回风机手/自动状态		1			常开无源触点
		回风机运行状态		1			常开无源触点
		回风机故障报警		1			常开无源触点
		回风机压差开/关		1			压差开关
		加湿器启/停控制				1	继电器
		冷/热水阀门调节			1		电动阀门执行器

送/回风湿度测量：取自安装在送/回风管道上的湿度传感器，采用风管式空气湿度传感器。

空气质量检测：取自安装在空调区域或回风管上的空气质量传感器，常选用二氧化碳传感器。

送风风速检测：取自送风管上的风速传感器，采用风管式风速传感器。

防冻开/关状态监测：取自安装在送风管表冷器出风侧的防冻开关输出（只在冬天气温低于0℃的北方地区使用）。

送/回风机运行状态监测：送/回风机配电柜接触器辅助触点，也可通过监测点在风机前后的压差开关监测。

送/回风机故障监测：送/回风机配电柜热机电继电器辅助触点。

送/回风机启/停控制：从DDC数字输出口（DO）输出到送/回风机配电箱接触器控制回路。

新风口风门开度控制：从DDC数字输出口（DO）输出到新风口风门驱动器控制输入点。

回/排风风门开度控制：从DDC数字输出口（DO）输出到回/排风风门驱动器控制输入点。

冷/热水阀开度调节：从DDC数字输出口（AO）输出到冷/热水二通调节阀阀门驱动器控制输入口。

加湿阀门开度调节：从DDC数字输出口（AO）输出到加湿二通调节阀阀门驱动器控制输入口。

2. 空调机组常用的监控功能（图6-4）

定时控制：按日程安排，预先制订最佳时间、假日表程序，定时控制空调机组的启停，并累计运行时间。

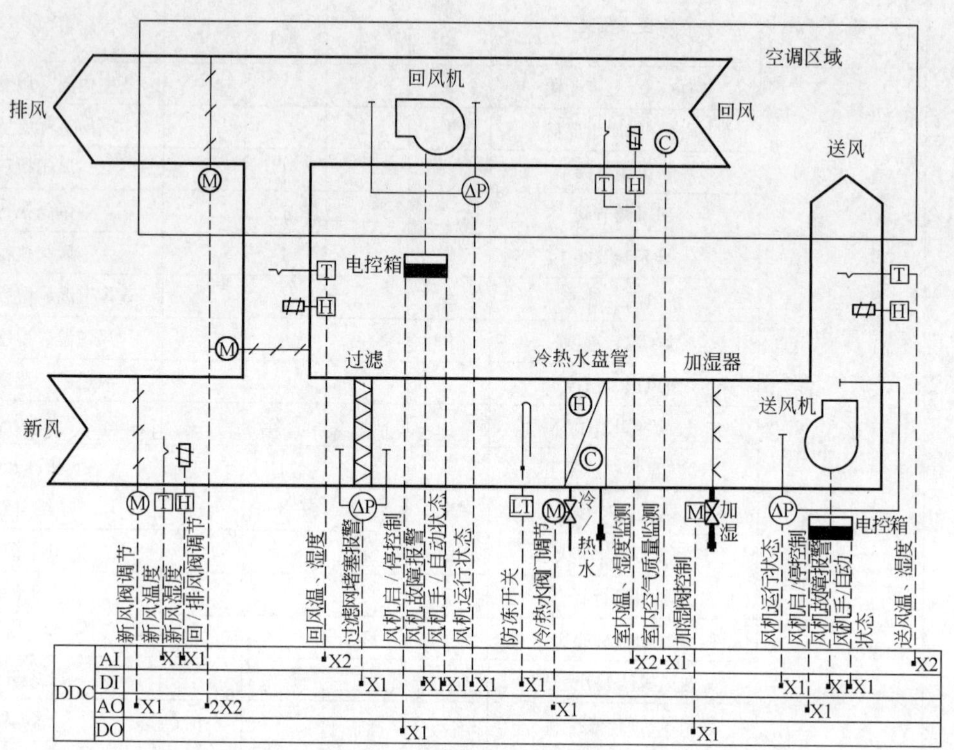

图 6-4 空调机组控制原理图

联锁控制：新风风阀与风机和水阀联锁控制。启动：新风阀、回风阀→空调机组送风机→确认风机运行→调节回水电动阀；停止：回水电动阀→空调机组送风机→新风阀、回风阀。冬季室外温度较低，启动：回水电动阀→新风阀、回风阀→空调机组送风机→确认风机运行→调节回水电动阀；停止：空调机组送风机→新风阀、回风阀→维持空调水阀 20%开度。

温度控制：在冷冻水/热水回水管上安装的电动调节阀，接受就地安装的 DDC 控制器的控制，当 DDC 控制器接受的回风温度与设定值有偏差时，通过在现场 DDC 控制器内置的控制算法，如 PID（比例积分微分）和优化 PID 算法，DDC 控制器发出控制信号到电动调节阀，调节盘管内的水流量，这样构成闭环控制，保持送风温度在要求的控制范围内，当空调机组停止运行时，调节阀即关闭。

湿度控制：根据回风湿度与设定值的偏差，控制加湿器的开关，保持送风湿度在设定范围内。

空气质量控制：为保证空调房间的空气质量，应选用空气质量传感器，当房间中二氧化碳浓度升高时，二氧化碳传感器输出信号到 DDC，经计算，输出控制信号，控制新风风门开度以增加新风量。

节能控制：当所测新风温度达到可进行全新风操作时，DDC 控制器根据预定程序控制新风阀至全新风位置，同时关闭盘管水阀，利用室外的自然风进行室内温度调节。

冬夏季工况转换：在冬夏季季节转换后，程序自动调整控制程序，保证盘管水阀的动作满足负反馈的要求。

防冻报警：在空调机组中安装防冻报警开关，DDC 控制器一旦检测到表冷器的温度接近设定的极限值，即向控制室的工作站发出警报，同时关掉风机、关闭风阀、打开水阀，以防冻裂表冷器的盘管。

过滤器淤塞报警：每台空调机组的过滤网处均设有压差开关，由此来测定过滤网是否淤塞，此信号通过 DDC 控制器在中控室工作站上提示并打印，通知维护人员进行清理。

空调机组的定时运行与设备的远程控制：控制系统能够依据预定的运行时间表，实现空调机组的按时启停；应对设备进行远程开/关控制的功能，也就是在控制中心能实现对空调机组的现场设备的远程控制。

3. 空调机组节能运行管理

（1）新、排风及能量回收控制

利用排风的冷（热）量对新风进行预处理，节省用于处理新风所需的冷（热）量。供冷时室外空气的焓值（或温度）高于排风的焓值（或温度），供热时室外空气的焓值（或温度）低于排风的焓值（或温度），并且还应考虑回收的能量应大于热回收装置本身的能耗。

按一定时间间隔测量室内、外空气的干球温度和相对湿度，计算室内、外空气的焓值，并加以比较，当室外空气的焓值高于室内空气的焓值，并且大于给定的焓差值时，则使全热回收装置投入运行；反之，则停止运行，旁通阀打开，新风不经过全热回收装置。

（2）CO_2 浓度实时监控法

在人员变化较多的场合（如会议室、多功能厅等），按固定新风量运行，当在室人员较多时，会感到室内空气很差；当在室人员低于设计指标时，人仍按固定新风量运行，显然是浪费。为确保室内空气品质的要求，根据在室人员的变化调节系统的新风量和排风量，可避免新风量不足和不必要的能耗。在人员减少的情况下，及时调节新、排风量，以减少新、排风不必要的能耗；当室内逗留人数低于设计值时，系统只需保证一般通风标准的换气量，采用室内 CO_2 浓度实时监测来控制新风量。

根据在室人员数和预测 CO_2 发生量，设定 CO_2 允许浓度值 C_n，系统运行时根据 CO_2 监测点的浓度值 C，与设定的 CO_2 允许浓度值相比较，如果 CO_2 监测点的浓度大于设定值，即 $C>C_n$，则增加新风和排风阀门的开度，同时关小回风阀门；如果 CO_2 监测点的浓度小于设定值，即 $C<C_n$，则减小新风和排风阀门的开度，同时开大回风阀门，直至满足最小新风量的阀门限定位置。

（3）新风温度补偿自动控制系统

室温的设定值随室外空气温度有规则的变化，在自控领域内称补偿控制。它既能改善空调房间的舒适状况，又能节约能耗。

新风温度补偿自控系统，采用室内型热敏电阻温度传感器、室外温度传感器、风道型热敏电阻温度传感器、补偿式控制器。

在冬季工况，补偿控制器按断续 PI 控制规律，控制盘管加热器的电动调节阀的开启度，室温设定值从设定的初始值（18℃）开始，随着室外温度从补偿起点（10℃）的下降而上升。上升的速率按 $K=-10\%$变化。例如，室外温度从 10℃下降到 0℃时，室温设定值增加 1℃，即此时室温设定值为 19℃。

在夏季工况，补偿控制器则控制冷热盘管电动调节阀。夏季补偿起点为 20℃，随着室外温度增加，室温设定值按夏季补偿比 $K=62.5\%$从 18℃上升，直到达到最高补偿极限为止。例如，当室外温度从 20℃上升到 36℃时，室温设定值上升到 28℃（补偿极限）。

在过渡季节，室温设定值恒定，尽管设定值不变，但由于此时既不加热也不制冷，而是最大限度地利用新风，使新风门开到全开，使室温随室外温度波动，可满足一般舒适要求。

在冬季工况，应按卫生标准保证最小新风量（由风阀执行机构的行程开关控制）。

①利用焓差控制新风量

夏季在凌晨 2 点开启空调机组半个小时，将室外低温新鲜空气与室内污浊空气进行置换。早晨开启空调时，将新风阀门设定为最小新风量运行（10%），回风阀门开启 100%，排风阀门完全关闭，空调机组进行全循环运行，减少处理新风的能量消耗。

为了充分、合理地回收回风能量和利用新风能量，根据新、回风焓值比较来控制新风量与回风量的比例，最大限度地减少人工能量与热量。

新风负荷一般占空调负荷的相当部分，有时可达 30%～50%，因而减少新风负荷就成了有效的节能方法。根据新、回风焓差控制新风量的概念图（图 6-5），图中 Δh=室内空气焓－新风空气焓。

A 区：制冷工况，且 $\Delta h>0$，故应采取最小新风量，减少制冷负荷。在此工况下，最小新风量可根据室内 CO_2 浓度调节最小新风量，也可以直接给定最小新风量，保证室内空气的品质。

B 区：制冷工况，且 $\Delta h<0$，应采取最大新风量控制，充分利用自然冷源，以减轻制冷负荷。

B 区与 C 区的交界线：在此线上新风带入的冷量恰与室内负荷相等，制冷负荷为零，可以停止供应冷源。

C 区：过渡季节，此时可利用一部分回风与新风相混合，即可达到要求的送风状态。

MinOA 线：是利用最小新风量与回风混合可达到要求的温度，此时过渡季节，要求的温度值范围比较宽泛。

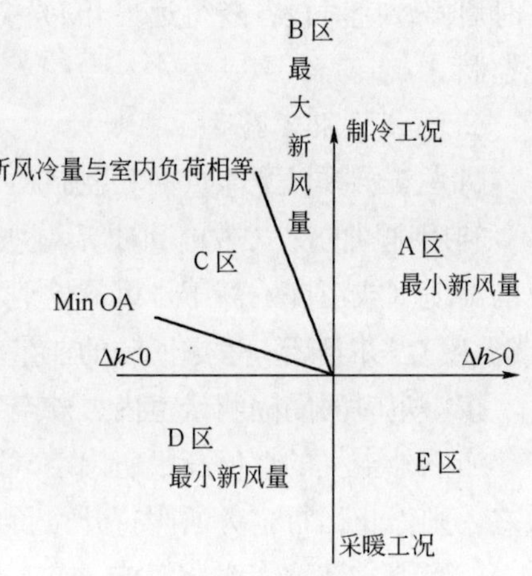

图 6-5 利用焓值控制新风量

D 区：空调系统进入采暖工况，采用最小新风量。同样按照时间段确定最小新风量。

E 区：采暖工况，且新风焓值比室内空气焓值高的工况。当然，这种情况出现的机率少，如遇此情况应尽量采用新风。

②焓比较自动控制系统

因空气焓值是空气干球湿度和相对湿度的函数，故焓值比较的输入信号有新、回风的干球湿度和相对湿度信号，即回风湿度传感器与湿度传感器。通过新风温度与湿度，计算新风空气焓值，控制执行机构使新、回、排风门按比例开启。

应说明，如果回风焓值<新风焓值，新风阀处于最大开度，室温仍高于设定值，系统处于失调状态。为此，应设置室内温度控制系统，控制冷盘管的冷水阀门开度。随着冷负荷的减少，冷水阀门逐渐关小，当冷水阀门全关时，按比例调节新、回风比例维持室内温度。此时，还应设连续可调开关，可以给定最小新风量。

6.1.7 送排风机自动控制系统

在建筑中，有些对温、湿度无严格要求的地方，如卫生间、厨房、锅炉机房、地下车库、仓库等区域，只对空气质量有相关的要求。对这些区域，可通过设置相应的送排风设备并结合对应的监控策略来满足要求。

对一般的送排风区域，可由中央监控系统按照每天预先编好的时间、节假日程序启停及监控送排风机的运行。

对设在地下室的变配电室、冷冻站、换热站等设备机房，可根据设备运行情况确定送排风机的运行台数；地下车库需要进行有害气体排放的区域，可通过能检测一氧化碳、二氧化碳浓度的空气质量传感器对空气质量进行监测，并及时启动风机，以保证空气质量和环境安全。

1. 送排风机常用监测、控制内容（表 6-4）

送排风机监测、控制点表 表 6-4

受控设备	设备数量	监控点描述	输入		输出		备注
			AI	DI	AO	DO	
送排风机	1 台	风机启/停控制			1		继电器
		风机手/自动状态		1			常开无源触点
		风机运行状态		1			常开无源触点
		风机故障报警		1			常开无源触点

风机启/停控制：从 DDC 数字输出口（DO）输出到送风机配电箱接触器控制回路。

风机手/自动状态监测：送风机配电柜接触器辅助触点。

风机运行状态监测：送风机配电柜接触器辅助触点，也可用监测点在风机前后的压差开关监测。

送风机故障监测：送风机配电柜热机电继电器辅助触点。

2. 送排风机常用的监控功能

常规送排风机的程序启/停控制：楼宇自控系统预先在定时时间表或根据比赛计划和动态信息，实时改变控制时间表来安排风机一周内每天的开机时间，因此系统就能根据定时时间表自动启/停风机。

通过检测一氧化碳、二氧化碳浓度的空气质量传感器对空气质量进行监测，并及时启动风机，以保证空气质量和环境安全。

排烟排风机组的控制由BA控制器将开闭信号送至相应消防模块箱，通过消防模块箱的风机控制线路对风机启/停的状态进行监视，消防模块箱线路中消防控制优先，即消防动作将BA控制部分切除。

当送风机发生故障时，程序可自动联锁停止送风机的运行，每台风机都已经编制了时间程序，可在要求的范围内自动进行启/停控制，该时间段可在中央工作站进行修改。

公共区域卫生间对应的屋顶排风机由中控室集中控制启/停。

通过软件进行时间的累计计量，启动次数、运行时间显示，并自动定期提示检修设备。

在工作站以彩色图形显示、记录及打印各种参数、状态、报警、运行时间，绘制趋势图、动态流程图。

运行时间累计：楼宇自控系统（BAS）将存储每台风机的整个运行时间。这些数据将按需要在PC工作站给操作员显示，以提示维修人员定期维护设备。

6.1.8 空调常用节能控制方法

1. 常规自动控制策略

常规自动控制是通过现场控制器，将检测的相关量值与给定值之间的偏差进行PID比例、积分、微分运算，实现对执行器的调整，达到基本的节能效果。

系统在进风口、回风口处装设风管式温度、湿度传感器，在室内典型位置安装温度、湿度传感器，据此获得空调区域内外环境温、湿度的综合情况。控制器采用适当的PID算法调节空调机组的冷热水的阀门开度，快速跟踪调节房间内的温、湿度，使房间的实际温、湿度限定在设定值附近，达到精确控制的目的。空调送风温度曲线如图6-6所示。

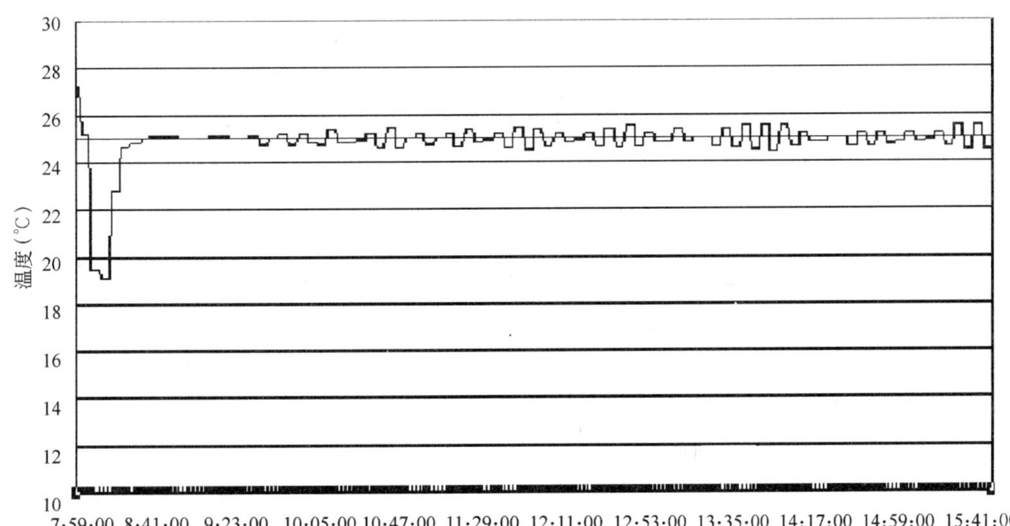

图6-6 空调送风温度曲线

2. 改变室温设定值或按设定区控制

室温变设定值控制或按设定区控制是在预先规定的室内温度范围内自动改变室内温度设定值或设定区的控制，也即室温设定值根据舒适性条件单纯按室内温度确定。舒适性空调系统采用变设定值方式，冬天加热加湿到舒适区限，夏天降温去湿到上限，过渡季节采用设定区控制方式，室内温、湿度在上下限舒适区范围内浮动，可以节约大量能量。

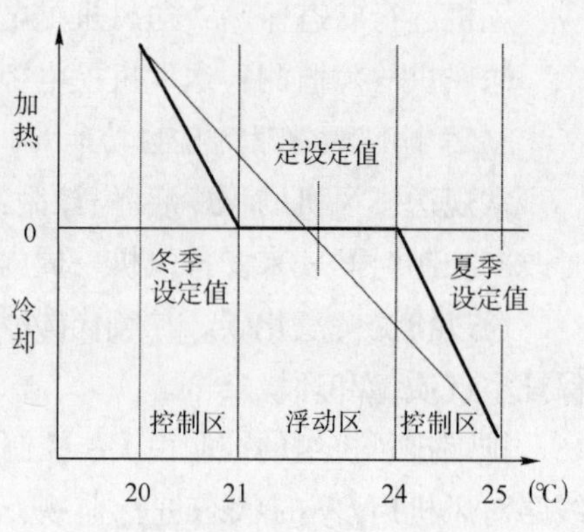

图 6-7 变设定值控制和设定区控制

实现变设定值控制或按设定区控制方法，室温在 20～21℃时，调节器按冬季比例设定值控制；室温在 24～25℃时，按夏季比例设定值控制；室温在 21～24℃设定区间时，调节器设定值浮动，系统既不加热也不冷却。图 6-7 中虚线为一般定设定值比例控制。可见，在 21～24℃区，定设定值控制仍然要消耗能量。设定区间越大，按设定区控制的节能效果越大。

3. 间歇循环控制

当空调系统的实际负荷小于设计负荷时（实际运行中大多属于这种情况），自控系统中的加热器、冷却器运行于部分负荷状态，但定风量、定水量系统中作为输送空气和水的动力设备如风机、水泵等，仍采用间歇循环控制，可以减少或避免这种浪费。

所谓间歇循环控制，就是在设备工作期间内，按一种或几种周期循环启停设备。例如，7：00 启动，8：00 开始进入以 30min 为周期的间歇循环控制，10：30 以后进入以 20min 为周期的间歇循环控制。

如此控制，则制冷机、风机、水泵等只是在启动时间内以额定功率运行，而在整个运行期间内低于额定功率，这是与实际负荷（一般都小于额定负荷）相适应，可以减少或避免能量的浪费。

循环周期内停歇时间不能过长或过短，它受“最长停歇时间”与“最短停歇时间”的限制。因为，停歇时间过短时，电动机由于频繁启动，启动电流会引起电动机过热，使设备损坏。“最长停歇时间”的限制主要是为了保证空调舒适条件不致受到破坏。

间歇循环运行又可分为固定周期运行和可变周期运行两种方式。顾名思义，固定周期方式是根据使用要求和设备性能，分别选择某一固定的循环周期；对每一个设备，还可以通过预先编程的办法，在一天当中的不同时间，选择短到 10min 及长至 2h 间的“短”与“长”两种循环周期。

可变循环方式是根据测定或预测的负荷情况，确定设备的合理工作时间比 V。

$$V = t_{工作}/(t_{工作} + t_{停}) \tag{6-1}$$

考虑“最长停歇时间”的限制，系统按最小工作时间比 V 运行，随着负荷增大，工作时间比 V 也相应加大。当负荷大到一定程度时，考虑到“最短停歇时间”的限制，系统工作时间比应变为 1，即变为连续运行状态。

4. 最佳启/停控制

对于间歇运行的空调系统，在停机后，由于外部环境条件的变化、围护结构传热的影响，室温会发生变化，又由于房间热惯性的影响，所以要求在次日开始使用前，必须进行预冷或预热，这就必须提前启动空调系统，使房间降温或升温，以保证开始使用时室温处于要求的范围内。

空调使用的开始时刻和终了时刻是确定了的，但是空调系统何时启动、何时停止为佳呢？以往，按经验以固定的时间程序进行设备的启/停控制，存在能量的浪费。这是因为新风温度每天都在变化，房间温度设定值也各异。因此，要在使用时刻恰使温度达到要求的范围，则每天空调系统的启动时刻也应不同。停机后，也是由于房间热惯性的影响，室温不可能很快发生变化，可以在停止使用时刻以前的某一时刻停机。既可保证在停止使用时刻之前，室温仍保持在要求的范围内，又能提前停机节约能耗。所谓最佳启/停控制，就是用最少能量保证系统在使用时间达到要求的范围，所进行的提前启动、提前停机的控制。

最佳启/停控制需要计算启/停时间，通过最佳启/停控制器或计算机进行控制。在计算中需要知道新风温度、室内温度，夏季或冬季室内给定条件，特别是要知道空调器与建筑物的动特性，这一点非常重要。作为最佳启动时刻，因负荷不同而异。可明显看出，当负荷大时，必须早些开机。所谓负荷，系指对象动特性所决定的室温变化快慢。与最佳启动时刻一样，最佳停止时刻也与空调器及建筑物的动特性有关。

5. 按时间控制

如夜间无人，可以低设，比白天降 1～3℃；日间中午室外温度较高，可以降低室内温度的设定值；晨间从接近室外温度向降低方向设定；下午从接近室外温度向升高方向设定。中午前后，夏季设定值可降低，冬季设定值可提高，早晨设定值从接近室外温度向升高（冬季）或降低（夏季）方向变化，下午设定值从较高（冬季）到较低（夏季），以向室外温度接近，这对节能、舒适及人体适应外部气候都有好处。

6. 功率负荷控制

在需求功率峰值到来之前，通过关掉事先选择好的设备，来减少高峰功率负荷。

7. 夜晚循环

在下班时间，降低空气品质，把温度维持在允许的范围内，降低能量消耗。

8. 夜风净化

在夏季的夜晚，让室外的冷空气在建筑物内流通，使室内清新凉爽。

9. 零能量区间

把室外温度分成加热区、零能量区和冷却区。零能量区定义了一个温度区间，在这个区间内不消耗加热或冷却能量，同样可以达到舒适温度范围。

6.1.9 冷源系统的自动控制

蒸气压缩式制冷又称机械制冷，利用制冷剂（氨、氟利昂及其替代物）在相变过程中吸、放热制冷的原理工作。根据对制冷剂蒸气压缩的方法，制冷机又分为活塞式、离心式、螺杆式、涡旋式和滚动转子式等多种类型。由于它们的机械结构不同，其能量控制方法也不同。对制冷压缩机除需进行能量调节外，还必须对压缩机进行安全报警和控制，这方面更显重要。

1. 冷水机组安全保护控制

安全保护控制在压缩机的控制中占有相当重要的地位，是保证压缩机安全运行的必要条件。目前，活塞式压缩机有以下几种安全保护控制。

（1）高压保护控制

排气压力（即高压）保护的目的是为了防止排气压力过高而发生事故。产生排气压力过高的原因可能是冷凝器断水或水量不足，或者启动时排气管路的阀门未打开，或者制冷剂灌注过多，或者因系统不凝性气体过多等原因。

保护控制的方法是在压缩机排气阀前引一导管，接到高压控制塔上。当排气压力超过设定值时，控制器立即动作，切断压缩机电源，使压缩机停机，并发出声光报警信号。

（2）低压保护控制

压缩机吸气压力（即低压）过低是不允许的。如果吸气压力低于要求值，一方面由于吸气压力过低，蒸发压力过低，使冷冻水温度过低；另一方面会因低压侧压力过低，引起大量空气渗入系统。因此，压缩机的吸气压力也必须加以控制。其方法是压缩机吸气阀前引出一导压管，接到低压控制器水保护。在压缩机冷却水套的出水管路上安装一对电接点，当有水流过时，电接点由水导通，继电器发出信号使压缩机处于可以启动或正常运转状态。若水流中断，继电器电接点断开，压缩机不能启动或事故停机。但水流中常常有气泡，会引起误动作，而且水流断水不会立即引起事故，所以应使继电器延时动作，一般延时为15～30s。

(3) 电动机保护

压缩机电机的保护主要是短路保护和长期过载保护。常用保护装置有过流继电器和热继电器，前者是短路保护用，后者是长期过载用。也可以采用自动空气断路器（又称自动开关），它既有开关作用，又有自动保护功能，在电路发生短路，严重过载、失压或欠压时，能自动切断电路，有效保护所控电动机。

2. 冷源系统常用监测、控制内容（表6-5）

冷水机组监测、控制点表　　表6-5

受控设备	设备数量	监控点描述	输入		输出		备注
			AI	DI	AO	DO	
水管监测		供/回水总管温度监测	2				水温度传感器
		供/回水总管压差监测	1				水压力传感器
		供水总管流量监测	1				电磁流量传感器
		冷却塔进出水总管温度监测	2				水温度传感器
平衡阀	1台	集/分水器平衡阀开度调节			1		电动调节式蝶阀
		集/分水器平衡阀阀位反馈	1				电动调节式蝶阀反馈
冷冻侧电动蝶阀	3台	冷冻侧电动蝶阀开关控制				6	电动开关式蝶阀
		冷冻侧电动蝶阀阀位反馈		6			电动开关式蝶阀反馈
冷却侧电动蝶阀	3台	冷却侧电动蝶阀开关控制				6	电动开关式蝶阀
		冷却侧电动蝶阀阀位反馈		6			电动开关式蝶阀反馈
冷水机组	3台	冷水机启/停控制				6	启动柜
		冷水机手/自动状态		3			常开无源触点
		冷水机运行状态		3			常开无源触点
		冷水机故障报警		3			常开无源触点
冷冻水泵	3台	水泵启/停控制				3	启动柜
		水泵运行状态		3			常开无源触点
		水泵故障报警		3			常开无源触点
		水泵手/自动转换		3			常开无源触点
		水流开/关		3			水流开关
冷却水泵	3台	水泵启/停控制				3	启动柜
		水泵运行状态		3			常开无源触点
		水泵故障报警		3			常开无源触点
		水泵手/自动转换		3			常开无源触点
		水流开/关		3			水流开关
冷却塔风机	3台	风机启/停控制				3	继电器
		风机手/自动状态		3			常开无源触点
		风机运行状态		3			常开无源触点
		风机故障报警		3			常开无源触点
冷却塔电动蝶阀	6台	冷却塔进水阀开/关控制				12	电动开关式蝶阀
		冷却塔进水阀阀位反馈		12			电动开关式蝶阀反馈
膨胀水箱	1个	水箱液位监测		1			超声波液位传感器
电动阀门	1台	补水电动阀门开/关控制				2	电动开关式蝶阀
		冷冻侧电动蝶阀阀位反馈		2			电动开关式蝶阀反馈

供/回水温度测量：取自安装在水管上的温度传感器，采用水管式水温度传感器。

供/回水压力测量：取自安装在水管上的压力传感器，采用水管式压力传感器或是压差传感器。

供水总管流量监测：取自安装水管上的水流量传感器，采用水管电磁流量传感器。

平衡阀开度调节：从 DDC 模拟输出口（AO）输出到平衡阀调节阀阀门驱动器控制输入口。

平衡阀阀位反馈：取自平衡阀调节阀阀门驱动器阀位反馈触点。

电动蝶阀开/关控制：从 DDC 数字输出口（DO）输出到电动蝶阀驱动器控制输入点。

电动蝶阀阀位反馈：取自电动蝶阀驱动器阀位反馈触点。

冷水机组运行状态监测：冷水机组配电柜接触器辅助触点。

冷水机组故障监测：冷水机组配电柜热继电器辅助触点。

冷水机组启/停控制：从 DDC 数字输出口（DO）输出到冷水机组配电箱接触器控制回路。

水泵运行状态监测：水泵配电柜接触器辅助触点及安装在水管上的流量开关。

水泵故障监测：水泵配电柜热继电器辅助触点。

水泵启/停控制：从 DDC 数字输出口（DO）输出到水泵配电箱接触器控制回路。

冷却塔风机运行状态监测：冷却塔风机配电柜接触器辅助触点。

冷却塔风机故障监测：冷却塔风机配电柜热继电器辅助触点。

冷却塔风机启/停控制：从 DDC 数字输出口（DO）输出到冷却塔风机配电箱接触器控制回路。

膨胀水箱液位监测：取自水箱中安装的液位传感器，采用液位开关或超声波液位传感器。

3. 冷源系统常用监控制功能（图 6-8）

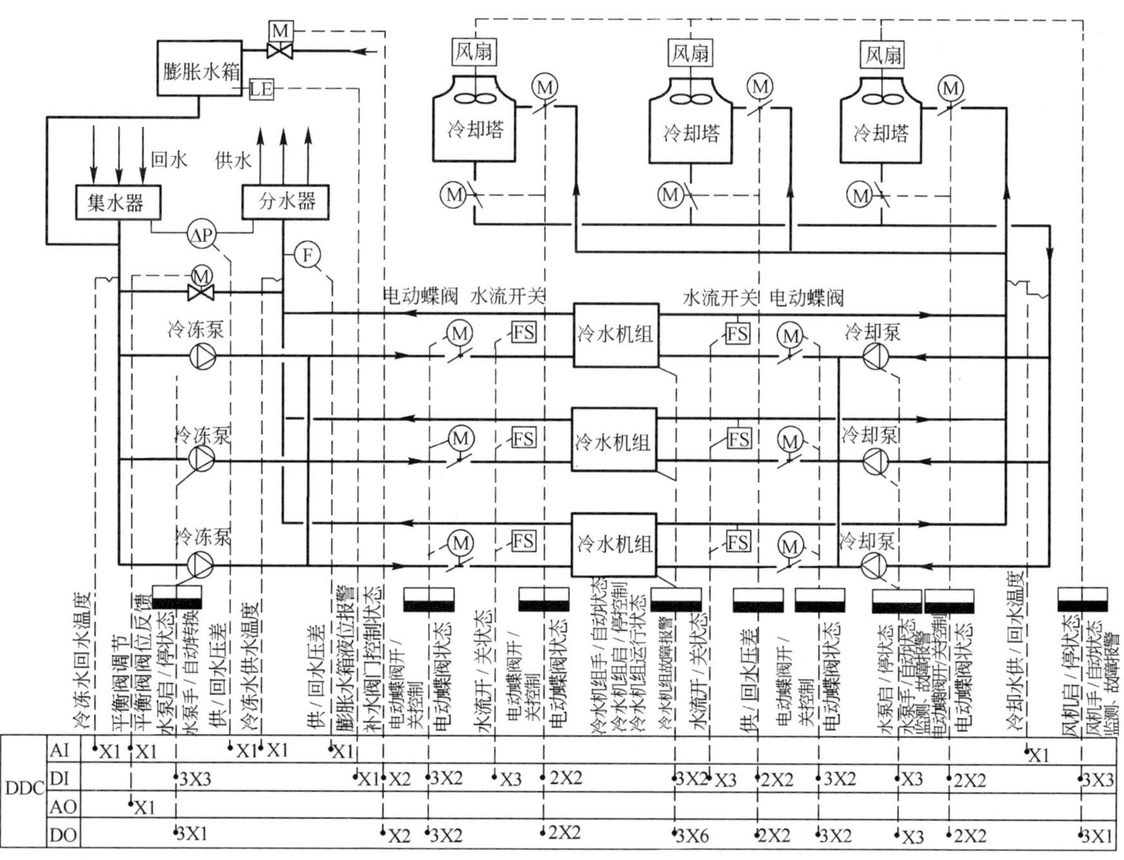

图 6-8 冷源系统控制原理图

冷负荷需求计算：根据冷冻供水、回水温度和供水流量测量值，自动计算建筑空调实际所需冷负荷量。

冷水机组台数控制：根据实际冷负荷以及冷冻机的运行时间累计，测量室外气象参数所判断的季节特性，来决定冷冻机的启停组合及台数，以便达至最佳的节能状态。

根据冷却水供/回水温度，控制冷却水旁通阀的调节，从而满足冷水机组低温启动及运行的要求。

根据冷冻水供/回水间的压差，控制冷冻水旁通阀的调节，以维持要求的典型压差。

通过量度冷冻水的总供/回水温度和供水流量，计算出空调系统的冷负荷。

根据机组启/停情况控制相关水泵及蝶阀开关。

冷却水温度控制：根据冷却水温度，自动控制冷却塔风机的启停台数及相关进水蝶阀开关。

冷水机组联锁控制顺序如下。

启动：　　　　电动蝶阀→冷冻水泵→冷却水泵→冷却塔风机→冷冻机组；

停止：　　　　冷冻机组→冷却塔风机→冷冻水泵→冷却水泵→电动蝶阀。

各联动设备的启/停程序包括一个可调整的延迟时间功能，以便配合冷冻系统内各装置的特性。

根据冷却水供水温度，通过调节冷却塔风机启停，使冷却水供水温度达到设定要求。

根据冷却塔温度控制冬季水盘的电加热棒。当温度低于5℃时，自动启动冬季水盘的电加热棒。

水箱补水控制：自动控制进水电磁阀的开启与闭合，使膨胀水箱水位维持在允许范围内，水位超限进行故障报警。

当各类水泵启动后，根据水流开/关状态的显示，判断水泵的工作状态，如有故障则停机。

启动次数、运行时间显示，并自动定期提示检修设备。

在工作站彩色图形显示、记录及打印各种参数、状态、报警、运行时间、趋势图、动态流程图。

4. 冷源系统的群控功能

国内外厂商所提供的冷水机组大多都带微电脑控制装置，具有系统启/停功能、参数显示功能、单机组容量控制功能和系统安全保护功能。这种情况下，BA系统应与冷水机组控制装置进行联网通信(硬件接口和软件通信协议)，获取有关参数。

中央空调系统采用集中供冷水的方式，需要将制冷系统、冷却水系统及冷冻水系统集中在一起，构成冷冻站。

制冷系统除了可以选用空调用冷水机组进行安装外，还可以根据不同情况，选用各种制冷设备组成制冷系统。在制冷系统中，除了压缩机、冷凝器、节流阀和蒸发器等主要设备外，应根据使用制冷剂种类的不同，设置一些辅助设备。在台数上，一般选用两台以上的冷机，便于实现台数控制。

冷却水系统主要指冷却水泵、机械通风冷却塔组成的系统，冷却水经过冷却塔冷却后再循环使用。冷冻水系统通过冷冻水泵和管道将冷冻水输送出去，供空调用户使用。使用后的空调回水，又返回蒸发器，降温后循环使用。

冷冻泵、冷却水泵，一般各选用3台并联，2用1备。此外，尚有补水装置。

如上所述，空调用冷冻站主要设备有：冷冻机、冷冻水泵、冷却水泵、冷却塔风机等动力设备和其他热力设备。对这些设备要进行监控。

对于大、中型冷站一般多采用DDC控制器进行控制，并通过集散系统中的中央站进行监测、管理。其所完成的监测与控制内容不但包括了采用模拟仪表时的所有内容，还具有集散控制系统在监控方面的独到功能。

自适应启/停将最大限度地减少设备的能耗，根据冷冻水温度和过去的冷负荷惯性/反应时间，来自动调节冷水机—泵—冷却塔的启/停时间，来逐个控制冷冻水泵、冷却水泵、冷却塔和冷水机组。

冷水机排序/选择用户可以选定超前/滞后冷水机，并重新安排其顺序。可以自动预测冷负荷需求/

趋势，并根据过去的能效、负荷需求、冷水机—泵—冷却塔的功率和待命冷水机的情况来自动选择设备的最优组合。用户可以交替地选择最优/同等的冷水机组运行时间。冷冻水和冷却水阀门将根据冷水机的选定情况来开/关。系统能够控制冷水机的任何配置。用户可以在某个现场位置启动冷水机组，也可以选择自动启动。任何冷水机得到开机命令却未能启动的，应按指定要求发出报警，控制器得到报警后，启动下一台最适合的机组。

最优冷水机负荷分配冷水机的能耗是最令人关注的，它由压缩方式、冷媒、制冷量、压缩机规格和换热器规格等因素构成。只有冷水机制造商本身才最熟悉自己的产品特性，约克的自控产品正是在这个基础上开发出来，结合冷水机的不同特性，做出最优化的计算程序，获得最好的节能效果，这是一般的控制系统无法比拟的。它将根据能效和最优设备组合来自动为每台冷水机分配负荷。在保持冷冻水的供/回水设定值状态的同时，也将重新设定每台冷水机的冷冻水出口温度，以优化机组的负荷分配。任何并联冷水机若处在循环回路上但无水流过时，其蒸发器会发出报警。

冷冻水重设冷水机组将根据下列方法之一（用户可选）来自动重设/调节冷冻水的出口温度：对于单台冷水机或一般供水情况，保持冷冻水的供水温度恒定（如7℃）；保持冷冻水的回水温度恒定（如12℃）；冷水机的冷却水入口温度应降低到与出口温度相差3℃的范围内，以减少扬程，并获得最大限度的节能。

低负荷控制不允许单台冷水机在低于可选工况点（如30%的负荷）下运行，除非只有单台冷水机用于承担冷负荷。当冷负荷低于25%时，将选择冷水机启/停控制，以便充分发挥其能效；或根据冷负荷惯性/反应时间和档案数据来选择连续运行。

断电后自动启动：当发生断电时，所有设备将停机一段时间，这段时间的长短可以选定。然后，设备将依次启停，以最大限度地减少功率的峰值需求。

备用冷水机的自动启动：当冷水机或辅助设备不能启动，或因紧急故障而停机时，备用冷水机及其相关辅助设备应自动启动。

故障报警：靠正反馈和/或紧急故障电路来识别并确认冷水机、泵和冷却塔风机的故障，同时将显示报警信息。

降温时间的需求：限制冷水机启动后，在达到满负荷之前，可以在一段可选的时间范围内逐步给机组加载，使其功率达到一个可选的极限值。

冷却塔控制：冷却塔风机将按照冷水机的运行来自动启/停。为了实现能效最优，冷却塔风机的启/停可根据冷水机功率增量来自动选择。

BA系统的主要功能如下：

（1）中央站每天按预先确定的时间程序，来控制冷水机组的启/停并监测设备的工作状态。

（2）冷冻机组、冷冻水泵、冷却塔水泵、冷却塔风机的运行状态和故障的监测。水泵的运行状态用水路系统设置水流开关来反映水泵处在运行或停止状态（水流开关闭合为运行状态，水流开关打开为停止状态）；风机运行状态由风机前后的压差测量来反映，存在一定压差为运行状态，无压差为停止状态。

（3）由分站中的DDC控制器按预先确定的程序控制冷站各设备启/停、台数控制、供/回水干管压差控制及备用设备自动投入控制。

①冷站各设备启动顺序：冷却塔风机→冷却水电动蝶阀→冷却水泵→冷冻水电动蝶阀→冷冻水泵→冷冻机；停机顺序：冷冻机→冷冻水泵→冷冻水电动蝶阀→冷却水泵→冷却水电动蝶阀→冷却塔风机。

②测量供/回水温度及回水流量，从而计算实际冷负荷；根据实际冷负荷，决定冷机开启的台数，达到节能运行状态。当进行台数控制时，必须在管中设置电动蝶阀，进行开/关控制。

③测量供/回水干管的压力差，并根据监测结果对电动旁通阀开度进行控制，改变旁通量，以保持

所要求的供/回水干管的压差，保证水力工况稳定，减少干扰；同时，可保证流过制冷系统中的蒸发器的流量不变，对制冷系统有利。

④冷却水供水温度用来控制自身风机的启/停，这样不但可以维持供水温度恒定，还可以节能。

(4) 安全保护事故报警。当系统出行故障时，中央站将立即发出声光报警，记录备案，并自动显示故障的情况。

①压缩机的安全保护控制

对蒸气压缩式制冷剂的保护有：

压力保护——吸气压力过低、排气压力过高、油压差过低的保护；

温度保护——油温过高、防结冰、电机温度过高等的保护；

断水保护——冷却水断水保护；

电动机过载、过流、掉电保护。

②吸收式制冷机的安全保护控制

对吸收式制冷机的保护有：

防溴化锂溶液结晶保护；

冷水防冻保护；

蒸发器进口冷水断水保护；

蒸发器压力过低报警；

冷却水断水或水温过低报警；

高、低压发生器溶液液位过高报警；

动力设备保护等。

5. 冷源系统的能量管理

空调系统保持干工况运行，则送入空调系统的冷冻水温度需提高到处理空气的露点温度。相对于湿工况的运行状态，冷冻水水温提高，则冷水机组的COP值亦可相应提高，相同冷量的能耗可相应降低，甚至有可能采用其他自然冷源（如井水、自来水、冷却塔供水、空气源热泵等）或更节能的制冷方式以挖掘更多节能潜力。

全空气系统由于在过渡季节采用全新风或大部分新风方式运行，来达到室内降温的目的，而不需要启动人工冷源，有显著的节能效果，并能显著提高室内空气品质。而新风系统由于可送入的新风量有限，可利用的自然能源亦有限，加长了一年中人工冷源的运行时间，增加运行费用。为降低新风机组加风机盘管系统的能耗，应充分考虑自然冷源的使用。

新风机组处理的新风焓差较大，温度也较低。在采用冷水机组作冷源时，如为了给新风机组提供温度较低的冷水而降低制冷系统的蒸发温度，会造成冷水机组的制冷效率下降，运行能耗增加。若在通常的冷水温度下运行，就需增加盘管的排数来增大换热面积，盘管排数的增加和迎风面风速的减小，使得表冷器的换热效率降低，新风机组的体积增大，金属耗费增加。因此，新风机组采用直接蒸发表冷器的空调机组处理新风，得到了低的送风温度而且减少了机房的面积。

对冷水机组能量控制的目的，是为了经济合理运行和实现压缩机轻载或空载启动。能量控制装置的调节参数的选择为压力、温度和实际冷负荷等。

以回气压力作为能量调节参数，此种控制方法称为压力控制法。其优点是当蒸发器的热负荷或压缩机的产冷量发生变化时，吸气压力相应随之变化，由于压力控制器的传压管直接与所需控制的压力管道相连，因此它能直接感受被控的压力变化，反应迅速，滞后时间短，动态偏差小。其缺点是静态偏差较大，尤其对蒸发温度较低的工况。负荷变化所引起的相应压力变化幅度小，因此控制精度低。

以蒸发温度作为能量调节参数，此种方法称为温度控制法。在蒸发温度较低的工况下，热负荷变化所引起的温度变化幅度较大，因此静态偏差小，控制精度高。但由于蒸发温度变化不能如压力那样直接被传感器所感知，一般需经过金属套管和一层油类传热介质的传递才能感受，有时蒸发器管壁上还会积有较厚的霜层。因此，该控制法反应慢，滞后时间较长，动态偏差大。有时也可以以冷冻水温作为控制信号进行控制。

以实际空调冷负荷进行控制，是较为先进的方法。此方法需要测量冷冻水供/回水温差及冷冻回水流量，控制器根据实测参数，计算出实际冷负荷，根据实际冷负荷进行控制。对制冷压缩机除单台冷机启/停控制外，还有缸数控制、导叶开度控制以及多台冷机的台数控制等。

(1) 冷冻水系统的操作

空调用冷水机组一般是在标准工况所规定的冷水回水温度12℃、供水温度7℃、温差为5℃的条件下运行的。对于同台冷水机组来说，其运行条件不变，外界负荷一定的情况下，冷水机组的制冷量是一定的。此时，通过蒸发器的冷水流量与供/回水温差成反比。即冷水流量越大，温差越小；反之，流量越小，温差越大。所以，冷水机组工况规定冷水供回水温差5℃，这实际上是规定了机组的冷水流量。这种冷水流量的控制就表现为控制水通过蒸发器的压力降在标准工况下，蒸发器上冷水供/回水压降调定为49kPa（0.5kg/cm）。

(2) 冷却水系统的操作

对于一台正在运行的冷水机组，环境条件、负荷都已成为定值时，冷凝热负荷也为定值。规定进、出水温差为5℃，冷却水量必然也为一定值，而且该流量与进出水温差成反比。所以，冷水机组的运行，只要规定冷却水的进出水温差就行了。这个流量通常用进、出冷凝器的冷却水压力降来控制。在标准工况下，冷凝器进出水压力降调定为68.6kPa（0.7kg/cm）。

(3) 冷却塔系统的操作

冷却塔系统的误操作分进出冷却塔冷却水的操作与冷却塔风机的操作。

冷水机组开机时，主机负荷大，冷凝压力高，故一般采取开一台机组时开两台冷却塔风机（即多开一台冷却塔风机），待机组负荷降低后，再关一台冷却塔风机的做法，这种做法本无可非议，但问题出在关冷却塔风机以后的操作没有跟上，造成浪费。

下面以A、B两台冷却塔为例来说明这个问题。

冷水机组的冷冻水泵、冷却水泵、冷却塔及冷却塔风机，都是根据设计来匹配的，本来一对一均能正常运行，为了尽快降低主机负荷，临时增开一台冷却塔风机，确是一项行之有效的办法。其实际操作及误操作情况分析如下：

设冷却水满足68.6kPa（0.7kg/cm）压力降的流量为120kg/s，A、B两台冷却塔及风机同时工作。理论上，进出A、B塔的水量各为60kg/s，其实际出水温度一般比用一台冷却塔风机工作时的水温低2℃左右。当主机负荷降低后，再开两台冷却塔风机已是浪费，故关B冷却塔风机。问题在于关B塔风机后，B塔的进出水阀没有关闭，造成60kg/s的冷却水未被风机冷却。B塔未被冷却的60kg/s水与A塔经冷却的60kg/s水汇合后，进入冷凝器，其水温反而比单独开A塔（指关闭B塔流水120kg/s水全部从A塔经过）要高2℃左右，而且这种状态一直要到机组停止运行时为止。冷却水温的升高必然导致冷凝压力升高，主机耗电增加，机组制冷量下降。

大多数的空调机操作人员对冷却塔的操作都是把所有冷却塔进出水阀全部打开，而冷却塔风机根据需要而开、停。人们往往注意的是冷却塔风机的耗电，而忽视了冷却水温的提高，以致恶化机组运行条件，造成长时间的电能浪费，究其原因主要有以下几点：

①冷却塔一般安装在房顶或远离主机房的地方，操作起来不方便。

②调节冷却塔托水盘的水位较麻烦，费时间。

③相当一部分操作人员没有考虑节能方面的问题，而只考虑冷却塔的正常运行。

冷却塔虽然是空调制冷系统中的附属设备，但它却担负着散发整个系统所吸收的总热量的重要任务。因此，对冷却塔的操作正确与否，直接关系到整个空调系统的制冷效果和节能。由于以上谈到的冷却塔的误操作比较普遍，并且从开机到关机的整个过程都存在，所以其危害极大，应引起有关操作人员和管理人员的高度重视。

冷却塔正确的操作方法和要求是：

①冷却塔的使用台数与机组的开启台数相匹配。

②关闭不开风机的冷却塔的进、出水阀，防止冷却水在不使用的塔中流过。

③临时增开的冷却塔风机，在关掉该风机后，千万不要忘记关闭该塔的进、出水阀。

④每班开机后均要检查冷却塔的运行情况，发现未开风机的冷却塔有冷却水经过，都要及时关闭该塔进、出水阀。制冷过程实际上是一个热交换过程。冷水机组的热交换较之窗式、分体式、柜式空调复杂，前者为间接制冷，后者为直接制冷。

冷水机组的热交换有以下 4 个过程：

①冷冻水与用冷场合空气的热交换；

②冷冻水与机组蒸发器内制冷剂的热交换；

③冷却水与冷凝器制冷剂的热交换；

④冷却水在冷却塔中与空气的热交换。

这 4 个热交换过程都离不开水，可见水在冷水机组工作中的重要性，要研究冷水机组的节能，必然离不开对水流的研究。现代空调设备的自动化程度比较高，楼宇自动化的出现往往使人们误认为空调的正常运行与节能完全可以依赖自动化控制，但人们往往忽视了一点，就冷水机组而言，目前的空调技术还未能将冷冻水、冷却水的流量及其压力降完全纳入自动控制系统（包括变频调速的冷水机组），控制冷冻水、冷却水的压力降还需由人工来调节。微电脑控制中心虽然可以做到“从水流开关信号作为数字量输入，温度和压力信号作为模拟量输入”，但水流开关仅仅能够控制机组的启动和停止(起保护作用)，而不能控制水的流量和压力降。温度信号及压力信号均只对机组起安全保护作用。目前的微电脑控制中心只能控制机组的正常运行，起安全保护作用，方便操作和维修，而不能控制冷冻水、冷却水的流量和压力降，不能为机组提供最佳、最节能的运行条件。正是由于人们忽视了冷水机组的误操作，进而人为地增加了机组的运行费用，造成不应有的损失。

只要纠正了以上误操作，就可大大减少电和设备的消耗，达到节省运行费用的目的，一般可节约电费 10%左右，有的机房甚至更高。制冷量大，机组台数多的机房，其节能的潜力更大。

(4) 怎样在管理中节能

节能的方法有很多，除操作外，还有管理的问题。

夏季早晨室外气温较低，同时空气新鲜而室内气温较高，可利用空调新风机及消防排烟系统抽、送风约 15min。这种做法有以下好处：

①开机前可降低室温，减少主机负荷；

②使室内空气质量提高；

③检查排烟系统是否正常，对消防工作有利。

随时掌握各用冷场合的具体情况，适时开/停有关风柜、风机盘管等设备，减少系统热负荷，实际上可降低机组的耗电量和末端设备的耗电量。

根据气温的变化和用冷场合的变化，适时增开或关、停冷水机组，在满足空调需求的前提下，尽量少开机组和减少机组的运行时间（有楼宇自动化的空调系统毕竟不多，大多数机房还得依靠人工去调节）。

摸清整个用冷场合的实际情况，掌握最佳的开、停机时间，尤其是用冷冻水泵打循环水的时间，各系统的情况不同，其时间的掌握也不同。

勤巡查，注意各通往室外门窗的关闭，防止漏冷和室外热空气侵入。尤其对大门朝南的建筑更要想办法防止热空气进入（因夏季南风多）。

夏季每日下午 14：00 时为气温较高时，此时应密切注意机组的运行情况，及时调整机组的运行，不要等到室内温度明显上升，热负荷过大才来增开机组，这样易损坏设备，同时增加能耗。增开机组后，要注意观察，当冷冻水回水温度降到一定程度时，应立即关闭增开的机组（包括相应的冷冻泵、冷却泵、冷却塔风机及其进出水阀），防止电的浪费。离心式机组更应注意低负荷喘振。

晚上 19：00～21：00 时，商场、娱乐场所等地方热负荷也较大，主要因为天黑不久，白天太阳辐射在地表，外墙的热量散发，以及顾客、游人的增多，导致用冷场合温度升高，此时也应适时调整机组的运行。

重视冷冻水、冷却水的水质，抓好水处理工作。经常检查、督促水处理公司的工作，保证冷凝器、蒸发器内不结垢、无污物，以免影响冷凝器、蒸发器的热交换效果，增加主机的耗电量。

经常注意中央和当地的天气预报，对每日的气温变化情况做到心中有数，有的放矢地开展空调工作。沿海经常有台风的地方，更要注意气候的变化，及时调整机组的运行，适时关/停机组，减少电的消耗。

6.1.10 热交换系统的自动控制

空调热力站内设置多台热交换器，有气-水热交换器和水-水热交换器。由市政热水带来的热媒（水蒸气或热水）通过热交换器加热热水，提供空调和生活用热水。在热力站内布置多台并联热水循环泵，将热水通过分水器送至空调系统，经过空调设备的回水集中到集水器，以便进入热交换器再一次加热，循环使用。热水循环泵一般设置 3 台并联或 2 台并联，2 用 1 备或 1 用 1 备。

1. 热交换系统常用的监测、控制内容（表 6-6）

热交换系统监测、控制点表 表 6-6

受控设备	设备数量	监控点描述	输入		输出		备注
			AI	DI	AO	DO	
水管监测		供/回水总管温度监测	2				水温度传感器
		供/回水总管压差监测	1				水压力传感器
		供水总管流量监测	1				电磁流量传感器
平衡阀	1台	集/分水器平衡阀开度调节			1		电动调节式蝶阀
		集/分水器平衡阀阀位反馈	1				电动调节式蝶阀反馈
循环水泵	2台	水泵启/停控制				1	启动柜
		水泵运行状态		1			常开无源触点
		水泵故障报警		1			常开无源触点
		水泵手/自动转换		1			常开无源触点
		水流开/关		1			水流开关
热交换器	2台	一次侧供水流量监测	1				水流量传感器
		一次侧供水压力监测	1				水管压力传感器
		一次侧供/回水温度监测	2				水温度传感器
		一次侧供水阀门开度调节			2		电动调节式蝶阀
		一次侧供水阀门阀位反馈	2				电动调节式蝶阀反馈
补水水箱	1个	水箱液位监测	1				超声波液位传感器

供/回水温度测量：取自安装在水管上的温度传感器，采用水管式水温度传感器。

供/回水压力测量：取自安装在水管上的压力传感器，采用水管式压力传感器或是压差传感器。

供水总管流量监测：取自安装水管上的水流量传感器，采用水管电磁流量传感器。

平衡阀开度调节：从 DDC 模拟输出口（AO）输出到平衡阀调节阀阀门驱动器控制输入口。

平衡阀阀位反馈：取自平衡阀调节阀阀门驱动器阀位反馈触点。

电动调节阀开关控制：从 DDC 模拟输出口（AO）输出到电动调节阀驱动器控制输入点。

电动调节阀位反馈：取自电动调节阀驱动器阀位反馈触点。

水泵运行状态监测：水泵配电柜接触器辅助触点及安装在水管上的流量开关。

水泵故障监测：水泵配电柜热继电器辅助触点。

水泵启/停控制：从 DDC 数字输出口（DO）输出到水泵配电箱接触器控制回路。

膨胀水箱液位监测：取自水箱中安装的液位传感器，采用液位开关或超声波液位传感器。

2. 热交换系统常用的控制功能（图 6-9）

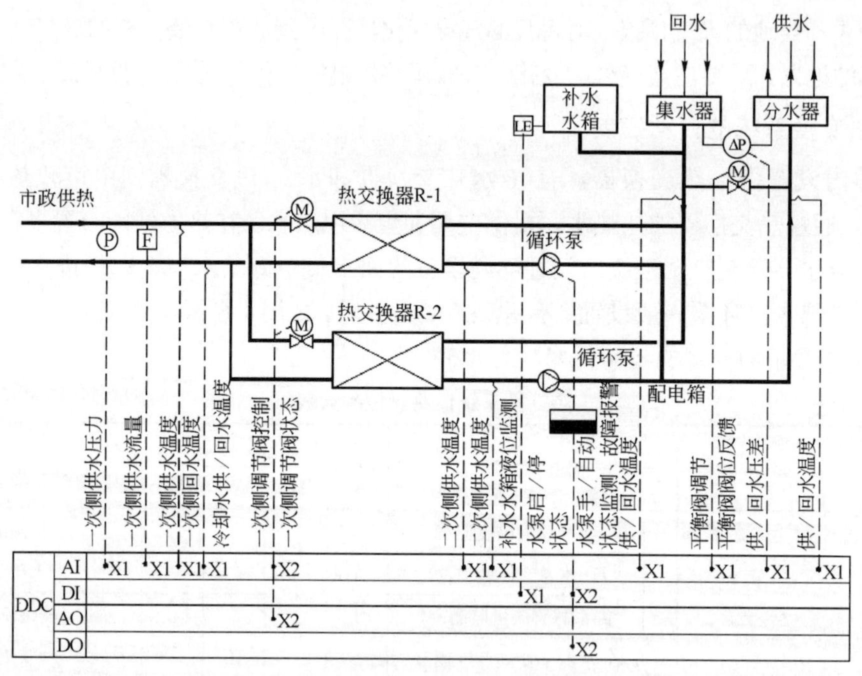

图 6-9 热交换系统监控原理

热水器的开启顺序：打开电动蝶阀→运行热水泵→热水器运行。

根据热水的温度与设定值之偏差用比例积分控制来调节一次热水出水管上电动调节阀开度，以保证供水温度侧热水供水温度。

根据建筑物的负荷、室外气象参数等条件，人工或智能选择任何一套热交换系统投入运行。通过水温度传感器及流量传感器所测数值，计算负荷侧实际负荷，自动选择设备运行台数。机组启/停应设时间延迟，防止频繁起停。

任何工况下，利用空调热水供/回水总管上的压差传感器控制压差旁通阀，满足负荷侧的流量变化要求。

当其中一台热交换泵出现故障时，备用泵自动投入工作。

任何一套热交换系统均可由时间程序、中央控制中心及现场手动启/停。任何一套热交换泵停止运行后，电动调节阀恢复全闭位置。

启动次数、运行时间显示，并自动定期提示检修设备。

在工作站彩色图形显示、记录及打印各种参数、状态、报警、运行时间、趋势图、动态流程图。

3. 热交换系统的群控功能

热源系统的群控功能（台数自动控制）的实现是非常有必要的。热源设备是建筑物运行过程中耗能较大的设备，因此热源设备台数自动控制的节能效果十分明显。根据建筑所需热负荷，自动调整热交换器运行台数，达到最佳节能目的。

热负荷需求计算：

$$Q = K \times F \times (t_1 - t_2)$$

式中：Q——负荷；

K——常数；

F——流量；

t_1——回水总管温度；

t_2——供水总管温度。

水压差控制：根据供/回水压差，通过 PI 运算自动调节旁通调节阀，维持供水压差平衡。

热交换器定时启/停控制：根据事先排定的营业时间表，定时启/停热交换器，自动统计设备的累计运行时间，提示定时维修。

6.2 给排水系统的智能化控制

建筑物内设置屋顶生活水箱，由城市给水管网供水，一般由两台并联水泵输送到高位水箱。另外，空调系统设有高位补水水箱。在建筑物的地下层设置污水池，当污水池水位高程低于城市排水管网高程时，应设置排污泵，将污水池集聚的污水排放到城市排水管网。设两台并联污水泵，一用一备。

6.2.1 给水系统的自动控制

室内给水系统的给水方式也就是室内的供水方案，它取决于建筑物的性质、建筑物的高度，对用水量、水压及水质的要求和用水时间等因素，再根据本地区具备的条件选择出较为合理的给水方式。常用的给水方式有直接给水方式，设有水箱的给水方式，设有储水池、水泵和水箱的给水方式和分区给水方式。其中，直接给水方式是由室外管网直接接入室内给水系统，低层建筑物一般采用直接给水方式；设有水箱的给水方式在直接给水方式的基础上，在建筑物的顶层设置一给水箱，在室外管网水压低于供水水压时可由水箱供水；高层建筑常用设有储水池、水泵和水箱的给水方式，水泵从储水池取水，而不是直接从室外管网取水；特别对于高层建筑，城市给水管网的水压一般不能满足高区部分生活用水的要求，绝大多数采用分区给水方式，即低区部分直接由城市给水管网供水，高区部分由水泵加压供水。就目前我国城市给水状况而言，水压一般可满足建筑五六层的生活用水要求，高区部分的供水应根据具体情况确定。高区部分可以采用的分区给水方式有：高位水箱给水方式、变频调速水泵恒压给水方式。

1. 高位水箱给水系统常用监测、控制内容（表 6-7）

高位水箱给水系统监测、控制点表　　表 6-7

受控设备	设备数量	监控点描述	输入		输出		备注
			AI	DI	AO	DO	
中区给水泵	3 台	给水泵启/停控制				3	继电器
		给水泵手/自动状态		3			常开无源触点
		给水泵运行状态		3			常开无源触点
		给水泵故障报警		3			常开无源触点
		水流开/关		3			水流开关
中区水箱	1 个	中区生活泵停泵水位		1			液位开关
		中区生活泵启泵水位（1 用 2 备）		1			液位开关
		中区生活泵启泵水位（2 用 1 备）		1			液位开关
		低水位报警		1			液位开关
高区给水泵	2 台	给水泵启/停控制				2	继电器
		给水泵手/自动状态		2			常开无源触点
		给水泵运行状态		2			常开无源触点
		给水泵故障报警		2			常开无源触点
		水流开/关		2			水流开关
高区水箱	1 个	低水位报警		1			液位开关
		高区生活泵启泵水位		1			液位开关
		高区生活泵停泵水位		1			液位开关
		溢流水位报警		1			液位开关
生活水池	1 个	消火栓泵停泵水位，并报警		1			液位开关
		低水位报警		1			液位开关
		生活泵停泵水位，并报警		1			液位开关
		溢流水位报警		1			液位开关
		供水流量监测	1				水流量传感器

供水流量监测：取自安装水管上的水流量传感器，采用水管电磁流量传感器。

水泵运行状态监测：水泵配电柜接触器辅助触点及安装在水管上的流量开关。

水泵故障监测：水泵配电柜热继电器辅助触点。

水泵启/停控制：从 DDC 数字输出口（DO）输出到水泵配电箱接触器控制回路。

水箱液位监测：取自水箱中安装的液位传感器，采用液位开关或超声波液位传感器。

2. 高位水箱给水系统常用的控制功能（图 6-10）

高区水箱内设 4 个水位，分别是溢流水位、停泵水位、启泵水位、报警水位。当水位低于启泵水位时，控制系统给高区生活水泵启动指令；当水位高于停泵水位时，控制系统给高区生活水泵停泵指令；当水位高于溢流水位或低于报警水位时，则控制系统报警。

中区水箱内设 4 个水位，分别是停泵水位、启泵水位（1 用 2 备）、启泵水位（2 用 1 备）、报警水位。当水位在两个启泵水位之间时，中区生活水泵启动；当水位高于停泵水位时，水泵停止；当水位低于报警水位时，则控制系统报警。

生活水池内设四个水位，分别是溢流水位、停泵水位、启泵水位、报警水位。当水位高于启泵水位时，生活水泵方能启动，以防止倒空；当水位低于停泵水位时，水泵应停止；当水位高于溢流水位或低于报警水位时，则控制系统报警。

生活水泵的监测与控制为监测其状态，控制其启/停。其主要控制信号为运行状态反馈信号、故障状态反馈信号、手/自动状态反馈信号及水泵启/停控制信号（可根据现场情况取舍反馈信号）。生活水泵的信号均取自其启动柜，楼宇自控需要求启动柜制造厂商预留相应接口。

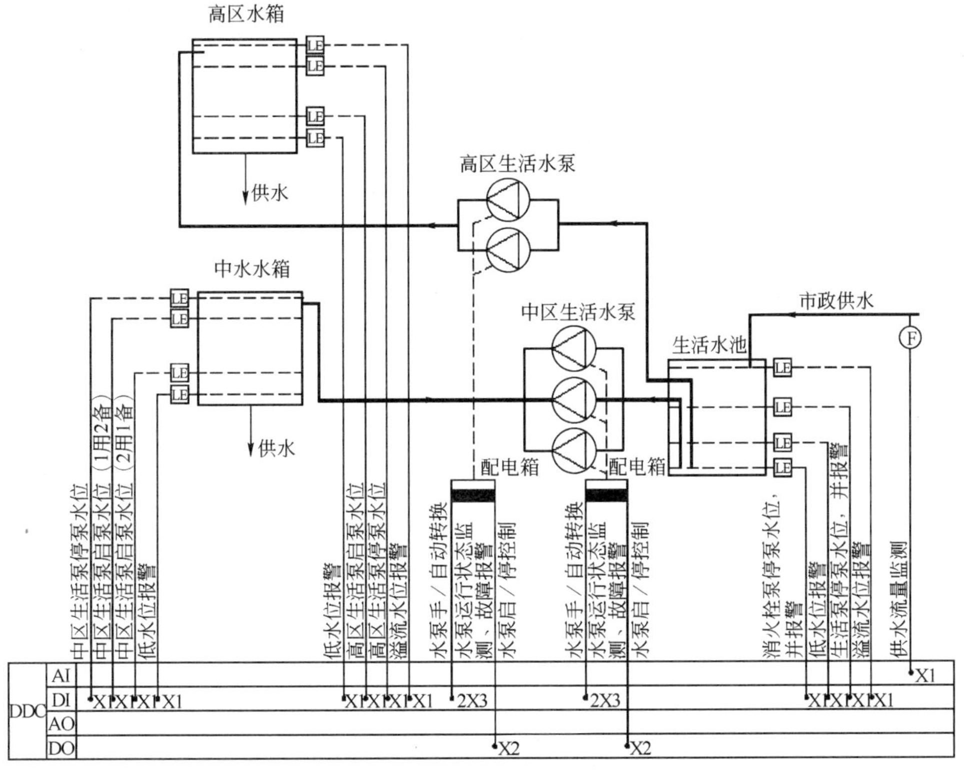

图 6-10　水箱给水系统控制原理

水箱水位自动控制：生活水箱水位低于启泵水位时，自动启动生活泵；生活水箱水位高于停泵水位时，自动停生活泵。根据工艺要求，确定水泵运行台数及控制策略。

设备启/停控制：自动统计设备工作时间，提示定时维修，根据每台泵运行时间，自动确定运行备用泵。

参数检测及报警：生活水箱水位低于报警水位时自动报警，生活水箱水位高于溢流水位时自动报警。

3. 高位水箱给水系统的节能运行管理

（1）特别时间计划

时间表运行节电方式，按每天的时间码或每星期的星期码对设备的启/停进行控制，定时进行水泵的开/关控制，比如办公楼夜间和假日可以适当减少其启/停控制，不必像平时那样频繁动作，达到节能的效果。

（2）时间启/停控制

对于多而分散的系统，可按系统使用时间分成若干通道，各通道分别制定一周启/停时间程序，当通道内系统多且各系统容量比较大时，可再通过多级延时逐一控制通道内各系统启动，避免因动力设备集中启动而造成启动电流过大。时间程序控制主要由软件完成，启/停时间可通过操作键盘送入存储器。

对于水泵如果全部集中启动，必将加大用电量负荷，通过节能软件，可以将重要设备和次要设备的启/停时间错开，比如补水泵可以在夜间集中工作，其余时间仅在必要时才动作，这种措施的合理应用，可以达到较好的节能效果。

拥有最佳启/停时间的设置，保证人员在用水高峰时间段内供水充足，在用水较少的时间段提前停止某些设备的运行，既满足用水需求，又可以减少设备运行时间。

（3）间歇循环控制

所谓间歇循环控制，就是在设备工作期间内，按一种或几种周期循环启/停设备，水泵在整个运行期间内低于额定功率，这与实际负荷（一般都小于额定负荷）相适应，可以减少或避免能量的浪费。在用水需求的极限范围内，使给水设备在最大和最小的分断时间内，按照实测水位确定循环周期与分断时间，实现固定循环周期或可变循环周期性的间歇运行。

6.2.2 恒压供水系统的自动控制

本系统由变频器、水泵、生活水池组成，控制系统的现场元件为液位传感器和压力传感器。采用水泵变频调速恒压供水技术，能够极大地改善给水管网的供水环境，根据管网瞬间压力变化，自动调节水泵电机的转速和多台水泵电机的投入及退出，使管网主干出口端保持恒定的设定压力值，整个供水系统始终保持高效节能和运行最佳状态。

控制过程是当一台水泵工作频率达到最高频率时，若管网水压仍达不到预设水压，则将此台水泵切换到工频运行，变频器将自动启动第二台水泵，控制其变频运行，直至满足压力为止。反之，若压力大于预置水压，控制器控制变频器降低频率，使变频泵转速降低，或切掉水泵，直至使管网水压保持恒定。

1. 恒压供水系统常用的监测、控制内容（表 6-8）

恒压供水系统监测、控制点表 表 6-8

受控设备	设备数量	监控点描述	输入		输出		备注
			AI	DI	AO	DO	
变频水泵	2台	水泵启/停控制				2	继电器
		水泵手/自动状态		2			常开无源触点
		水泵运行状态		2			无源触点
		水泵故障报警		2			常开无源触点
		水泵变频控制			2		水泵变频器
		水泵频率反馈	2				水泵变频器反馈
		水流开/关		2			水流开关
生活水池	1个	停泵水位		1			液位开关
		溢流水位报警		1			液位开关
		供水流量监测	1				水流量传感器
		供水压力监测	1				水压力传感器

供水流量监测：取自安装水管上的水流量传感器，采用水管电磁流量传感器。

供水压力监测：取自安装水管上的压力传感器，采用水管压力传感器。

水泵运行状态监测：水泵配电柜接触器辅助触点及安装在水管上的流量开关。

水泵故障监测：水泵配电柜热继电器辅助触点。

水泵启/停控制：从 DDC 数字输出口（DO）输出到水泵配电箱接触器控制回路。

水泵变频控制：从 DDC 模拟输出口（AO）输出到水泵配电箱变频器控制回路。

水泵变频反馈：从 DDC 模拟输出口（AO）输出到水泵配电箱变频器控制回路。

水箱液位监测：取自水箱中安装的液位传感器，采用液位开关或超声波液位传感器。

2. 恒压供水系统常用的控制功能（图 6-11）

生活水池内设两个水位，分别是溢流水位和停泵水位。当水位低于停泵水位时，水泵应停止；当水位高于溢流水位时，控制系统报警。

监测供水压力，以供水压力作为变频器的控制依据，当供水压力发生波动时，调节水泵的转速以调节流量，使供水压力恒定。

变频泵的监测和控制点为：主回路状态反馈、变频器状态反馈、变频器故障状态反馈、变频器频率反馈和主回路开/关控制、变频器启/停控制、变频器转速控制、手/自动状态反馈（反馈点的数量可根据实际工程需要决定），水泵可根据供水压力的设定值进行调节控制，该泵的信号均取自其启动柜，楼宇自控需要求启动柜制造厂商预留相应接口。

自动统计设备工作时间，提示定时维修，根据每台泵运行时间，自动确定运行与备用泵。

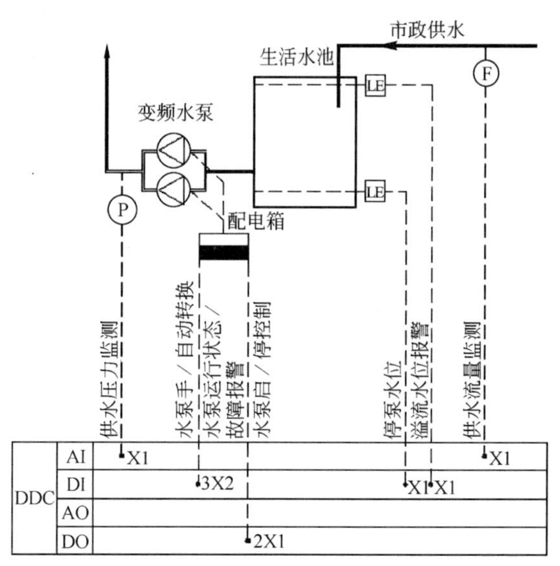

图 6-11 恒压供水系统控制原理

3. 恒压供水系统节能运行管理

用电脑控制高压水泵，按照施工用水的需要采用变频调速控制进行闭环自动供水运行，自动调节水压及流量，并可以根据楼层高度实现分区恒压给水功能。

无需设置回水装置，根据施工用水需要，实现闭环供水，节省大量能源。

采用变频软启动，变频运行，无启动冲击电流，无需人力操作，无水锤对管网和设备的冲击，使设备完好率高，维修率低。

6.2.3 排水系统的自动控制

生活排水系统是生活污水排水系统和生活废水排水系统的总称。排除冲洗便器的排水系统为生活污水排水系统；排除盥洗、洗涤废水的排水系统为生活废水排水系统。其中，生活废水经过适当处理后，可作为杂用水，用来冲洗厕所、浇洒绿地和道路等。

生活排水系统系统由集水坑和排水泵组成，控制系统的现场元件为液位传感器。

1. 排水系统常用的监测、控制内容（表 6-9）

排水系统监测、控制点表 表 6-9

受控设备	设备数量	监控点描述	输入		输出		备注
			AI	DI	AO	DO	
排水泵	2 台	排水泵启/停控制				2	继电器
		排水泵手/自动状态		2			常开无源触点
		排水泵运行状态		2			常开无源触点
		排水泵故障报警		2			常开无源触点
集水坑	1个	溢流水位报警		1			液位开关
		启动二台水泵水位		1			液位开关
		启动一台水泵水位		1			液位开关
		停泵水位		1			液位开关

水泵运行状态监测：水泵配电柜接触器辅助触点。

水泵故障监测：水泵配电柜热继电器辅助触点。

水泵启/停控制：从 DDC 数字输出口（DO）输出到水泵配电箱接触器控制回路。

水箱液位监测：取自水箱中安装的液位传感器，采用液位开关或超声波液位传感器。

2. 排水系统常用的控制功能（图 6-12）

两台排污潜水泵互为备用，自动轮换工作，工作泵故障时备用泵延时自动投入工作。

设有工作状态选择开关，可使水泵处于手动或自动控制状态。

当选择开关打在自动位置时，水泵受集水池水位控制，设有水泵故障及水池溢流水位指示和报警。

3. 排水系统节能运行管理

为了“削峰填谷”，最大限度发挥发、供、用电设备的能力，供电企业基本实行峰谷分时计费方法，让水泵按照峰谷电价时间段控制，利用电价的峰谷价差进行削峰平谷，可以节约供水和排水的成本。

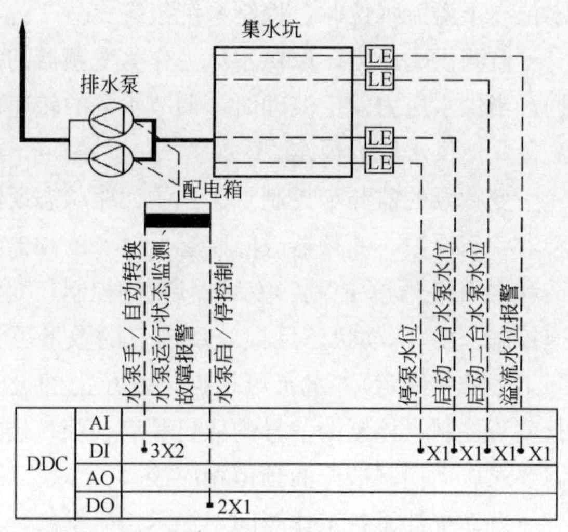

图 6-12 排水系统监控原理

智能化系统对给排水设备（包括水泵、水阀、水池、水箱等），实现最佳启/停和最佳节能控制，最大限度节约能源消耗。

6.3 供配电及照明系统的智能化控制

6.3.1 低压供配电系统

低压供配电系统的智能化装置主要包括对供电质量监测、开/关控制及发电机控制等功能。可以实现开关保护定值设置、电参量测量与显示、故障与维护信息管理；电能质量综合监测、远程控制及参数越限报警等功能。保护功能覆盖了过载保护、欠压保护、三相不平衡与断相保护、漏电保护等。可测量与显示三相电流、三相电压、有功功率、无功功率、功率因素、电度量及报告故障类型等。为系统的智能化管理提供了极大的便利。

1. 供配电智能化监控系统的分类

一般可以分为两类：一是通过楼宇自控系统 DDC 控制器进行控制，用以监测供配电系统各种参数及开/关状态；二是采用变配电站计算机监控系统，可以更好地实现供配电系统的监测、控制和管理功能。

2. DDC 控制器监测系统

（1）低压供配电系统常用的监测内容（表 6-10）

低压供配电系统监测、控制点表 表 6-10

受控设备	设备数量	监控点描述	输入		输出		备注
			AI	DI	AO	DO	
低压配电（2 台变压器）		变压器温度监测	2				浸入式温度传感器
		进线回路开/关状态		2			常开无源触点
		进线回路开/关故障报警		2			常开无源触点
		出线回路开/关状态		2			常开无源触点
		出线回路开/关故障报警		2			常开无源触点
		母联开/关状态监测		2			常开无源触点

续上表

受控设备	设备数量	监控点描述	输入		输出		备　注
			AI	DI	AO	DO	
低压配电（2 台变压器）		母联开/关故障报警		2			常开无源触点
		回路开/关状态		20			常开无源触点
		回路开/关故障报警		20			常开无源触点
		回路电压	6				电压传感器
		回路电流	6				电流传感器
		回路功率因数	2				功率因数传感器
		回路电量计量	2				电量传感器
柴油发电机		发电机电流检测	1				电流传感器
		发电机电压检测	1				电压传感器
		电池电压检测	1				电压传感器
		机组运行状态		1			常开无源触点
		机组故障报警		1			常开无源触点
		日用油箱低油位报警		1			液位开关

变压器温度测量：取自安装在变压器的温度传感器，采用浸入式温度传感器。

回路开/关状态：低压配电柜热继电器辅助触点。

回路开/关故障报警：低压配电柜热继电器辅助触点。

电压监测：取自安装在低压配电各回路上的电压传感器，采用电压传感器。

电流监测：取自安装在低压配电各回路上的电流传感器，采用电流传感器。

功率因数监测：取自安装在低压配电各回路上的功率因数传感器，采用功率因数传感器。

回路电量计量监测：取自安装在低压配电各回路上的电量传感器，采用电量传感器。

发电机机组运行状态监测：取自发电机配电柜接触器辅助触点。

发电机机组故障监测：取自发电机配电柜热继电器辅助触点。

日用油箱低油位报警监测：取自安装在油箱中的液位开关，采用液位开关传感器。

(2) 低压供配电系统常用的监控功能（图 6-13）

主进回电路：三相电流、三相电压、有功功率、功率因数、有功电能、无功电能等。

配电回路：三相电流、相电压/线电压、有功功率、有功电能等。

出线回路：三相或单相电流等。

电量计量：自动计算有功功率、无功功率，统计动力、照明各回路耗电量。

(3) 应急发电机与蓄电池的监控内容（图 6-14）

(4) 应急发电机与蓄电池的监控功能

参数检测及报警：自动检测参数，如柴油发电机状态、油箱油位、蓄电池电压等；故障状态报警。

3. 变配电站计算机监控系统功能

本系统依靠成熟可靠的技术，采用分层分布式的网络结构，实现中、低压供配电系统一体化综合监控、统一管理，全面实现“四遥”及无人值守或少人值班，节约人力资源，而且保护系统和监控系统各行其道、相互监视。

(1) 供配电系统监测控制内容

电源监测：对高低压电源进出线的电压、电流、功率、功率因数、频率的状态监测及供电量计算。

变压器监测：变压器温度监测、风冷变压器通风机运行情况、油冷变压器油温和油位监测。

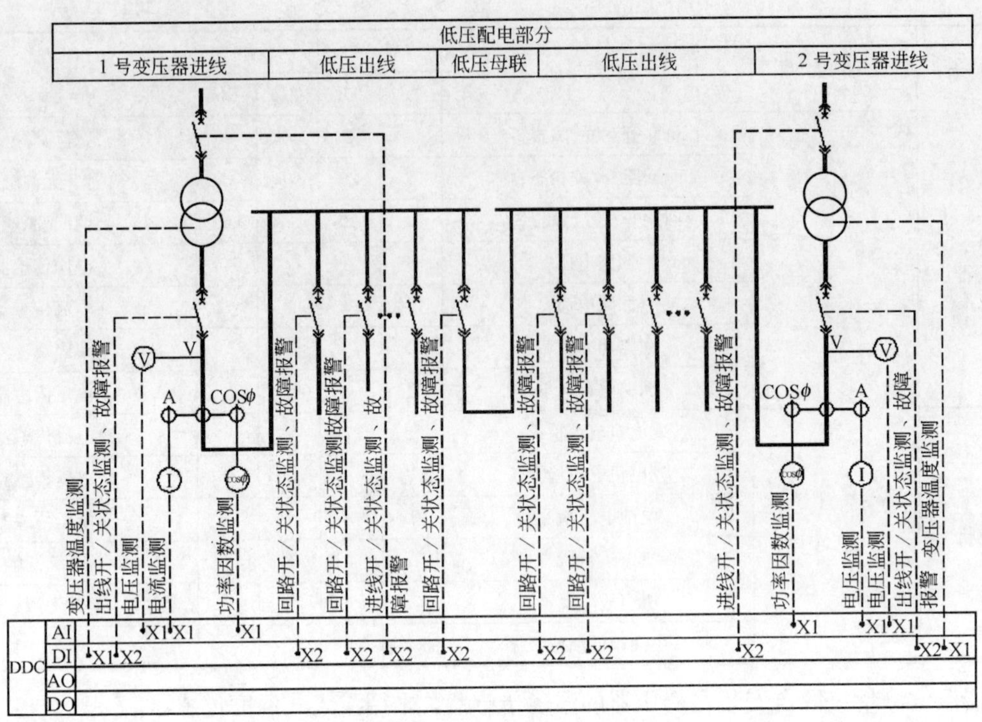

图 6-13　低压配电系统监控原理

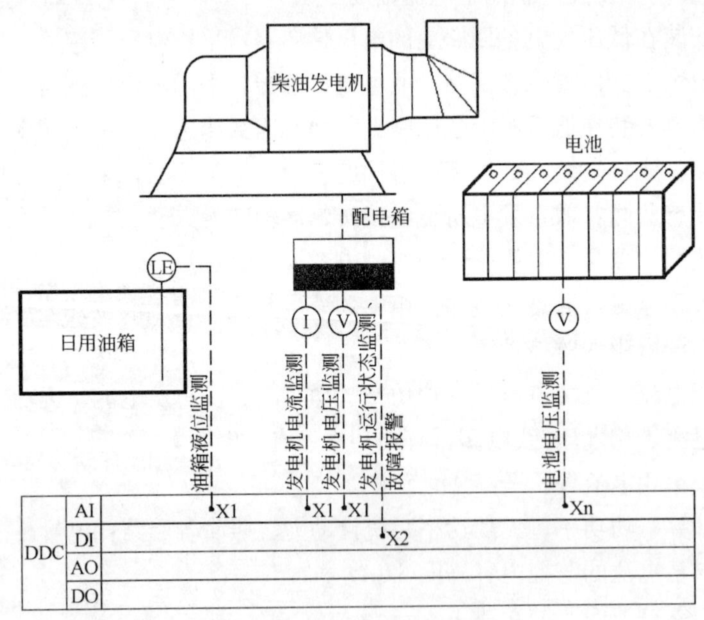

图 6-14　应急发电机监控原理

负荷监测：各级负荷的电压、电流、功率的监测，当超负荷时系统停止低优先级的负荷。

线路状态监测：高压进线、出线、二路进线的联络线的断路器状态监测、故障报警。

用电源控制：在主要电源供电中断时自动启动柴油发电机或燃气轮机发电机组，在恢复供电时停止备用电源，并进行倒闸操作。通过对高低压控制柜自动切换，对系统进行节能控制；通过对交连开关的切换，实现动力设备联动控制；对租户的用电量进行自动统计计量。

供电恢复控制：当供电恢复时，按照设定的优先程序，启动各个设备电机，迅速恢复运行，避免同时启动各个设备，而使供电系统跳闸。

高压进线、出线、联络线的断路器遥控。

低压进线、出线、联络线的断路器遥控。

主要线路断路器的遥控，如配电干线、消防干线的断路器遥控，对水泵房、制冷机房、供热站供电的断路器以及上述站房的进线断路器遥控。

电源馈线，设过电流及接地故障保护、三相不平衡监测、重合闸功能、备用电源自动投入。

变压器，设计有内部故障和过载保护、热过载保护。

分段断路器，设置电流速断保护、过电流保护。

(2) 备用发电机监测控制内容

发电机线路的电气参数测量，如电压、电流、频率、有功功率、无功功率等。

发电机状况监测，如转速、油温、油压、油量、进出水温、水压、排气温度、油箱油位等。

发电机和线路状况的测量。

发电机和有关线路的开/关控制。

有直流电源时，对它的供电质量（电压、电流）监测报警。

发电机组微机监控系统可以提供发电机的电气参数及热工参数，可以将发电机组微机监控系统与变电所管理分站联网。变电所管理分站可以对发电机组进行启动、停止等控制。

(3) 配电系统控制软件功能

软件一般和设备配套，采用专用软件，如配电系统监控和能量管理软件，也可以采用通用监控软件，又称监控和数据采集软件（SCADA）。对软件的要求是：具有良好的人机界面，能够满足用户多种要求。它提供的基本功能有：

①实时数据采集，形成实时数据库。

②遥信遥控，对电量越限、事故报警。

③诊断功能，在线帮助。

④各种电量的遥测和图表显示，如系统能量分配图、系统单线图。

⑤报表生成功能，如日报表，24h电压、电流报表，开关动作报表，电量平衡报表。

⑥停电处理。市电断电时，自动按照发电机容量将负荷投入/切断，此时只有火灾意外程序及手动操作可以执行输出操作。

⑦电力需求监视/控制，自动调峰控制，进行电力需求控制，在用电量超过合同供电量时，将负荷切除。

⑧事件程序，监视点的状态变化、报警、指定恢复条件、设定状态动作，可以进行与/或等逻辑条件设定动作。

⑨恢复供电程序，恢复供电后，在将自备发电切换为商业用电时，可按照自动或手动的恢复供电指令操作，并依照自备发电时的强制驱动控制让运转机器停止运作，然后一边参照时间表一边让停电瞬间正在运转中的机器自动启动（投入）。在部分停电的场合，可以手动恢复该点供电。

⑩电能管理及供配电能耗/成本统计，多种报表/负荷曲线分析，降低用电成本；强大的电网分析及监测（谐波/电压不平衡度/中性电流），确保供电质量。

6.3.2 照明系统

在智能建筑中，照明电路的用电量很大，往往仅次于空调用电量，如何做到既保证照明质量又节约能源，是照明控制的主要内容。

1. 照明智能化控制系统的分类

照明控制系统一般可以分为两类：一是通过楼宇自控系统DDC控制器进行控制，有的辅以声控、光控等，对需要调光的回路往往通过一路或多路调光开关来实现；二是采用智能照明控制系统，可以更好地实现照明节能，方便控制，实现多种灯光场景设置组合与控制，创造良好的照明环境。

2. DDC直接控制照明系统介绍

(1) 照明系统常用的监测、控制内容（表6-11）

照明系统常用的监测、控制内容　　表6-11

受控设备	设备数量	监控点描述	输入		输出		备　注
			AI	DI	AO	DO	
照明控制箱	1台	照明启/动控制				1	启动柜
		照明开/关状态		1			常开无源触点
		照明手/自动转换		1			常开无源触点
		照明故障报警		1			常开无源触点

照明状态监测：取自照明配电柜接触器辅助触点。

照明手/自动状态监测：取自照明配电柜接触器辅助触点。

照明故障监测：取自照明配电柜热继电器辅助触点。

照明开/关控制：从DDC数字输出口（DO）输出到照明配电箱接触器控制回路。

(2) 照明系统常用的控制功能（图6-15）

智能系统随时调节照明的现场效果，例如系统设置开灯方案模式，并在计算机屏幕上仿真照明灯具的布置情况，显示各灯组的开灯模式和开/关状态，系统的主要功能如下：

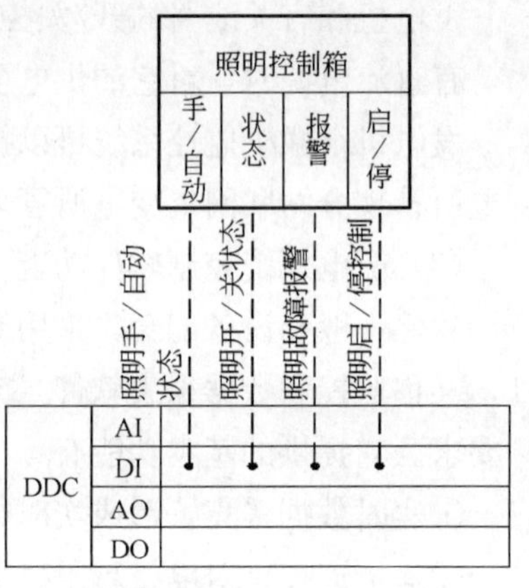

图6-15　照明系统监控原理

具有场景预设、亮度调节、定时、时序控制及软启动、软关断的功能，可根据季节的变化，按时间程序对不同区域的照明设备分别进行开/停控制。

自动控制照明系统的开关，节约能耗，具有灯具异常启动和自动保护的功能。

系统设有手/自动转换开关，以便必要时对各灯组的开、关进行手动操作。

自动故障报警，保持照明系统在最佳工作状态，正常照明供电出现故障时，该区域的应急照明立即投入运行。

具有灯具启动时间、累计记录和灯具使用寿命的统计功能。

照明监控系统的任务主要有两个方面：一是为了保证建筑物内各区域的照度及视觉环境而对灯光进行控制，称为环境照度控制，通常采用定时控制、合成照度控制等方法来实现；二是以节能为目的对照明设备进行的控制，简称照明节能控制，有区域控制、定时控制、室内检测控制三种控制方式。

3. 智能照明控制系统常用功能

感应、定时控制，移动感应器、风速感应器、温度感应器、雨水感应器、光亮度感应器等是智能化楼宇的一双敏锐监测的眼睛。例如：移动红外感应探头，设置在玄关、楼梯、走廊等处，自动检测人的移动变化，当主人经过时，自动开启灯光，光度及光线可调。另外，探头可根据室内照度的要求，实现探测功能的开启和关闭，主要考虑在夜晚、低亮度的时候探头才起探测功能，并具有手动开启、关闭探头功能。其次还可以和控制设备进行联动。

场景控制，可以在控制面板的一个按键上集合对灯光、窗帘、空调以及其他多种受控设备的开/闭、赋值控制，达到预想的情景氛围。例如，会议场景，室内主光源全部熄灭只留下部分背景筒灯亮度调至较低值，投影仪和投影幕帘缓慢降下，电动窗帘全部关闭，通风系统自动运行等，这一系列过程只需轻轻一键触发。

远程控制大体上可以分为3种：红外远程控制、电话远程控制以及INTERNET远程控制。有多款带红外接收装置的设备，用户可以通过一个手持红外遥控器轻松自如实现对各类受控设备的控制：灯光、窗帘、空调、通风等。

自动控制方式结合时间继电器和感光模块，把感光模块设定一个值（200lx），当外界光线的亮度低于这个值后，灯会依次全部打开；当外界光线的亮度高于这个设定值后，系统会自动把剩余的灯全部关掉。根据季节、作息时间、照度变化等对照明系统进行自动化管理。

在监控计算机上用图形模拟实际照明回路的开/关状态，值班人员可根据需要用鼠标点击图形来控制回路的开关。监控计算机和现场智能开关均可进行场景控制，如全开模式、清扫模式、特殊模式等。自动记录各回路累计运行时间与次数、各次运行时间，并可随时查阅上述资料。系统数据存储在数据库中，具有数据查询、分析统计、交接班管理、报表打印等功能。

发生火灾时，自动启动相关楼层的应急照明，强制关闭一般照明回路。系统可锁定事故照明仅在消防中心的计算机控制，而禁止在本系统的监控计算机及现场控制面板控制；也可以解锁、开禁。

4. 照明系统节能运行管理

（1）门厅大堂照明控制

门厅大堂是建筑的眼睛，是人们进入楼层的第一印象，应充分利用射入的自然光，实现日照补偿。当天气阴沉或夜幕降临，大厅的主照明渐渐调亮；当室外阳光明媚，系统将自动调暗灯光，保持要求的亮度，同时配备层次、类型各不相同的灯光，以保证良好的光照效果。人们从大门外进入大厅，是从光线明亮处进入到光线昏暗处，如果这个转折过快，会很不适应，睁不开眼睛，所以，灯光的强弱变化应逐步进行。要使每位客人的眼睛都能逐步适应光线明暗的变化，可采用不同种类、不同亮度、不同层次、不同照明方式的灯光，配合自然光线达到上述要求，力求通过智能调光营造出一个明快、舒适、庄重、典雅的迎宾环境。

中央控制计算机通过编程，按早、中、晚、节假日预设置相应的灯光场景，既可以定时操作，还可以用遥控器遥控改变灯光场景。此区域具有日照补偿功能，利用该功能对灯光进行控制，合理地利用自然光以节约能源，在大堂柱子上安装光线感应器感应室内自然光照的强弱，自动调节投向大堂等区域光线的亮度，与其他各种艺术灯相协调，保证既满足照明要求，又能及时实现各种自动转换，达到节能的目的。

（2）多功能会议厅照明控制

多功能厅是重要的礼仪场所，可预设置多种灯光场景，以适应不同场合的灯光需求，供工作人员任意选择。例如，宴会准备阶段为保护价格昂贵的水晶吊灯，系统将限制工作人员启用吊灯。当宾客开始入场时，全部筒灯点亮，入场完毕，筒灯渐渐熄灭，灯槽中隐光槽灯渐渐点亮，以示大家安静。只有在会议开始时才调亮灯光，使多功能厅灯火辉煌、绚丽多彩。当需要放映投影时，会议室的灯光能自动缓慢地调暗，当关闭投影仪后，灯光又会自动调到合适的亮度。在宴会进行的过程中，灯光应针对宴席桌，通过照明回路亮暗不同搭配，产生立体的灯光视觉效果，以烘托菜肴的色、香、味。当演出开始，所有的环境灯光渐渐调暗，射向活动舞台的道轨灯投入运行。开始清扫工作时，所有照明控制回路关闭，只保留部分筒灯90%的亮度，以保证清洁人员的清洁灯光亮度，也减少了不必要的能源浪费。

（3）走廊楼梯公共照明控制

走廊楼梯照明除保留部分值班照明外，其余的灯在下班后及夜间可以及时关掉，以节约能源。因此可以按预先设定的时间，编制程序进行开/关控制，并监视开/关状态。例如，自然采光的走道，白天、夜间可以断开照明电源，以节约能源，但在清晨和傍晚，上、下班前后应接通。

（4）办公间照明控制

依照作息时间和照度按照时段来控制照明设备，将每日的预程配合灯光的调节要求输入 BAS 监控中心，则电脑会按要求自动调节灯光，照明系统工作在全自动化状态，系统将按照预先设定的照明场景状态进行切换，以在满足用户需求的同时节省电力。例如：

①从节能考虑，早上上班前半小时，系统将自动进入“早上”工作状态，开启部分公共区域灯光，早上上班前 15min 开启大部分公共区域灯光、部分办公区域的公共灯光。上班时间，开启公共区域灯光、办公区域的公共灯光。

②中午午休时间，系统将自动进入“午休”工作状态，关闭部分公共区域灯光，开启 1/3 办公区域的公共灯光。

③下午下班后 15min，系统将自动进入“晚上”工作状态，自动并极其缓慢地调暗各区域的灯光，同时系统的移动探测功能也将自动生效，将无人区域的灯自动关闭，并将有人区域的灯光调至最合适的亮度。这些状态会按预先设定的时间相互自动地转换。

若有人需要加班，则通过电脑或电脑的联网方式预先通知管理中心，临时局部改变控制方式，以保证用户的需求。

所谓调光控制，是由于白天沿窗侧的工作面照度受日光影响，远远大于核心筒侧的工作面照度，因此在窗际的工作面照度高于工作要求标准时，通过照度传感器将照度反馈到照度现场控制器，以关闭此区域的照明电气设备，达到保护用户视力与节省过度照明的电力消耗。

此外，通过现场控制面板改变各区域的光照度，以适应各种场合的不同场景要求。在 11：00～16：00 左右自然光较强的时间段，智能照明可将照度自动调整到工作最合适的水平。例如，在靠近窗户等自然采光较好的场所，系统会很好地利用自然光照明，调节到最合适的水平。当天气发生变化时，系统仍能自动将照度调节到最合适的水平。总之，无论在什么场所或天气如何变化，系统均能保证室内照度维持在预先设定的水平。

（5）景观照明控制

景观灯光照明监控系统，就是把实施楼宇户外夜间照明灯光的“控制权”统一集中到控制室的电脑系统里，通过程序，还可以无线遥控视频监控器，观察灯光的明暗或损坏。程序设置可以根据不同时间段进行编制，比如景观照明系统每逢周五、周六开启照明 4～5h，节假日时间延长。这样既满足了夜景照明的需要，又同时做到了节能降耗。

景观艺术照明智能控制，应做到灯光场景组合、色彩变化、亮度变化以及与其他设备在整个系统内同时运行（如背景音乐、音乐喷泉、多种效果灯具等），保证在不同时间、地点与气候环境下，人文景观、自然景观都以多种视觉效果与夜景展示。夜景工程照明不一定要处处、天天亮，有些地段可以应时开放，比如节假日、双休日才亮，每天亮的时间尽量缩短。夜景工程也不一定遍地开花，可有选择、有代表性、有重点地布置。

（6）室外照明控制

室外照明是一个系统工程，体现照明技术和文化艺术的完美结合，所涉及的内容广泛，主要是道路及附属景点、广场、风景区等场地照明设计。午夜以后人和车辆已经极为稀少，在低交通流量的道路上仍然保持较高照度显然没有必要，可以采用智能光源降压—稳压—调光技术，依据人体工程学中的视觉理论，实现对照度的动态智能化管理，主要优点是在调光的同时也大幅降低了电耗。

泛光照明智能控制系统可实现单灯远程控制、报告与场景编辑，按照不同时间人流量不同，开启相应灯光，达到有效节能目的。可实现无人值守机房、远程抄表、照明设备远程监测与控制等，可大大降低运营维护成本，全面提高照明设备管理与维护效率。

6.4 电梯系统的智能化控制

电梯系统是智能建筑内不可缺少的设施，不仅自身要有良好的性能和自动化程度，而且还要与整个楼宇自控系统协调运行，接受中央计算机的监视、管理及控制。

电梯系统的智能化控制一般可以分为两类：一是通过楼宇自控系统 DDC 控制器进行监测，用以监测电梯的状态和报警；二是采用电梯产品自身的智能控制系统，可以更好地实现电梯的监测、控制和管理功能。

DDC 直接监测电梯系统的简介如下。

1. 电梯常用的监测、控制内容（表 6-12）

电梯常用的监测、控制内容 表 6-12

受控设备	设备数量	监控点描述	输入		输出		备注
			AI	DI	AO	DO	
客梯	1 部	电梯上行		1			常开无源触点
		电梯下行		1			常开无源触点
		电梯运行状态		1			常开无源触点
		电梯故障报警		1			常开无源触点
自动扶梯	1 部	电梯上行		1			常开无源触点
		电梯下行		1			常开无源触点
		电梯运行状态		1			常开无源触点
		电梯故障报警		1			常开无源触点
货梯	1 部	电梯上行		1			常开无源触点
		电梯下行		1			常开无源触点
		电梯运行状态		1			常开无源触点
		电梯故障报警		1			常开无源触点
		火灾报警信号		1			常开无源触点
观光梯	1 部	电梯上行		1			常开无源触点
		电梯下行		1			常开无源触点
		电梯运行状态		1			常开无源触点
		电梯故障报警		1			常开无源触点
		火灾报警信号		1			常开无源触点

电梯上行：取自电梯配电柜辅助触点。

电梯下行：取自电梯配电柜辅助触点。

电梯运行状态：取自电梯配电柜辅助触点。

电梯故障报警：取自电梯配电柜辅助触点。

火灾报警信号：取自电梯配电柜辅助触点。

2. 电梯常用的监控功能（图 6-16）

电梯的控制方式可分为层间控制、简易自动/集群控制、有/无驾驶员控制以及群控等。对于建筑电梯，通常选用群控方式。

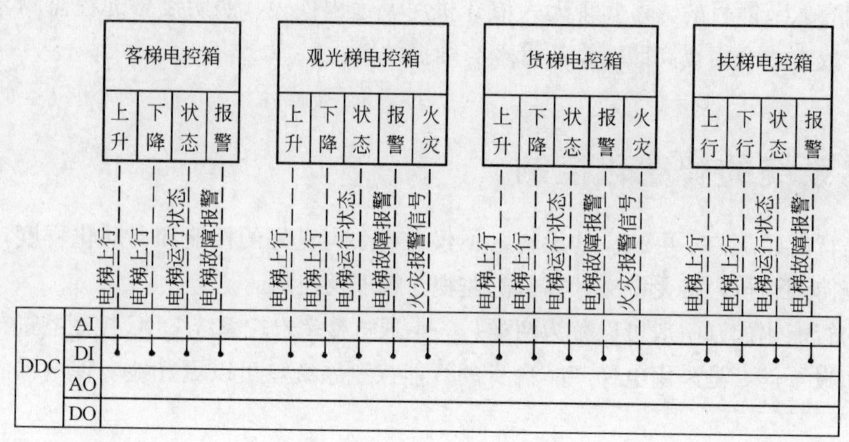

图 6-16　电梯监控原理

对各部电梯的运行状态进行监测。

故障监测与报警，包括厅门、厢门故障检测与报警，轿厢上下限超限故障报警以及钢绳轮超速故障报警等。

各部电梯的开/停控制，电梯群控，当任一层用户按叫电梯时，最接近用户的同方向电梯，将率先到达用户层，以节省用户的等待时间；自动检测电梯运行的繁忙程度以及控制电梯组的开启/停止的台数，以便节省能源。

当发生火警时，由电梯升降控制器控制所有的电梯，包括直升客梯和货梯降、扶梯等至首层，并切断电梯的供电电源。

电梯的运行状态可由管理人员用光笔或鼠标器直接在 CRT 上进行干预，以便根据需要随时启/停任何一台电梯。电梯的运行及故障情况定时由打印机进行记录，并向上位管理计算机（或 BMS）送出。当发生火灾等异常情况时，消防监控系统及时向电梯监控系统发出报警及控制信息，电梯监控系统主控制器再向相应的电梯 DDC 装置发出相应的控制信号，使它们进入预定的工作状态。

6.5 建筑智能化系统集成

6.5.1 建筑智能化系统集成概述

智能建筑的系统集成从概念上讲，有广义系统集成和狭义系统集成两个层次。狭义的系统集成仅限于部分子系统的集成，也就是 BMS 的系统集成。广义的系统集成强调的是以建筑物为基础，结合水、暖、电以及运营和服务等多方位的全面集成，即包括界面集成、数据集成和业务流程集成的一体化集成 BMS。

这两个层次的集成所实现的功能与内容属于两个不同的领域：信息域和控制域。

控制域系统是完成楼宇硬件设施的监控和管理，也就是 BMS 系统集成的内容。它由很多功能设备迥异的分项子系统构成，涉及各方各面，但从功能上大致可分为两类：保障系统与运营服务系统。就建筑工程所要求集成的几个系统而言，建筑设备监控系统、消防系统、公共广播系统、综合安防系统属于保障系统。这些智能化专业系统首先需要完成对本系统的整体监控管理，建筑设备监控系统管理风、水、电、智能照明等环境设施，综合安防管理视频监控、报警、巡更、门禁等保全设施。建筑设备集成系统 BMS 则将这些在硬件上独立、在管理上关系紧密的智能化系统集成在一起，实现数据共享和联动关系。一方面对控制域的各系统进行整合，实现统一的管理和调度；另一方面是向信息域集成的必要接口，将控制域的设施管理提交给信息域的运营管理链，从而完成建筑的整体高效运营。

信息域系统建立在IT信息平台上，是往来业务、内部管理的运营命脉。对于建筑，它应包括办公自动化系统、物业管理系统等。这些系统的作用是传递和管理决策信息，它同时处理着多种异构数据，为企业的办公、管理环境实现充分的信息资源共享，并通过Web驱动企业应用集成，这也就是BMS的内容。

从建筑的性质、用途出发，决定综合系统集成的目标不仅仅是在某个层次上进行的集成，还需要在一体化集成的基础上，将不同的信息资源和业务事件互相紧密地衔接起来，实现在异构子系统之间跨越各个应用系统边界的数据共享平台。

因此从技术上讲，系统集成的平台必须在这两个层次均具有足够的开放性。在控制域层面上通过LonWorks、BACnet、Integrator等方式将各种不同的机电系统集成起来，使之相互协调、联动、共享信息，在信息域中利用先进的IT技术和成熟的解决方案通过标准数据库和Web接口将不同的信息系统集成起来，从而组织和管理整个楼宇的高效运营，充分体现集成系统的先进性、安全性、实用性和可扩展性等特点。

6.5.2 建筑智能化系统集成技术

数字城市的发展，使智能建筑进入了一个新的发展时期，智能建筑传统的理念、概念、技术、管理都发生了很大变化，新技术、新产品不断进入智能建筑，智能建筑的市场容量不断扩大，追溯其根源离不开科学技术的发展和管理概念的膨胀。

1. 信息域管理平台（BMS）

信息域管理平台将不同的信息资源和业务事件互相衔接起来，消除“信息孤岛”，成为在异构子系统之间跨越各个应用系统边界的数据共享平台，从而改善建筑的整体应用业务，提高综合服务效率。其集成目标不仅仅是建立一个实现界面集成、数据集成的高层监控管理系统，还需要在此基础上，将不同的信息资源或业务事件互相紧密地衔接起来，实现在异构子系统之间跨越各个应用系统边界的数据共享平台。

（1）互联网络技术

20世纪行将结束的时候，互联网技术已经在人类进化的历程中刻下了深深的印痕，其影响日益深远，互联网技术已经创建了一个全新的互联网产业。今天的系统集成与网络结构已不再只是一个计算与管理中心的规模，过去那种以计算与管理中心为核心的计算机网络结构在今天的网络结构概念中已被企业Internet网络结构所代替，即基于更优越的B/S系统集成与网络结构模式。

在建筑智能化系统集成中，关键技术之一即是互联网络技术。系统集成的信息可以在内联网或互联网上发布，无论是千兆以太网还是ATM网，甚至语音、视频、数据合一的高速ATM网，均可以实现智能化系统集成实时信息共享。通过网络的硬件媒体，并经过登录和授权认证等安全措施，系统集成的Web访问是能够完美实现的。根据不同的要求，有以下不同的方式：

内部网络中的LAN访问：操作站或手提电脑在BMS所在的网段中，通过有线或是无线的介质访问BMSWeb服务器，对楼宇的综合设施进行管理。

远程专线访问：用于体育场管理的上级部门，或对多座不同地理位置的管理部门实现远程的建筑物管理，需在这些楼宇间铺设专线，构成一个内联网。

远程VPN访问：建立VPN服务器，使装有VPN客户端的管理人员能够通过公网安全地访问建筑的内联网，从而完成必要的管理工作。

(2) 浏览器/服务器 (B/S) 技术

采用浏览器/服务器 (B/S) 技术进行智能化系统集成，可使建筑物内的设备监控自动化和管理的实时监控信息能够通过互联网进行访问及控制，不需客户端另外安装专用程序，使真正的远程控制得以实现，此项技术在国际上已成为应用趋势，使管理的技术手段和管理水平与国际接轨。

所谓 B/S 结构，就是只安装维护一个 Web 服务器 (Server)，而客户端采用浏览器 (Browse) 进行 Web 浏览。B/S 结构的优点是维护方便，能够降低总体拥有成本。客户端无需运行软件，就像平时上网浏览网页一样，有个标准浏览器 (通常是微软的 Internet Explorer) 就行了。所有具备 B/S 结构的软件的维护、升级工作都只在服务器上进行，客户端便能获得最新版本的软件。

C/S 结构则是指客户端/服务器端，这是现在比较常见的系统管理结构。它需要在服务器上安装管理软件的服务器版本，完成对所有数据的管理，而操作站需要安装管理软件的客户端，完成与服务器端的通信。可见，B/S 结构相对于 C/S 有了很大的进步。

首先，B/S 比 C/S 的维护工作量大大减少。C/S 结构的每一个客户端都必须安装和配置软件，一旦建筑需要增加管理人员的操作站，即要增加客户端数量，那么就不得不增加相应的客户端软件。当将来需要为管理人员更新操作站时，C/S 结构还需要重新安装客户端的软件。若将软件服务器端更新到最新版本，则不得不同样更新所有的客户端软件，然后进行设置。而 B/S 结构，因为客户端不必安装软件，则省去了大量的维护工作。当软件升级后，系统维护员只要将服务器的软件升级到最新版本就行了。

其次，B/S 相对 C/S 能够降低总体拥有成本。C/S 结构中客户端参与运算，而 B/S 结构中客户端并不参与运算，只是简单地接收用户的请求，显示最后的结果，所以对客户端的计算机电脑配置要求是比较低的，同时使整个系统的运转速度得到提升。

(3) Web Services

①XML 和 HTTP

它们是 Web Services 最基本的平台。XML 可以用来定义和描述结构化数据，它是 Web Services 得以实现的核心语言基础。Web Services 的其他协议规范也都是以 XML 形式来描述和表达的。HTTP 是一个在 Internet 上广泛使用的协议，为 Web Services 部件通过 Internet 交互奠定了协议基础，并具有穿透防火墙的良好特性。

②简单对象访问协议 SOAP

SOAP (simple object access protocol) 是 Web Services 服务调用协议，定义了服务请求者和服务提供者之间的消息传输规范。SOAP 用 XML 来格式化消息，用 HTTP 来承载消息。发送 SOAP 消息是通过 HTTP POST 语句向服务器发送基于 XML 的消息，再以相同的方式接收 XML 响应消息。这项简单的技术实现了 SOAP 在不同平台、不同技术以及不同编程语言上的使用。

③服务描述语言 WSDL

WSDL (web services description language) 为服务提供者提供了以 XML 格式描述 Web Services 请求的标准格式，将 Web Services 描述为能够进行消息交换的通信端点的集合，以表达一个 Web Service 能做什么，它的位置在哪里，如何调用它等。

④统一描述、发现和集成协议 UDDI (图 6-17)

服务注册检索访问标准 UDDI (universal description, discovery and integration) 是 Web Services 的信息注册规范，以便被需要该服务的用户发现和使用它。UDDI 规范描述了 Web Services 的概念，同时也定义了一种编程接口。通过 UDDI 提供的标准接口，企业可以发布自己的 Web Service 供其他企业查询、调用，也可以查询特定服务的描述信息，并动态绑定到该服务上。

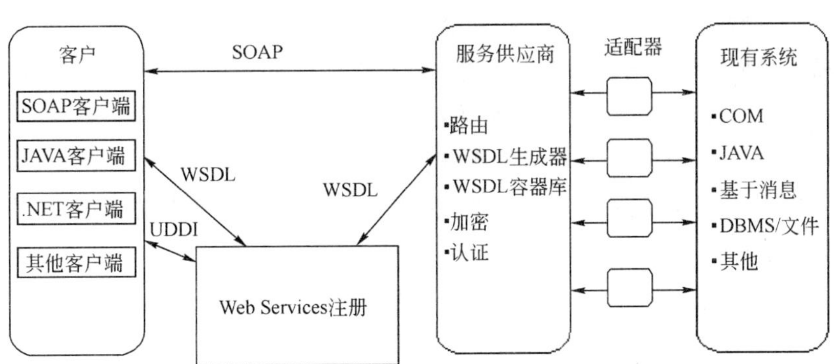

图 6-17　UDDI 规范示意图

任何语言，任何平台上的客户（可以是来自 Web Client、Windows Client 或者其他平台）都能通过 SOAP 请求调用 Web Service。过程是这样的：Web Service 都是放在 Web 服务器后面的，客户生成的 SOAP 请求会被嵌入在一个 HTTP POST 请求中，发送到 Web 服务器来；Web 服务器再把这些请求转发给 Web Service 请求处理器；请求处理器的作用在于，解析收到的 SOAP 请求，调用 Web Service，然后再生成相应的 SOAP 应答；Web 服务器得到 SOAP 应答后，会再通过 HTTP 应答的方式把它送回到客户端。

由此可见，Web Services 能够使建筑设备监控平台的应用集成成为真正可能的、便捷实施的解决方案。Web Services 能彻底地改变传统的应用集成中点对点的集成处理方式，以这样一种松散的服务捆绑集合形式，能够快速、低代价地开发、发布、发现和动态绑定应用。

（4）Microsoft. Net 平台

. Net 是在 IT 界宣传中与 Web Service 联系最紧密的名词，而从技术和标准方面来讲，. Net 和 Web Service 之间并没有任何依赖性。. Net、. Net 框架和 . Net Visual Studio 都是开发最新 Web Service 的理想技术，它们支持 Visual Basic、C# 和 C++ 开发人员在应用中轻松创建和集成 Web Service。除 Java 之外，. Net 将是创建和集成 Web Service 的最常用的技术。

楼宇管理通常采用基于 Windows 的技术来支持自己的 IT 基础设施，并将直接或间接利用 . Net 技术来构建 Web Service。建筑设备管理系统的首要目标就是无缝集成基于 . Net 的系统，并对其产品进行不断的检查和测试，以保证它们能够轻松、高效地与基于 . Net 的 Web Service 进行合作。

Microsoft. Net 平台将从根本上改变计算机和用户的交互方式。通过将设施管理系统和信息管理系统应用程序结合成一个智能的交互整体，. Net 将使企业可以从极大提高的劳动效率和生产力中受益。

. Net 在本系统的运用体现在两个方面：①. Net 作为支撑平台应用，为各种应用程序提供基本服务，同时，有利于整个系统的集成和以后的应用扩展；②针对本集成系统的各种应用软件使用了 . Net 技术和 . Net 平台提供的各种开发工具。

（5）数据库技术

ODBC（open data base connectivity，开放式数据库互联）是微软推出的一种工业标准，一种开放的独立于厂商的 API 应用程序接口，可以跨平台访问各种个人计算机、小型机以及主机系统，使得操作可以独立于数据库系统。ODBC 作为一个工业标准，绝大多数数据库厂商、大多数应用软件和工具软件厂商都为自己的产品提供了 ODBC 接口或提供了 ODBC 支持，这其中就包括常用的 SQL SERVER、ORACAL、INFORMIX 等。

基于 ODBC 的中心数据库接口模块对不同的数据库的操作不依赖任何管理系统，所有的数据库操作由对应的管理系统之 ODBC 驱动程序完成，这样可以很好地解决异构型数据库之间的数据共享与相互可操作性问题。利用 ODBC 这些特性可以在工程项目中实现异构型数据库数据交互与互操作性。

作为一种数据库联结的标准技术，ODBC 主要有以下几个特点：

①ODBC 是一种使用 SQL（结构化查询语言）的程序设计接口；

②ODBC 的设计是建立在客户机/服务器体系结构基础之上的；

③ODBC 使应用程序开发者避免了与数据源连接的复杂性；

④ODBC 的结构允许多个应用程序访问多个数据源，即应用程序与数据源的关系是多对多的关系。

ODBC 建立在 C/S 体系结构之上，它包含以下 4 个组件。

①应用程序（Application）。应用程序即是用户的应用，它负责用户与用户接口之间的交互操作，给出 SQL 请求并提取结果以及进行错误处理。

②ODBC 驱动程序管理器（Driver Manager）。ODBC 驱动程序管理器为应用程序加载和调用驱动程序，它可以同时管理多个应用程序和多个驱动程序。它一般包含在扩展名为“DLL”的文件中。

③ODBC 驱动程序（Driver）。ODBC 驱动程序执行 ODBC 函数调用，呈送 SQL 请求给指定的数据源，并将结果返回给应用程序。驱动程序也负责与任何访问数据源的必要软件层进行交互作用，这种层包括与底层网络或文件系统接口的软件。

④数据源。数据源由数据集和与其相关联的环境组成，包括操作系统、DBMS 和网络。ODBC 通过引入“数据源”的概念解决了网络拓扑结构和主机的大范围差异问题，这样，用户看到的是数据源的名称而不必关心其他。

数据库驱动程序使用 DSN（data source name）定位和标志特定的 ODBC 兼容数据库，将信息从 Web 应用程序传递给数据库。典型情况下，DSN 包含数据库配置、用户安全性和定位信息，且可以获取注册表项中或文本文件的表格。

在数据库集成中，即使两个系统间采用的是不同的数据库系统（如一个是 ORACLE，而另一个采用 SQL 数据库系统），这两个数据库系统均支持 ODBC 标准，因此这两个数据库之间的数据接口就比较容易解决，只要将重点放在 ODBC 与 CGI 集成就可以了，这是因为 CGI 网关程序和它带来的输入/请求数据，以及要进行交互的数据库之间的关键部分，需要创建与开发。

由于 ODBC 具有良好的开放特性，ODBC 使用统一用户界面连接多个 ODBC 数据库，通过使用连接数据库的统一界面标准，很容易创建与各种不同类型数据库进行交互的程序。从理论上讲，对于所有数据库而言，只需要编写一个访问程序即可。

(6) 可视化技术

可视化技术是指基于网络化的视像传输、交互和提供多媒体视像服务的技术。现阶段，在智能建筑内的数字视频点播 VOD（video on demand）和会议电视 MTV（meeting TV），均是采用可视化技术向建筑内的网络桌面系统提供视像的传输、交互和服务的功能。

可视化技术在智能建筑中的应用：

①数字影视点播。即向智能建筑内的网络桌面系统提供诸如电影、电视、动画游戏和远程教学的交互式视像服务。

②会议电视。即向智能建筑内的网络桌面系统提供点对点或网络形式的交互式多媒体影像的传输服务。

(7) 智能卡技术

随着半导体芯片技术的不断发展，智能卡体积小、存储容量大、携带与使用方便、安全性与可靠性好、可脱机运行、一卡多用的优越性能越来越突出。目前，在国外采用智能卡系统进行智能建筑的保安门禁和巡逻管理、停车场管理、物业收费与管理、商业消费与电子钱包、人事与考勤管理已经越来越普遍。而这些功能都可以通过一张智能卡实现，这就是“一卡通”。

智能卡技术在智能建筑中的应用：

①保安门禁系统的应用。通过持卡人授权，实现通道、电梯的出入安全管理。

②保安巡逻管理系统的应用。实现临时停车无现金付费与常租停车位置管理，智能卡与保安系统联运实现车辆安全管理。

③物业收费与管理系统的应用。可用于建筑物内的水、电、气、风的计量、记录和付费等一系列物业管理。

④商业收银系统的应用。建立持卡人资料、信用等级，实现电子购物与电子转账付费。

⑤人事考勤管理系统的应用。使用智能卡建立员工人事档案资料，记录员工出勤时间。

2. 控制域设备管理（BMS）

控制域的综合管理是通过标准的开放接口技术，将各个有互交关系的弱电子系统集成在一起，从而将整个建筑的各种设备相互协调、联动和共享信息。

（1）OPC技术

OPC（OLE for process control）是一个开放的接口标准和技术规范，基于Microsoft的OLE（Active X）、COM & DCOM技术。开发者在Windows的对象链接嵌入（OLE）、部件对象模块（COM）、分布部件对象模块（DCOM）技术的基础上进行开发，让OPC作为自动化系统、现场设备与办公管理的应用程序之间的有效联络工具，使办公室与生产部门之间的数据交换简捷化、标准化。

OPC技术已成为一种工业标准，它支持多种开放式协议以满足客户对信息集成之需求，它为客户提供了一种开放、灵活和标准的技术，减少了未来的集成系统所需要的开发和维护费用。

从结构上来看，OPC由客户机和服务器两部分构成，采用C/S服务器体系结构。OPC服务器程序安装在应用系统的服务器上，OPC客户端应用程序既可运行在应用系统的服务器上，也能安装在其他联网的计算机上。如果OPC客户端应用程序和OPC服务器程序安装在不同的计算机上，那么它们之间需要通过网络（TCP/IP协议）进行通信。

OPC服务器可以由不同的供应商提供，每个OPC服务器可以连接多个客户机。图6-18是OPC客户机/服务器结构。

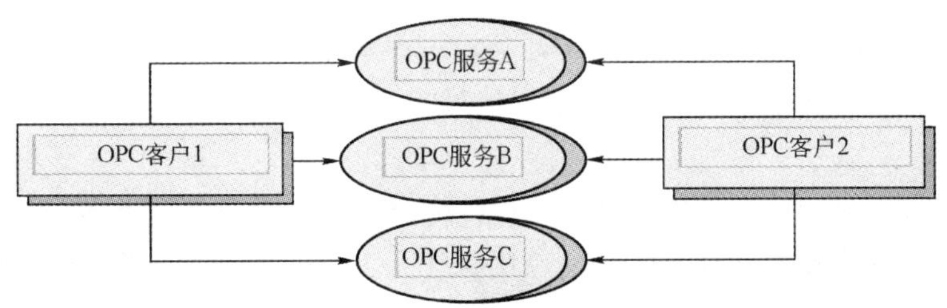

图6-18 OPC客户机/服务器结构

OPC的对象和接口由OPC服务器提供，而OPC服务器上的应用系统正是通过对象和接口实施整个系统开放。OPC客户端应用程序允许同时连接至多个OPC服务器。通过OPC客户端的应用程序，操作员不但可以监测服务器上实时数据的当前值（包括信息和状态），而且还能对其实施控制，也可从服务器上获取报警信息和事件记录。

（2）LonWorks技术

LonWorks现场总线是1991年美国ECHELON公司推出的一种控制局域网络，提供了点对点双向通信的单层分布式控制网络，单层一级构造，与《民用建筑电气设计规范》（JGJ 16—2008）的建筑物自动化系统网络结构是相同的。单层分布式网络结构，是控制网络发展的主流方向。LonWorks网络中设备的通信是采用一种称为LonTalk的网络标准语言实现的。LonTalk协议由各种允许网络上不同设备彼此间智能通信的底层协议组成。换一句话说，LonWorks采用同一的网络变量定义，使不同厂商的不同设备可以相互通信，点对点共享信息。

LonTalk 协议提供一整套通信服务，这使得设备中的应用程序能够在网络上同其他设备发送和接收报文，而无需知道网络的拓扑结构或者网络的名称、地址或其他设备的功能。LonTalk 协议能够有选择地提供端到端的报文确认、报文证实和优先级发送，以提供规定受限制的事务处理次数。对网络管理服务的支持使得远程网络管理工具能够通过网络和其他设备相互作用，这包括网络地址和参数的重新配置、下载应用程序、报告网络问题和启动/停止/复位设备的应用程序。

另外，LonWorks 网络也对物理层进行了定义，现行主流技术采用 FTT-10 标准网络，其通信速率高达 78.6kb/s，同时还支持自由拓扑结构。

(3) BACnet 技术

BACnet 所提出的数据通信协议，是致力于使用 BACnet 网关把多种建筑物自动化系统在管理信息域集成为一个整体系统的通信标准，是企图解决不同厂家的自动化系统如何集成在一起的问题，用以处理现存的各类不同建筑物自动化系统。只要各厂家按 BACnet 标准开发与 BACnet 兼容的控制器或接口，便可在这一标准协议下相互交换数据。所以，BACnet 很适宜在工作站级的管理信息域应用。BACnet 有比 LonWork 更为量大的数据通信，运作高级复杂的大信息量，表明 BACnet 有更强大的过程处理、组织处理能力，能适应与多个不同制造厂的 BACnet 设备接口。

作为由 ASHRAE（美国标准空调工程协会）制定的一种通信协议，主要用于楼宇设施的控制网络。它允许不同的控制系统进行信息交换、发布命令及系统功能。

它确立了不必考虑生产厂家，各种兼容系统在不依赖任何专用芯片的情况下相互通信的基本规则，并且具备技术先进和易于实现的特点。

有完善、统一的数据表示和交换方法，从而使得设备之间能很容易地实现信息的交换和操作行为的协调一致。

6.5.3 集成管理系统的功能介绍

1. 管理功能

平台采用 B/S 的结构：全部图形化动态信息均通过 Web Server 发布，操作者所使用的工作站计算机不需要安装任何软件，即可通过 Web 浏览器对建筑的设施进行管理，这也使安装和维护楼宇自动化系统的成本降至最小。

友好的界面：登录用户界面后，操作者可以在任何时候通过自定义的界面风格来显示最详尽的信息，还可以选择显示的导航树以获得最便利的应用方式。点击、拖放工具条中的符号和下拉菜单选项使得操作者用最有效的方式直观地使用系统。网络及控制点时间表、控制系统逻辑图和操作者帮助信息通过轻点鼠标即可得到。

管理警报和事件消息：一个有效的警报管理系统会区分信息显示的优先次序，以便操作者能够迅速有效地对楼宇中最危急的情况作出反应。提供了一个事件观察程序，可按时间顺序、优先级、事件主体或消息注释的排列显示事件。可以设置 BMS 管理服务器，将事件和交易消息发送到打印机、寻呼机、手机短信、电子邮箱或其他系统管理服务器。提供审计观察程序，允许操作者建立一个过滤器，只显示特定条件下的事件。

趋势分析：用户可以查看并分析在用户界面中以图形或表格方式显示的趋势数据，这可以识别提高效率的机会并开发预定的维护策略。为了在整个系统基础上进行运行性能的详细分析，用户可以建立一个趋势研究工具，它可以帮助用户在问题出现以前，识别潜在性的问题，诊断目前和过去的报警情况，使能源消耗达到最佳并且减少维护成本。

汇总和报告：汇总帮助操作者从一个系统或组的角度观察数据和情况，BMS 管理服务器具有在浏览树中显示任何设备的汇总数据的功能；报告使得用户从简单的角度观察整个项目或楼宇内选定区域内目前的意外情况，并允许操作者确定值得注意的点的位置。

设置时间表：时间表功能允许用户定义设备运行的日期和时间，例如设备的启动和停止，并改变设置点。用户可以为一周内的一天或几天的活动、假日或特定的日历日安排时间表。另外，用户界面为每周时间表提供了图形显示，并为创建和编辑时间表提供日历。

系统安全：MEA 系统架构包含综合系统安全程序，防止对系统的无授权访问。系统安全通过要求输入用户名和密码来鉴别试图连入系统的用户，若为有效授权的用户，则可在访问授权的基础上访问系统。访问授权是通过对用户或用户组的系统分类和动作定义进行排列组合得到的。用户可被授权仅仅监控某台、某类设备，或者仅被授予监视能力而没有权限进行控制，也可以通过时间表设定该用户的有效访问时段。对于连接到系统中的用户，其操作（如报警确认、发放命令和点变更等用户活动）均被记录在 BMS 管理服务器的审计跟踪程序中。除了用户授权以外，应用包括防火墙程序和编码协议等标准 IT 安全技术来防止对系统和网络的无授权访问。

2. 浏览功能

本方案所提供的 BMS 系统，充分实现智能化专业系统信息的网上浏览，所有管理操作站均无需安装任何楼控软件，而是通过 Web 访问，采用标准 Web 浏览器界面，就能依照登录用户的权限实时在线浏览权限范围内的各个系统、各个设备的状态、报警、历史以及维护等信息。

系统通过 XML 完成动态数据的连接，并以各种彩色图形图像展现设备信息和系统各功能模块所分析的曲线、图表、数据报告等。在浏览界面中，还可以根据建筑的管理规划将系统设备分类，编制符合管理需求的网络导航树，使用户能够快速浏览整个系统的各个层次。网络导航树支持颜色编码符号，使操作者能够从网络树中识别警报或应引起操作者注意的其他意外情况。

集成系统可以实现包括以下的浏览功能：

（1）提供楼宇分布平面图。可以为用户提供按不同选择排列的区域图，浏览设备分布、设备属性信息等。

（2）可以浏览查看某个设备的维修信息、故障信息、人员安排。

（3）提供楼控系统的各种设备分布浏览、设备运行状态信息、设备运行记录、报警记录等。

（4）浏览综合保安系统的各种设备、巡更站分布、人员派班、视图巡更路线、门禁记录、维修记录、报警记录以及重大事件处理记录等。在点击某个摄像设备时，系统提供相应的录像播放。

（5）浏览消防系统的各种设备分布、设备保养维护记录、报警记录等。

（6）浏览各暖通设施的耗用信息，其中包括水、电、气用量等。

（7）浏览各区域的环境照度、相应照明回路的状态与报警及时间安排计划表等，浏览机坪高杆灯的照明回路状态及相关灯具的故障信号报警。

（8）浏览电力系统各开关设备状态、跳闸警报、电力参数以及能源状态等。

3. 联动功能

本方案所提供的 BMS 系统，通过对各智能化应用系统信息和数据的综合管理，可实现各智能化应用系统之间信息的交互，并可通过信息引发相应子系统的联动响应程序。BMS 服务器通过数据库、应用程序 API、BACnet、OPC 等开放技术为各子系统之间建立关联沟通的作用，实现了跨系统间应用子系统的信息双向交互及流向的设置。每个系统所产生的有用信息都将被应用到其他相关系统中，实现所有系统的整体协动。

在不影响各系统固有运转操作的情况下，将其他系统的重要信息参与到本系统的工作中。下面将系统可以实现的联动功能归纳如下：

(1) 由消防系统产生的联动

火灾发生时，火灾及相关信息同时反映在BMS集成管理系统上，即时显示报警界面并打印记录。

火灾发生时，联动综合安防系统的门禁子系统将打开所有的通道。

火灾发生时，联动综合安防系统把摄像机切换到相应位置并录像以便分析火情。

火灾发生时，联动BAS系统关闭相应区域的送风机，避免新鲜空气的引入。

火灾发生时，联动BAS系统关闭非火灾区域的防火阀。

火灾发生时，联动照明系统关闭相应区域一般照明回路，强制点亮楼梯间照明，同时打开应急照明。

火灾发生时，联动电力系统自动切断非必需负荷的供电。

火灾发生时，联动电梯系统自动缓速停止自动扶梯及自动人行道，切断其电源；自动使所有电梯依次迅速降到指定疏散层，关闭非消防电梯，通知消防电梯转入消防工作状态。

(2) 由综合安防系统产生的联动

安防报警时，相关信息同时反映在BMS集成管理系统上，即时显示报警界面并打印记录。

安防报警时，联动照明系统将相关区域的照明打开，使监控摄像机更容易取证。

安防报警时，通知垂直电梯不停靠报警层，同时闭锁相关通道。

(3) 来自公共广播系统、通信系统、场地扩声系统的信息

在BMS集成管理系统上显示公共广播设备、场地扩声设备以及通信系统设备的运转状况、故障报警等相关信息。

(4) 办公自动化的信息联动

根据管理的动态信息控制区域暖通设备、照明、电梯相关的操作。

4. 查询功能

本方案所提供的BMS系统，提供多种方式的信息查询，可以查询集成系统各子系统及所属设备的各类信息（状态信息、报警信息、维护信息等），以及基于原始信息的统计信息。查询功能包括以下内容：

(1) 在页面上提供了包括时间空间、物理空间分布（楼栋、楼层、区域等）、物品、部门和状态五大类的查询机制，实现快速简洁查询。这些机制可以同时限定也可以限定其中某一种或几种，系统将显示符合相应条件的全部信息。

(2) 提供根据设备编号查询相应的设备型号、技术参数、运行状态、累计运行时间、维护保养情况的记录及数据。

(3) 在每一个底层界面中另外还提供了一个高级查询功能，可以将数据库表中的任意属性选择为查询条件，从而实现对数据的任意查询。

(4) 对查询结果可以实现打印、下载等基本操作。

5. 设置功能

本方案所提供的BMS系统，提供了完善的设置管理功能，以保证整个集成系统准确、稳定、安全地运行。整个设置功能分为以下几大类：

(1) 设备运行配置设置

主要对维护设备运转以及集成系统软件与设备关联运行所需的内容进行设置。通过网页链接调用的方式执行各智能化专业系统网站中的设置功能，可以对设备以及子系统进行设置；通过集成系统软件，可以在集成系统中对整个系统的运行配置进行设置。例如在集成系统的设备信息设置功能中，系统提供了设备的分类、具体设备属性的增添、删除等功能。

（2）安全管理机制设置

安全管理机制设置包括网络权限设置层面以及集成系统权限设置层面。

网络权限的设置由网络管理员来完成，由操作系统及相关网管软件来实现。

集成系统提供了按部门进行分类，对具体人员信息进行设置的功能。系统为系统管理员提供一个用户权限管理界面，以便对每个人进行系统使用权限的分配，包括分类系统的使用分配（即限定监控特定的子系统或某类设备）、操作功能（即限定监视、增、删、改等权限）的使用分配、时间分配（即通过时间表设定用户的有效访问时段）。

（3）离线设置功能

提供离线设置系统参数的功能，操作员或系统管理者可在离线情况下对系统进行如下设置：离线生成控制逻辑，离线生成用户图形化，离线测试与仿真，设置现场点和操作参数，定义网络设备，完成各种系统功能的设定。

（4）计算功能设置

系统提供了对计算方式进行设置的功能，对各类耗能、成本等的计算方式，可以由相应权限的管理者自定义。

（5）维护管理设置

系统提供一系列对设备以及系统进行维护管理的设置，例如数据备份周期的设置功能可以方便有效地备份历史记录，故障诊断功能则可以根据预制的分析报告协助管理人员找出系统的问题或潜在的隐患。

（6）能源管理

我国建筑物的耗能量约占全国总耗能量的17%，尤其暖通设备尖峰耗电量更占我国夏季尖峰总用电量1/3，可见，建筑节能政策已成为我国最重要的节能政策之一，建立节约型社会也已经成为共同的呼声。而建筑物能源管理技术为建筑耗能末端最直接之管制，特别是建筑这个庞大物体，其节能效益对于国家能源政策更是具有极其重大的意义。

建筑智能化集成管理系统提供高质量的综合物业管理，有利于能源管理。实现有效的能源策略是多方面能源措施结合的成果，不是由某一个设备或软件就可以完成的，就楼宇设施管理系统而言，主要有以下几个方面：

①采用节能、高效、环保的设备；

②安装测量、监视、计算能源消耗的仪器仪表；

③编制合理、节能的自动控制程序；

④依靠有效的能源数据分析、管理软件；

⑤整体的节能目标需要由建筑、设计院各专业以及控制管理系统的专业公司共同参与实施。

为了评价能源管理策略的有效性，软件系统每天记录能源的使用情况，辅助计量系统可以对设备的一部分进行能源消耗的跟踪记录。另外，软件可以基于设备以往的模式模拟设备的用电需求，从而对设备的异常情况进行预测和报告。这些记录在进行能源管理分析时是非常有用的，它可以提高用户的能源意识，并可以有效地减少能源消耗。

数据可视化将各种原始数据收集并综合起来，经过系统转换为各种图形、曲线或报告，而这种方式的信息一目了然，易于被使用人员理解和分析，从而使楼宇综合信息最大限度地得到利用。其功能包括：

①负荷曲线图表。可对来自不同对象的数据进行分析，分析的结果可确定能耗水平的比较优势或劣势。

②账单计算。通过比较客户数据和能源供应商的记录，可分析可能存在的账单计算错误并设法改

正，也可发现供应侧来自能源供应商的压力和需求侧进行整改的部位。

③节能报告及分析。掌握确切的数据以确定调整的步骤，根据不同的能源价格分析用能策略。

④自动搜索意外事件。对超过正常情况的能源消耗进行记录、分析，并使用户能了解该情况发生的原因、造成的损失、进行补救的手段和所需的成本。

⑤测量及查证。逐个分析收集的数据以确定现有能源管理方式存在的问题。

⑥能源运行可靠性报告。综合考察各部位能耗状况以更多地降低费用、考察设备运行状况以提高运行维护水平。

⑦运营和维护。自动化预测性维护（而非基于日志的预防性维护）；远程运营监控和纠错，从而减少维修服务次数；通过技术的运用来控制能源的分配，降低电耗；根据市场信息来管理能源采购，以最优价格和条件购得能源。

建筑智能化集成管理平台为建筑提供了最佳的能源管理手段，实现合理的能源审计、分析、跟踪和管理。同时，通过对暖通空调、照明、电梯等机电设备的优化控制，确保节约能源，从而降低运行费用。

6.6 建筑机电设备能源管理

6.6.1 建筑机电设备能源管理系统概述

建筑机电设备能源管理系统以实现建筑节能为目标，本着实际、实用、有效的原则，适用于新、老建筑的节能控制。在系统集成平台上，根据各个集成子系统的上传数据，从整个智能建筑协调控制角度出发，通过楼宇自控系统对监控设备参数进行优化控制，实现节能。

1. 能源管理中的节能概念

基于可持续发展的要求，应采用需求侧能源管理和综合资源规划方法。其核心思想是：改变过去单纯以增加资源供给来满足日益增长的需求的做法，将提高需求侧的能源利用率从而节约的资源统一作为一种替代资源，以提高资源的利用效率和利用效益；同时不限制发展和降低建筑物的服务标准，将有限的资金投入能耗终端（需求侧）的节能所产生的效益要远高于投资能源生产的效益，建立终端节能优先的思想。

2. 能源管理节能工作思路

提高能源利用率，需求量越大，所需要的资源就越多，能耗也就越高，而服务曲线的斜率就是资源利用效率的倒数，可见能源利用效率越高，服务曲线越平坦，满足等量需求所需要的能耗就会降低。如果试图在能耗不变的情况下不降低服务标准，也就是要服务曲线更加平坦，只有提高能源的利用效率。

需求侧能源管理和综合资源规划的主旨是提高能源的利用效率和利用效益，用最少的资源和能源代价取得最大的经济、社会和环境效益，终端节能优先。据测算，终端节能的投入与生产等量的能源的投入之比为1∶5，经济效益和社会效益巨大。蓄冷空调就是这种思想的典型产物。无论是从科学原理上说还是从技术经济的角度来说，蓄冷空调是绝不节能的，但它们恰恰反映了需求侧能源管理和综合资源规划的核心思想：提高需求侧的能源利用效率，终端节能优先。

3. 能源管理节能的主要问题

物质水平的飞升提高了人们对室内舒适性的要求，从而对空调有了更多依赖。据统计，空调系统的能耗已经上升到建筑物运行能耗的40%。而多数建筑物空调系统在50%负荷以下运行时间超过7成。在传统的定流量系统中，部分负荷下大流量小温差现象严重，耗费了泵系统的输送动力。换言之，当今的能源利用存在着较严重的供冷与需求不匹配、能源无端耗费的问题。

空调系统的选型一般是按照建筑最大设计热负荷来选定的，且留有余量。而在实际运行中，由于季节、昼夜和使用率的变化，实际热负荷在绝大部分时间内变动剧烈，使机组多数时间在偏离系统最佳负荷下运行。由于空调在负荷剧烈变动时工作效率明显降低，导致在同等输出量下，过低或过高负荷时耗电量同比最佳负荷时明显上升。

建筑设备控制中最为复杂的就是空调系统的控制，监控设备多、控制变量多并且往往相互联系相互影响，其中某个控制变量的改变和调整，不仅影响该变量所在的局部能耗，而且还将影响整个系统的能耗。而目前应用的节能控制方法多局限于局部优化方案，尽管这些控制方案可以达到一定节能和提高室内舒适性的效果，但由于它们只考虑系统的某些局部特性，因而有可能损害或降低系统其他局部的控制质量。因此，要真正实现楼宇空调的优化管理和控制，必须从系统的层次上综合考虑整个系统的控制特性，优化控制和管理各控制回路的控制设定值。

4. 能源管理节能控制现状

目前，在设备管理上尚缺乏协调级的控制策略，多数为基于 PID 的控制策略，导致整体能源利用率低，问题就是冷冻水供水温度、冷却水回水温度、冷冻水流量、末端压差及冷机台数不是孤立存在的。当末端用冷需求降低时，压差增大，调节泵变频运行，降低流量或在不适宜量调节的场合作适度温差降低的质调节。由此可见，量调节与质调节存在耦合关系。

PID 控制造成控制独立分散，如使温度回路、湿度回路、压力回路等参数的控制分立化，各信息之间不存在关联，造成控制上独立分散的弊端。PID 控制更趋向于点对点的相对分散的监控，不利于系统集成。在这样的控制思路下，之前需要解决的探索参数间内部关联，使流程内外协调运作的预想变得不再可能。

6.6.2 建筑机电设备能源管理的特点

(1) 技术先进，具有趋势预测控制功能。充分利用了当代最新科技成果，采用具有趋势预测控制功能，使系统具有优化控制功能，可以根据空调系统运行环境及负荷的变化预测并择优选择最佳的运行参量和控制方案。

(2) 按需供给，有效节约资源。

(3) 动态负荷跟随，实现高效节能。突破了传统空调系统的运行方式，实现系统负荷的跟随性，实现系统运行的趋势预测和动态调整，确保主机始终处于优化的工作状态下，使主机始终保持高的热转换效率，既确保空调系统的舒适性，又实现节能。

(4) 多参量控制，运行安全可靠。采用系统模型控制有效克服控制过程的振荡，在系统出现外来扰动（如负荷变化）时，能自适应地调整系统并消除扰动，使系统能很快趋于新的优化的运行状态，不会引起振荡，系统运行稳定可靠；全面的保护功能，有效的抗干扰措施；设置了操作权限管理功能，可有效防止非授权人员的无意或蓄意访问系统，确保系统数据的采集、传递、储存、使用的安全性。

(5) 人性化设计，使用操作简便。遵循“以人为本”的人性化设计理念，系统的软、硬件设计都从用户操作使用的方便出发，提供了全汉化的中文软件界面，以及非常直观的图形和图表，以满足不同管理人员和操作人员的使用习惯，使操作人员易于理解、易于学习，让不熟悉计算机的人员也能快速掌握和操作整个系统，很快胜任运行管理工作。

6.6.3 能源管理系统节能思路

1. 节能解决思路

系统以能源最优化分配为思路，即按需分配，如冷冻站系统能耗主要由冷却塔、制冷机、冷却水泵、冷冻水泵能耗 4 部分组成。每一个设备都有自身的最优工况，应使系统协调运转，考虑能量在设备间如何分配，怎样实现这种分配才能使总能耗最低。

2. 节能管理系统的宗旨

通过对建筑内各类设备的能耗进行检测，利用能量管理系统进行能耗分析，获得能源使用状况，结合运行模式给出能量使用的合理性分析，并据此给出相应的优化运行指导意见，调整系统的运行策略，便于充分利用能量，减少浪费。

3. 建筑集成管理技术与智能控制完美结合

计算机技术的高速发展促使建筑系统集成技术日趋成熟，从而为建筑设备节能提供更广阔的发展条件，一场新的建筑设备控制技术的革命即将引发。在系统集成平台上，楼宇自控系统、冷水机组、电量计量系统、热量计量系统、智能照明系统、消防火灾报警系统、门禁系统等各个子系统的信息可以自由通信，建筑设备的控制不再仅仅局限于单一设备或单一系统的反馈控制，而是从建筑整体能耗的角度考虑各个系统的协调控制。在建筑系统集成平台上，对建筑进行综合能耗管理，使实现建筑设备系统的协调运行和综合性能优化成为可能。

4. 优化控制实现条件

有一个高度网络化的信息平台，进行数据的采集与监控。系统集成平台提供了必要条件，可自由读写来自不同通信协议的设备的信息，如冷水机组内部的详细参数、楼宇自控系统的监控点、能量计量系统的数据、照明系统的状态、门禁系统的数据。

有一个准确而高效的优化控制预测模型，能够实时在线预测系统动态响应。

优化计算方法能够快速获得优化解，并能够适应在线检测信号带有噪声的特点，从而给出在整个系统总能耗为最小的前提下优化各控制变量的设定值。

5. 智能楼宇节能管理系统功能

首先按需分配，将整个楼宇进行分析处理，而不是作为一环节独立控制，即协调级控制策略按需分配，降低能量传输过程中的损耗和无用功；其次是趋势预测，系统对整个建筑物进行建模动态分析，提出趋势预测的概念，即楼宇能量的供给量是以下一时段楼宇需求量为准，现场反馈量作为修正值，而不是决定值。

可操作的协调级的控制策略是实现建筑节能的重要手段，而可操作的协调级的控制策略必须是在高程度的系统集成的平台实现。能源管理系统进行系统能量优化管理和优化能源配置，实现建筑物“高性能设计”、“集成控制”和“动态控制”。

（1）能耗检测和趋势预测

系统具备一种自学习的功能，可以自动进行数据分析，采用自校正的方法，对下一时刻的能耗有所预测，进行下一个时刻能源最优化的配置。

（2）专家模式和节能运行模式

其目的是诊断出建筑物能量使用过程中的不合理之处，提出相应运行模式。

某一个项目的运行，根据一周几天的时间分别采取不同的控制方式，比如时间表、智能控制、手动控制，分别记录，进行统计分析。

（3）节能控制模式

也就是最终将节能的措施落到实处而不仅仅只停留于建议阶段。

（4）节能效果的测量与验证

能效管理系统拥有专家控制系统，在知识库中输入若干实践经验，需要不断验证，包括采用目标函数、预测函数等。

6. 建筑机电设备能源管理工作内容

（1）能源检查：楼宇能耗状况总览。

（2）能源审计：节能潜力和具体措施。

（3）能源监测和控制：能源消耗和成本控制。

（4）能源报告分析：在连续监控的基础上发掘的改进潜能。

（5）能源优化：能源消耗的连续改进。

6.6.4 建筑机电设备能源管理系统的实施

建筑机电设备能源管理实施方案是一套旨在改进楼宇运营能效的项目解决方案。为建筑执行一套完整的能源方案，以便了解其当前及进行节能改进后的运营状况；采用高级的计算机程序和模拟计算节能额度；按照面积和/或过程成本对现有建筑和数据库中的类似设施进行能耗对比，以便确定哪些设施需要采用节能措施。

建筑机电设备能源管理实施方案的效果检验、节能额度的计量和验证是非常关键的。为提高计量和验证的可靠性，需要使整个行业逐渐在协议问题上形成一致。与计量及验证有关的主要问题就是基线开发。可采用预先计量的方式，以便充分、适当定义所涉及系统的当前运行状况。例如，如果暂时计量装置被安装在具有暖通空调装置（HVAC）的设施的冷冻水系统上，则该设备/系统的运行时间、负荷和能耗将成为某些外部参数（如外部气温）的函数。

1. 实施各种能源效率和基础设施现代化的内容

工程概览；

初审；

设施改进方案；

数据收集；

测量与分户测量；

测定与验证计划；

能源审计；

能耗清单；

分析与最终报告；

能效保证；

能效基准；

节能优化；

节能验证；

与企业内部能源项目有关的测定与验证计划；

能源监控与管理；

重大能源故障报警；

负荷管理研究；

负荷削减。

2. 能源规划的内容

制定和实施能够更好地利用能源；

能源政策制定；

能源控制计划；

政策制定；

能源审计报告；

环境评估；

供电公司采购评估；

能源安全；

运营与维护评估/建议；

机械系统分析。

3. 环保计划的内容

通过能耗优化，尽量减少温室气体排放，从而最大限度地降低建筑对环境的影响；

室内环境质量分析与监控；

室内环境质量检验服务；

室内环境质量改善服务；

能源之星认证与管理；

温室气体排放达标与管理。

6.6.5 建筑机电设备能源检测评估手段

1. 能源审计的内容

耗能情况如何，最大的耗能模块是什么；

室内空气质量评估及能耗基准对比；

潜在的节能方向；

建议节能措施；

建议的测量表计量方案；

楼宇运行表现的评估报告。

2. 高效的能源监测和控制

基于网络的经济有效的能源管理系统，提供能源监测和控制，连续地记录和估计能源消耗数据，确定能源节省潜力并确定节能优化措施。楼宇能源消耗的可靠信息可通过特别考虑的外部影响因素（度日数）并和定义的设定点（能源预算）的对比来获得。

采用分表计量实时监测方式通过互联网对建筑进行能源监控（见图 6-19），其内容为：

通过网络浏览器进行直观操作；

从任何联网工作场所获取能源消耗数据；

根据员工的技术和访问权限进行全面的用户管理；

通过 E-mail 和 SMS 发出读取数据提醒专业能源消耗报告；

与以前的年份进行比较；

能耗特点；

二氧化碳排放；

用户成本分配；

不同用户比较；

能源预算控制；

气候调节。

3. 操作模式

能源管理系统（图 6-20）以 ASP（应用服务提供）技术为基础，能耗数据通过标准网络浏览器手动或自动收集。能源报告可在任何标准联网 PC 机上进行编辑和检索。

通过互联网进入个人能源管理系统账户后的操作内容为：

通过网络浏览器进行直观操作；

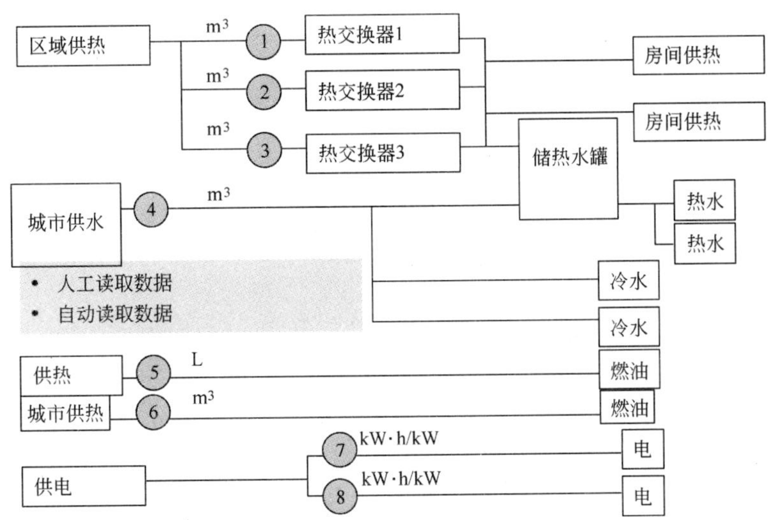

图 6-19　以分表计量实时监测方式对建筑进行能源监控

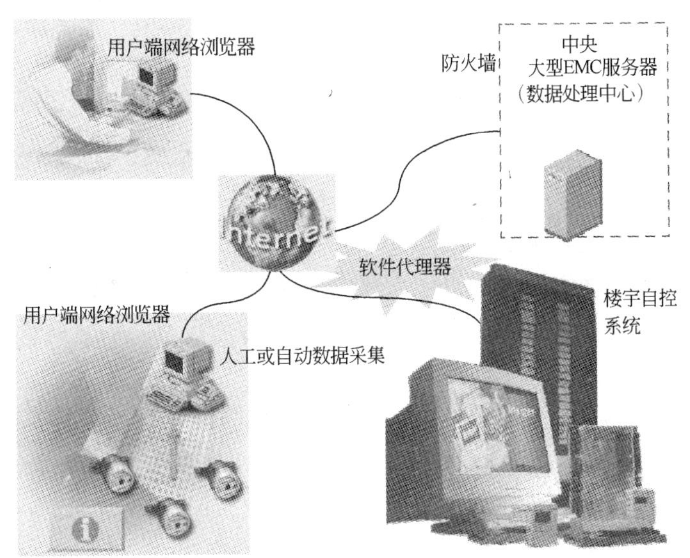

图 6-20　能源管理系统操作模式

从任何联网工作场所获取能源消耗数据；

根据员工的技术和访问权限进行全面的用户管理；

通过 E-mail 和 SMS 发出读取数据提醒专业能源消耗报告；

与以前的年份进行比较；

能耗特点；

二氧化碳排放；

用户成本分配；

不同用户比较；

能源预算控制；

气候调节。

4. 节能测评软件

节能测评软件是为楼宇节能专门开发的节能效率测评软件，其中包括以下模块：

各个输入模块；

楼宇基本信息输入；

楼宇设备信息及使用情况输入；

气候信息输入；

能耗及能源消费量表；

节能方案选择及各种节能效果；

详细方案参数填写及计算；

综合节能效果评估；

节能措施前后比较。

6.6.6 能源管理系统的基本功能

1. 耗能设备管理功能

记录耗能设备与节能设备的各项属性参数，建立完善的设备台账和动态资产管理信息，用电脑代替繁琐的人工管理，实现耗能设备的生命周期管理（日常运行、维修保养、促全报废），并实现动态的节能管理目标。

2. 能耗数据采集功能

对各种耗能设备的能耗数据进行实时自动采集、保存和归档；用各种智能仪表测量耗能设备运行数据，代替繁重的人工记录；形成动态的能源监测管理信息系统。

3. 数据显示、统计、分析和预警功能

耗能设备运行数据以各种形式（表格、坐标曲线、饼图、柱状图、GIS图等）加以直观实时显示，并时刻监测设备运行状况，发现设备运行异常或能效过低状态，实时声光报警提示现场运行人员，若能耗高于历史同期和计划设定值则报警提示管理人员；按时、日、月、年不同时段，或不同地理区域，或不同能源类别，或不同类型耗能设备对能耗数据进行统计，自动生成实时曲线、历史曲线、仿真曲线、实时数据报表、日月年报表等资料，为管理节能提供数据依据，为节能技术改造提供数据基础，并预测未来能源消耗趋势。

4. 节能专家诊断功能

智能化的能源管理信息系统可以根据采集的实时数据，分析对比规程规范和设计指标，自动分析诊断出耗能设备产生高能耗的原因，自动生成节能技改方案，自动调整运行参数，使耗能设备始终在最节能的状态下运行。

5. 智能控制功能

结合各种控制设备，按时间顺序或控制信号安全地实现就地或远程的自动控制功能，实现最大限度的节能。

6. 模拟仿真功能

自动模拟仿真出耗能设备实施节能前/后的能耗状况，为节能效益的量化计算提供客观准确的基准数据。

7. 设备地理信息系统（GIS）功能

在地图上或者建筑图上直观地管理不同区域的各种耗能设备和节能设备，随时随地掌握设备运行状况。

8. 丰富的报表功能

系统可按客户的不同要求，自动生成文字、表格、坐标曲线、饼图、柱状图、GIS图等不同的报表形式，供客户选择。

9. 综合评价功能

通过对各种能源资源消耗的自动采集，形成各耗能设备的分项能源资源消耗计量，并计算各分项计量系统的能效，进而对能效以权重的方式进行综合评分，得到能耗系统的综合评价，从而进一步了解耗能设备的用能情况，为节能方案设计提供参考依据。

6.7 三维虚拟现实技术在智能化系统中的应用

在建筑智能化系统中“使用三维虚拟现实技术来对建筑场景进行三维虚拟监控”，对于目前基于二维平面图形化的监控系统实现技术突破和功能创新有着重要的探索意义。建筑智能化系统随着计算机技术的飞速发展在用户使用界面和实时数据表现方面有了很大进步，从简单的数据字符显示到漂亮的图形化显示，再到有立体感的动态图形化显示，越来越接近现场实际监视和控制画面。

三维虚拟目标需要大量的数据支持，并对使用硬件环境有着较高的要求，特别是显示图形计算方面要求较高。随着图形显示硬件和软件的发展，这些都已不是主要问题，关键是如何把三维虚拟技术应用到智能化系统中。对建筑场景的数据进行采集和三维建模，三维建模可以采用一些如 GIS、3DMax 等三维建模工具，然后将生成的三维文件进行编程处理。由于三维建模的时间比较长，工作量很大，并且全三维的程序运行效率低，因此只对重要场景进行三维虚拟。为了将智能化系统的数据迅速传递到三维虚拟现实系统，将复杂的数据信息以真实的三维图像呈现在用户眼前，要在集成系统和三维虚拟现实系统之间建立一个通信管道，用以实现两个系统之间的数据交换：智能化系统—数据通信—三维虚拟现实系统。

6.7.1 虚拟现实技术简介

虚拟现实 VR（virtual reality）技术，又称灵境技术，是 20 世纪 90 年代为科学界和工程界所关注的技术。它的兴起，为人机交互界面的发展开创了新的研究领域，为智能工程的应用提供了新的界面工具，为各类工程大规模的数据可视化提供了新的描述方法。这种技术的特点在于，计算机产生一种人为虚拟的环境，这种虚拟的环境是通过计算机图形构成的三度空间，或是把其他现实环境编制到计算机中去产生逼真的“虚拟环境”，从而使用户在视觉上产生一种沉浸于虚拟环境的感觉。

虚拟现实技术是包括计算机技术、人机交互技术、检测技术和控制技术等在内的多个技术高度集成的产物，具有沉浸性、交互性和构想性三大特征。运用该技术，可以模拟许多人机系统的交互过程，以便对人、机器系统等进行更为可信的评价，在模拟过程中，人机系统中的“人”、“机”和“环境”都可以用“化身”来代替，如被试“人”可以与其“化身”联动，以便在虚拟的“环境”中对“机”进行操作，进而评估该被试“人”是否适合于从事这一操作，或者该“机”是否设计合理，便于人进行操作，或者人在什么“环境”中可以改善绩效等。

6.7.2 应用系统开发工具

虚拟现实应用的关键是寻找合适的场合和对象，即如何发挥想象力和创造力。选择适当的应用对象可以大幅度地提高生产效率、减轻劳动强度、提高产品开发质量。为了达到这一目的，必须研究虚拟现实的开发工具。

全球交互三维开发解决方案公司 VIRTOOLS 推出了最新版本 Virtools Dev 3.0 实时三维互动媒介创建工具。Virtools 在其 Dev 接口上加入了许多新功能，改善了工作流程，让用户可以专注于创作出完美的交互三维画面。Dev 无论在图形用户接口（GUI）、行为引擎、管理系统与渲染引擎方面均达到了前所未有的水平。新一代的 Virtools Dev 3.0 整合了许多最新的技术，有效地提升了互动 3D 研发环境的效能，在不牺牲任何品质的情况下，降低了研发成本及开发周期。

Virtools Dev 是一套整合软件，可以将现有常用的档案格式整合在一起，如 3D 的模型、2D 图形或是音效等。Virtools Dev 不是 3D Engine，而是一套具有丰富的互动行为模组的即时 3D 虚拟环境编辑软件，可以制作出许多不同用途的 3D 产品，如网际网路、电脑游戏、多媒体、建筑设计、互动式电视、教育训练、模拟与产品展示等。

Virtools Dev 可以利用拖放的方式，将 BB（building blocks 行为交互模块）赋予在适当的 Object（对象）或是 Character（虚拟角色）上，以流程图的方式决定 BB 行为交互模块的前后处理顺序，从而实现可视化的交互脚本设计，逐渐编辑成一个完整的交互式虚拟世界。Virtools Dev 3.0 拥有超过 450 个以上的 BB 行为交互模块可供应用，经编辑后的互动模块组合使用，可以组成一个具有解决某项功能或者应用 nms 格式的单一交互模块，以方便重复使用、编辑。

Virtools Dev 内建的 BB 行为交互模块中，有网络传输协议相关的功能模块，创作者可以通过相对简易的设计，轻易地完成在局域网条件下与后台服务器的链接功能。在 BB 新增功能中就有 Web Download（从网络下载）和 Web Get Data（获取网络数据）这两项。

Web Download（图 6-21）：从网站服务器透过网际网络下载文件。

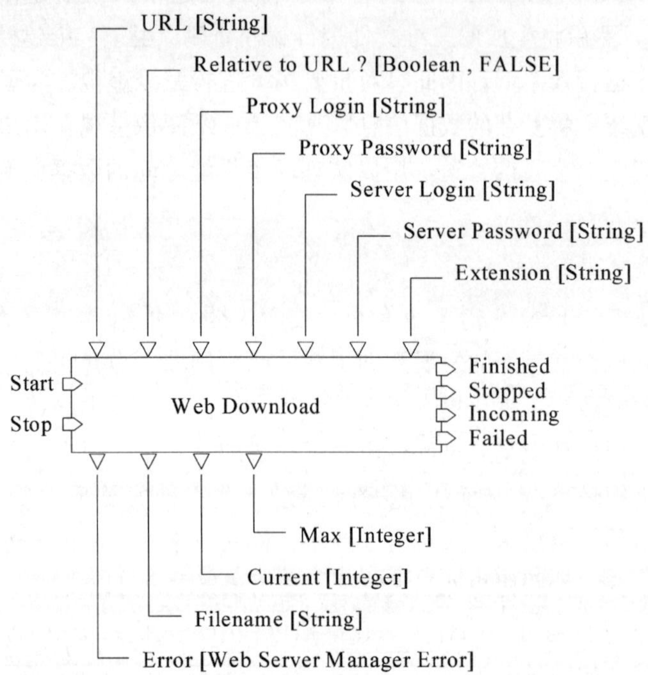

图 6-21 Web Download 功能示意图

Web Get Data（图 6-22）：透过 URL 的指定，取得网页的相关数据。

6.7.3 实时数据库

实时数据库系统是其数据和事务都具有时间属性，或显示的时间约束数据库系统。在实时数据库系统中，事务处理的正确性不仅依赖于逻辑结果的正确性，而且依赖于逻辑结果产生的时间是否满足相应的时间约束。实时数据库系统中的数据对象都有一个有效时间间隔，表示它在这个时间段内足够真实地反映了物理环境的当前状态。因此，任何与该数据对象有关的事务处理必须在有效的时间间隔内完成。也就是说，实时数据库系统中的事务处理时间具有可预测性。

实时数据库系统可用于生产过程数据的自动采集、存储和监视。大型实时数据库系统可以在线存储每个工艺过程点的多年数据。实际上，实时数据库系统对于企业来说就如同飞机上的“黑匣子”。另一方面，实时数据库系统为最终用户提供了快捷、高效的企业实时信息。由于企业实时数据存放在统一的数据库中，企业中的所有人，无论在什么地方都可看到和分析相同的信息，客户端的应用程序可使用户很容易在企业级实施管理，诸如工艺改进、质量控制、故障预防维护等。通过实时数据库系统可集成配电管理系统（DMS）、企业资源计划系统（ERP）、模拟与优化等应用程序，在业务管理和生产控制之间起到桥梁作用，实现企业数字化管理。实时数据库系统在制造业信息化有着广阔的应用前景。

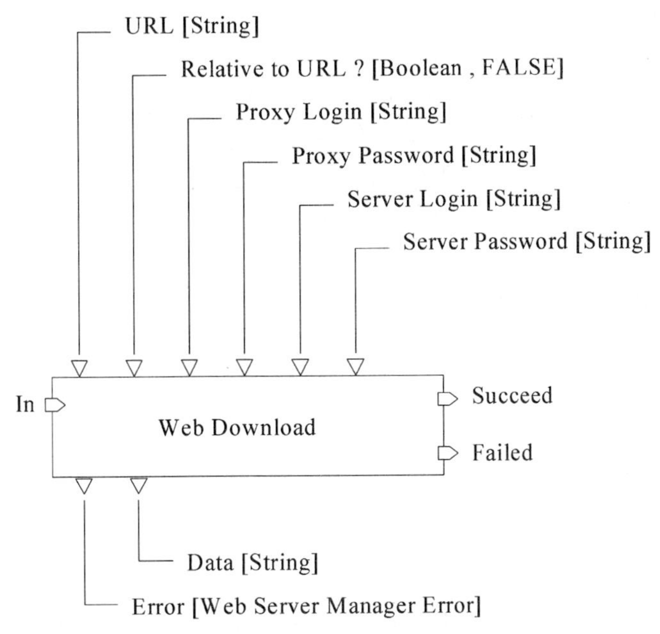

图 6-22 Web Get Data 功能示意图

6.7.4 虚拟建筑智能化系统实现

首先从 3DS Max 中输出模型与动作并导入 Virtools 中，对于想做的功能，作完整的分析，而且要有具体的想法。确定一种适当可行的方法，并且尽可能地将所有的变数量化，定义出变数之间的关系。

然后绘制流程图，在这个步骤中，主要是事先确认逻辑的可行性，有任何错误的地方，可以先在这个步骤中发现，而避免发生在撰写的过程中。当整个流程图绘制完成后，就可以很清楚地了解执行流程。

利用新增功能 Web Get Data（获取网络数据）与实时数据库服务器链接并获取所需实时数据，把获取的实时数据存储于相应格式的数组中，通过相应脚本编辑实现现场自动化设备的实时控制。

通过对实时数据的采集，不断更新实时数据库。系统不仅可以虚拟现场自动化设备的实时控制，还可以利用虚拟现实技术把观众带进虚拟建筑中漫游，以便更好地观察现场设备的运行情况，实现手动或者自动控制。

目前，智能化系统监控界面主要是二维界面，虽然二维平面系统已经达到较好的效果，但用二维界面描述三维现实世界毕竟有些欠缺，随着虚拟现实技术（VR）的发展，虚拟现实建模语言（VRML）在智能化组态软件中的应用使制作三维智能化系统成为可能。三维智能化系统效果图见图 6-23、图 6-24。

1. VRML 语言

VRML（virtual reality modeling language）即虚拟现实建模语言，是一种用于建立真实世界的场景模型或人们虚构三维世界的场景建模语言，可用来描述三维物体及其行为，构建虚拟境界（virtual world）。VRML 的基本目标是建立因特网上的交互式三维多媒体，基本特征包括分布式、三维、交互性、多媒体集成、境界逼真性等，是目前 Internet 上基于“WWW”的三维互动网站制作的主流语言。

2. VRML 引擎

智能化系统的一个显著特点是需要采集底层各种控制器节点的数据以及与实时数据库进行数据交换。而 VRML 是一种在 Web 上进行传输的三维虚拟规范，为了保证客户端计算机的安全，在访问计算机底层 I/O 方面没有作更多的考虑。尽管 VRML 可以使用 JAVA 程序和三维虚拟场景进行交互，但出于对计算机安全方面的考虑，JAVA在访问底层I/O方面远远不及VC等开发工具简单，且由于JAVA采用平台无关设计，JAVA虚拟机在解析JAVA程序并运行时牺牲了效率，所以JAVA不是理想的三维楼宇自控软件开发语言。

图 6-23　三维智能化系统效果图 1

图 6-24　三维智能化系统效果图 2

3. 场景配置

目前，有关虚拟现实与建筑智能化系统相结合的应用，采用的办法多是先使用一些三维场景制作软件，如3DMax、AutoCAD、Maya等将工业现场的三维场景制作出来，然后再利用三维开发工具包如WTK、VTree等开发工具的文件导入功能将制作的三维场景导入。本系统采用的方法是制作一个二维的场景配置软件，运行时利用二维场景下所做的组态信息生成三维的场景。

利用配置软件制作的建筑单层二维俯视图，里面包含了对墙、门、窗、地板、传感器等的配置信息。

4. 场景浏览

场景浏览软件利用配置软件所需要的全部三维配置信息，通过VRML引擎将配置场景重现，可以三维浏览，实现虚拟现实的各项功能。

5. 监控功能的实现

与其他虚拟现实应用有所不同的是，智能化系统需要与现场设备随时交换数据，并根据现场的返回数据实时改变当前的虚拟场景。当传感器处于报警状态时，传感器状态变量通过现场总线传递到实时数据库，场景浏览器根据实时数据库的数据刷新当前场景。

建筑机电专业节能诊断的方法

7.1 给水排水专业的节能诊断

7.1.1 供水系统设计

(1) 各用水点的无效出流量是否有效控制。

①各用水点的水压应控制在0.25MPa范围以内。采用传统的水压分区方法不能实现此要求，需要设置支管减压稳压阀，阀后压力设置应确保用水点的水压不超过0.25MPa。

没有设支管减压阀的器具，重点检查系统小流量或0流量时设计水压应仍不超过0.25MPa。工程验收时可通过用水点接压力表测量判断。

②节水器具：节水器具都应有节水率指标，包括流量节水器具。核实该指标及其应用条件是否符合产品规定。另外，产品应有节水认证。

③工程验收时放水测流量：现场放水，计量水量和时间，计算出流量，与额定流量比较，实测流量不应大于额定流量的$\sqrt{2.5}$倍。

(2) 检查最不利点的倒流防止器是否可用空气隔断取代。如可以，应采用空气隔断。

(3) 核对干管管段（从供水源到最不利点）是否采用了经济流速。

(4) 检查干管管路中的阀、器件，不应有重复设置。

(5) 从水源到达最不利点的管路应简洁，并且是最短路线。

(6) 检查管网竖向分区是采用减压阀还是水泵分区，其分区方式选择的理由是否充分。

(7) 检查是否充分利用了市政水压，其中：

①建筑底部楼层应利用市政水压直接供水。

②如果符合当地叠压供水技术条件，应采用叠压供水技术。

(8) 二次加压设备的效率是否较高。

根据第3章的分析，对同一个需要二次加压的室内给水系统，采用水泵-高位水箱（罐）加压方式水泵的运行效率最高，最不利点恒压变频调速供水装置的水泵运行效率次之，水泵出口恒压变频调速供水装置的水泵运行效率最低。兼顾节能和避免水箱二次污染的双重要求，水泵-高位水箱（罐）供水方式和最不利点恒压变频调速供水方式较优。

(9) 水泵的额定流量和额定扬程的选择是否与设计需求参数相匹配。

水泵产品的额定流量、扬程和供水管网系统的需求流量、水压一般不会完全吻合，而是稍大于需求参数。吻合程度越好，能耗浪费越少。

(10) 检查供水加压泵的运行效率。

①采用水泵-高位水箱（罐）供水方式时，图纸设计中的工况点应落在所选水泵的高效运行区段；工程验收时水泵运转中的出口压力应落在该水泵额定扬程的±10%范围内。

②采用变频调速泵时，工作泵应至少2台并联。

③最频繁出现的日均流量工况应处于高效区段。日均流量可粗略计算如下：

$$Q_e = \alpha Q_d / 24 \tag{7-1}$$

式中：Q_e——日均流量（m^3/h）；

Q_d——最高日用水量（m^3/d）；

α——折减系数（取值范围0.67～0.91）。

对于工程设计，可检查在Q_e流量时运行是否落在水泵的高效区。

(11) 水泵的实际运行效率状况。

在对运行中的系统进行节能诊断时，水泵的实际运行效率是最重要的客观指标。实际运行效率根据以下现场资料取得。

水泵实际运行效率 η：

$$\eta = HQ/W$$

式中：H——水泵运行扬程，在运行时可从压力表读出；

Q——水泵供水累计量，从总水表或分水表累加得出；

W——水泵用电累计量，从水泵供电表读出。

不论是采用水泵-高位水箱（罐）方式供水还是采用变频调速泵方式供水，水泵综合运行效率值均反映了系统的节能状况，使不同工程、不同方式的供水设备具有了能耗可比性。运行效率高，节能；效率低，不节能。

7.1.2 集中热水供应系统

1. 用水点快速出热水——用水点总无效冷水的出流量

(1) 设计图诊断

计算放冷水的时间 t：

$$t = AL/q \tag{7-2}$$

式中：t——放空支管内冷水需要的时间（s）；

A——热水支管有效断面积（m^2）；

L——热水支管长度（m）；

q——用水器具热水的额定流量（m^3/s）。

时间 t 应控制在 5s 以内。

(2) 工程验收诊断

用水器具单放热水，记录热水出流温度达到 40℃时的放出水量。用出水量除以器具额定流量得出时间，该时间应在 5s 以内。

2. 保持用水点冷、热水压平衡和抑制系统的水压波动

(1) 水压检查

用水点取点：各竖向供水区中的最不利点和水压最高点（最有利点）；

工况取点：设计工况（最高峰用水），0 流量工况（最低峰用水）；

参数记录：热水水压，冷水水压。

检查内容：

①各用水点在设计工况的冷、热水压力差应在 0.02MPa 左右；

②用水点采用了温控冷热水混合阀时，设计工况的冷、热水压力差可以放宽，但不应超过 0.25MPa；

③各最不利点的水压在设计工况和 0 流量工况之间的波动范围不应太大。

(2) 管网布置

①系统的最高点和局部最高点应有自动排气阀。

②横管特别是横干管有无上弯的 π 形弯。如果有，应采取了避免积气措施。

③采用了效率较高的冷热水混合阀。

④管道保温效果好。

热水管道应设置保温层，保温材料的传热系数、憎水性能，保温层厚度、做法均应符合国家标准。

室外热水直埋管道的保温应参照动力专业的国家标准。

⑤应采取措施缩短热水系统的管道长度，包括采用同阻技术、循环流量控制阀组、温度感应阀组等技术缩短循环回水管道的长度。

(6) 控制管径减少管道散热。目前，循环管道直径偏大的现象很普遍，通过设计循环流量和经济流速，可判断管径是否偏大。

3. 热水制备节能

(1) 应采用传热系数较高的换热器。

(2) 热媒回水的温降应大。

7.1.3 循环水系统

1. 循环泵无效流量和低效率运行的控制

(1) 根据设计循环流量和循环管道的管径复核系统的水头损失，并复核设计扬程是否偏大及偏大程度。设计扬程的计算应尽量准确，如果存在误差，不应超过20%（20%确实太大，但目前达到这个要求的工程设计为数不多）。

(2) 设计流量和扬程应落在所选水泵的高效区段。否则，属于浪费能源。

(3) 对于难以选择到参数合适的水泵的情况，应有切削水泵叶轮或调节水头损失的措施。

(4) 工程运行中，循环水泵的出口压力应落在水泵的高效区段。

2. 避免大量用水时段开启热水循环泵的技术措施

控制热水循环泵启、停的温控计应反映配水管网的热水温度。温控计设在配水管网中能够避免大量用水时段启泵，设在热水机房中则不能。

3. 减少热水循环需求

热水配水管网采取了环状管网配水时，循环水的需求减少，节省动力能。

7.1.4 太阳能系统

(1) 应设有储热水箱。太阳能热水系统需要设置储热水容积，以使集热板能连续不断地集热。不设储热容积，则集热板只在用热水时间工作。建筑中热水使用时间分布非常不均匀，白天有一些时间不用水或用水少，这时集热板得不到很好利用，会降低太阳能利用效率。

(2) 储热水箱容积应足够。太阳能储热水箱一般要求储存集热板一天的产热水量，数值等于集热板面积与单位面积日产热水量的乘积。储热水容积不够，会降低太阳能集热板的产热水量。

(3) 辅助热源加热应限定在太阳能热水生产供不应求时启动工作，因此，启动辅助热源的温控计应设置在设计储热水位的上方（单水箱系统）或供热水箱中。

(4) 储热水箱的冷水进水口应设在储热水箱的下部，热水出水口应设在储热水箱的上部。

储热水箱（罐）利用热水分层原理——热水在上、冷水在下，使出水总是箱中高温水。在用水量大于产水量的高峰用水时段，储存的热水优先出流供水，腾出的容积由冷水充填，实现热量的储存和调节。当冷水从水箱上部进入，则水的分层被扰乱，出水温度下降；当热水出口不在储热水箱（罐）的上部，则出水水温不是储存的最高水温，出水口上方的储热容积未利用。

不在水箱底部进水、上部出水造成出水水温低，增加辅助热源投入运行的时间，浪费能源。

(5) 太阳能系统的规模与热水用量的匹配。太阳能系统的设计热水日产量不宜超过用水系统的平均日用水量，这是太阳能系统的较优配置规模。规模过大会造成太阳能设备的低效率运行甚至闲置，延长回收期，形成投资浪费。平均日热水用量可根据系统中的最高日设计热水量折半计算。

7.2 暖通空调专业的节能诊断

7.2.1 引言

当今的中国正以惊人的速度蓬勃发展，在经济领域取得的卓越成绩令很多发达国家艳羡。但随着经济快速发展和人口的急剧膨胀，现有的土地、水、能源等资源紧缺已成为制约我国发展的瓶颈。传统的以资源和环境为代价的粗放型经济增长模式，将难以支撑我国经济与社会的可持续发展。为了解决这一瓶颈，建设部于近几年颁布了一系列节能标准及规范，对新建建筑提出了明确的节能要求。但是我国还存有大量的既有建筑，如何规范和改造这类建筑以符合现阶段的国家节能要求还缺乏相应的标准。

2005 年 3 月，北京市发展改革委员会对全市 54 家市政府机构用能状况进行了调查。调查结果表明，既有办公类建筑能耗与现行《公共建筑节能设计标准》（GB 50189—2005）相比差距较远，能耗高，节能潜力大，这就意味着节能诊断工作势在必行。

如何进行这一工作，其实同中医诊治疾病如出一辙，需要经历“望、闻、问、切”四个阶段。

“望”即为观其行，辨其色。对于建筑物节能诊断来说，就是首先要了解建筑物的概况。可以通过翻阅原有施工图纸，调研实际建筑物等方法，对所调查建筑物的建筑形式、平面布置、使用功能以及采暖空调系统形式有一个初步的了解。

“闻”、“问”即是通过与运行管理人员进行沟通，进一步对建筑物建造年代、建筑物特点、人员数量、用能状况、采暖空调系统实际使用效果等方面进行实地调研。在对建筑概况大致掌握后，应着重对与节能有关的项目进行诊断。

“切”就是把脉，根据收集的基础资料，依靠专业技术理论进行分析，通过计算与测试等手段来确定“病理”所在。下面分项进行论述和说明。

本文根据 2005 年 9 月份北京市发展改革委员会委托我院编制的《北京市市政管委节能诊断报告》、《北京市旅游局节能诊断报告》以及《北京市公安交通管理局节能诊断报告》初步总结了一些既有办公类建筑节能诊断方法，以供业界人士参考。

7.2.2 节能诊断内容

1. 围护结构

围护结构的诊断内容主要包括外墙、屋顶的面积、建筑做法、传热系数，外窗的窗户类型、遮阳系数、传热系数等。以上信息可以通过列表方式给出，如表 7-1、表 7-2 为某政府办公楼围护结构调查信息。

外墙、屋面的基本信息和特性参数 表 7-1

外墙（包括非透明幕墙）					屋面			
朝向	面积 (m^2)	传热系数			面积 (m^2)	传热系数		
		实测	设计	标准		实测	设计	标准
东	800	—	0.42	0.6	755.76	—	1.1	0.55
西	800							
南	1 465							
北	1 465							

外窗（包括透明幕墙）的基本信息和特性参数　表 7-2

<table>
<tr><th colspan="10">外窗（包括透明幕墙）信息</th></tr>
<tr><th rowspan="2">朝向</th><th rowspan="2">窗墙面积比（%）</th><th rowspan="2">开窗面积比（%）</th><th rowspan="2">窗户总面积（m²）</th><th rowspan="2">窗户类型</th><th colspan="2">遮阳系数</th><th colspan="3">传热系数</th></tr>
<tr><th>设计</th><th>标准</th><th>实测</th><th>设计</th><th>标准</th></tr>
<tr><td>东</td><td>14</td><td>50</td><td>112</td><td rowspan="4">单层茶色铝合金+单层白色塑钢窗</td><td>0.6</td><td rowspan="4">无限制</td><td>—</td><td rowspan="4">3.64</td><td rowspan="4">3.5</td></tr>
<tr><td>西</td><td>4</td><td>50</td><td>33.8</td><td>0.6</td><td>—</td></tr>
<tr><td>南</td><td>17.9</td><td>50</td><td>262.6</td><td>0.6</td><td>—</td></tr>
<tr><td>北</td><td>19.2</td><td>50</td><td>280.9</td><td>0.6</td><td>—</td></tr>
</table>

调查显示，北京市政府机构办公楼中有 50%的建筑没有外墙保温，有 70%的建筑外窗没有使用双层玻璃，绝大多数建筑使用的是铝合金或塑钢窗框，造成散热损失较大，使单位面积能耗大大增加，由此可见全国此类建筑的外围护结构的耗能状况。

2. 空调类建筑节能诊断内容

（1）冷热源

冷热源诊断内容主要包括冷热源设备形式、铭牌参数、数量、使用年限、使用情况，相应的附属设备即冷冻水泵、冷却水泵、冷却塔及其定压补水设备等的设备形式、铭牌参数、数量、实际使用情况等。

（2）空调系统

首先了解该办公类建筑空调系统形式，根据不同的空调系统形式确定相应的诊断内容。如果为全空气系统形式，主要诊断内容应包括空调机组形式、铭牌参数、台数、服务对象、实际运行状况等；如为风机盘管加新风系统，主要诊断内容应包括新风机组形式、铭牌参数、台数，风机盘管形式、安装方式、控制方式等；如为 VRV 系统，主要诊断内容应包括室内、外机形式、参数、数量、系统分配状况等；如为分体空调系统，主要诊断内容应包括分体机性能参数、室外机安装位置和数量等。

其次应诊断空调输配系统，包括风系统和水系统的管道管材、保温材料类型、厚度、导热系数、系统划分、有无调节手段等。

3. 采暖类建筑节能诊断内容

（1）热源

热源诊断内容主要包括热源形式：采用城市热力进行二次换热还是采用自备锅炉。根据实际的热源形式调查铭牌参数、数量、使用年限、使用情况，相应的附属设备即循环水泵、软化水设备、定压补水设备等的参数、实际运转情况等。

（2）采暖系统

首先诊断采暖供回水参数、系统形式、输配系统现状，包括管道材料、保温状况、有无调节手段等；其次应诊断末端散热器状况，包括散热器形式、安装位置、安装形式以及实际使用效果等。

4. 通风类建筑节能诊断内容

通风类建筑节能诊断工作包括机械通风系统的诊断及自然通风的诊断。机械通风系统应着重检查系统设计是否合理，通风机的运行情况是否正常，尤其是厨房油烟排放系统，应对油烟净化设备阻力进行测试，避免阻力过大增加系统能耗。自然通风的房间应检查通风状况是否良好，是否达到通风换气的目的。

5. 运行管理状况

是否有专人负责各种设备的运行状况、有无各种用电设备的能耗记录、有无自动控制设施及其实际使用状况、是否定期清理空调过滤器、员工有无行为节能意识。

7.2.3 节能诊断方法

1. 围护结构节能诊断方法

了解建筑物外围护结构的材料和做法之后，即可通过查阅资料计算得出设计工况下的传热系数。参照现行《公共建筑节能设计标准》（GB 50189—2005）所规定的围护结构传热限值，初步确定各围护结构节能措施。同时可以采用红外线成像仪对围护结构实际工况进行测试，分析判断围护结构实际热工缺陷。根据测试及调研结果，并结合各建筑物的实际情况最终总结得出围护结构节能整改措施。

2. 空调类建筑节能诊断方法

（1）冷源

冷源主要测试冷冻机、水泵、冷却塔等的各项参数。

冷冻机主要测试冷凝器进出口温度及压差、蒸发器进出口温度及压差、实测电机功率，同时应测试相应时刻的室外温度。

水泵主要测试吸入端压力、温度，压出端压力、温度，流量。

冷却塔主要测试冷却塔进出水温、流量及相应时刻的室外温度。

在开启空调系统的同时，应选取多个典型房间对其室内温、湿度进行同步测试。

通过测试各项参数，不仅可以看出各设备运行状况是否正常，而且可以根据围护结构参数估算出的建筑物负荷，分析出原设计设备选型是否过大，从而总结得出冷源节能整改措施。

（2）空调系统

通常办公类建筑空调系统多采用风机盘管加新风的半集中式系统。此类系统需要对末端设备、新风机组、管路系统等各项参数进行测试诊断。通过测试末端设备及新风机组的出风口风量、出风温度、供回水温度，从而判断设备运行状况及选型是否合理。

对于输配系统则应首先分析原系统设计水力平衡状况是否合理，然后再着重测试系统水流量的分配状况，通过对比决定是否需进行系统改造。

3. 采暖类建筑节能诊断方法

（1）热源

通过实际工程的调研发现，20 世纪八九十年代建造的换热站所选用的换热设备多为效率低目前已被淘汰的产品，如列管式换热器，对此类产品建议更换高效优质的换热设备。

同冷源一样，也应测试循环水泵的吸入端压力、温度，压出端压力、温度，流量，从而判断选型是否合理，效率是否过低，是否需要进行节能改造。

（2）采暖系统

首先判断采暖系统是否合理，有无因水力失调造成的热量浪费，以及在实际使用中有无能量浪费的情况。在调查中发现，由于系统老化严重造成的跑、冒、滴、漏现象十分严重。

其次在采暖季期间应选取典型房间对其室温进行测试，同时测试室外环境温度进行对比。对于因装修遮挡散热器过严而造成的散热不良情况，建议拆除密封过严的散热器罩，以提高散热器散热效果。

4. 通风类建筑节能诊断方法

对于机械通风系统应测试各系统实际风量是否达到设计要求，分析判断通风管路漏风率是否在规范允许范围内。对于厨房油烟排放系统，尤其是没有油烟净化设备仅采用折板式过滤器等代替的系统应进行阻力测试，避免阻力过大增加系统能耗。自然通风的房间应选择典型房间，测试窗户开启时的自然通风速度，用以计算通风量，以此判断是否达到通风换气的目的。

5. 相关测试仪器

表 7-3 列出了节能诊断过程中经常使用的仪器和仪表。

节能诊断时常用仪器、仪表 表 7-3

用途	热流计——用于建筑物围护结构传热系数的测量	红外摄像仪——用于检测建筑物围护结构热工缺陷
仪表外观	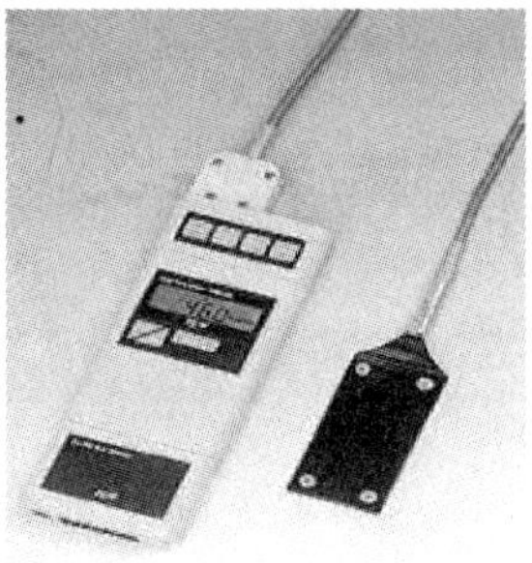	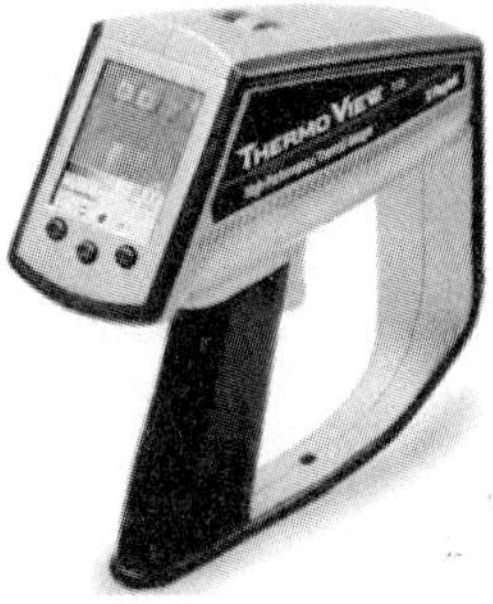
用途	非接触式红外测温仪——用于物体表面温度测量	温、湿度计——用于空气温、湿度测量
仪表外观	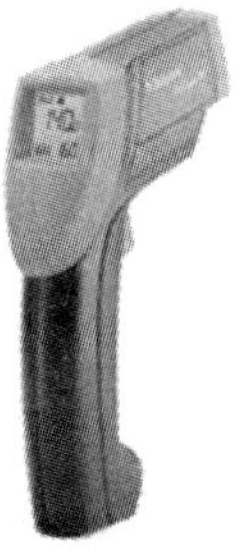	
用途	风速仪——用于室内外风速测量及空调系统风管内的风速、风量测量	便携式超声波流量计——用于采暖空调水系统的流量测量
仪表外观		
用途	超声波测厚仪——用于管道壁厚测量	钳形电流表——用于电机功率测量
仪表外观		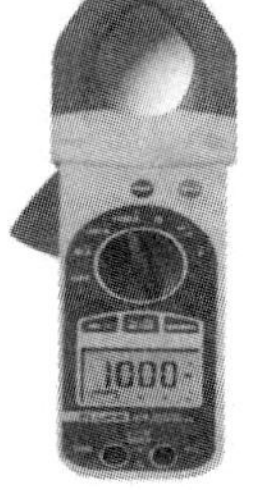
用途	气体压力测量表——用于空调风系统的压力、压差测量	液体压力测量表——用于空调水系统的压力、压差测量
仪表外观		

7.2.4 结论

经过对围护结构、空调采暖系统等一系列的节能诊断发现，对于既有办公类建筑，尤其是建造年代较早的建筑进行节能改造的余地较大。实际中，应根据项目改造的可实施性、经济性，本着实事求是的原则进行节能改造工作，当然具体的节能改造方案还需经过认真细致的技术经济比较才能最终确定。

通过对北京几个项目的节能诊断工作，我们总结了上述既有办公类建筑节能诊断的方法，为今后北京乃至全国节能工作的开展及其相关标准的建立奠定一定的基础，为“节能”这一彪炳千秋的功业贡献我们的微薄之力。

7.3 电气专业的节能诊断

电气节能诊断一般需要进行以下工作。

7.3.1 建筑物基本资料调查

需要了解建筑形式、建筑概况、建筑的建造年份、工作人员数量、工作班制、工作时间、工作特点、历次修改建情况等。在最终竣工图基础上对建筑内所有用电设备如冷冻机、电梯、风机、水泵、照明灯具、光源、开关、断路器箱、热水器、各种厨房电器、空调通风设备、UPS、特殊用电设备等的运行电气参数进行分类统计列表，并了解各种设备的能源管理状况，如表7-4～表7-15所示。

建筑物基本情况 表7-4

建筑物名称	地址	建造	人员数量	建筑面积（m²）	高度	体形

按地上、地下分区 表7-5

建筑分区	地下两层	地上13层	标准层
面积（m²）			

按房间功能分区 表7-6

建筑分区	办公室	工艺机房	宿舍	其他
面积（m²）				

注：其他包括走廊、卫生间、核心筒、餐厅、厨房、车库等。

房间功能信息 表7-7

楼层	面积（m²）	功能	朝向（个）								占楼层比例（%）	空调形式
			东	南	西	北	东南	东北	西南	西北		

主要用电设备分项表 表7-8

使用房间	设备安装容量	使用时间	备注

冷冻机、水泵列表 表 7-9

设备编号							
设备名称	冷冻机	冷冻水泵	冷却水泵	冷却塔	消防泵	生活泵	排污泵
数量							
功率（kW）							
额定效率							
是否使用							

空调机组、空调器和风机末端设备列表 表 7-10

设备编号								
设备名称		精密空调	恒温恒湿机组	多联机	分体空调	空调机	新风机	通风机
使用区域								
数量								
总功率（kW）								
是否使用								
运行策略	冬季工作日							
	夏季工作日							
	过渡季工作日							
	冬季休息日							
	夏季休息日							
	过渡季休息日							

照明设备列表 表 7-11

光源类型	用途	配用镇流器类型	单只光源/镇流器功率（W）	数量	工作日使用	休息日使用

说明：用途分为公共区照明、房间照明、应急照明。

变配电设备列表 表 7-12

设备名称	设备型号	单台额定容量（kV·A）	数量（台）	一二次额定电压（kV）	一二次额定电流（A）	铜损耗（kW）	铁损耗（kW）
高压开关柜							
变压器							
低压电容器柜							
低压开关柜							

办公电器列表 表 7-13

项目	电脑	一体机	打印机	复印机	扫描仪	碎纸机	传真机	电视机
单机功率（W）								
数量								

其他电器列表 表 7-14

设备名称	单机功率（W）	数量	运行情况

办公室信息统计表

表 7-15

房间号	面积(m²)	净高(m)	照明			人员数量	电脑		其他电器
			光源类型	数量	单只功率		数量	单机功率	总功率

7.3.2 电耗微观、宏观调查测量分析

监测记录一个典型的工作日内每半小时各高压（或低压）进线侧、各变压器出线侧的用电电压、电流、电度，绘制出每个监测点的变化曲线（图 7-1），找出用电变化规律，检查电源性能指标有无异常波动。

通过查找电源运行记录，根据典型工作日、周六、周日用电数据，绘制出用电曲线，找出工作日、周六、周日用电变化规律（图 7-2）。

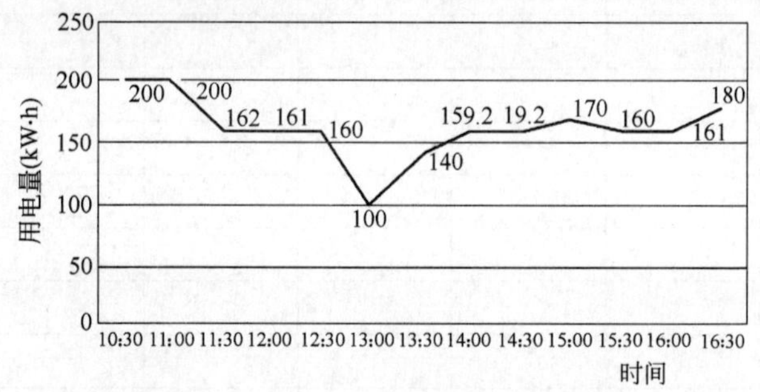

图 7-1 测试某日某时段半小时某变压器用电量数据及变化曲线

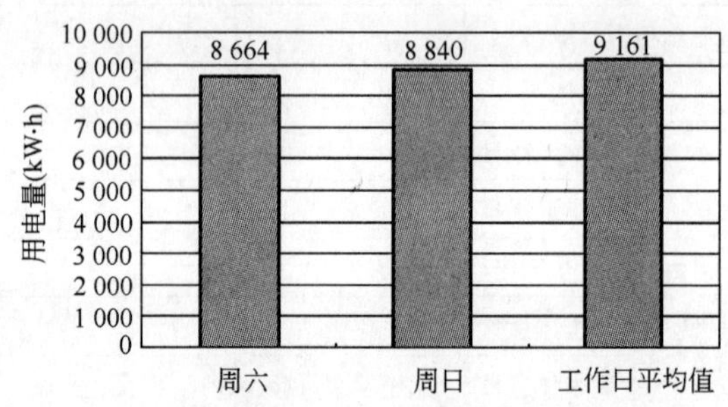

图 7-2 某建筑测试期间某休息日与工作日的用电量对比

通过查阅 2003～2005 年的变电所运行记录（表 7-16），绘制出 3 年内各季度总电耗、柱状年能耗对比表和各月总电耗柱状年对比表（图 7-3）。结合使用单位的用电设备增减记录和年气象记录，分析造成能耗增减的原因，查找是否存在不合理电耗增加的因素。

某建筑 2003～2005 年各月总电耗记录

表 7-16

时间段	电耗（kW·h）	时间段	电耗（kW·h）	时间段	电耗（kW·h）
2003.01	144 831	2004.01	187 576	2005.01	221 936
2003.02	113 112	2004.02	165 924	2005.02	198 000
2003.03	163 372	2004.03	177 659	2005.03	220 431
2003.04	148 552	2004.04	240 603	2005.04	215 688
2003.05	155 522	2004.05	207 444	2005.05	224 394
2003.06	211 776	2004.06	258 266	2005.06	289 100
2003.07	281 464	2004.07	288 808	2005.07	342 530
2003.08	270 240	2004.08	265 232	2005.08	296 184
2003.09	189 376	2004.09	221 776		
2003.10	170 208	2004.10	197 104		
2003.11	178 078	2004.11	188 936		
2003.12	198 608	2004.12	210 099		

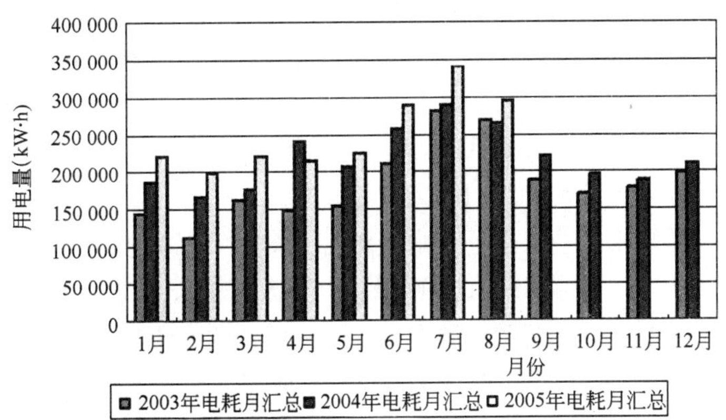

图 7-3 某建筑 2003～2005 年各月总电耗柱状年对比

根据 2003～2005 年的变电所运行记录及各类用电负荷的设备容量、运行时间及运行规律，详细汇总、计算出 2004～2005 年各类用电负荷的分项电耗（表 7-17）。

某建筑 2004～2005 年度年均电耗分项指标 表 7-17

系统名称	电耗 (kW·h)	占总电耗百分比 (%)	单位建筑面积电耗 [kW·h/(m²·年)]
总电耗	2 795 226	100	166
照明用电	308 256	11	18
洗衣机房用电	83 442	3	
水泵房用电	5 475	0.2	0.3
电梯用电	43 800	1.6	
指挥中心	411 656	15	
信通处 2 用电	31 476	11	
无线局用电	82 167	3	
空调用电	527 994	19	32
办公电器及其他剩余用电设备	1 017 640	37	61

通过分析这个非常重要的分项电耗的各种指标，我们的节能诊断工作应重点关注高百分比电耗项目和单位面积电耗超出常规数据的项目。

7.3.3 照明节能诊断

根据已掌握的房间功能及灯具资料，找出不同类型的典型房间或区域，确定白天某一代表时段和夜间某时段，利用照度计测算出各典型房间（或区域）白天开灯、白天不开灯及夜间开灯的平均照度值，并计算出它们的照明功率密度值。与《建筑照明设计标准》（GB 50034—2004）要求的相关参数进行对比列表（表 7-18）。同时，对个别大批量的典型陈旧灯具有必要进行灯具效率测试。

建筑典型房间照明调研测试信息表 表 7-18

典型房间名称	光源类型	灯具形式	镇流器	控制方式	数量	单只功率(W)	实测照度(lx)	标准照度(lx)	实测照明功率密度(W/m²)	标准照明功率密度(W/m²)

我们根据标准值、实际照度值、光源、灯具、镇流器等参数，通过研究对比，发现问题，提出改造方案。

通常，既有建筑存在的照明问题有：

(1) 筒灯灯具内安装白炽灯，或者老式筒灯灯具（白炽灯用）内安装节能灯，灯具效率较低，照度很低，很难达到现行照度标准。需按照照明标准重新设计，采用高效节能灯具及光源。

(2) 大部分功能用房经过数次装修改造，其照明功率密度值与标准值基本相符，但照度却低于标准值。主要原因是未选用高效率节能（如 T8、T5）荧光灯。部分功能用房灯具陈旧，灯具效率较低。所以选用高效灯具和高效照明光源是解决问题的最好办法。

(3) 小部分用房经过精装修改造，过分追求装饰灯光效果，其照明功率密度值大大超过照明功率密度标准值，照度超过标准值。大部分未选用高效率节能（如 T8、T5）荧光灯，且灯具效率较低。选用高效灯具和高效照明光源、降低照明光源容量是解决问题的办法。

(4) 大部分荧光灯配备的是 H 级的电子镇流器。造成照明配电线路中电流多次谐波量的大幅提升，既耗能又对电网质量和配电设备造成严重影响。所以应把所有 H 级电子镇流器改为符合国家标准的电子镇流器。

(5) 照明控制方面，大部分能做到分组控制，但也存在着自然采光充足时开灯的现象。所以从能源管理模式、制度和能源使用习惯上，应争取做到：人走灯灭；充分利用自然光，自然光足够时不开灯；物业人员（保洁员）兼职巡查监督等方法，尽可能节电。

7.3.4 配电系统诊断

大部分既有建筑都经历过多次规模大小不同的改建装修，或增添用电设备，造成部分配电回路的负荷与原设计有较大出入。所以，针对每个配电支干线回路逐一进行负荷统计、计算和设计，对不合理回路必须进行调整。常见的问题有：

(1) 改建时没有对配电系统统筹考虑，出现严重三相负荷不平衡现象，造成不必要的线路损耗。采用分层调整相序或同配电箱内回路间对调相序的方法是最经济实用的方法。

(2) 个别回路季节性超负荷运行，这样既增加线路损耗又影响供电安全，对此改造配电线路是必然之选。

(3) 个别建筑的配电线路，存在绝缘降低、老化等现象，这是由于使用年限过长及线路长期过负荷等多种因素造成的。这种情况就一定要更换线路，避免由此引发的电气火灾。

7.3.5 变配电系统诊断

仔细检查、核对变电所运行记录数据，通过研究对比，发现是否存在：变压器负荷率过高、过低问题；变压器损耗超高问题；配电系统功率因数过低问题；配电系统出现严重三相负荷不平衡问题；配电系统线路出现过负荷运行问题等。

一般既有建筑的变电所经过改造后其变压器（为 SCB8 或 SCB9 干式变压器）最大负荷率不足90%，基本正常。机房布置比较紧张，改造的空间比较小。

(1) 由于电力照明供配电系统调整，特别是增加用电设备或容量，需要对个别馈电回路断路器的整定值及供电电缆进行调整修改。

(2) 有些低压配电系统中电流互感器及电流表等出现错误或偏差，无法真实反映实际电流。特别是个别变电所、配电室电容补偿柜的功率因数传感器及补偿控制器出现故障，有些电容器损坏，电容无法正常投切补偿，致使电源功率因数偏低，造成更多的无功损耗。对电容补偿出现问题的项目，用带串接电抗器的电容器及控制装置替代旧设备，使低压侧功率因数提高到 0.95 以上，对于节能、节省电费、有效抑制电路中的三次谐波都有重要作用。

(3) 一般变电所仅在电源高压进线侧设有智能仪表，低压侧仅设有三相或单相电流表等仪表，无法准确记录电源及各项目运行参数、耗能数据。为方便运行管理，有条件的变电所，可在变配电室低压配电柜内的低压出线回路增加电流互感器及带数据远传功能的数字综合（具有三相电流、电压、有功功率、无功功率、电度等功能）仪表，动力、照明分开计量。变压器出线回路增加数字综合（具有三相电流、电压、功率因数、有功功率、无功功率、电度、谐波等功能）仪表。增设变配电室智能监控系统，变配电室低压配电柜内的低压出线回路及变压器出线回路由网络自动计量。

（4）配电线路的谐波。既有办公楼用电设备包括电脑及其他电子设备，变频空调、水泵、电梯以及节能灯、H级荧光灯电子镇流器等大量含有谐波的用电负荷，造成许多供电线路谐波非常严重。

某办公楼变电所变压器低压侧A相运行瞬时电流变化及谐波情况如图7-4、表7-19所示。

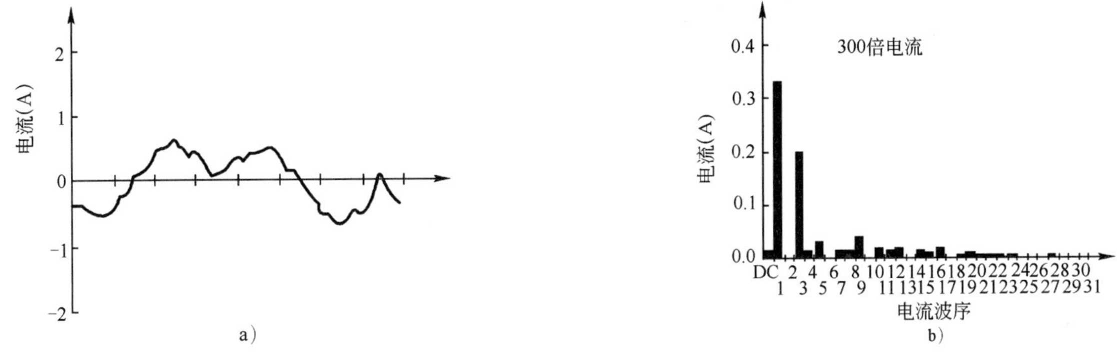

图7-4　某办公楼变电所变压器低压侧A相运行瞬时电流变化及谐波情况

某办公楼变电所变压器低压侧A相运行瞬时电流变化及谐波测试数据　　表7-19

波　序	A　相			
	U（V）	（%）	I（A）	（%）
1	383.47	100	99	84.41
2	0.25	0.07	0.00	0.79
3	0.50	0.13	60	50.71
4	0.28	0.07	6	4.29
5	1.75	0.46	9	7.95
6	0.03	0.01	0.00	0.64
7	1.22	0.32	3	3.50
8	0.16	0.04	3	3.50
9	0.22	0.06	12	9.86
10	0.06	0.02	0.00	0.79
11	0.81	0.21	6	5.25
畸变率（%）	0.83		63.85	

某办公楼变电所变压器低压侧中性线运行瞬时电流变化及谐波情况如图7-5、表7-20所示。

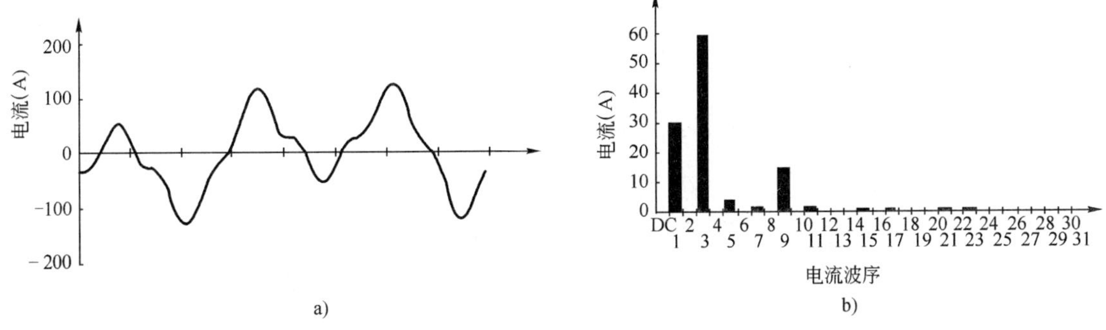

图7-5　某办公楼变电所变压器低压侧中性线运行瞬时电流变化及谐波情况

某办公楼变电所变压器低压侧中性线运行瞬时电流变化及谐波测试数据　表 7-20

波　序	N　相			
	U (V)	(%)	I (A)	(%)
1	222.5	99.98	30.42	44.17
2	0.0	0.0	0.28	0.41
3	1.66	0.15	59.74	86.75
4	0.13	0.06	0.29	0.42
5	1.64	0.74	4.29	6.23
6	0.02	0.01	0.21	0.30
7	0.91	0.41	0.21	0.30
8	0.03	0.01	1.66	2.41
9	1.22	0.55	0.14	0.20
10	0.06	0.03	0.04	0.06
11	0.80	0.36	1.46	2.12
畸变率 (%)	1.40		202.99	

某办公楼变电所照明馈电回路运行瞬时电流变化及谐波情况如图 7-6、表 7-21 所示。

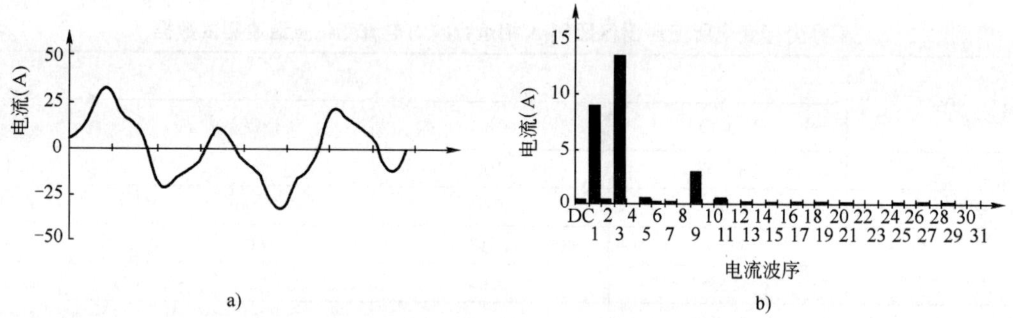

图 7-6　某办公楼变电所照明馈电回路运行瞬时电流变化及谐波情况

某办公楼变电所照明馈电回路运行瞬时电流变化及谐波测试数据　表 7-21

波　序	A　相			
	U (V)	(%)	I (A)	(%)
1	221.2	99.99	8.96	54.27
2	0.05	0.02	0.40	2.42
3	1.28	0.58	13.54	82.00
4	0.09	0.04	0.06	0.38
5	0.58	0.26	0.46	2.76
6	0.02	0.01	0.09	0.57
7	0.78	0.35	0.26	1.59
8	0.02	0.01	0.03	0.19
9	1.05	0.47	2.84	17.22
10	0.09	0.04	0.04	0.23
11	0.38	0.17	0.52	3.14
畸变率 (%)	1.00		154.84	

谐波电流是电流中无用的有害成分，它会在配电线路和变配电设备中产生电能损耗和伤害。由于谐波电流在导体内有集肤效应，电缆电线绝缘有快速老化并被烧毁的问题。谐波电流会导致变压器的铜损、铁损，噪声增加，温度升高，进而使变压器基波负载容量下降。谐波电流会导致电机铜损耗、铁损耗增加，温度升高，并产生机械共振。谐波还可造成电源电流的畸变，使供电质量降低，严重影响电子设备及电器控制设备的可靠运行。

通过实际测量，计算分析出主要谐波参数，在变压器低压侧装设无源滤波器，有效滤除中性线和相线上的谐波电流，可以保证系统的正常安全运行，并降低能耗，提高供电质量。

7.3.6 设备控制节能诊断

既有建筑大部分没有设置中央空调系统及楼宇设备自控管理系统。由于设备分散，无法进行自动化统一管理，极易造成能源浪费。对公共区空调、照明、通风及电开水器等，安装时间定时或分时控制器进行控制；对分散设备指定专人强化管理，都会具有很大的节能潜力。

另外，一些重要指挥中心、数据中心、机房等，由于其用电量大、时间长，不间断运行，对其用电设备及空调在保证正常运转的前提下进行优化控制，将会有可观的节能效果。

7.3.7 用电设备节能

既有建筑用电设备虽然在改建过程中有过更换，但都会保留个别陈旧用电设备。对于其中经常使用的，在节能诊断中一定要对它们的实际运行效率进行测定。对于效率低下、频繁使用的用电设备，从节能的角度一定要逐步更换。

7.3.8 结论

既有建筑的节能包括建筑物围护结构，供暖、通风、空调、供水、供电、照明及其他设备等专业的相关内容，对它们的改造必须各方面相互协调。造成电能浪费的原因多种多样，每个工程之间都存在着不同的原因。对任何一个改造项目，都必须进行深入研究，并进行方案论证。

节能诊断结论，应该提出全面的节能改造方案，包括：管理模式、制度的改进建议，行为节能方案，合理的运行管理方案，可行的设备和系统改造方案。设备和系统改造方案应该包括：对采用的节能技术措施、产品和设备的具体论述，投资估算，节能效果分析，投资效益分析等。每个改造方案应该至少给出两种，以便结合国情和经济支付能力，在满足正常使用的前提下，实事求是，通盘考虑，分清主次，制订出近期、中期、远期计划，逐步实现。

北京市内某办公楼节能化推进试验

建筑物为了达到节能的目的，首先要对建筑中的照明、空调以及动力等每个系统的电力消耗的实际情况进行了解掌握，检测出一些不必要的电力耗费，通过彻底的管理来消减多余的电力耗费。

本次试验以位于北京的正在使用的某办公大楼为对象，引入能量计量计测系统，主要针对建筑物照明电量消耗的状态进行定量化、可视化的分析管理；把握建筑物电能消耗的特点；通过节能诊断，制定照明控制方案；通过试验，验证实际的节能效果。将试验过程中所获得的经验和总结的有效节能方法在全国进行推广，是本次试验最终希望达到的目的。

在中国，对照明、空调以及动力等系统的耗电状况进行详细的测量，将其定量化和可视化的分析研究，改善实际的使用情况的案例还比较少。本次试验，在改善该建筑物能源利用效果的同时，也针对中国的国情得出了一些有效的节能诊断方法和改善方法。下面就对本次试验进行详细说明。

8.1 试验场所介绍

本试验主要在中国北京某设计院办公楼的三层进行。该层建筑面积约 500m^2，办公楼内的大多数工作人员是从事专业技术设计的工程师。作为以设计工作为主要用途的场所，依据《建筑照明设计标准》(GB 50034—2004) 的要求，桌面平均照度为 500lx，在办公场所中属于高照度要求的场所。为了满足照度要求，照明灯具的使用数量会相应增加，与一般办公场所相比较，照明用电量占总耗电量的比例增加。照明灯具的耗电情况对整体的总耗电有明显的影响，所以采用高效率照明器具是节电的有效方法之一。

工程师的工作压力比较大、工作时间比较长、晚间和休息日的加班普遍，这样照明灯具自动 ON/OFF 的功能、局部区域照明灯具 ON/OFF 的功能就显得十分必要了。传统的开关控制无法达到这样的使用功能，引入照明控制系统，不仅可以便利地实现各种照明效果，还可以消减照明灯具不必要的浪费。

在当今的中国，照度要求高、工作人员工作压力大、工作时间长的办公场所比比皆是，选择该场所进行试验是具有典型意义的。通过本次试验，总结出的节能方法可以在全国许多办公场所中推广应用。

8.2 试验的具体方法和步骤

为了达到节能的目的，首先需要分门别类详细了解目前能源消耗的实际情况。对实际消耗情况进行细致的分析，找出导致能源浪费的原因，对其进行改善、调整或者彻底改造，以此实现节能的效果。

此过程的“PDCA”理论基础如图 8-1 所示，通过计量计测找出改善措施，并制订计划 (Plan)，在实施 (Do) 过程中对其效果进行评估 (Check)，然后修正原计划 (Action)，再次重复上述过程。以这种 PDCA 循环方法为理论，不断对建筑物能量消耗存在的问题进行改善，使建筑物的能源使用率逐步提高。

本试验由于是在既有建筑中进行，所以具体的操作步骤如下：

收集整理以前信息→现场调查→制订节能效果预计方案→引入计量计测系统，开始收集数据→制订节能评价标准→节能诊断→制订节能改善、运行改善计划→实施节能计划方案→评价→效果可视化→整理在中国有效节能的设计方法。

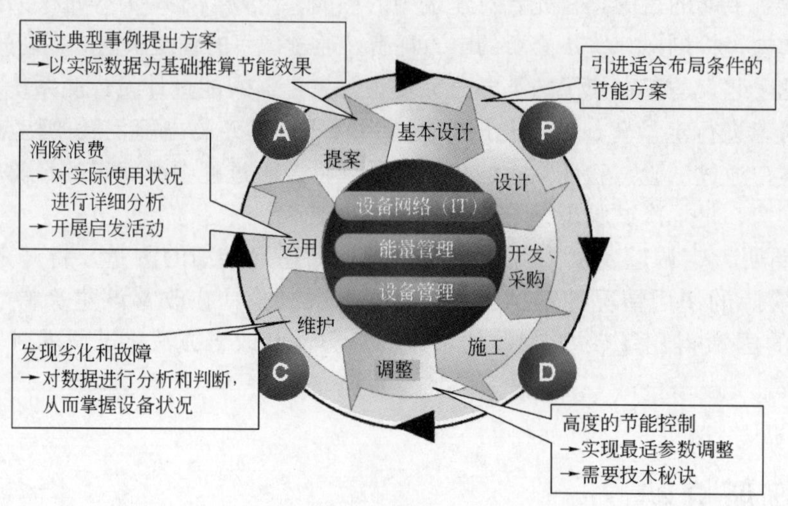

图 8-1　能源控制的“PDCA”

8.3 试验具体说明（以照明用电为本次试验的主要研究对象）

1. 原有使用情况分析

(1) 现场调查

①试验场所主要房间的基础照明器具采用 T5 管 2 灯用吸顶安装格栅灯具，光源为 28W 日光色直管荧光灯；灯槽内主要采用 T8 单管盒型荧光灯具，电感镇流器，光源为 36W 日光色直管荧光灯，设备清单参见表 8-1。图 8-2 为原有使用情况下的三层照明平面图，图 8-3 为改造前某办公室的实景照片。

改造前设备一览表　　表 8-1

灯具类型	型　号	数　量
基础照明灯具		
灯具	MX1-Y28×2	56 台
镇流器	YZ28E-3	112 支
光源	YZ28RL 16/G 0403	112 支
间接照明灯具		
灯具	JG-G401	75 台
镇流器	GB 2313、GB/T 14044	75 支
光源	PAK-TLP36W-865	75 支

②试验场所的照明控制采用传统的开关控制方式。办公大楼的保安人员认为，由于工作人员加班的情况十分普遍，加班的时间也不固定，传统的开关控制方式无法实现照明的自动控制，经常出现少数人加班所有灯具全部打开、最后离开的人员忘记关闭走廊等公共区域灯具的现象。所以，从节能和方便管理的角度考虑，采用照明控制系统是十分必要的。

(2) 实际用电情况

采用电力计量系统，对实际的用电情况进行测量、分析。

①电力计量系统介绍

为了详细掌握试验场所实际的用电情况，需要对研究对象的耗电情况进行定量的数据采集和分析。图 8-4 为本次试验采用的电力计量系统的结构图。

本次试验采用的电力计量系统是将能分回路测量的、能保存电力数据的多回路电力计（最多 16 个回路/电力计）连接到 Web 服务器（最多 31 台电力计/系统），再将 Web 服务器连接到网络系统中，实现本地控制或远程控制的系统。每台多回路电力计都有 CT 传感器的端口，可以随时采集回路的电流、电压和耗电量等数据，这些采集到的数据自动汇总保存到 Web 服务器中。Web 服务器可以将数据按照配电箱、楼层等进行分组管理，并且以日报、月报、季报、年报的图形样式或表格样式进行显示。同时 Web 服务器还可以将这些采集到的数据和处理过的数据通过网络传送给各台管理监测用的 PC 机，使远程异地监视控制成为可能。

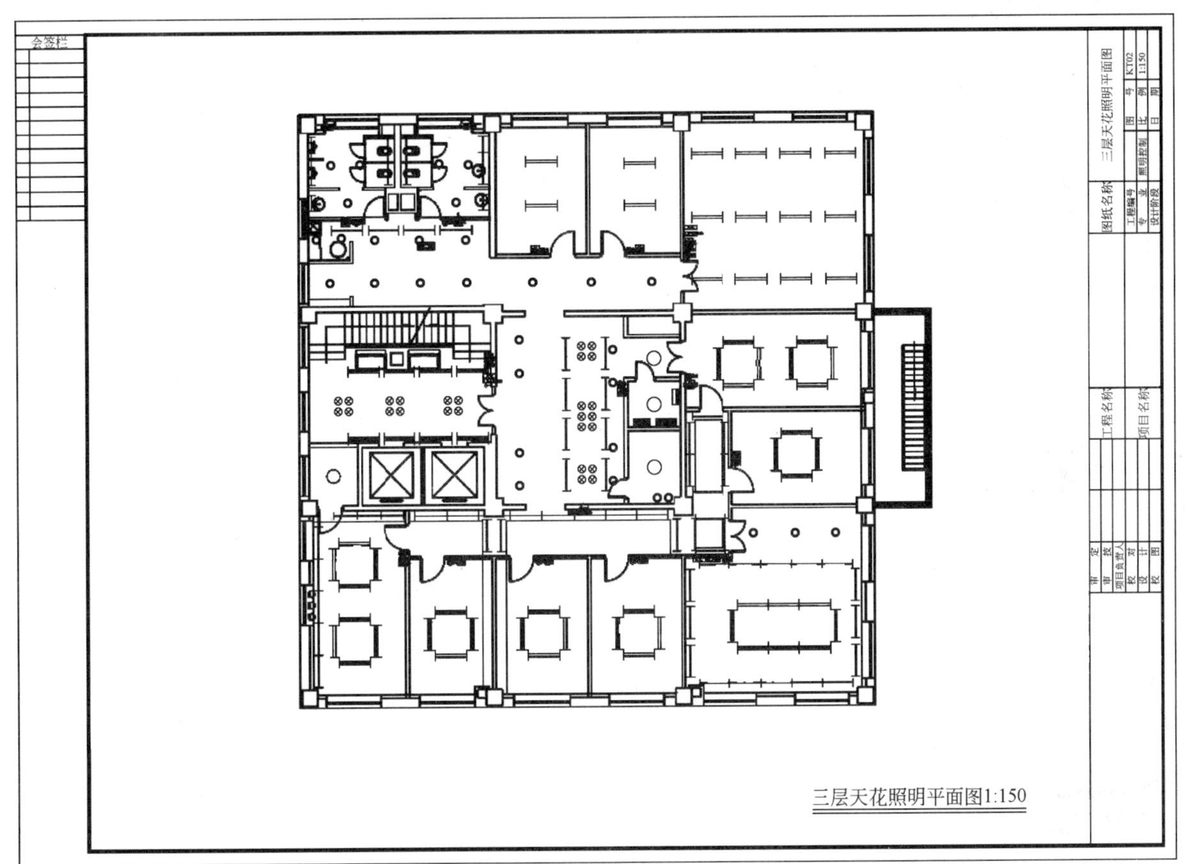

图 8-2 三层照明平面图

图 8-3 某办公室改造前实景照片

采用的电力计量系统的界面使用的是安装在 Windows OS 上的标准 Internet Explorer，操作时不受 PC 机或用户原有设置的影响。和一般主页一样，通过访问 Web 服务器及选择合适画面，进行所需操作。整个试验的数据采集、分析工作简便易行。

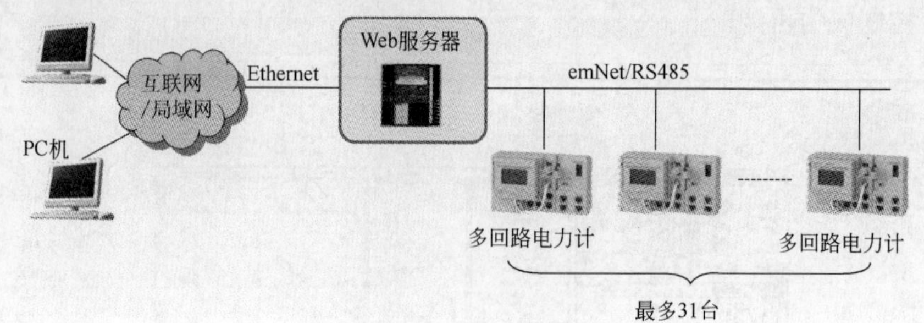

图 8-4　电力计量系统结构图

采用的电力计量系统具有监视、设定、管理三大基本功能，具体功能如表 8-2 所示。系统可以收集数据、整理数据、处理数据；可以以各种方式显示数据（图 8-5 为显示画面）；可以对数据进行分组比较（图 8-6 为显示画面）；当发生能源浪费时，可以根据需要发出警告（图 8-7 为显示画面）；还可以下载上传数据，利用其他软件进行更加细致的分析。

电力计量系统功能一览（实证试验所用系统）　　表 8-2

类别	项目		
监视	地图画面		
	监视列表		
设定	计测值一览	累计值一览	瞬时值一览
		日报列表	日报图表
		月报列表	月报图表
		季报列表	季报图表
		年报列表	年报图表
		计测值比较	日报列表
		日报图表	月报列表
		月报图表	季报列表
		季报图表	年报列表
		年报图表	瞬时电流值比较
	设定作用中警报设定		
	地址设定（地图地址）		
	计测设定	计测群组设定	
		计测值比较设定	
		瞬时电流值比较设定	
	设定权限下载		
	设定权限上传		

类别	项目	
管理	工程设定	
	网络设定	
	用户设定	
	时间设定	
	项目设定	
	画面刷新周期设定	
	计测管理	计测器设定
		计测值显示设定
		计测器通信设定
		提交月日设定
	系统状态	
	系统异常记录	
	警报记录	
	管理权限下载	
	管理权限上传	
	地图数据空间使用量	
	地图数据删除	
	画面颜色设定	
	初始化	
	启动	

图 8-8 是系统为了方便操作和管理显示的地图信息，十分直观。通过地图画面可以掌握该区域的位置、设备的位置、各计量点的位置。通过在地图画面上点击标示出的对象计测器，可以很简单地将每一时刻的计测值、累计值等用于评价的数据信息，通过表格或图表显示出来。

以上是对试验中使用的电力计量系统所作的简单介绍。对于建筑的节能，这样的基础计量设备是十分重要的，在长期的数据收集、数据分析的基础上，找出问题，解决问题，应用“PDCA”管理循环理论，可以最终使高能耗的建筑物变成节能型建筑。因此，作为基础工具的计量计测系统，需要有许多扩展的功能。本次试验采用的计量系统就是比较完善的、先进的系统。

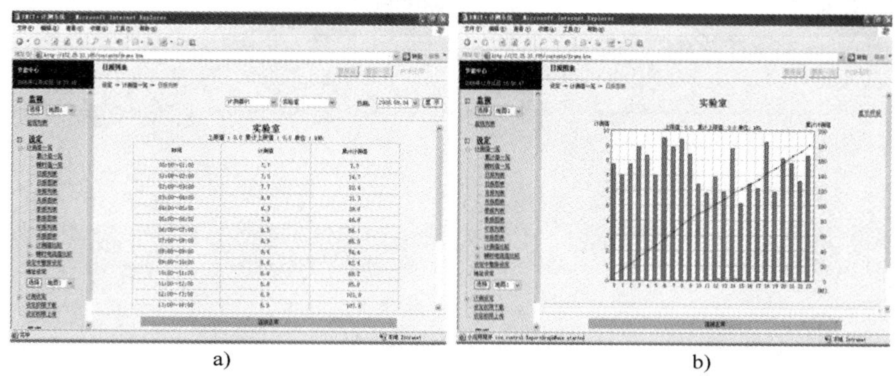

图 8-5　数据显示、图表化画面（以日报为例）

a)日报列表；b)日报图表

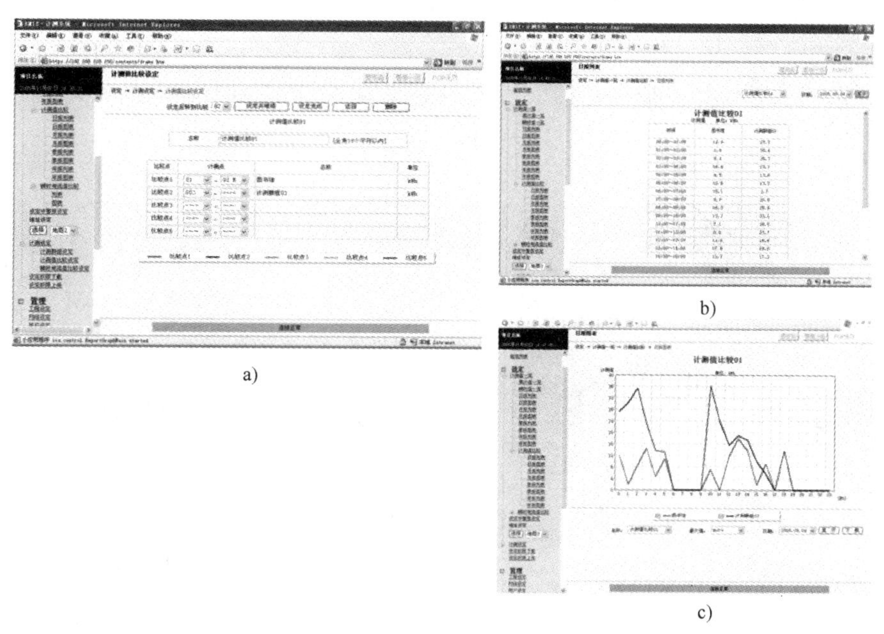

图 8-6　数据比较画面（以日报为例）

a)日报比较设定；b)日报比较列表；c)日报比较图表

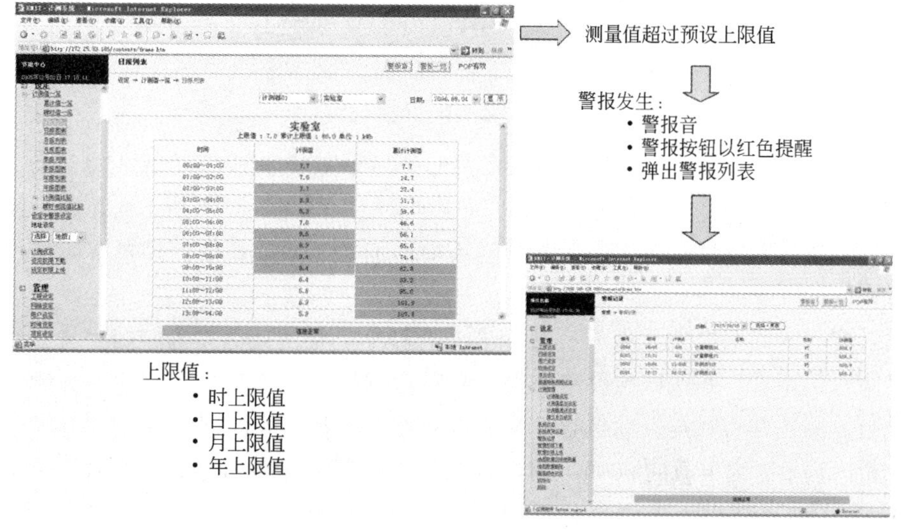

图 8-7　警告功能画面（例）

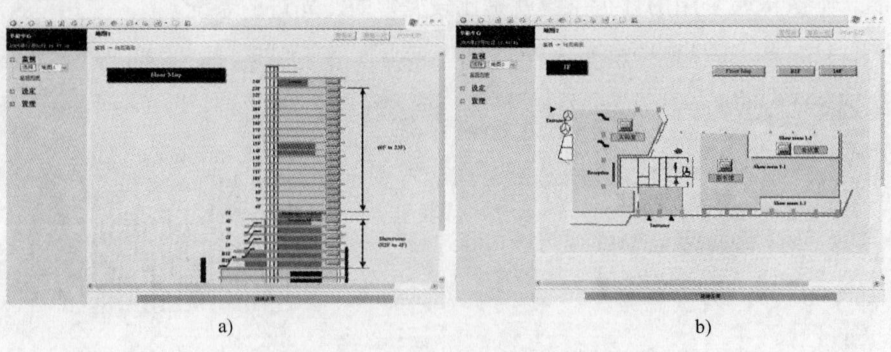

图 8-8　地图显示画面（例）

a)楼宇整体结构图；b)分层管理

②本次试验采用的电力计量系统具体说明

在各配电箱的配线系统中安装 CT 传感器，对照明、空调、插座等的耗电量进行计测。本次试验采用的是松下电工的电力计量系统，由于可以与松下电工的“FULL-2WAY 照明控制系统”共同组合成一个统一系统，所以本次试验采用同时具有计量功能和照明控制功能的总系统构成图如图 8-9 所示。

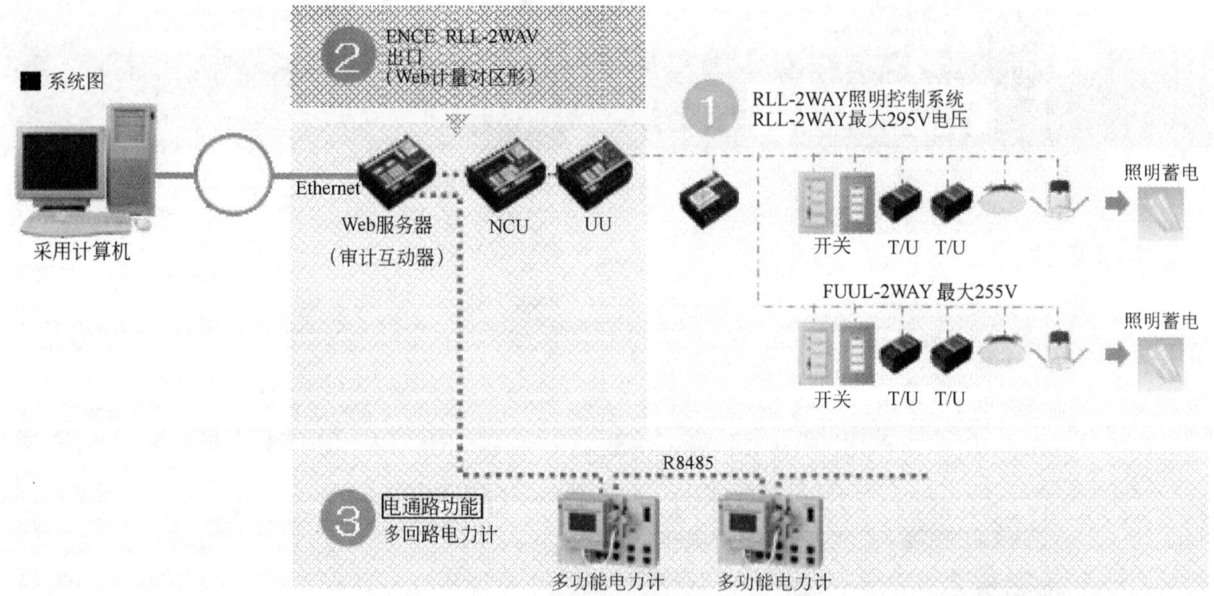

图 8-9　本次试验采用的系统图

实际安装时，将电力计量系统的部件安装在专门的计量箱中（如图 8-10 所示）。由于计量用的 CT 要与需要进行计测的回路相连接，所以 CT 安装在各配电箱中（如图 8-11 所示）。照明控制系统虽然与计量系统处于同一系统中，但是由于是在既有建筑中增加控制系统，依据现场实际情况，控制系统的各部件与计量系统分开安装。

安装完毕后，要对多回路电力计和 Web 服务器进行设定，使时间为正确时间并且几个部件时间同步，使各部件之间通信正常。本次试验设定为每小时对数据进行一次采集、汇总。计测开始后，系统将自动、按时进行检测，并将数据自动保存下来。可以在 PC 上监视数据的情况，也可以将原始数据下载下来进行分析。表 8-3 为下载的 2006 年 7 月 1 日（本试验开始的日期）三层各 CT 传感器收集到的电量原始数据，纵轴为时间，横轴为对应的 CT 编码，各部件均可识别此编码，采集的数据以 kW·h为单位，数据精确到 0.1kW·h。

表 8-3

2006 年 7 月 1 日三层的原始数据

时间	01-01R	01-02R	01-02T	01-03R	02-01R	02-02R	02-02T	02-03R	03-01R	03-02R	03-02T	04-01R	04-02R	04-02T	04-03R	05-01R	05-02R	05-02T	06-01R	06-02R	06-02T
0:00	0.2	0.0	0.0	0.0	0.1	0.0	0.0	0.0	0.7	0.0	0.0	0.1	0.0	0.0	0.0	0.1	0.0	0.0	0.0	0.0	0.0
1:00	0.1	0.0	0.0	0.0	0.1	0.0	0.0	0.0	0.7	0.0	0.0	0.2	0.0	0.0	0.0	0.2	0.0	0.0	0.0	0.0	0.0
2:00	0.1	0.0	0.0	0.0	0.1	0.0	0.0	0.0	0.7	0.0	0.0	0.1	0.0	0.0	0.0	0.1	0.0	0.0	0.0	0.0	0.0
3:00	0.1	0.0	0.0	0.0	0.2	0.0	0.0	0.0	0.8	0.0	0.0	0.1	0.0	0.0	0.0	0.1	0.0	0.0	0.0	0.0	0.0
4:00	0.1	0.0	0.0	0.0	0.1	0.0	0.0	0.0	0.7	0.0	0.0	0.1	0.0	0.0	0.0	0.1	0.0	0.0	0.0	0.0	0.0
5:00	0.2	0.0	0.0	0.0	0.2	0.0	0.0	0.0	0.7	0.0	0.0	0.2	0.0	0.0	0.0	0.2	0.0	0.0	0.0	0.0	0.0
6:00	0.1	0.0	0.0	0.0	0.1	0.0	0.0	0.0	0.7	0.0	0.0	0.1	0.0	0.0	0.0	0.1	0.0	0.0	0.0	0.0	0.0
7:00	0.1	0.0	0.0	0.0	0.1	0.0	0.0	0.0	0.8	0.0	0.0	0.1	0.0	0.0	0.0	0.1	0.0	0.0	0.0	0.0	0.0
8:00	0.7	0.1	0.1	0.2	0.6	0.4	0.0	0.0	0.8	0.0	0.0	0.2	0.0	0.0	0.0	1.2	0.0	0.2	0.0	0.0	0.0
9:00	0.6	0.0	0.1	0.3	0.6	0.4	0.0	0.0	0.9	0.0	0.0	0.1	0.0	0.0	0.0	3.3	1.0	0.3	0.0	0.0	0.0
10:00	0.6	0.0	0.1	0.3	0.5	0.2	0.0	0.0	1.6	0.7	0.0	0.5	0.0	0.0	0.0	3.1	0.4	0.6	0.2	0.1	0.0
11:00	0.7	0.3	0.0	0.3	0.4	0.1	0.0	0.0	0.8	0.0	0.0	0.2	0.0	0.0	0.0	2.4	0.0	0.4	0.0	0.0	0.0
12:00	0.9	0.3	0.0	0.3	0.7	0.5	0.0	0.0	1.2	0.4	0.0	0.1	0.0	0.0	0.0	2.4	0.0	0.3	0.0	0.0	0.0
13:00	1.1	0.3	0.4	0.3	1.5	1.1	0.0	0.0	1.0	0.1	0.0	0.1	0.0	0.0	0.0	2.6	0.0	0.6	1.1	0.0	1.1
14:00	1.1	0.2	0.5	0.3	1.3	1.1	0.0	0.0	0.7	0.0	0.0	0.1	0.0	0.0	0.0	2.3	0.0	0.3	0.3	0.0	0.2
15:00	1.3	0.0	0.4	0.3	1.2	0.9	0.0	0.0	0.8	0.0	0.0	0.2	0.0	0.0	0.0	2.9	0.0	0.8	0.0	0.0	0.1
16:00	2.1	0.3	0.4	0.3	1.4	1.0	0.0	0.0	0.9	0.0	0.0	0.1	0.0	0.0	0.0	2.5	0.0	0.3	0.4	0.0	0.3
17:00	1.8	0.2	0.3	0.3	1.4	1.1	0.0	0.0	0.9	0.1	0.0	0.1	0.0	0.0	0.0	2.0	0.0	0.1	0.3	0.0	0.3
18:00	0.7	0.0	0.0	0.3	1.2	1.0	0.0	0.0	0.7	0.0	0.0	0.1	0.0	0.0	0.0	0.1	0.0	0.0	0.0	0.0	0.0
19:00	0.4	0.0	0.0	0.3	1.3	1.0	0.0	0.0	0.8	0.0	0.0	0.2	0.0	0.0	0.0	0.2	0.0	0.0	0.0	0.0	0.0
20:00	0.5	0.0	0.0	0.3	1.4	1.0	0.0	0.0	0.7	0.0	0.0	0.1	0.0	0.0	0.0	0.1	0.0	0.0	0.0	0.0	0.0
21:00	0.8	0.0	0.0	0.3	1.4	1.2	0.0	0.0	0.8	0.0	0.0	0.1	0.0	0.0	0.0	0.1	0.0	0.0	0.0	0.0	0.0
22:00	0.1	0.0	0.0	0.1	0.2	0.0	0.0	0.0	0.8	0.0	0.0	0.1	0.0	0.0	0.0	0.1	0.0	0.0	0.0	0.0	0.0
23:00	0.2	0.0	0.0	0.0	0.1	0.0	0.0	0.0	0.7	0.0	0.0	0.2	0.0	0.0	0.0	0.2	0.0	0.0	0.0	0.0	0.0

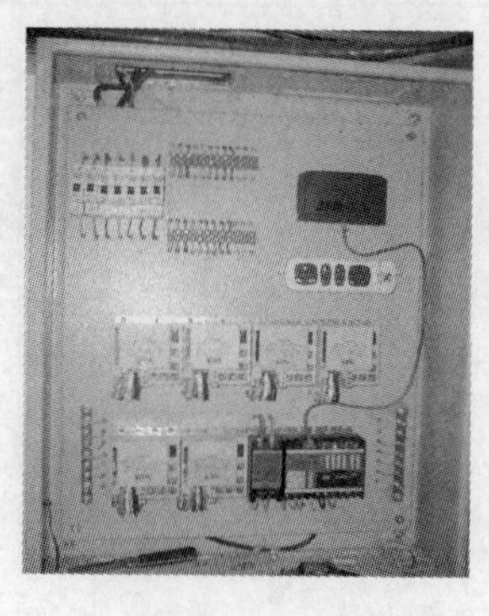

多回路电力计（共6台）
（白色部件）

Web服务器
（蓝黑色部件）

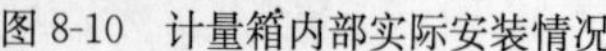

图 8-10　计量箱内部实际安装情况

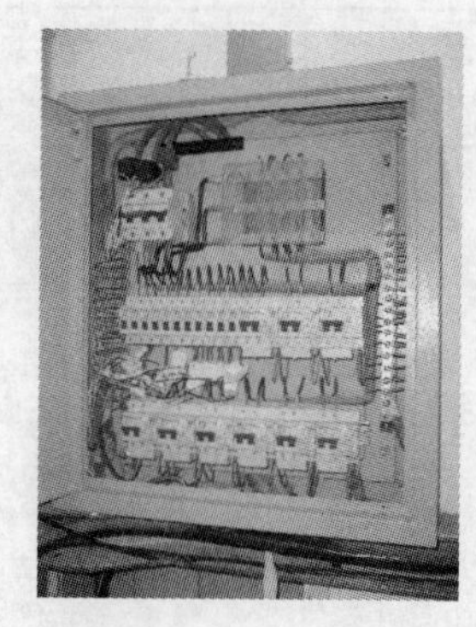

图 8-11　照明配电箱中 CT 的安装情况（套在线上的白色部件就是计测用 CT）

本试验数据收集从 2006 年 7 月 1 日开始到 2007 年 12 月结束，这期间每一天、每一小时的原始数据全部有记录，可以随时查找分析。

以 2006 年 7 月 23 日（星期日）到 7 月 29 日（星期六）一周的电梯厅的照明用电为例，进行介绍说明。图 8-12 为这一周的“周报图”。

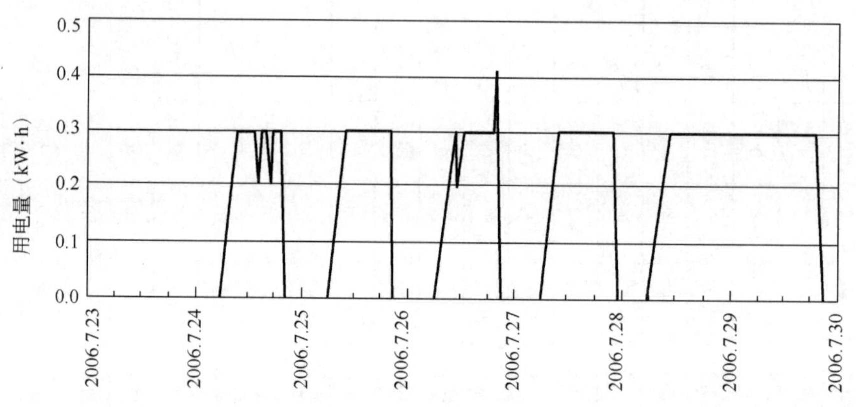

图 8-12　2006 年 7 月 23～29 日电梯厅“周报图”

电梯厅照明灯具比较单一，采用荧光灯作为主要的照明器具。从周报图形可以看出：2006 年 7 月 23 日（星期日）一天电梯厅都没有用电。7 月 24 日（星期一）早上 6:00 照明灯具被打开，7:00 用电量有小幅度提升，这样的用电量一直保持到下午 13:00，出现小幅下降后马上又恢复到上午的用电水平，到下午 16:00 同样小幅下降后又恢复，直到晚上 21:00 全天用电结束。7 月 25 日（星期二）早上 6:00 照明灯具被打开，7:00 用电量有小幅度提升，这样的用电量一直保持到晚上 21:00 全天用电结束。7 月 26 日（星期三）早上 6:00 照明灯具被打开，7:00 用电量有小幅度下降但马上恢复，这样的用电量一直保持到下午 19:00，出现小幅上升后逐步下降，到晚上 21:00 全天用电结束。7 月 27 日（星期四）早上 6:00 照明灯具被打开，7:00 用电量有小幅度提升，这样的用电量一直保持到晚上 21:00，小幅下降后晚上 22:00 全天用电结束。7 月 28 日（星期五）早上 6:00 照明灯具被打开，7:00 用电量达到通常水平，这样的用电量一直持续到 7 月 29 日（星期六）晚上 21:00 用电结束。

通过这样的图表，很容易了解到各个时间、各个场所的实际用电情况。

(3) 原有使用情况总结

综合现场调查和电力计量系统收集的所有数据，分析后得出如下结论：

①照明灯具耗电量占总电量的比例大。图 8-13 是 2006 年 7 月到 2007 年 5 月改造前 11 个月内，三层照明设备耗电所占比例图。

②从数据图形分析，有忘记关灯的情况出现，特别是通道、卫生间等公共区域，忘记关灯的情况较多。图 8-14 是电梯厅 2006 年 8 月 6 日（星期日）到 8 月 12 日（星期六）通常情况下一周的用电情况。从图形可以明显看出，8 月 8 日（星期二）到 8 月 9 日（星期三）电梯厅的灯具始终处于点亮状态，8 月 10 日（星期四）晚上也是持续用电到 8 月 11 日（星期五）清晨。对全部数据进行分析后发现，像这样晚间和周末持续用电的情况经常发生，忘记关灯的浪费现象比较严重。

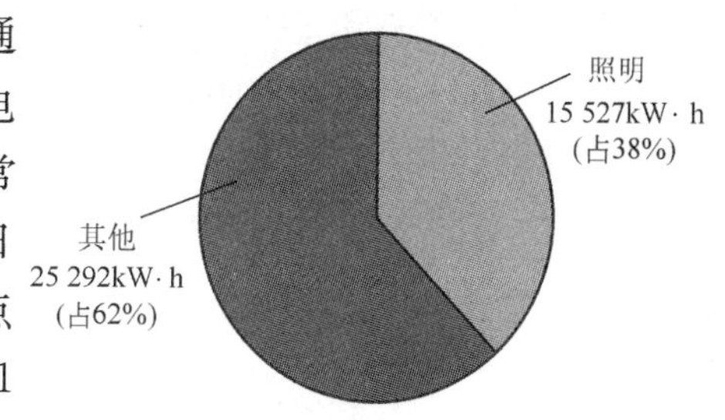

图 8-13　2006 年 7 月到 2007 年 6 月三层照明用电量所占比例图

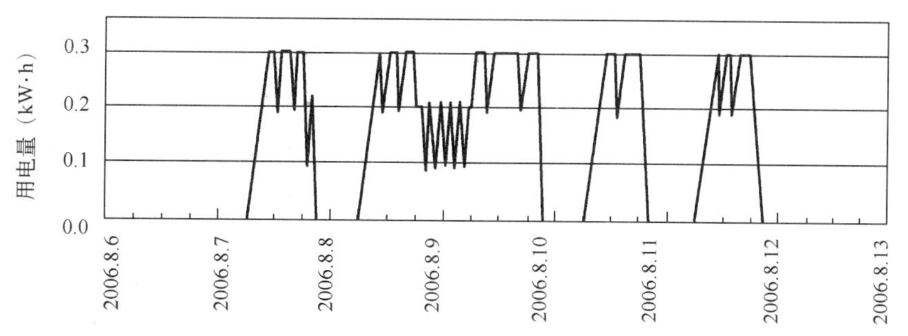

图 8-14　2006 年 8 月 6～12 日一周电梯厅使用电力情况图

③不论工作人员多少、无论自然光线是否充足，照明灯具总是全部点亮。图 8-15 是某间综合办公室 2006 年 7 月 16 日（星期日）到 7 月 22 日（星期六）通常情况下一周的用电情况。综合办公室两面有窗，天气晴朗时自然光线充足，但是从一周的用电图分析，耗电量几乎不发生变化，在加班、使用人数减少的时候耗电量也没有下降，这无疑也是一种浪费。

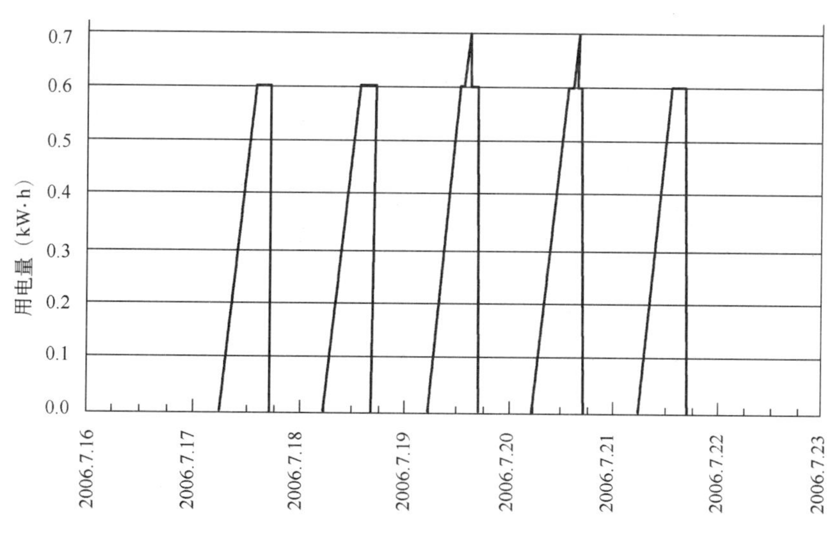

图 8-15　2006 年 7 月 16～22 日一周综合办公室使用电力情况图

2. 依据现场调查的结果，提出解决方案

(1) 采用更加高效的照明灯具

作为设计用的办公室，照度要求一般比较高，这样照明的耗电量就会相应增加。实际的测量数据证实，办公室基础照明灯具耗电量比较大。在满足照度要求的条件下，选用更加高效的照明灯具，无疑是节能的一种有效手段。

试验中，我们选用了 e -Hf 光源的单管吸顶安装格栅灯具来替换原有的 T5 管 2 灯用吸顶安装格栅灯具作为各主要空间基础照明用灯具。

①e -Hf 照明灯具介绍

e -Hf 高效荧光灯具有单管高光通的特点，与 e -Hf 智能型电子镇流器配合使用，可以得到 104lm/W 以上的高光效。e -Hf 高效光源的外形尺寸与普通 T8 管光源完全一样，可以方便地适用于 T8 管的灯具中。

e -Hf 高效光源需要与 e -Hf 智能型电子镇流器配合使用。智能型电子镇流器与传统的电感镇流器相比有明显的节能效果，《建筑照明设计标准》（GB 50034—2004）规定：直管荧光灯应配用电子镇流器或节能型电感镇流器。同时，电子镇流器还具有高频无频闪、功率因数高、低噪声等特点。e -Hf 智能型电子镇流器还可以在光源启动后，自动切断多余的预热电流，达到更加节能的效果。

②实际采用的灯具改造方案

各办公室、会议室等主要房间的基础照明灯具全部更换为 e -Hf 光源的单管吸顶安装格栅灯具，安装位置不变。灯槽中的 T8 管单灯电感镇流器盒形灯具更换为 T8 管单灯电子镇流器盒形灯具，安装位置不变。在采光充足的办公室的沿窗位置及采光充足的电梯厅，采用 e -Hf 光源的单管可调光的照明灯具，与照明控制系统的照度传感器联合使用，实现充分利用自然光线、自动调节灯具亮度的功能。改造后的照明平面图，如图 8-16 所示。改造后，某办公室的实景照片，如图 8-17 所示。

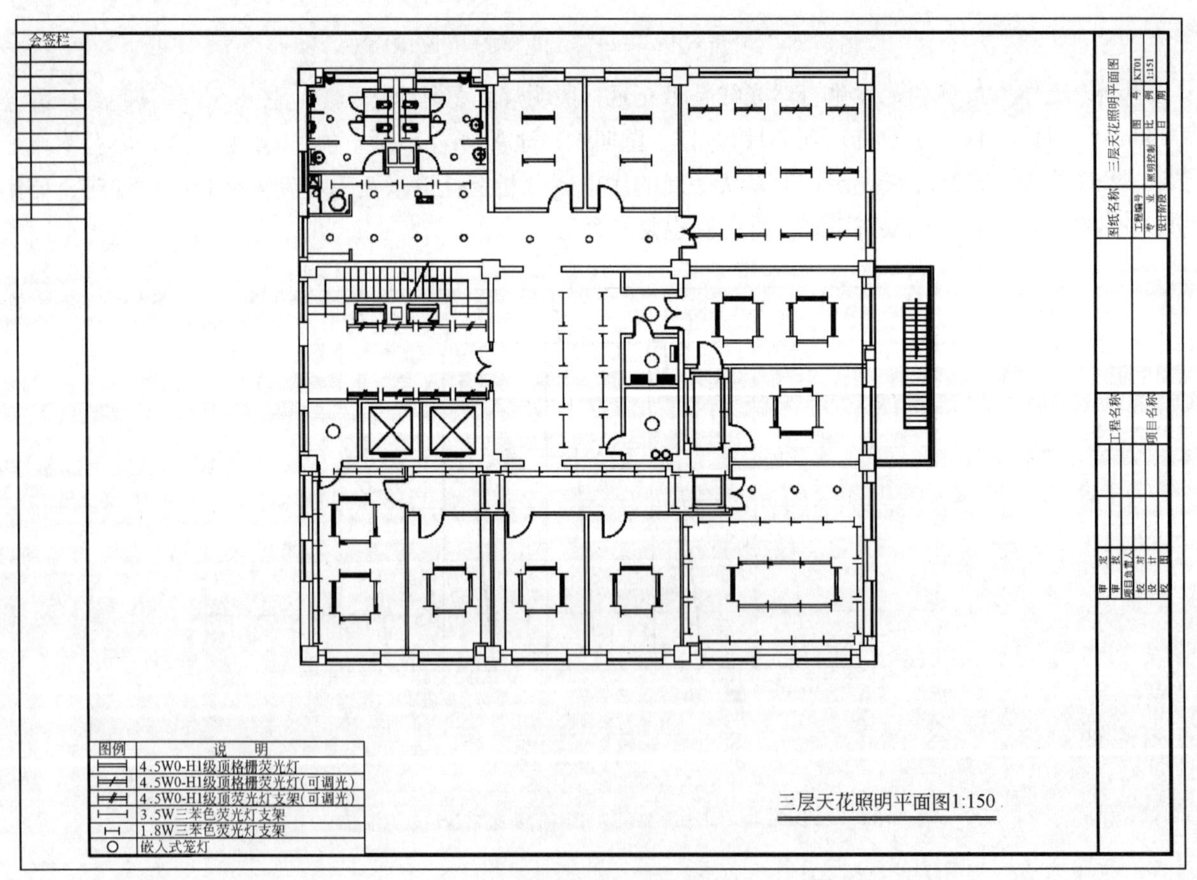

图 8-16 改造后的三层照明平面图

（2）采用照明控制系统

现场情况调查和测量数据分析都发现，采用传统的开关控制方式，无法完全实现人走灯灭的控制，也无法实现依据自然光线的强弱自动调光等节能管理功能。为了达到照明用电的节能效果，根据需要实行以下的节能措施：采用热线传感器检测到有人时自动开灯、无人时自动关灯；采用照度传感器依据自然光的强弱自动调节照明灯具的强弱；采用定时器进行统一管理等。

e-Hf单管吸顶安装格栅灯具

图 8-17 某办公室改造后实景照片

热线传感器和照度传感器需要依据实际的使用情况进行现场安装。热线传感器主要使用在卫生间、走廊、印刷室等公共场所，依据设计院的实际使用情况，由于加班比较普遍，为了避免工作过晚时工作人员忘记关灯的现象出现，在加班时间办公室照明也采用热线传感器控制，因此各办公室内也安装有热线传感器。照度传感器主要使用在采光充足的场所，在采光充足的综合办公室的沿窗位置、电梯厅的窗口附近安装。图 8-18 为三层的传感器布置图，图 8-19、图 8-20 为安装有传感器的房间的实景照片。

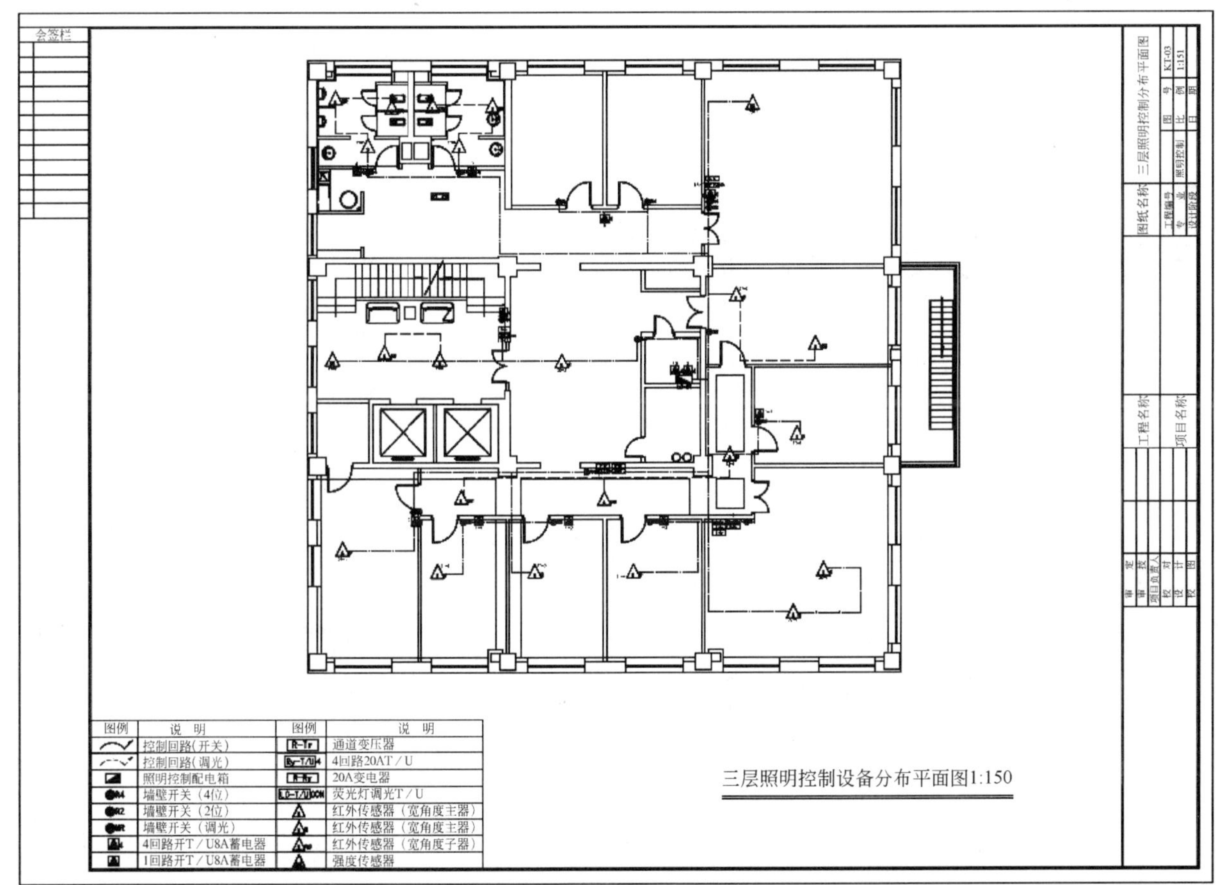

图 8-18 热线传感器、照度传感器布置图

本次试验是在既有建筑内加入控制系统，在尽量减小施工的前提下，依据实际情况对原有回路进行了部分改造。三层原有回路情况如图 8-21 所示。改造后的回路情况，如图 8-22 所示。试验证明，作为既有建筑的节能改造，这样的线路改造是可行的。

(3) 节能改造内容总结

本试验具体的节能改造措施如表 8-4 所示，改造后设备清单见表 8-5。由于是针对既有建筑进行试验，用电设备的改造空间十分有限。照明用电改造可以通过改善照明器具，增加控制系统的方法加以实现，所以是这次节能试验的重点部分。空调系统的设备改造比较困难，所以这方面的节能措施主要是依靠改变使用者的节电意识、养成节电习惯来实现的。

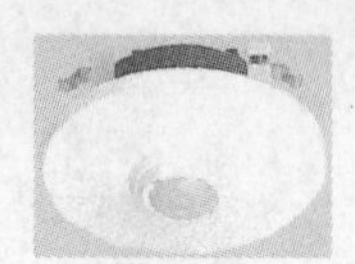

热线传感器
（在两灯连接拐角处安装）

图 8-19 采用热线传感器的办公室实景照片

照度传感器
（安装在窗口附近）

图 8-20 采用照度传感器的综合办公室实景照片

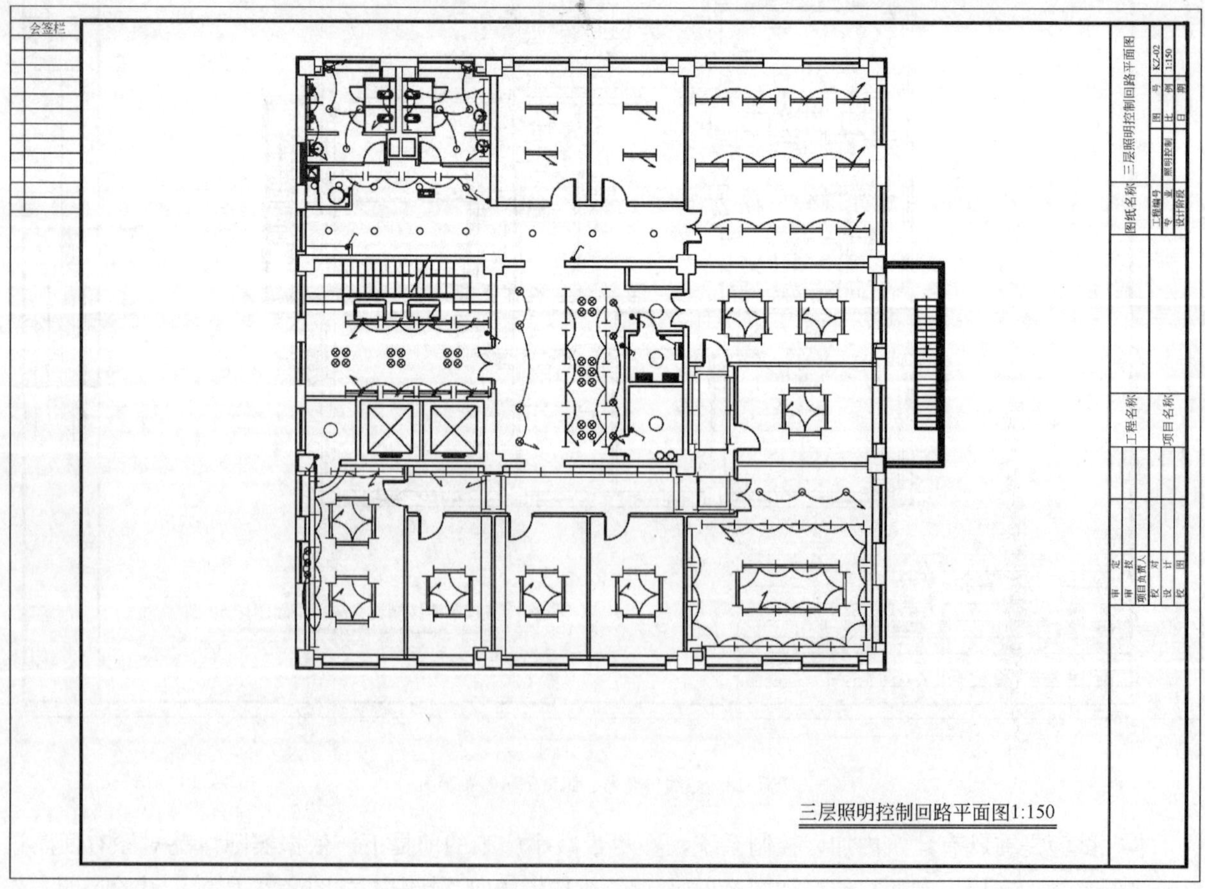

图 8-21 改造前回路图

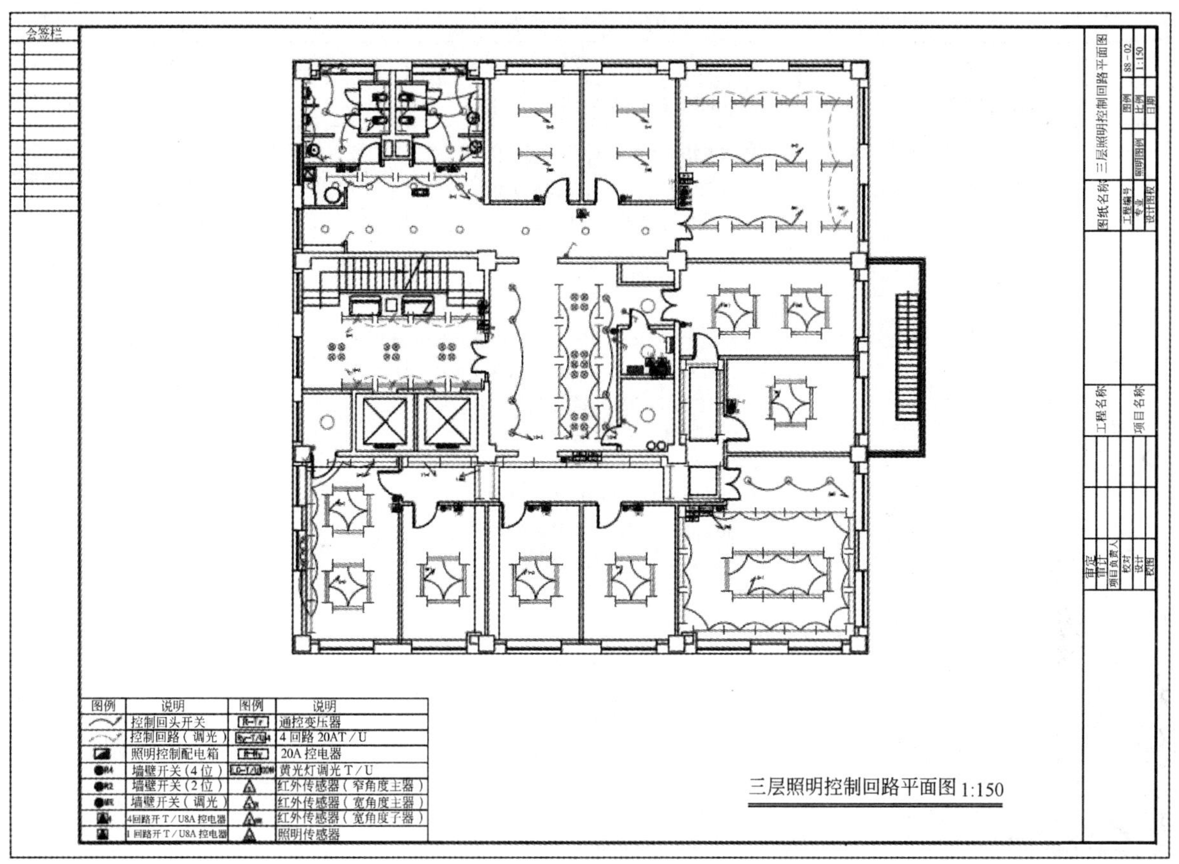

图 8-22　改造后回路图

节能改造措施表　　表 8-4

对　　象	说　　明	对 象 空 间	备　　注
照明	检测是否有人	个人办公室	主要目的是防止忘记关灯的现象发生
		会议室	
		公用房间	
		卫生间	
		走廊	
	日程定时控制	门厅	主要目的是防止忘记关灯的现象发生
		电梯厅	
		走廊	
	自然光的利用	综合办公室	对窗边的照明器具进行调光控制，充分利用自然光线
		电梯厅	
	器具变换	个人办公室	基础照明灯具采用 e-Hf 照明器具，在自然光线充足的空间与照度传感器配合，采用调光型灯具，其他位置采用非调光灯具。间接照明采用电子镇流器的照明器具
		办公室	
		会议室	
		公用房间	
		门厅	
		电梯厅	
		卫生间	
		走廊	

改造后设备一览表　　表 8-5

对　象	名称、型号	备　注
照明控制系统	FULL-2WAY 照明控制系统	1套
热线传感器	宽角度主器：WRT3364K-8 窄角度主器：WRT3374K-8 宽角度子器：WRT3365-8	依据使用空间大小及安装位置，选择热线传感器共16台
照度传感器	WRT3657-8	2台
基础照明灯具		
灯具（调光型）	灯具：FACH41570PS PX 镇流器：HEX32HF122/24HK-1EEHD 光源：YZ32RZ/G-HF	6套
灯具（非调光型）、	灯具：FACH41570PS PH 镇流器：HEX32HF122HK-1 光源：YZ32RZ/G-HF	50套
间接照明灯具		
灯具（调光型）	灯具：FAC41080P PX 镇流器：HEX32HF122/24HK-1EEHD 光源：YZ32RZ/G-HF	8套
灯具（非调光型）	灯具：FAC41080P PX 镇流器：EX36122HK-4ENH 光源：YZ36RZ（三基色）	67套

3. 改造后的节能效果总结

(1) 整体分析

图 8-23 是本次试验三层整个试验期间的照明用电情况。2006 年 7 月到 2007 年 5 月（改造前）三层的用电量平均每月大约为 1 400kW・h，2 月春节期间用电量比较少，大约为 1 000kW・h。2007 年 6 月、7 月两个月是试验楼层的施工改造期，6 月末照明灯具基本更换完毕，7 月中旬照明控制系统安装完毕，进入设定、试运行阶段。从图形可以看出，7 月份的用电量有明显下降，不足 900kW・h。8 月份改造完毕，各设备开始按照设定的控制内容进行工作。8～12 月试验结束，用电量平均每月大约为 600kW・h，与改造前相比有明显下降，10 月由于国庆长假的原因，用电量最少大约为 450kW・h。

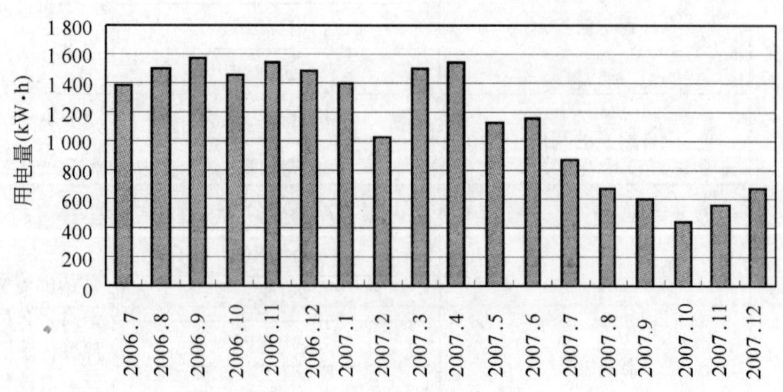

图 8-23　试验期间试验楼层照明用电图

对照明用电所占比例进行比较，2006 年 7～12 月三层没有进行节电改造，这期间照明总用电量为 8 944kW・h，占三层全部用电量的比例如图 8-24 所示，为 35%，所占比例过大。

2007 年 7 月改造以后，同样是 7～12 月，照明总用电量下降为 3 855kW・h，所占比例如图 8-25 所示，仅为 19％，有明显的下降。

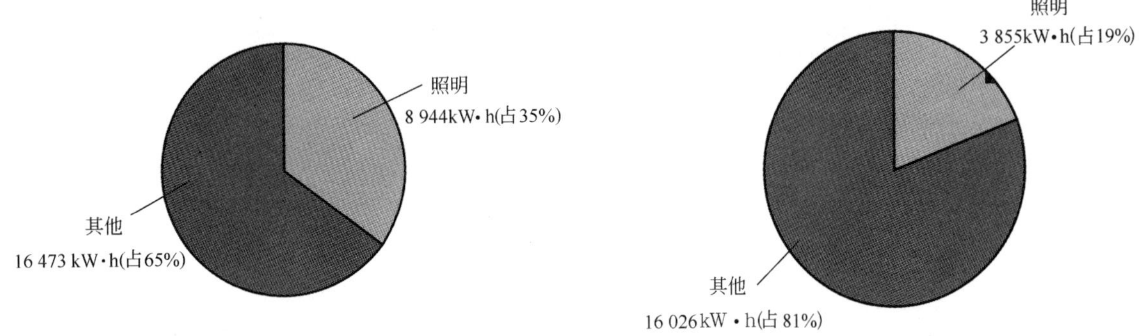

图 8-24　2006 年 7～12 月照明用电量所占比例图　　图 8-25　2007 年 7～12 月照明用电量所占比例图

（2）采用热线传感器的房间用电情况分析

热线传感器最典型的适用场所是卫生间、更衣室等经常出入但是每次使用时间较短的空间，也被使用在容易忘记关灯的场所，如会议室等。经常加班的办公室在加班时间也会使用热线传感器，以杜绝人走灯还亮的浪费现象。

下面以卫生间为例，对本次试验中热线传感器所起到的节能效果加以说明。图 8-26 为安装热线传感器的卫生间实景照片。选择星期五、星期六两天进行研究，这样可以看出正常工作时间、夜间加班、休息日加班几种使用情况下的传感器工作状况。

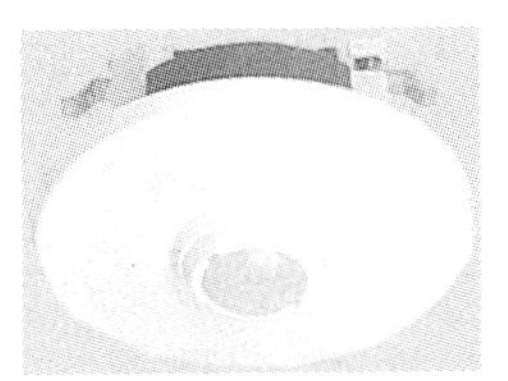

热线传感器
（安装在门口和洗手池附近）

图 8-26　安装热线传感器的卫生间实景照片

图 8-27 是改造前 2006 年 7 月 28 日（星期五）到 2006 年 7 月 29 日（星期六）连续两天的电量使用情况图。记录数据为男女两间卫生间的所有照明及换气扇的总用电量。从图中可以看出，从 7 月 28 日早上 5：00 到 7 月 29 日晚上 19：00 的 38 个小时里，卫生间一直有设备在用电，这中间一定存在着人走灯还亮的浪费现象。两天总耗电量为 4.8kW・h，小时用电量最大值为 0.3kW・h。从数据可以看出，无论晚间还是周末始终有用电，这是一种极大的浪费。

图 8-28 是改造后 2007 年 7 月 27 日（星期五）到 2007 年 7 月 28 日（星期六）连续两天的电量使用情况图。这时，卫生间的照明及换气扇采用照明控制系统，通过热线传感器进行自动控制。从图中可以看出，无论是正常上班的时间，还是加班的时间（包括晚间加班和休息日加班），卫生间的用电都是时断时续的，在不使用的时候，完全没有电力记录。由于完全依靠热线传感器进行照明灯具和换气扇的控制，在控制系统投入使用后，对使用人员进行了调查，大家并没有感觉到使用不方便。两天总

耗电量为 2.9kW·h，仅为改造前的 60%，小时用电量最大值为 0.3kW·h。

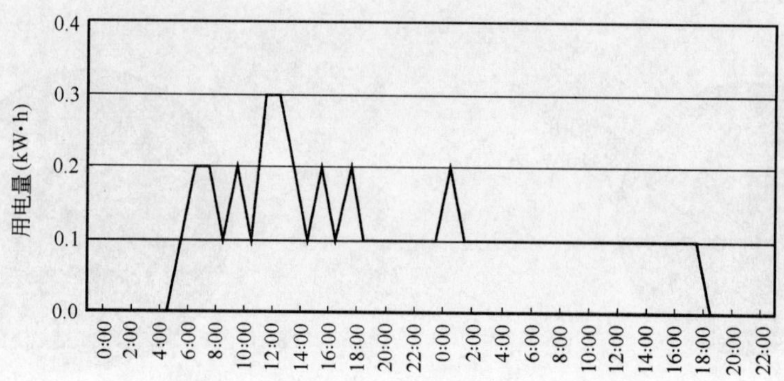

图 8-27　2006 年 7 月 28、29 日两天卫生间用电情况图

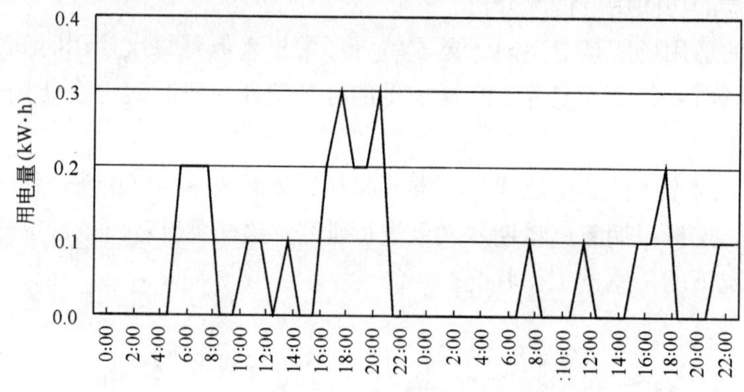

图 8-28　2007 年 7 月 27、28 日两天卫生间用电情况图

完全依靠人们的节能意识来达到节能的效果，随机性很大，采用专门的控制系统可以达到有计划、有管理节能的目的。卫生间改造后采用的是 T8 灯管电子镇流器的灯具，耗电量为原来的 87%，控制系统节电效果为 31%。

仅追求节电效果而忽视人们使用的方便性和安全性，也是不可取的。本次试验，在进行控制系统设定的同时随时听取用户的意见，电量得到了大幅度减少而使用者并没有感觉到任何不便，这才是最好的节能效果。

(3) 采用照度传感器的房间用电情况分析

本试验在三层综合办公室安装了照度传感器（图 8-29 为安装后某办公室的实景照片），这个房间两面有大面积的窗户，采光很好，是照度传感器适用的典型空间。

照度传感器
（安装在窗口附近）

图 8-29　安装照度传感器的综合办公室实景照片

综合办公室面积约 50m²，原采用 12 台双管 T5 灯具，改造后全部采用 e-Hf 单管吸顶安装格栅灯具，靠窗的 6 台灯具为调光型，其他灯具为非调光型。

以 2006 年 8 月 22 日（星期二，改造前）和 2007 年 8 月 22 日（星期三，改造后）这两天的用电情况为例进行分析。

2006 年 8 月 22 日天气状况为多云间晴，白天日照充足。这时使用的是 T5 两灯的照明灯具，采用传统的开关控制方式。在桌面上多处取点测量照度，在完全没有自然光线影响的条件下多次测量取平均值，桌面平均照度为 513lx。图 8-30 是 2006 年 8 月 22 日电量的使用情况图，从图形分析，照明灯具从早上 7：00 开始到晚上 18：00 处于使用状态。全天使用时间为 11h，总耗电量为 5.9kW·h，平均每小时耗电量为 0.54kW·h，小时用电量最大值为 0.6kW·h。全天各时间段用电情况大致相同，在大部分的使用时间内照明灯具处于全部打开的状态。

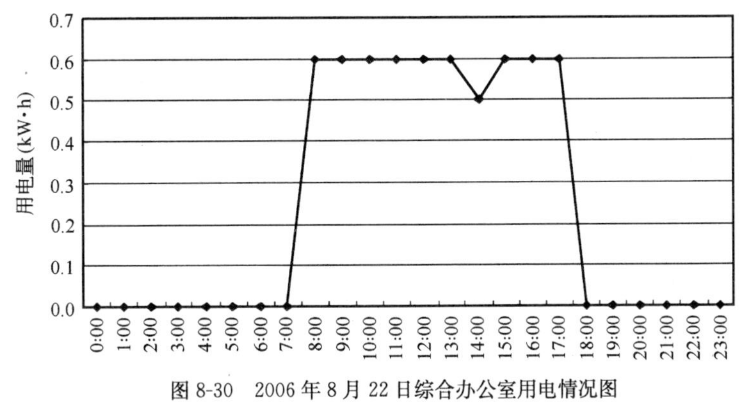

图 8-30　2006 年 8 月 22 日综合办公室用电情况图

2007 年 8 月 22 日（星期三，改造一个月后）天气状况为晴，白天日照充足。这时使用的是 e-Hf 单灯的照明灯具，靠窗为调光灯具，其他为非调光灯具；灯具数量、安装位置与改造前完全一样；采用“FULL-2WAY 照明控制系统”对照明灯具进行控制。取桌面相同点测量照度，在完全没有自然光线影响的条件下多次测量取平均值，平均照度为 549lx，与 2006 年处于相同的照度水平。图 8-31 是 2007 年 8 月 22 日电量的使用情况图，从图形分析，照明灯具从早上 9：00 开始到晚上 21：00 处于使用状态。全天使用时间为 12h，总耗电量为 3.8kW·h，平均每小时耗电量为 0.32kW·h，小时用电量最大值为 0.5kW·h。各时间段的用电情况不同，上午 9：00 到下午 16：00 由于自然光线充足，照明灯具以 80%的电量工作，下午 17：00 开始自然光线开始变暗照明灯具满负荷工作，中午 12：00 午休时间灯具关闭。

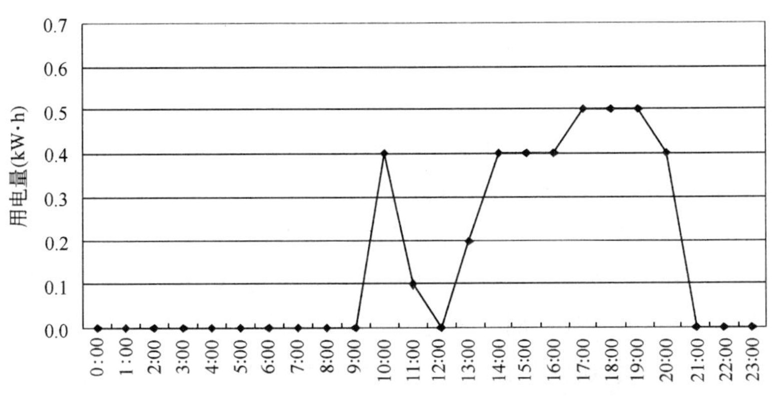

图 8-31　2007 年 8 月 22 日综合办公室用电情况图

从数据可以看出，在照度水平相同的条件下，采用 e-Hf 灯具的耗电量仅为原先采用 T5 灯具的83%。同时，对于采光充足的房间，安装照度传感器结合调光灯具一起使用的方法，对于节约电能也有突出的贡献。此房间在自然光线充足的一天，总耗电量仅为改造前的 59%，除去更换灯具减少的17%的节电效果，采用控制系统后节电 29%。表 8-6 为采用了 e-Hf 灯具和照度传感器的综合办公室，在改造前后使用情况的比较表。

2006 年 8 月 22 日与 2007 年 8 月 22 日综合办公室用电情况对比表 表 8-6

项　目	2006 年 8 月 22 日	2007 年 8 月 22 日	结　论
天气情况	多云间晴	晴	白天日照充足
平均照度（lx）	513	549	照度水平相同（桌面照度）
小时用电量最大值（kW·h）	0.6	0.5	小时用电量的减小是因为采用了 e-Hf 照明灯具 在照度水平相同的条件下，e-Hf 的耗电量为原有灯具的 83%
照明灯具工作时间（h）	11	12	照明灯具的实际使用情况： ①自然光线充足时，将靠窗的灯具调暗，照度传感器和调光共同作用； ②午休时间，全部关灯 采用 e-Hf 灯具在上述使用条件下： ①改造后这一天的总用电量为原来总用电量的 64%； ②改造后平均每小时耗电量为原来的 59%
一天总耗电量（kW·h）	5. 9	3. 8	
平均每小时耗电量（kW·h）	0. 54	0. 32	

（4）采用热线传感器和照度传感器共同控制的空间用电情况分析

本试验在三层电梯厅同时安装了热线传感器和照度传感器（图 8-32 为安装后的实景照片）。许多建筑的公共区域都有很好的采光效果，试验的三层电梯厅的一面为窗户就有比较好的采光，在这样的空间采用热线传感器和照度传感器同时工作，节电效果十分明显。

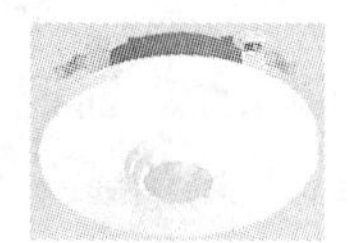

热线传感器
（安装在电梯出口附近）

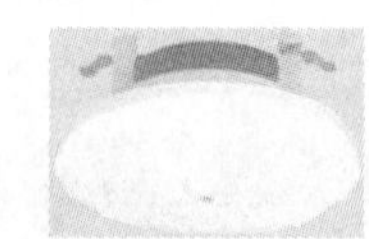

照度传感器
（安装在窗口附近）

图 8-32　安装热线传感器和照度传感器的电梯厅实景照片

以典型的一周 5 个工作日为例进行说明，可以充分看出改造后的节电效果。

图 8-33 是改造前 2006 年 8 月 21 日（星期一）到 2006 年 8 月 25 日（星期五）电梯厅电量的使用情况图。这时使用的是 T8 管照明灯具，采用传统开关的控制方式。从用电情况看，电梯厅晚间不关灯的情况十分普遍。回顾 2006 年的这一周，天气主要以多云为主（表 8-7），白天日照比较充足，8 月23 日（星期三）和 8 月 24 日（星期四）有雨，日照较弱于其他各天。虽然总体来讲日照充足，但是白天用电基本保持一种照明状态，完全没有考虑外界自然光线等因素的影响。5 天的总耗电量为23.6kW·h，小时用电量最大值为 0.45kW·h。

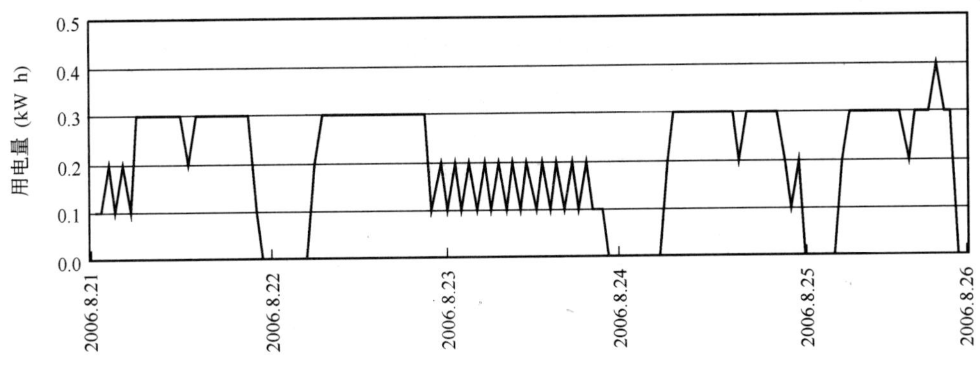

图 8-33 2006 年 8 月 21～25 日电梯厅用电情况图

图 8-34 是改造后 2007 年 8 月 20 日（星期一）到 2007 年 8 月 24 日（星期五）一周 5 个工作日电梯厅电量的使用情况图。这时使用的是 e-Hf 单灯可调光的照明灯具，灯具数量、安装位置与改造前完全一样，采用“FULL-2WAY 照明控制系统”对照明灯具进行控制。回顾 2007 年的这一周，天气主要以多云为主（表 8-7），白天日照比较充足，8 月 22 日（星期三）为晴天，日照情况最佳，8 月 24 日（星期五）有雨，日照较弱于其他各天。从图形可以看出，照明灯具每天 19：00 左右才打开，白天阳光充足时没有用电；晚间用电量也有波动，应该是热线传感器动作的原因，时间越晚电梯厅使用的机会越少，用电量也相应减少。照明控制系统完全按照计划的工作状态在工作。5 天的总耗电量仅为 2.2kW・h，为去年同期的 9%，小时用电量最大值为 0.25kW・h，在满足使用条件的前提下，照明灯具也没有全光通工作，最大限度地节约了电能。

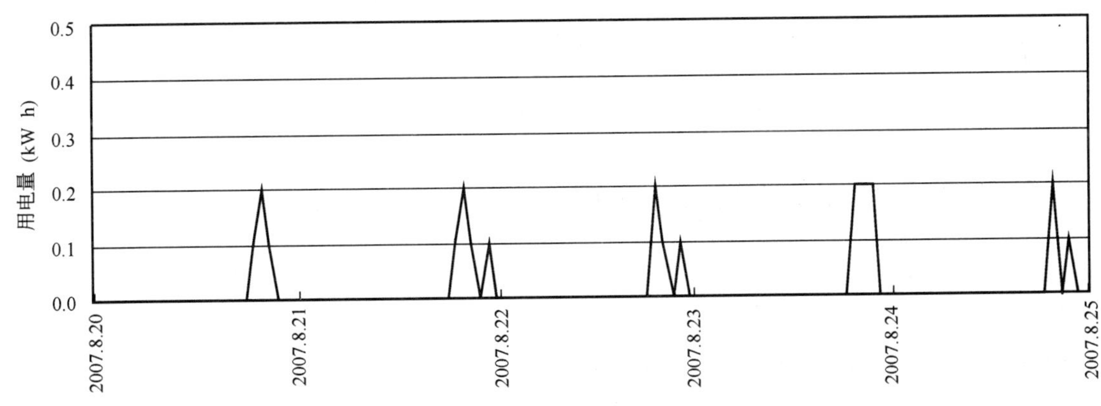

图 8-34 2007 年 8 月 20～24 日电梯厅用电情况图

2006 年 8 月 21～25 日、2007 年 8 月 20～24 日天气情况表 表 8-7

2006 年		2007 年	
8 月 21 日（星期一）	多云间晴	8 月 20 日（星期一）	多云
8 月 22 日（星期二）	多云间晴	8 月 21 日（星期二）	多云
8 月 23 日（星期三）	多云有雷雨	8 月 22 日（星期三）	晴
8 月 24 日（星期四）	雨转多云	8 月 22 日（星期三）	多云
8 月 21 日（星期五）	多云转阴	8 月 24 日（星期五）	阴转阵雨

（5）改造后的效果总结

综合收集到的所有数据和以上分析，此次试验所达到的节能效果如表 8-8 所示。

本次试验节能效果总结表　　表 8-8

节能方案		采用场所	节能效果
采用高效灯具	e-Hf 灯具	各主要房间的基础照明灯具全部更换为 e-Hf 照明灯具，窗口等处采用调光型 e-Hf 灯具	改造后全部点灯时的耗电量是改造前的83%
	三基色光源＋电子镇流器	各处的间接照明、卫生间	
采用控制系统	热线传感器（有人点灯、无人关灯）	少数人员使用的个人办公室	以个人办公室为例，2007 年 8 月 1 日（改造完毕日）到 12 月 31 日，法定工作日内的耗电量为去年同期的 70%。考虑到电量减少有更换照明器具的因素，除去此因素，控制系统在这段时间内节电 16%
		用于公共空间（洗手间、走廊、门厅、大厅等处）	以卫生间为例，在前面分析的 2 天内，用电量为去年同期的 60%。考虑到电量减少有更换为电子镇流器照明器具的因素，除去此因素，控制系统在这 2 天内节电 31%
	照度传感器（依据自然光线，自动调节照明器具的光输出）	有窗、采光充足的综合办公室	在前面分析的 1 天内，用电量为去年同期的 59%。考虑到电量减少有更换照明器具的因素，除去此因素，控制系统在这 1 天内节电 29%
	热线传感器＋照度传感器	有窗、采光充足的电梯厅	在前述分析的 5 天内（日照比较充足），用电量为去年同期的 9%。考虑到电量减少有更换照明器具的因素，除去此因素，控制系统在这 5 天内节电 89%

8.4 室内温、湿度环境计测分析

在对照明节能方案进行研究的同时，本次试验还对办公室的空气温、湿度等环境条件进行了调研，为将来营造一个既舒适又节能的工作环境收集最可靠的数据信息。

环境调查同样是采用现场问卷调查和温、湿度计现场采集数据两种方式。

温、湿度计：使用数据存储型小型温、湿度计（可以储存 1 个月的数据）；

计测间隔：每 10min 计测 1 次；

计测点：参照图 8-35～图 8-38。

温、湿度计最佳的安装位置是人经常所处的位置，安装高度为 60cm（假设为人坐姿时的感觉中心高度）或 110cm（假设为人站立时的感觉中心高度）。但是在许多场所由于桌椅等障碍物的影响，实际试验计测时，多将温、湿度计安装在墙壁或天花板等处。本次试验，采用的是将大多数传感器安装在高处墙壁上和天花板上的方式。

本次试验从 2006 年 9 月开始，正式对温、湿度数据进行收集，以下按季节进行分析。

秋季是对 2006 年 9～10 月的环境情况进行分析。秋季室外气温开始下降，9 月空调偶尔使用，10 月基本不使用；9 月室内温度在 25～27℃之间，10 月温度有所下降，在 22～25℃之间；湿度本季保持在 35%～50%RH 的范围内，10 月与 9 月相比稍有下降。对使用者进行问卷调查，由于年龄、性别的

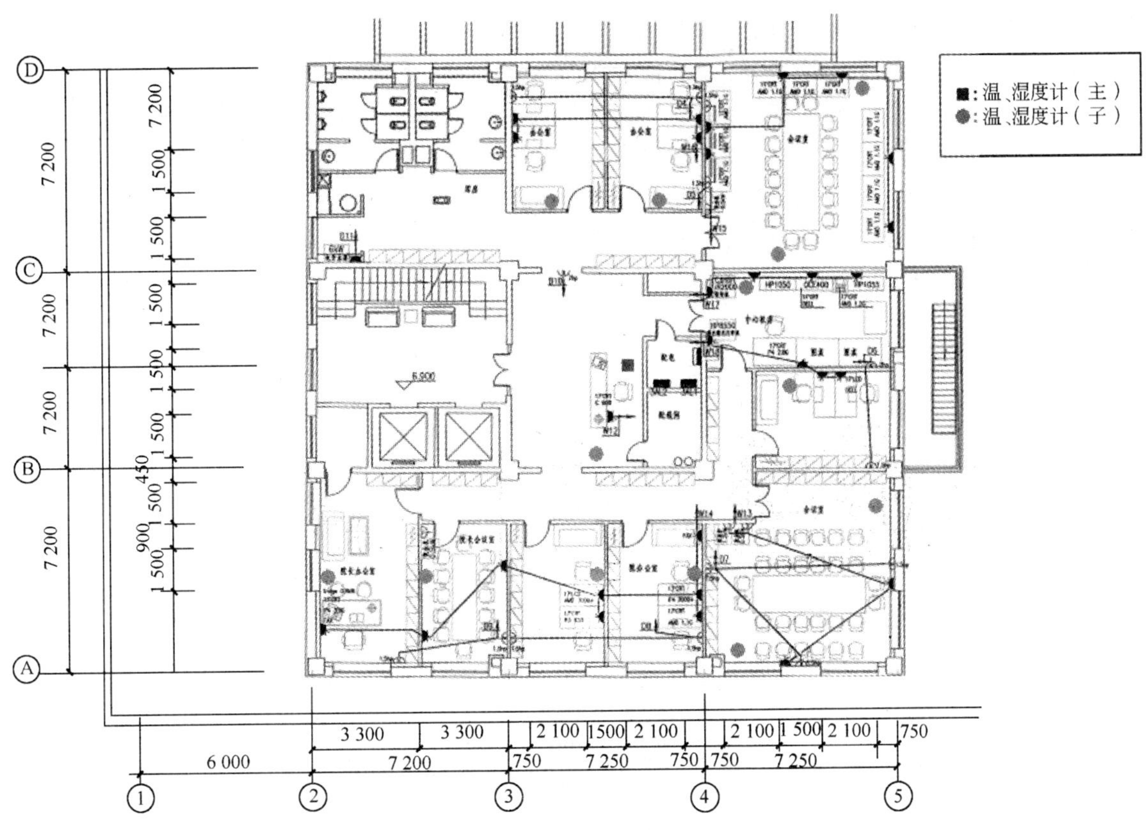

图 8-35 三层温、湿度计安装位置示意图(尺寸单位:mm)

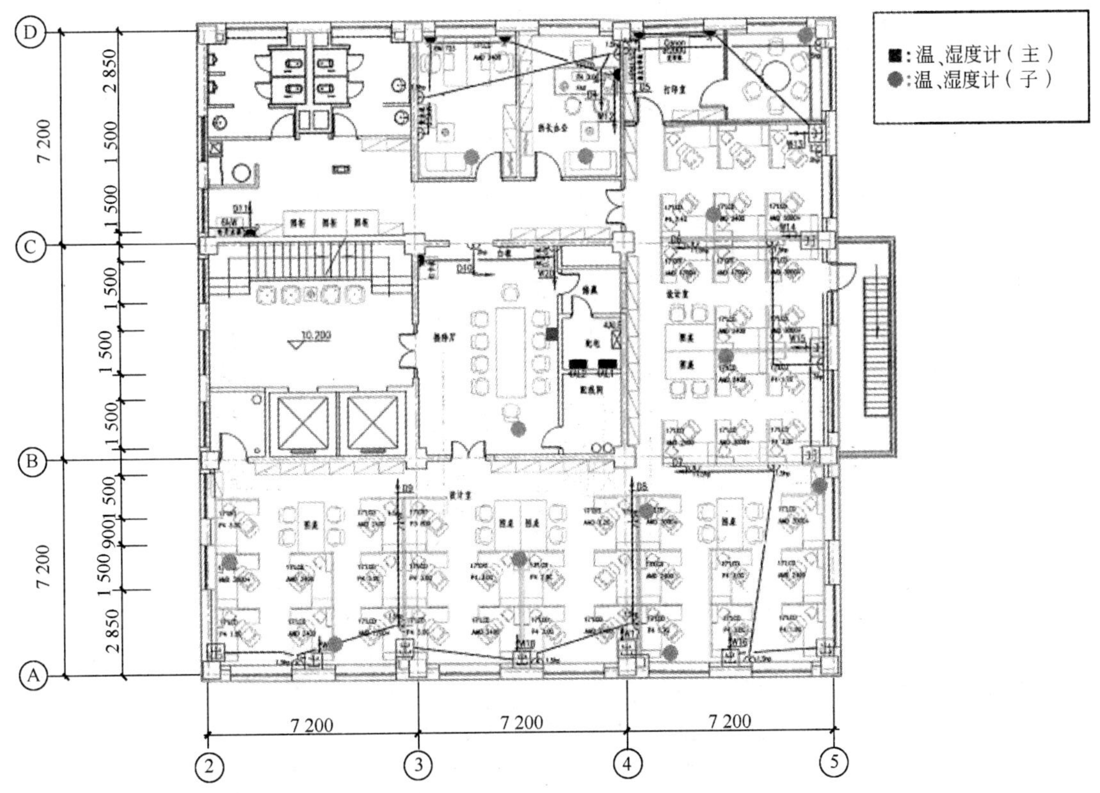

图 8-36 四层温、湿度计安装位置示意图(尺寸单位:mm)

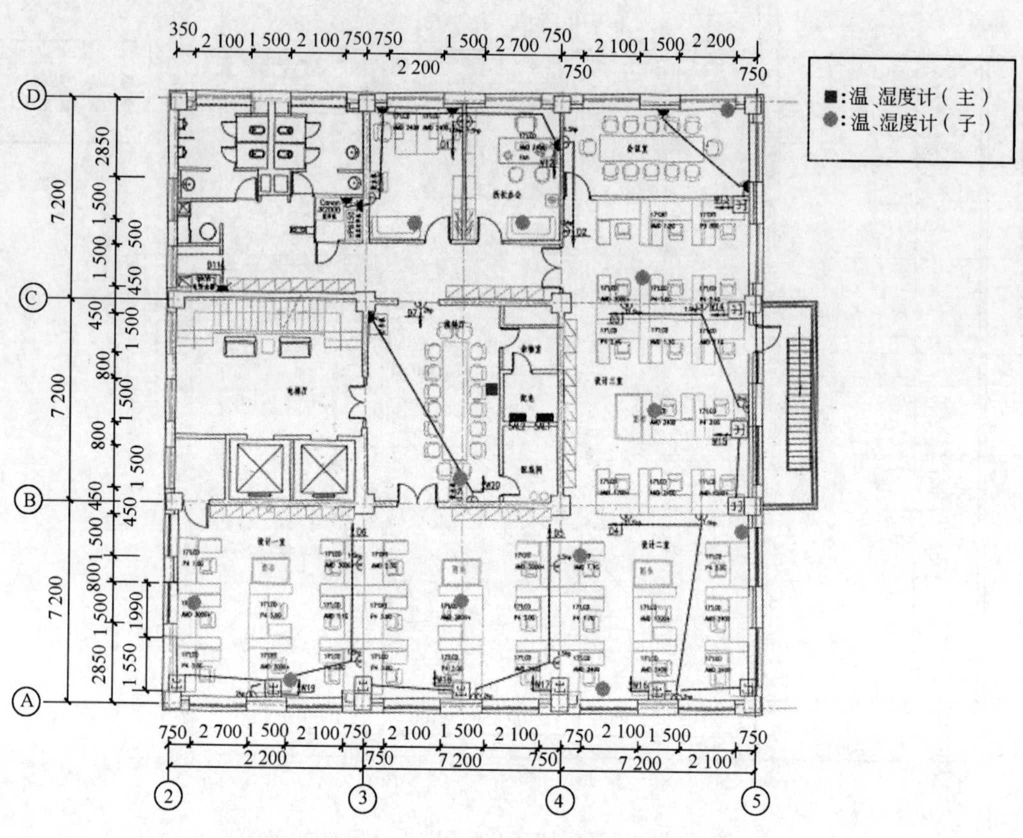

图 8-37　五层温、湿度计安装位置示意图（尺寸单位：mm）

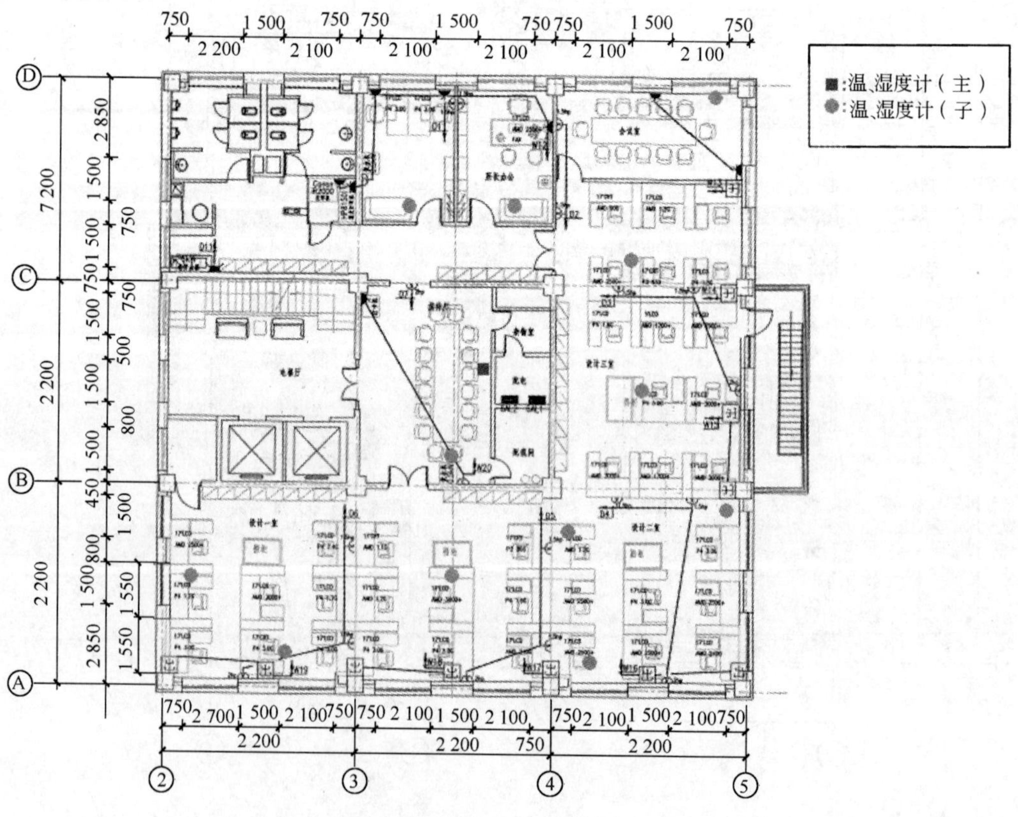

图 8-38　六层温、湿度计安装位置示意图（尺寸单位：mm）

差异，人们对温度的感觉差异比较大，26%的人感觉冷，36%的人感觉热，其余的人感觉温度适宜(具体的调查数据参考图 8-39)。对于湿度，70%的人感觉湿度偏低。综合考虑使用人员、室内外温差、电力消耗等因素，建议对空调温度进行合理设定，坚决贯彻国家关于“将温度设定在 26℃以上”的要求。由于湿度较低，建议采用加湿设备调节室内环境。

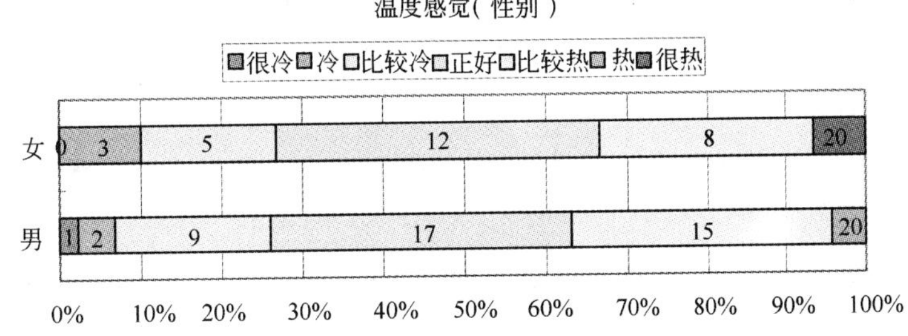

图 8-39 温度感觉问卷调查结果

冬季是对 2006 年 11 月到 2007 年 3 月的环境情况进行分析。这段时间是北京的供暖期，室内温度基本是由供暖系统控制，在 20～25℃之间；供暖期间湿度在 10%～15%RH 的范围内。问卷调查的结果是，多数人认为室内温度高、湿度低。建议在冬季关闭空调系统，采用加湿设备调节湿度。

春季是对 2007 年 4 月和 5 月的环境情况进行分析。在这两个月内，室外温度变化较大，是从冬季过渡到夏季的时期。在 5 月，空调已经开始使用。4 月各层各房间室内温度在 20～25℃之间，5 月温度有所上升，在 26～28℃之间；湿度 4、5 两月变化不大，保持在 15%～25%RH 的范围内。使用者对室内的环境基本满意。

夏季是对 2007 年 6～8 月份的环境情况进行分析。这 3 个月室外气温较高，空调系统开始投入使用，室内温度基本控制在 26～28℃之间，湿度在 50%～75%RH 的范围内。问卷调查的结果，使用者对室内环境比较满意。由于夏季是空调使用时间最长的时期，仔细分析室内的温度状况，发现虽然温度平均在 26～28℃之间，但是也经常出现温度降到 22℃左右的现象，推测是在天气炎热时，使用者希望快速降温，人为将温度调低造成的这种能源的浪费现象。

室内温、湿度的调节与空调系统有很大的关系。从上述结果可以看出，冬季室温过高、夏季室温过低的现象时有发生，使用场所既不舒适又浪费能源，这为将来的节能工作留下了很大的改造空间。

8.5 结论

以上对北京市内某办公大楼推广的节能实证试实验的理论及试验步骤、原有用电情况及问题、实行的改造方案及改造结果进行了介绍说明。本次试验，采用高效的 e-Hf 照明器具、引入照明控制系统等措施，达到了以适当的费用在既有建筑里有效推进节能改造的目的。

像这样对各种用电设备进行长期计测、分析，找出问题，寻找改善用电情况的做法在国内外都不多见。在中国国内进行这样的实证试验有着十分重要的意义，为我国在节能领域的发展及我国的节能事业提供了宝贵的经验。

参考文献

[1] 罗清海，汤广发，龚光彩，等．建筑热水节能途径分析．煤气与热力，2004，24 (6)：353-357.

[2] 朱宁．太阳能热水器在建筑中的应用//太阳能热水器与建筑结合应用技术研讨会论文集．南京，2001.

[3] 中华人民共和国对外贸易经济合作部．我国城市居民能源消费现状．能源工程，2002，(1)：42～48.

[4] 江辉民，王洋，马最良，等．利用空调冷凝废热加热生活热水的可行性试验研究．给水排水，2005，31 (7)．

[5] 中国建筑科学研究院．GB 50189—2005 公共建筑节能设计标准．北京：中国建筑工业出版社，2005.

[6] DBJ 01-602—2006 居住建筑节能设计标准．北京：北京市建筑设计标准化办公室，2006.

[7] 冯革敏，付婉霞．集中热水系统中无效冷水的实测分析与节水改造．给水排水，2002 (1)．

[8] 王靖华，潘维贤．多层住宅小区的集中热水系统分析．给水排水，2003 (7)．

[9] 上海现代建筑设计（集团）有限公司．GB 50015—2003 建筑给水排水设计规范．北京：中国计划出版社，2003.

[10] 北京节能环保服务中心．大型公建节能读本．北京：经济日报出版社，2006.

[11] 刘振印．建筑给排水节能节水技术探讨．给水排水，2007 (1)．

[12] 王玉明，刘剑琼，付婉霞．建筑给水系统超压出流现状及防治对策．给水排水，2002 (10)．

[13] 付婉霞，曾雪华．建筑节水的技术分析对策．给水排水，2003 (2)．

[14] 潘书通，张斌，孙建民．直接管网叠压供水设备的工作原理与应用．给水排水，2003 (12)．

[15] 王栋，常永第，程再峰．二次加压泵站节能改造技术的探讨．给水排水，2006 (2)．

[16] 阮志坤，牛义忠．我国游泳池高能耗的原因及降耗对策．给水排水，2005 (6)．

[17] 姜乃昌．水泵及水泵站．北京：中国建筑工业出版社，1980.

[18] 张吉光，等．太阳能热水器热水供应系统的应用与分析．给水排水，2001，27 (7)，69-72.

[19] 中国建筑设计研究．GB 50364—2005 民用建筑太阳能热水系统应用技术规范．北京：中国计划出版社，2005.

[20] 上海市建设和交通委员会．GB 50013—2006 室外给水设计规范．北京：中国计划出版社，2006.

[21] 中国人民解放军总后勤部建筑设计研究院．GB 50336—2002 建筑中水设计规范．北京：中国计划出版社，2003.

[22] 中国建筑设计研究院．CECS 222：2007 小区集中生活热水供应设计规程．北京：中国计划出版社，2007.

[23] 本书编委会．全国民用建筑工程设计技术措施节能专篇——给水排水．北京：中国计划出版社，2007.

[24] 中国建筑标准设计研究院．全国民用建筑工程设计技术措施建筑产品选用技术——给水排水，2006.

[25] 郑瑞澄．民用建筑太阳能热水系统工程技术手册．北京：化学工业出版社，2006.

[26] 王晟，等．燃气热水器与电热水器运行费用的比较．燃气与热力，2002，22 (6)，538-539.

[27] 于国清，等．单户住宅太阳能热泵供热的技术与经济分析．建筑节能，2007，35（1），55-57.
[28] 水浩然，等．太阳热水器在游泳池水加热系统中的应用实例．给水排水，2006（1）．
[29] 扬扬．真空太阳能热水器的应用．中国节能产品网．
[30] 李文军．天元大酒店的太阳能热水系统方案．中国太阳能网．
[31] 韦杰廷．中日友好医院太阳能热水供应方案．中国太阳能网．
[32] 李觐．华南地区旅馆中央空调冷凝热在制备生活热水中的应用．制冷，2004，23（2）：45-49.
[33] 兰燕，等．利用空调散热制备生活热水．给水排水，2003，29（7）：55-59.
[34] 李惟毅，等．集中空调冷凝热回收的应用．暖通空调，2004，34（7），105-107.
[35] 广东省节能技术中心．中央空调废热回收技术．中小企业科技，2003，（7）：13.
[36] 孙一坚．工业通风．北京：中国建筑工业出版社，1985.
[37] 李峥嵘，王晶晶，黄继红．自然通风技术在现代城市建筑中的应用探讨．上海节能，2005，（5）：3-6.
[38] 洪燕峰．室内空气污染与自然通风．规划师，2003，19（增刊-2）：58-61.
[39] 黄艳，刘东，杨建坤．某双层玻璃幕墙建筑自然通风的数值模拟研究．建筑科学，2004，20（增刊-1）：249-255.
[40] 张允．现代建筑屋顶与建筑的自然通风．山西建筑，2005（03）：107-108.
[41] 欧阳沁，朱颖心．建筑中庭热压自然通风设计分析研究//全国暖通空调制冷 2004 年学术年会资料摘要集（2），2004.
[42] http：//www. ehvacr. com/lw/HTML/2222. html.
[43] 龙惟定．空调往何处去．中国建设报·中国楼市，2003.
[44] http：//www. china-loushi. com/shownews. asp？ newsid=2563.
[45] 魏景姝，赵加宁，高军．自然通风技术研究方法及工具．应用能源技术，2006（7）．
[46] 王树．变频调速系统设计与应用．北京：机械工业出版社，2005.
[47] 俞炳丰．中央空调新技术及其应用．北京：化学工业出版社，2005.
[48] 中国建筑科学研究院．绿色照明工程实施手册．北京：中国建筑工业出版社，2003.
[49] http：//www. 1000bbs. com.
[50] http：//www. jzn1. com.
[51] http：//www. jpszx. com.
[52] http：//www. chinagb. net.
[53] http：//bbs. ehvacr. com.